Chassé

Springer-Lehrbuch

Hartmut Haug

Statistische Physik

Gleichgewichtstheorie und Kinetik

Zweite, neu bearbeitete und erweiterte Auflage
Mit 40 Abbildungen und 41 Aufgaben mit ausführlichen Lösungen

Springer

Prof. Dr. Hartmut Haug
Institut für Theoretische Physik
Johann Wolfgang Goethe-Universität
Max-von-Laue-Straße 1
60438 Frankfurt
e-mail: Haug@itp.uni-frankfurt.de

Bibliografische Information der deutschen Bibliothek

Die Deutsche Bibliothek verzeichnet diese Publikation in der Deutschen Nationalbibliografie; detaillierte bibliografische Daten sind im Internet über http://dnb.ddb.de abrufbar.

ISBN-10 3-540-25629-6   2. Aufl. Springer Berlin Heidelberg New York
ISBN-13 978-3-540-25629-8 2. Aufl. Springer Berlin Heidelberg New York
ISBN 3-540-41526-2   1. Aufl. Springer-Verlag Berlin Heidelberg New York

Dieses Werk ist urheberrechtlich geschützt. Die dadurch begründeten Rechte, insbesondere die der Übersetzung, des Nachdrucks, des Vortrags, der Entnahme von Abbildungen und Tabellen, der Funksendung, der Mikroverfilmung oder der Vervielfältigung auf anderen Wegen und der Speicherung in Datenverarbeitungsanlagen, bleiben, auch bei nur auszugsweiser Verwertung, vorbehalten. Eine Vervielfältigung dieses Werkes oder von Teilen dieses Werkes ist auch im Einzelfall nur in den Grenzen der gesetzlichen Bestimmungen des Urheberrechtsgesetzes der Bundesrepublik Deutschland vom 9. September 1965 in der jeweils geltenden Fassung zulässig. Sie ist grundsätzlich vergütungspflichtig. Zuwiderhandlungen unterliegen den Strafbestimmungen des Urheberrechtsgesetzes.

Springer ist ein Unternehmen von Springer Science+Business Media
springer.de
© Springer-Verlag Berlin Heidelberg 1997, 2006
Printed in Germany

Die Wiedergabe von Gebrauchsnamen, Handelsnamen, Warenbezeichnungen usw. in diesem Werk berechtigt auch ohne besondere Kennzeichnung nicht zu der Annahme, daß solche Namen im Sinne der Warenzeichen- und Markenschutz-Gesetzgebung als frei zu betrachten wären und daher von jedermann benutzt werden dürften.

Satz: Druckfertige Daten des Autors
Herstellung: LE-TEX Jelonek, Schmidt & Vöckler GbR, Leipzig
Einbandgestaltung: *design & production* GmbH, Heidelberg

Gedruckt auf säurefreiem Papier   SPIN: 11372868   56/3141/YL - 5 4 3 2 1 0

Für Barbara, Martin und Gregor

Vorwort zur ersten Auflage

Im Physikstudium ist oft nur noch eine einsemestrige Vorlesung zur Thermodynamik und Statistik vorgesehen, in der notwendigerweise die Statistische Physik etwas zu kurz kommt. Das vorliegende Lehrbuch ist entstanden aus meinem Skript zur Vorlesung „Thermodynamik und Statistik", die an der Universität Frankfurt als sechster Kurs des Vorlesungszyklus „Theoretische Physik" gelesen wird. Das Buch soll Studenten der Physik oder benachbarter Wissenschaften, die mit der Quantenmechanik bereits vertraut sind, die mikroskopische statistische Ableitung der Thermodynamik und die Berechnung ihrer Potenziale liefern und sie vertraut machen mit der statistischen Beschreibung von Systemen, die nicht im Gleichgewicht sind.

Das Buch ist so konzipiert, dass es sich sowohl als begleitende Literatur zu einer entsprechenden Vorlesung eignet als auch zum Selbststudium für interessierte Studenten. Im ersten Teil werden die Methoden zur Berechnung von thermodynamischen Eigenschaften aus Zustandssummen für Gleichgewichtssysteme eingeführt. Dabei werden insbesondere auch entartete Quantensysteme behandelt. Da heute in mesoskopischen Strukturen niederdimensionale Systeme untersucht werden können, werden die thermodynamischen Eigenschaften oft gleich für d-dimensionale Systeme mit $d = 1, 2$ und 3 abgeleitet. Besonderes Gewicht wird auf die Behandlung eines Van-der-Waals-Gases gelegt, da sich an ihm modellhaft Phasenübergänge im Rahmen einer Molekularfeld-Theorie untersuchen lassen. Das Ginzburg-Landau-Potenzial für einen Ordnungsparameter wird als wichtiges allgemeines Konzept für die Beschreibung und Charakterisierung der Phasenübergänge eingeführt.

Der zweite Teil ist der Kinetik von Nichtgleichgewichtssystemen gewidmet, insbesondere der Behandlung der Annäherung an den Gleichgewichtszustand. Dabei wird die Kinetik des Systems im Rahmen der Mastergleichung und vor allem der Boltzmann-Gleichung sowie der Fokker-Planck-Gleichung besprochen. Die Mastergleichung ist die grundlegende irreversible statistische Gleichung für eine ganz allgemeine Wahrscheinlichkeitsverteilung. Die im Allgemeinen nichtlineare Boltzmann-Gleichung, die die Entwicklung von Einteilchenverteilungsfunktionen beschreibt, ist für die Behandlung der Kinetik in Gasen und Flüssigkeiten von großer praktischer Bedeutung. In ihren quantenmechanischen Erweiterungen ist sie auch heute noch zur mikroskopischen Beschreibung der Kinetik in Systemen von Fermionen und Bosonen Gegenstand aktiver Forschung. Die partielle Fokker-Planck-Differenzialgleichung lässt sich unter bestimmten Bedingungen als Näherung aus den beiden erwähnten Integro-Differenzial-Gleichungen, also der Master- und der linearisierten Boltzmann-Gleichung, gewinnen. Über die stationäre Lösung der Fokker-Planck-Gleichung lässt sich ein verallgemeinertes Ginzburg-Landau-Potenzial einführen, das auch die Beschreibung von Nichtgleichgewichts-Phasenübergängen in offenen Systemen erlaubt. In beiden Teilen des Buches werden sowohl klassische Systeme wie auch entartete Quantensysteme betrachtet.

Im Buch wird Wert darauf gelegt, die Konzepte an Beispielen zu erläutern, so dass der Leser sieht, wie konkrete physikalische Eigenschaften berechnet werden können. Ebenso werden ausführlich Näherungsmethoden beschrieben, da für die meisten interessierenden realen Systeme nur Aussagen mit approximativen Lösungsverfahren gewonnen werden können. So werden zum Beispiel verschiedene Lösungsmethoden der Boltzmann-Gleichung eines dichten Elektronengases besprochen. Aber auch konzeptionelle Zusammenhänge, wie etwa die Nukleationstheorie für diskontinuierliche Phasenübergänge oder der Übergang von der Boltzmann-Gleichung zur Hydrodynamik mit Dissipation, werden behandelt.

Um das Lehrbuch kompakt zu halten, mussten wichtige Zweige der statistischen Physik, wie etwa die Behandlung kritischer Phänomene bei Phasenübergängen oder die Behandlung von Gittergasmodellen, ganz ausgelassen werden.

Die Kenntnis der nichtrelativistischen Einteilchen-Quantenmechanik sowie eine gewisse Bekanntheit der phänomenologischen Thermodynamik werden vorausgesetzt. Für Leser, die mit der Methode der „zweiten Quantisierung" - das heißt mit der Verwendung von Erzeugungs- und Vernichtungsoperatoren - nicht vertraut sind, wird die Einführung und die Verwendung dieser Techniken für Vielteilchensysteme in einem Anhang beschrieben. Am Ende eines jeden Kapitels befinden sich einige Übungsaufgaben, die dazu dienen sollen, das Verständnis des Stoffes zu vertiefen und zu überprüfen. Außerdem ist eine kleine Auswahl weiterführender Literatur zusammengestellt.

Mein Interesse an der statistischen Behandlung von Nichtgleichgewichtssystemen wurde schon geweckt durch meinen akademischen Lehrer Hermann Haken. Natürlich habe ich viele Einsichten anderen Kollegen, meinen Studenten und vor allem meinen Mitarbeitern zu verdanken. In dieser Hinsicht kann ich mich ganz der Danksagung eines alten orientalischen Gelehrten anschließen, der im Talmud schrieb: „Viel habe ich gelernt von meinen Lehrern, mehr von meinen Kollegen, aber am meisten von meinen Schülern!"

Besonderen Dank schulde ich Ladislaus Bányai, Claudia Ell und Ernst Reitsamer und insbesondere auch meiner Frau Barbara Günther-Haug für viele Diskussionen und sorgfältiges Korrekturlesen. Natürlich liegt die Verantwortung für die sicher trotzdem noch vorhandenen Fehler ganz bei mir.

Außerdem danke ich Herrn Dr. Schwartz vom Vieweg-Verlag für die gute Kooperation bei der Verwirklichung dieses Lehrbuchs.

Frankfurt am Main, Oktober 1996 *Hartmut Haug*

Vorwort zur zweiten Auflage

Inzwischen wurde das Buch mehrfach für Vorlesungen in Thermodynamik und Statistik verwendet und als nützlich empfunden. Die Neuauflage im Rahmen der Springer-Lehrbuchreihe bietet mir die Gelegenheit, das Buch zu überarbeiten und die Druckfehler, die in der ersten Auflage leider enthalten waren, zu verbessern. Ich bedanke mich bei den Kollegen und Studenten, die mir mit ihren Hinweisen dabei behilflich waren. Unter anderem wurde die neue Auflage im Springer-Latex-Stil abgefasst, die neue Rechtschreibung verwendet, die wichtigen Ergebnisse flächig hinterlegt und viele neue Verweise zwischen verwendete Formeln eingearbeitet. Besonderen Dank schulde ich Frau Alexandra Stein für ihre Hilfe beim Korrekturlesen und beim Überprüfen der Ableitungen. Das Konzept aber - einheitlich sowohl die Gleichgewichts- als auch die Nichtgleichgewichts-Statistik in einem für eine einsemestrige Vorlesung geeigneten Umfang darzustellen - bleibt voll erhalten, da es sonst so nicht angeboten wird.

Frankfurt am Main, Oktober 2004 *Hartmut Haug*

Inhaltsverzeichnis

Teil I Statistik und Thermodynamik für Gleichgewichtssysteme

1 Statistische Gesamtheiten 3
   1.1 Klassische Ensemblemittelung 4
   1.2 Quantenstatistische Ensemblemittelung 8
   1.3 Aufgaben 11

2 Mikrokanonische Gesamtheit 13
   2.1 Quantenstatistik 15
   2.2 Klassische Statistik 17
   2.3 Beispiel: Zweiniveausystem 19
   2.4 Aufgaben 22

3 Kanonische Gesamtheit 23
   3.1 System im Wärmebad 23
   3.2 Aufgaben 26

4 Großkanonische Gesamtheit 29
   4.1 Quantenstatistische Verteilung 29
   4.2 Klassische Verteilung 31
   4.3 Beispiele: Klassische Verteilungen 33
   4.4 Aufgaben 35

5 Verbindung mit der Thermodynamik, Entropie .. 37
   5.1 Extremaleigenschaften der Entropie 42
   5.2 Zwei Systeme im Gleichgewicht 46
   5.3 Entropie und Information 48
   5.4 Andere Darstellungen der mikrokanonischen und kanonischen Verteilungen 49

5.5 Aufgaben 50

6 Thermodynamische Relationen 51
6.1 Beispiele für äußere Felder 51
6.2 Relationen zwischen zweiten Ableitungen.......... 55
6.3 Homogene Systeme............................ 60
6.4 Homogene Systeme mit mehreren Teilchenarten ... 62
6.5 Aufgaben 63

7 Ideales klassisches Gas........................... 67
7.1 Berechnung der thermodynamischen Eigenschaften . 67
7.2 Aufgaben 73

8 Ideale Quantengase 75
8.1 Berechnung des großkanonischen Potenzials........ 76
8.2 Berechnung der d-dimensionalen Impulssummen ... 79
8.3 Berechnung des chemischen Potenzials 82
8.4 Berechnung der Fermi-Energie 87
8.5 Bose-Einstein-Kondensation 88
8.6 Zustandsgleichung von Quantengasen 90
8.7 Aufgaben 92

9 Quasiklassische Näherung für wechselwirkende Systeme 95
9.1 Klassische Näherung für wechselwirkende Systeme .. 95
9.2 Entwicklung nach Potenzen der Planck-Konstanten . 97
9.3 Quasiklassische Korrektur der Boltzmann-Statistik . 100
9.4 Aufgaben 102

10 Virialentwicklung erster Ordnung 103
10.1 Einkomponentige verdünnte Systeme 103
10.2 Zweikomponentige Systeme......................104
10.3 Aufgaben 110

11 Virialentwicklung zweiter Ordnung 113
11.1 Berechnung des zweiten Virialkoeffizienten 113
11.2 Quantenkorrekturen zum zweiten Virialkoeffizienten 115
11.3 Aufgaben 118

12 Van-der-Waals-Gleichung 119
  12.1 Interpolationsformeln 119
  12.2 Thermodynamische Funktionen eines Van-der-
       Waals-Gases 121
  12.3 Kritische Werte von Temperatur, Volumen und
       Druck 122
  12.4 Gas-Flüssigkeits-Phasenübergang 124
  12.5 Maxwell-Konstruktion im Koexistenzbereich 126
  12.6 Aufgaben 128

13 Ginzburg-Landau-Potenzial 129
  13.1 Phasenübergänge erster und zweiter Ordnung 129
  13.2 Aufgaben 134

14 Störungstheorie 137
  14.1 Wechselwirkungsdarstellung des
       Exponentialoperators 137
  14.2 Störungstheorie zweiter Ordnung 138
  14.3 Beispiel: Äußeres Feld 140
  14.4 Aufgaben 143

15 Thermodynamisches Variationsverfahren 145
  15.1 Bogoljubov-Variationsverfahren 145
  15.2 Beispiele: Heisenberg-Ferromagnet;
       wechselwirkende Fermionen 147
  15.3 Aufgaben 152

Teil II Statistik und Kinetik
für Nichtgleichgewichtssysteme

16 Master-Gleichung 157
  16.1 Master-Gleichung für abgeschlossene Systeme 157
  16.2 Master-Gleichung für System in Kontakt mit
       einem Bad 160
  16.3 Eta-Theorem 161
    16.3.1 Abgeschlossene Systeme 161
    16.3.2 Systeme in Kontakt mit einem Bad 162
  16.4 Lösungen der Master-Gleichung 164

16.5 Aufgaben 167

17 Kinetische Gleichung ohne Stöße 169
    17.1 Reduzierte Einteilchendichtematrix, Wigner-
           Verteilung 169
    17.2 Kinetische Gleichung 172
    17.3 Aufgaben 174

18 Lineare Reaktion eines idealen Gases 175
    18.1 Kleine Abweichungen vom Gleichgewicht 175
    18.2 Aufgaben 179

19 Lineare Reaktion einer Fermi-Flüssigkeit 181
    19.1 Dichte-Dichte-Korrelation und dielektrische Funktion 181
    19.2 Auswertung der Suszeptibilität für $T = 0K$ 182
    19.3 Kollektive longitudinale Schwingungen 184
           19.3.1 Plasmaschwingungen im Jellium-Modell 184
           19.3.2 Plasmonen in einem Elektron-Loch-Plasma ... 186
           19.3.3 Nullter Schall in Helium 3 187
    19.4 Aufgaben 188

20 Boltzmann-Gleichung 191
    20.1 Heuristische Ableitung 191
    20.2 Annäherung ans Gleichgewicht, Eta-Theorem 196
    20.3 Aufgaben 201

21 Linearisierte Boltzmann-Gleichung 203
    21.1 Kleine Abweichungen von der
           Gleichgewichtsverteilung 203
    21.2 Eigenschaften des Stoßoperators 205
    21.3 Aufgaben 208

**22 Entwicklung nach Eigenfunktionen des
Stoßoperators** 211
    22.1 Boltzmann-Kinetik eines 2d-Elektronengases 211
    22.2 Aufgaben 223

23 Fokker-Planck-Gleichung 225
23.1 Entwicklung nach kleinem Impulsübertrag 225
23.2 Stationäre Lösung 228
23.3 Verallgemeinerte Ginzburg-Landau-Potenziale 230
    23.3.1 Thermische Verteilung 230
    23.3.2 Lasermodell 230
    23.3.3 Nichtgleichgewichtsphasenübergang erster Ordnung 231
23.4 Eigenfunktionen 232
23.5 Aufgaben 236

24 Nukleationstheorie 237
24.1 Kramers-Moyal-Entwicklung 237
24.2 Elektron-Loch-Tröpfchen-Nukleation in Halbleitern . 238
24.3 Stationäre Lösung 240
24.4 Aufgaben 242

25 Transportgleichungen 243
25.1 Erhaltungsgrößen und ihre Bewegungsgleichungen .. 243
25.2 Aufgaben 249

26 Reversible Hydrodynamik 251
26.1 Allgemeine Formulierung 251
26.2 Klassisches ideales Gas 254
26.3 Aufgaben 256

27 Hydrodynamik und Dissipation 257
27.1 Phänomenologische Theorie der dissipativen Terme . 257
27.2 Aufgaben 261

28 Dissipative Koeffizienten 263
28.1 Berechnung aus dem Boltzmann-Stoßterm 263
28.2 Aufgaben 269

29 Chapman-Enskog-Verfahren 271
29.1 Chapman-Enskog-Entwicklung 273
29.2 Dissipative Koeffizienten 275
29.3 Variationsprinzip 276
29.4 Aufgaben 279

A Erzeugungs- und Vernichtungsoperatoren für Fermionen 281
A.1 Symmetrie des Vielteilchenzustands 281
A.2 Fock-Raum 286
A.3 Beispiele: Verschiedene Hamilton-Operatoren 292
    A.3.1 Ortsraumdarstellung des Hamilton-Operators eines Elektronensystems 292
    A.3.2 Impulsraumdarstellung des Hamilton-Operators eines Elektronensystems 294

L Lösungen 297

Sachverzeichnis 371

Teil I

Statistik und Thermodynamik für Gleichgewichtssysteme

1 Statistische Gesamtheiten

Makroskopische Systeme, die aus vielen Teilchen bestehen, lassen sich nicht dadurch beschreiben, dass wir genau die Zustände aller Teilchen angeben. Auch experimentell kann man diese komplette mikroskopische Information nie erhalten. Vielmehr werden die physikalischen Eigenschaften eines Systems durch wenige makroskopische Variablen beschrieben. Solche Variablen können zum Beispiel Energie, Druck oder Temperatur sein. Die Aufgabe der Statistik ist es, die makroskopischen Eigenschaften aus der mikroskopischen Beschreibung eines Systems abzuleiten. Ein solcher Übergang von der mikroskopischen zur makroskopischen Beschreibung wird auch etwa in der Elektrodynamik vorgenommen, wenn man aus den ursprünglichen Maxwell-Gleichungen, in denen noch alle mikroskopischen Ladungen und Ströme als inhomogene Terme enthalten sind, durch Mittelung übergeht zu den Maxwell-Gleichungen in kontinuierlichen Medien.

Gibt man einem makroskopischen System, das abgeschlossen oder im Kontakt mit einem Wärmebad ist, genügend Zeit, so wird das System durch Streuprozesse in einen Gleichgewichtszustand relaxieren. Ist dieser Zustand erreicht, ändern sich die makroskopischen Eigenschaften nicht mehr, obwohl im mikroskopischen Bereich noch weiterhin Fluktuationen auftreten. Wir sagen, das System ist in diesem stationären Zustand im thermodynamischen oder kurz thermischen Gleichgewicht. Die makroskopische Beschreibung der thermischen Eigenschaften, auf die wir bei der Ableitung aus der mikroskopischen Beschreibung geführt werden, wird durch die Thermodynamik gegeben. Der mikroskopische Zustand ist klassisch durch die Angabe der Orte und Impulse aller Teilchen gegeben, während man in der Quantenmechanik den genauen Vielteilchenzustand kennen muss.

1 Statistische Gesamtheiten

Diese mikroskopischen Größen fluktuieren nun zeitlich, und man muss zur Berechnung makroskopischer Größen über hinreichend lange Zeiten mitteln. Diese zeitliche Mittelung ist aber schwer zu handhaben. Der amerikanische Physiker J.W. Gibbs (1839-1903) hat diese Schwierigkeiten überwunden, indem er die zeitliche Mittelung durch eine Mittelung über viele gleichartige Systeme ersetzte, die alle dieselben makroskopischen Eigenschaften haben sollen. Wir nennen die Gesamtheit dieser Systeme, die sich nur in ihrem Mikrozustand unterscheiden, eine statistische Gesamtheit oder ein Ensemble. Systeme, für die diese Ersetzung des Zeitmittels durch das Ensemblemittel möglich ist, nennt man ergodische Systeme. Wir werden die Bedingungen, unter denen diese Ersetzung möglich ist, im nächsten Abschnitt noch näher diskutieren.

Zeitmittelung ↔ Ensemblemittelung

Ergodische Systeme

Es ist nun die erste Aufgabe der statistischen Physik, die für diese Ensemblemittelung nötigen Wahrscheinlichkeitsverteilungen abzuleiten. Sind diese Wahrscheinlichkeitsverteilungen bekannt, so können dann die mittleren thermischen Eigenschaften eines makroskopischen Systems sowie Schwankungen um diese Mittelwerte berechnet werden. Die Schwankungen werden dabei um so kleiner sein, je größer das System ist („Gesetz der großen Zahl").

1.1 Klassische Ensemblemittelung

Der Mikrozustand ist klassisch gegeben durch Angabe der Koordinaten und Impulse aller N Teilchen. Der Mikrozustand wird also charakterisiert durch einen Punkt im $6N$-dimensionalen Phasenraum - auch Γ-Raum genannt -, der von allen Koordinaten und Impulsen aufgespannt wird:

$$(x_1, x_2, \cdots, x_n; p_1, p_2, \cdots, p_n) = (x, p) \tag{1.1}$$

mit $n = 3N$. Wir betrachten ein Ensemble mit I Systemen. Die Koordinaten und Impulse des i-ten Systems bezeichnen wir mit $x^{(i)}$, $p^{(i)}$. Es sei $A(x,p)$ eine Funktion der Koordinaten und Impulse (Beispiel: Gesamtenergie). Den Mittelwert von A erhalten wir als

$$<A> = \frac{1}{I} \sum_{i=1}^{I} A(x^{(i)}, p^{(i)}) \; . \qquad (1.2)$$

Wir schreiben diese Mittelung mit einer Wahrscheinlichkeitsdichte $\rho(x,p)$ als

$$<A> = \int dx^{3N} dp^{3N} A(x,p) \rho(x,p) \; , \qquad (1.3)$$

dabei benutzen wir die Kurznotation $\int dx^{3N} = \int dx_1 \int dx_2 \cdots \int dx_{3N}$. Mit

$$\rho(x,p) := \frac{1}{I} \sum_{i} \delta(x - x^{(i)}) \delta(p - p^{(i)}) \; . \qquad (1.4)$$

reduziert sich diese Mittelung im $6N$-dimensionalen Phasenraum auf die Ensemblemittelung. Die Hypothese, dass die eigentlich durchzuführende zeitliche Mittelung dasselbe Ergebnis wie diese Mittelung im Phasenraum liefert, nennt man die Ergodenhypothese (genauer gesagt die Quasi-Ergodenhypothese). Damit eine solche Gleichheit gilt, ist es nötig, wie Ehrenfest gezeigt hat, dass die Bahnkurve, die die zeitliche Entwicklung des Systems im Phasenraum beschreibt, jedem Punkt der Fläche konstanter Energie beliebig nahe kommt.

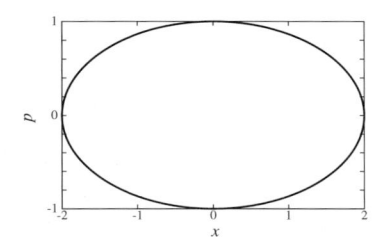

Abb. 1.1. Phasenbahn eines harmonischen Oszillators

Um den Sinn dieser Aussage besser zu verstehen, wollen wir zunächst zwei sehr einfache Systeme betrachten. Die Phasenbahn eines harmonischen Oszillators

$$x(t) = x_0 \cos(\omega t - \phi) \,, \tag{1.5}$$
$$p(t) = -m\omega x_0 \sin(\omega t - \phi) \tag{1.6}$$

beschreibt, wie in Abb. 1.1 dargestellt, die Bahnkurve einer Ellipse. Die dazu gehörige Energie ist $p^2/2m + m\omega^2 x^2/2 = E$. Der zeitliche Mittelwert etwa von $x(t)$ und $x^2(t)$ ist gegeben durch Mittelungen über eine Periode $T = 2\pi/\omega$

$$\langle x \rangle_t = \frac{1}{T} \int_0^T dt \, x_0 \cos(\omega t - \phi) = 0 \,, \tag{1.7}$$

$$\langle x^2 \rangle_t = \frac{1}{T} \int_0^T dt \, x_0^2 \cos^2(\omega t - \phi) = \frac{1}{2} x_0^2 \,. \tag{1.8}$$

Betrachtet man nun ein Ensemble von Systemen mit je einem identischen Oszillator, aber mit statistitsch verteilten Phasen ϕ, so liefert das Ensemblemittel als Mittelung über diese Phasen

$$\langle x \rangle_\phi = \frac{1}{2\pi} \int_0^{2\pi} d\phi \, x_0 \cos(\omega t - \phi) = 0 \,, \tag{1.9}$$

$$\langle x^2 \rangle_\phi = \frac{1}{2\pi} \int_0^{2\pi} d\phi \, x_0^2 \cos^2(\omega t - \phi) = \frac{1}{2} x_0^2 \,. \tag{1.10}$$

Das heißt dieses System ist ergodisch, da Zeit- und Ensemblemittelung dieselben Ergebnisse liefern. Allerdings ist schon ein System von unabhängigen harmonischen Oszillatoren kein ergodisches System mehr. Hält man hier die Gesamtenergie konstant, so kann man die Energie auf viele sehr verschiedene Arten auf die einzelnen Oszillatoren verteilen. In einem statistischen Ensemble sind alle diese Realisierungen gleich wahrscheinlich. Betrachtet man dagegen ein einzelnes System, so wird dort die Energie aller einzelnen nichtwechselwirkenden Oszillatoren schon durch ihre Anfangsbedingungen zeitlich unveränderlich festgelegt. Die Phasenbahn durchläuft also nur einen sehr beschränkten Unterraum des im statistischen Ensemble gleichmäßig ausgefüllten Phasenraums. Das System von harmonischen Oszillatoren ohne jede Wechselwirkung kann also nicht ergodisch sein.

Als zweites Beispiel wollen wir ein System von Kugeln auf einem rechtwinkligen Billardtisch betrachten. Wir nehmen an, dass

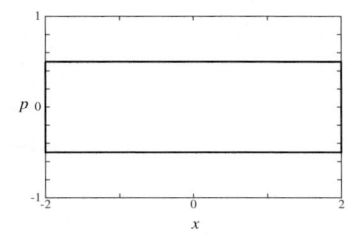

Abb. 1.2. Entartete Phasenbahn beim Billard

die Kugeln sich alle genau in x-Richtung bewegen und sich gegenseitig nicht stoßen. Man sieht in der Abb. 1.2, wie die Ortskoordinate einer Kugel sich bei der Bewegung zwischen den Wänden stetig ändert, während der Impuls nur an den Wänden sprunghaft sein Vorzeichen umkehrt. Diese entarteten rechteckigen Bahnkurven füllen sicher nicht den Phasenraum. Die Situation ändert sich, wenn die Kugeln unter willkürlichen Winkeln auf die Billardwände aufprallen und aneinander streuen. In diesem Fall füllt die Bahnkurve rasch die Fläche konstanter Energie im Phasenraum. Im Allgemeinen werden Wechselwirkungseffekte und Streuungen dafür sorgen, dass die Bahnkurve so unregelmäßig beziehungsweise stochastisch wird, dass sie im Laufe der Zeit den ganzen zugängigen Phasenraum im Sinne Ehrenfests durchläuft. Wir wissen heute, dass mit chaotischen Systemen noch andere Klassen von nichtlinearen Systemen existieren, deren Bahnkurven oft schon für eine kleine Zahl von Freiheitsgraden den Phasenraum zu füllen vermögen. Am Beispiel des Billards wird die Situation sofort anders, wenn man raue reflektierende Wände betrachtet. Insbesondere bei den zum Billardinnenraum hin ausgewölbten Teilen der rauen Wand ergeben selbst Anfangsbedingungen, die untereinander kaum abweichen, völlig andere Bahnen. Diese sogenannte sensitive Abhängigkeit von Anfangsbedingungen ist für chaotische Systeme charakteristisch und führt zu einer starken Vermischung des Phasenraums. Solche stark mischenden Systeme (man kann mehrere Klassen unterscheiden) sind daher sicher Unterklassen der ergodischen Systeme. Für die oben eingeführte Verteilungsfunktion ρ gilt wie für jede Wahrscheinlichkeit, dass sie normiert, positiv semidefinit und reell ist:

$$\int dx^{3N} dp^{3N} \rho(x,p) = 1 \text{ mit } \rho(x,p) \geq 0, \ \rho^*(x,p) = \rho(x,p) \ . \tag{1.11}$$

Das Schwankungsquadrat von A ist dann

$$<(\Delta A)^2> = <(A-<A>)^2> = <A^2> - <A>^2 \ . \tag{1.12}$$

Teilen wir ein System in zwei Teilsysteme auf und sind die beiden Teilsysteme 1 und 2 statistisch unabhängig, so gilt

$$\rho = \rho_1 \rho_2 \ . \tag{1.13}$$

Die Teilsysteme sind nur dann unkorreliert, wenn sie nicht wechselwirken.

1.2 Quantenstatistische Ensemblemittelung

Wir nehmen an, dass die exakte Vielteilchenwellenfunktion des i-ten Systems bekannt sei. Wir nennen sie

$$\psi_i(x_1, x_2, \cdots, x_{3N}) \ . \tag{1.14}$$

Eine kompaktere Schreibweise bekommt man, wenn man diese Wellenfunktion durch einen abstrakten Zustandsvektor $| i >$ kennzeichnet. Zur Wiederholung erinnern wir daran (siehe auch die Diskussion im Anhang A), dass man in der Quantenmechanik der Einteilchen-Eigenfunktion $\phi_n(\boldsymbol{x})$ den Einheitsvektor $| n >$ zuordnet. Diese Einheitsvektoren spannen einen unendlichdimensionalen Vektorraum, den sogenannten Hilbert-Raum, auf. Man definiert ein Skalarprodukt, in dem $| n >$ mit einem adjungierten Zustandsvektor $< n' |$ multipliziert wird. Da die Eigenvektoren alle senkrecht aufeinander stehen, gilt die Orthogonalitätsrelation

$$<n' \mid n> = \delta_{n',n} \ . \tag{1.15}$$

Allgemein ist das Skalarprodukt zwischen zwei Zustandsvektoren eine komplexe Zahl. Ein beliebiger Vektor in diesem Raum lässt sich damit durch die Eigenvektoren $|n>$ aufspannen:

$$\mid \alpha > = \sum_n c_n \mid n > \ . \tag{1.16}$$

Die Entwicklungskoeffizienten c_n erhält man durch Multiplikation mit $<n'\,|$ von links:

$$<n'\,|\,\alpha> = \sum_n c_n <n'\,|\,n> = c_{n'} \,, \qquad (1.17)$$

wobei wir die Orthogonalität benützt haben. Setzt man dieses Ergebnis wieder in die Entwicklung ein, so entsteht
$|\,\alpha> = \sum_n <n\,|\,\alpha>\,|\,n> = \sum_n |\,n><n\,|\,\alpha>$. Offensichtlich muss gelten

$$\sum_n |\,n><n\,| = 1 \,. \qquad (1.18)$$

Man nennt diese Relation die Vollständigkeitsrelation. Die Summe über n erstreckt sich natürlich auch über die kontinuierlichen Teile des Spektrums und muss dort durch ein Integral ersetzt werden. Die Verbindung mit der Schrödinger-Wellenfunktion $\phi_n(\boldsymbol{x})$ erhält man, indem man diese Funktion identifiziert mit dem Skalarprodukt des Zustandsvektors $|\,n>$ mit dem kontinuierlichen Vektor $<\boldsymbol{x}\,|$, also

$$\phi_n(\boldsymbol{x}) := <\boldsymbol{x}\,|\,n> \,. \qquad (1.19)$$

Man sagt, die Schrödinger-Wellenfunktion ist die Ortsraumdarstellung des Zustands n. In dieser Schreibweise wird der Erwartungswert im Zustand n eines Hilbert-Raum-Operators A gegeben durch

$$<A> = <n\,|A|\,n> \,. \qquad (1.20)$$

Die Verbindung mit der Schrödinger-Darstellung erhält man durch zweimaliges Einschieben der Vollständigkeitsrelation
$1 = \int d^3x|\,\boldsymbol{x}><\boldsymbol{x}\,|$. Damit wird

$$<A> = \int d^3x \int d^3x' <n\,|\,\boldsymbol{x}><\boldsymbol{x}\,|A|\,\boldsymbol{x}'><\boldsymbol{x}'\,|\,n> \,. \qquad (1.21)$$

$<\boldsymbol{x}|A|\boldsymbol{x}'>$ ist die Ortsraumdarstellung des Operators A. Wenn sie diagonal ist, gilt $<\boldsymbol{x}|A|\boldsymbol{x}'> = A(\boldsymbol{x})\delta(\boldsymbol{x}-\boldsymbol{x}')$, so dass schließlich (1.20) übergeht in

$$<A> = \int d^3x \, \phi_n^*(\boldsymbol{x}) A(\boldsymbol{x}) \phi_n(\boldsymbol{x}) \,, \qquad (1.22)$$

wie wir es aus der elementaren Quantenmechanik gewohnt sind. Entsprechend können wir in einer Erweiterung auf Vielteilchenzustände der Wellenfunktion $\psi_i(x_1, x_2, \cdots, x_{3N})$ den Vektor $|i>$ zuordnen. Der quantenmechanische Erwartungswert mit der exakten Eigenfunktion des Systems i ist dann $<A> = <i\,|A|\,i>$. Mittelt man nun noch über die Gesamtheit von I Systemen, so wird der quantenstatistische Mittelwert

$$<A> = \frac{1}{I} \sum_{i=1}^{I} <i\,|A|\,i> \ . \tag{1.23}$$

Wir schieben zwischen dem Operator A und dem Zustandsvektor $|\,i>$ die Vollständigkeitsrelation

$$1 = \sum_m |\,m><m\,| \tag{1.24}$$

für ein beliebiges vollständiges Orthogonalsystem $|\,m>$ ein und erhalten

$$\begin{aligned}<A> &= \frac{1}{I} \sum_{i,m} <i\,|A|\,m><m\,|\,i> \\ &= \frac{1}{I} \sum_{i,m} <m\,|\,i><i\,|A|\,m> \\ &=: \mathrm{Sp}(\rho A) \ ,\end{aligned} \tag{1.25}$$

wobei

$$\rho = \frac{1}{I} \sum_{i=1}^{I} |\,i><i\,| \tag{1.26}$$

der statistische Operator ist. Die Summe über alle Diagonalelemente eines Operators nennt man die Spur mit der Abkürzung Sp. Für den statistischen Operator ρ gilt $\rho^\dagger = \rho$. Die Spur des statistischen Operators ist 1:

$$\begin{aligned}\mathrm{Sp}\rho &= \frac{1}{I} \sum_{i,n} <n\,|\,i><i\,|\,n> = \frac{1}{I} \sum_{i=1,n} <i\,|\,n><n\,|\,i> \\ &= \frac{1}{I} \sum_{i=1} <i\,|\,i> = 1\end{aligned} \tag{1.27}$$

und
$$<\alpha\,|\rho|\,\alpha>=\frac{1}{I}\sum_i |<\alpha\,|\,i>|^2 \geq 0 \qquad (1.28)$$
und
$$<\alpha\,|\rho|\,\beta>=<\beta\,|\rho|\,\alpha>^* \;. \qquad (1.29)$$
Sind zwei Untersysteme statistisch unabhängig, so gilt wie für die klassische Wahrscheinlichkeitsverteilung
$$\rho = \rho_1\rho_2 \;. \qquad (1.30)$$
Sind die Eigenzustände von ρ bekannt,
$$\rho|\,n>=\rho_n|\,n> \quad \text{und} \quad \sum_n \rho_n = 1 \;, \qquad (1.31)$$
so sind die Eigenwerte ρ_n Wahrscheinlichkeiten, mit denen sich Mittelwerte berechnen lassen
$$<A>=\sum_n \rho_n A_{nn} \;. \qquad (1.32)$$

1.3 Aufgaben

1.1. Winkel- und Wirkungsvariable des harmonischen Oszillators

Die Behandlung von harmonischen Oszillatoren in der klassischen statistischen Mechanik wird besonders einfach, wenn man Winkel- und Wirkungsvariable verwendet. Die Hamilton-Funktion eines harmonischen Oszillators ist $H(q,p) = \frac{1}{2}\frac{p^2}{m} + \frac{1}{2}m\omega^2 q^2$, wobei q und p die kanonischen Variablen sind. Mit Hilfe einer kanonischen Transformation kann man auf neue kanonische Variablen Q und P umwechseln. Die Erzeugende der Transformation wählen wir als
$$F(q,Q,t) = \frac{1}{2}m\omega q^2 \cot Q \;. \qquad (1.33)$$
Es gilt
$$p = \frac{\partial F}{\partial q}, \quad P = -\frac{\partial F}{\partial Q}, \quad H(q,p) = K(Q,P) \;, \qquad (1.34)$$
wobei $K(Q,P)$ die neue Hamilton-Funktion ist.

a) Zeigen Sie, dass $K(Q,P) = \omega P$. Da die Hamiltonfunktion nicht mehr von Q abhängt, sagt man: Q ist eine zyklische Variable. Man nennt diese Variable Q auch die Winkelvariable und bezeichnet sie mit $Q = \phi$. Die dazu kanonische Variable P trägt die Dimension einer Wirkung. Man bezeichnet sie daher als Wirkungsvariable $P = J$.

b) Lösen Sie die kanonischen Bewegungsgleichungen in den neuen Variablen und zeigen Sie, dass man die bekannten Lösungen des harmonischen Oszillators für die Koordinate $q(t)$ und den Impuls $p(t)$ erhält.

1.2. Quantenmechanischer harmonischer Oszillator

a) Zeigen Sie, dass sich der Schrödinger-Hamilton-Operator des harmonischen Oszillators

$$H = -\frac{\hbar^2}{2m}\frac{d^2}{dx^2} + \frac{1}{2}m\omega^2 x^2 \tag{1.35}$$

durch die Transformationen $x = x_0\zeta$ und $E = E_0 e$ dimensionslos machen lässt. Der resultierende Hamilton-Operator lässt sich diagonalisieren durch die Operatoren

$$a = \frac{1}{\sqrt{2}}\left(\zeta + \frac{d}{d\zeta}\right), \quad a^\dagger = \frac{1}{\sqrt{2}}\left(\zeta - \frac{d}{d\zeta}\right). \tag{1.36}$$

Der Hamilton-Operator nimmt die Form

$$H = \hbar\omega\left(a^\dagger a + \frac{1}{2}\right) \tag{1.37}$$

an.

b) Zeigen Sie, dass a und $a^\dagger$ die Vertauschungsrelation

$$aa^\dagger - a^\dagger a =: [a, a^\dagger] = 1 \tag{1.38}$$

erfüllen.

c) Zeigen Sie, dass a und $a^\dagger$ Vernichtungs- und Erzeugungsoperatoren sind, die aus der n-ten Eigenfunktion ϕ_n von H die $(n-1)$-te und die $(n+1)$-te Eigenfunktion machen:

$$a\phi_n = \sqrt{n}\phi_{n-1}, \quad a^\dagger\phi_n = \sqrt{n+1}\phi_{n+1}. \tag{1.39}$$

2 Mikrokanonische Gesamtheit

Unsere Aufgabe ist es nun, Verteilungsfunktionen ρ abzuleiten, die Systeme im thermischen Gleichgewicht beschreiben. Wir werden im Folgenden Systeme in verschiedenen physikalischen Situationen betrachten. Am einfachsten ist die Situation, wenn ein ganz isoliertes oder, wie man sagt, abgeschlossenes System vorliegt. Eine andere in der Physik häufig auftretende Situation ist, dass man ein System in ein Wärmebad bringt. Der Energieaustausch zwischen dem System und dem Wärmebad bringt das System auf die Badtemperatur. Noch allgemeiner kann man einen Teilchenaustausch zwischen System und Bad zulassen. Man bezeichnet eine Gesamtheit von abgeschlossenen Systemen als mikrokanonische Gesamtheit. Die statistische Verteilungsfunktion der Gesamtheit von abgeschlossenen Systemen lässt sich zwar relativ leicht berechnen, ist aber in der Praxis nicht sehr brauchbar. Aus ihr lassen sich aber für Gesamtheiten von Systemen, die im Kontakt mit einem Wärmebad sind - kanonische und makrokanonische Gesamtheiten genannt -, für praktische Berechnungen wichtige und gut anwendbare Verteilungsfunktionen berechnen. Wir wollen allerdings schon jetzt betonen, dass für makroskopische Systeme alle Gesamtheiten dieselben physikalischen Ergebnisse liefern. Wir beginnen mit der mikrokanonischen Gesamtheit, also einem Ensemble von abgeschlossenen Systemen. Um einen Ansatz für die statistische Verteilung zu finden, betrachten wir zunächst die Abhängigkeit der Erwartungswerte und Schwankungsquadrate vom Volumen. Die uns interessierenden Größen A sind häufig durch ihre Dichten $a(\boldsymbol{r})$ gegeben:

$$A = \int d^3 r\, a(\boldsymbol{r}) \;, \qquad (2.1)$$

wobei $a(\boldsymbol{r})$ zum Beispiel die Teilchenzahldichte, die Impuls- oder die Energiedichte sein kann. Der Erwartungswert

$$<A> = \int d^3r \; <a(\boldsymbol{r})> \; \propto V \qquad (2.2)$$

wird proportional dem Volumen sein. Berechnen wir nun

$$<A^2> = \int d^3r d^3r' \; <a(\boldsymbol{r})a(\boldsymbol{r}')> \;, \qquad (2.3)$$

so enthält $<a(\boldsymbol{r})a(\boldsymbol{r}')>$ im Allgemeinen einen unkorrelierten und einen korrelierten Anteil

$$<a(\boldsymbol{r})a(\boldsymbol{r}')> \; = \; <a(\boldsymbol{r})><a(\boldsymbol{r}')> + f(\boldsymbol{r}-\boldsymbol{r}') \;. \qquad (2.4)$$

Das Integral über den unkorrelierten Anteil ist $\propto V^2$, aber das Integral über den korrelierten Anteil $\int d^3r d^3r' f(\boldsymbol{r}-\boldsymbol{r}')$ ist nur proportional zu V, da $f(\boldsymbol{r}-\boldsymbol{r}')$ innerhalb einer Korrelationslänge l abfällt, das heißt:

$$\int d^3r d^3r' f(\boldsymbol{r}-\boldsymbol{r}') \propto l^3 V \;. \qquad (2.5)$$

Damit nimmt also das relative Schwankungsquadrat

$$\frac{<\Delta A^2>}{<A>^2} = \frac{<A^2> - <A>^2}{<A>^2} \propto \frac{l^3}{V} \propto \frac{1}{N} \qquad (2.6)$$

wie $1/V$ oder $1/N$ ab, wobei N die Teilchenzahl im System ist. Die relativen Schwankungen werden immer kleiner, je größer das System ist. Im „thermodynamischen Grenzfall" $V \to \infty$ und $N \to \infty$ mit $N/V = n$ endlich werden also die Erwartungswerte scharf.

2.1 Quantenstatistik

> **Abgeschl. System**
> $E = const.$
>
> Abgeschlossenes System, kein Energie- oder Teilchenaustausch mit der Umgebung, keine äußeren Felder

Wie schon gesagt, betrachten wir zunächst ein abgeschlossenes, makroskopisches System. Wir lassen dem System genügend Zeit, so dass sich die Erwartungswerte seiner physikalischen Eigenschaften nicht mehr ändern, das System also im thermischen Gleichgewicht ist. Damit die Erwartungswerte $<A(t)>=\mathrm{Sp}(\rho(t)A)$ stationär sind, muss der statistische Operator zeitlich konstant sein. Aus der Definition des statistischen Operators (1.26) folgt für zeitabhängige Zustände die Form

$$\rho(t) = \frac{1}{I} \sum_{i=1}^{I} |i(t)><i(t)| = \sum_{i=1}^{I} p_i |i(t)><i(t)| . \qquad (2.7)$$

Hierbei ist $p_i = \frac{1}{I}$ die Wahrscheinlichkeit für das Auftreten des Zustandes $|i(t)>$. Der Zustandsvektor genügt folgender zeitabhängiger Schrödinger-Gleichung in Hilbert-Raum-Darstellung

$$i\hbar \frac{\partial}{\partial t} |i(t)> = H|i(t)> . \qquad (2.8)$$

Der adjungierte Zustand genügt dann der adjungierten Gleichung

$$-i\hbar \frac{\partial}{\partial t} <i(t)| = <i(t)|H . \qquad (2.9)$$

Damit folgt die Bewegungsgleichung des statistischen Operators

$$i\hbar \frac{\partial}{\partial t} \rho(t) = i\hbar \sum_i p_i \left(\frac{\partial |i(t)>}{\partial t} <i(t)| + |i(t)> \frac{\partial <i(t)|}{\partial t} \right)$$

$$=\sum_i p_i \Big(H \mid i(t) >< i(t) \mid - \mid i(t) >< i(t) \mid H \Big), \quad (2.10)$$

oder mit (2.7)

$$\frac{\partial \rho(t)}{\partial t} = -\frac{i}{\hbar}[\boldsymbol{H}, \rho(t)] \quad (2.11)$$

Quantenstatistische Liouville-Gleichung

Diese Gleichung bezeichnet man als die Liouville-Gleichung des statistischen Operators. Damit sich der statistische Operator nicht mehr ändert, muss er mit dem Hamilton-Operator vertauschbar sein. Für zwei vertauschbare Operatoren kann man die Eigenfunktionen so wählen, dass sie gleichzeitig Eigenfunktionen zu beiden Operatoren sind. Das heißt die Energieeigenzustände $H \mid n > = E_n \mid n >$ sind auch gleichzeitig Eigenzustände des statistischen Operators. Schiebt man vor und hinter dem Operator die Vollständigkeitsrelation ein, so findet man folgende Diagonaldarstellung

$$\rho = \sum_{n,m} \mid n >< n \mid \rho \mid m >< m \mid = \sum_n \rho_n \mid n >< n \mid . \quad (2.12)$$

$\rho_n = \rho(E_n)$ ist die Wahrscheinlichkeit dafür, dass der Zustand $\mid n >$ realisiert ist. In manchen Fällen ist ρ durch weitere Größen bestimmt, deren Operatoren mit H vertauschen, zum Beispiel durch den Gesamtimpuls $\boldsymbol{P}$ oder den Gesamtdrehimpuls $\boldsymbol{L}$. Normalerweise betrachten wir die Systeme jedoch in einem Koordinatensystem, in dem ihr Schwerpunkt ruht, das heißt in dem $\boldsymbol{P} = \boldsymbol{0}$ und $\boldsymbol{L} = \boldsymbol{0}$ sind. Um für die Wahrscheinlichkeit $\rho(E_n)$ einen Ansatz zu machen, erinnern wir uns daran, dass der Erwartungswert der Energie für ein großes System scharf ist, das heißt:

$$E - \Delta E \leq \ <H> \ \leq E , \quad (2.13)$$

wobei $\Delta E << E$ ist. Man setzt daher für $\rho(E_n)$

$$\rho(E_n) = \begin{cases} \frac{1}{g(E)} & \text{für} \quad E - \Delta E \leq E_n \leq E \\ 0 & \text{sonst} \end{cases} \quad (2.14)$$

Mikrokanonische Verteilung für abgeschlossene Systeme

Die Wahrscheinlichkeit für alle Zustände mit den Energien E_n im Intervall ΔE unter E soll gleich groß sein. Das ist eine Annahme, die letzten Endes nur durch Experimente verifiziert werden kann. Die Normierungskonstante $g(E)$ ist gleich der Zahl der Zustände E_n im Intervall ΔE, so dass

$$\sum_{E-\Delta E \leq E_n \leq E} \rho(E_n) = \frac{g(E)}{g(E)} = 1 \quad (2.15)$$

ist. Die Wahl von ΔE muss so erfolgen, dass noch viele Zustände E_n in diesem Intervall liegen. Ansonsten hängen die Ergebnisse nicht von ΔE ab. Wir nennen alle statistischen Gesamtheiten, die durch die Verteilung (2.14) beschrieben werden, mikrokanonische Gesamtheiten.

2.2 Klassische Statistik

Ganz entsprechend lässt sich klassisch argumentieren. Im Rahmen der Hamilton-Theorie der klassischen Mechanik sind die Ortskoordinaten aller Teilchen x_i und die kanonischen Impulse p_i mit $1 \leq i \leq 3N$ die unabhängigen Variablen. Die Wahrscheinlichkeitsdichte $\rho(x,p)$ genügt einer Kontinuitätsgleichung

$$\frac{\partial \rho}{\partial t} + \sum_{i=1}^{3N} \left(\frac{\partial \rho}{\partial x_i} \frac{\partial x_i}{\partial t} + \frac{\partial \rho}{\partial p_i} \frac{\partial p_i}{\partial t} \right) = 0 \ . \quad (2.16)$$

Mit Hilfe der kanonischen Hamilton-Gleichungen $\frac{\partial x_i}{\partial t} = \frac{\partial H}{\partial p_i}$ und $\frac{\partial p_i}{\partial t} = -\frac{\partial H}{\partial x_i}$ folgt die klassische Liouville-Gleichung.

$$\frac{\partial \rho}{\partial t} + \sum_{i=1}^{3N} \left(\frac{\partial \rho}{\partial x_i} \frac{\partial H}{\partial p_i} - \frac{\partial \rho}{\partial p_i} \frac{\partial H}{\partial x_i} \right) = 0 \qquad (2.17)$$

Klassische Liouville-Gleichung

Damit $\frac{\partial \rho}{\partial t}$ im thermischen Gleichgewicht verschwindet, muss

$$\rho = \rho(H(x,p)) \qquad (2.18)$$

sein, denn dann gilt

$$\frac{\partial \rho}{\partial x_i} = \frac{\partial \rho}{\partial H} \frac{\partial H}{\partial x_i} \qquad (2.19)$$

und

$$\frac{\partial \rho}{\partial p_i} = \frac{\partial \rho}{\partial H} \frac{\partial H}{\partial p_i}, \qquad (2.20)$$

und damit verschwindet die Klammer in der Liouville-Gleichung (2.17). Für mikrokanonische Gesamtheiten wird dann wieder postuliert, dass

$$\boldsymbol{\rho(H)} = \begin{cases} \frac{1}{g(E)} & \text{für } \boldsymbol{E - \Delta E \leq H \leq E} \\ 0 & \text{sonst} \end{cases} \qquad (2.21)$$

Klassische mikrokanonische Verteilung

Dabei ist

$$g(E) = A \int_{E-\Delta E \leq H \leq E} dx^{3N} dp^{3N} . \qquad (2.22)$$

Die Konstante A bestimmen wir so, dass die quantenmechanisch berechnete Zahl der Mikrozustände im quasiklassischen Grenzfall in (2.22) übergeht. Da quantenmechanisch die Teilchen ununterscheidbar sind, sind Zustände, die sich nur durch die Permutation von Teilchenkoordinaten unterscheiden, nicht verschieden. Wir müssen also bei der klassischen Berechnung von $g(E)$ durch die Zahl aller Permutationen, also $N!$, teilen. Für das Beispiel von freien Teilchen muss man quantenmechanisch eine Summe über die diskreten Eigenwerte der Komponenten der Wellenvektoren

$k_i = \frac{2\pi}{L_i}n_i$ durchführen, wobei L_i die Länge des Systems in einer der drei Raumrichtungen ist. n_i sind ganze Zahlen. Die Differenz zwischen zwei Eigenwerten ist dann $\Delta k_i = \frac{2\pi}{L_i}$. Unter Verwendung der de-Broglie-Beziehung $p_i = \hbar k_i$ führt man nun folgenden Grenzprozess aus

$$\sum_{\{k_i\}} = \sum_{\{k_i\}} \left(\frac{\Delta k_i}{\Delta k_i}\right)^{3N} \to \frac{V^N}{N!}\int\left(\frac{dp}{2\pi\hbar}\right)^{3N} = \frac{1}{N!}\int(dx)^{3N}\left(\frac{dp}{2\pi\hbar}\right)^{3N}. \tag{2.23}$$

Dabei haben wir im Nenner verwendet $\prod\{\Delta k_i\} = \frac{(2\pi)^{3N}}{V^N}$. Außerdem haben wir im letzten Schritt $V^N \to \int(dx)^{3N}$ ersetzt, so dass das Ergebnis auch für räumlich inhomogene Situationen gilt. Die Zahl der Mikrozustände $g(E)$ ist damit

$$g(E) = \frac{1}{N!}\int_{E-\Delta E \leq H \leq E} dx^{3N}\frac{dp^{3N}}{(2\pi\hbar)^{3N}}. \tag{2.24}$$

Immer wenn im Rahmen der klassischen Statistik Zustandssummen durch Integration über den Phasenraum ausgewertet werden, müssen die Gewichtsfaktoren des Phasenraumvolumenelementes

$$d\Gamma = \frac{1}{N!}dx^{3N}\frac{dp^{3N}}{(2\pi\hbar)^{3N}}. \tag{2.25}$$

berücksichtigt werden. Dadurch, dass wir die klassische Zustandssumme so wählen, dass sie mit dem quasiklassischen Grenzwert der quantenmechanisch berechneten Zustandssumme übereinstimmt, tritt in ihr etwas überraschend das Plancksche Wirkungsquant $\hbar$ auf.

In Aufgabe 7.1 werden wir für das Beispiel eines klassischen idealen Gases zeigen, dass die mit (2.24) berechneten thermodynamischen Funktionen in der Tat nicht von der Dicke der Energieschale ΔE abhängen, da sich für große Systeme alle Zustände in einer extrem dünnen Kugelschale um $E \simeq H$ befinden.

2.3 Beispiel: Zweiniveausystem

Die Energieabhängigkeit der Zahl der Zustände im Intervall ΔE bestimmt also die Verteilungsfunktion ρ. Wir wollen diese Abhängigkeit für ein einfaches Beispiel berechnen. Die Energie eines

Zweiniveausystems mit N Teilchen ist:

$$E(N_1, N_2) = \epsilon_1 N_1 + \epsilon_2 N_2. \qquad (2.26)$$

Man kann nun N Teilchen auf

$$g(E) = \frac{N!}{N_1! N_2!} = \frac{N!}{N_1!(N-N_1)!} \qquad (2.27)$$

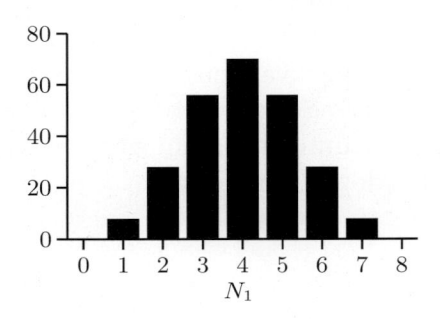

Abb. 2.1. Zahl der Zustände $g(E(N_1))$ im Zweiniveausystem für 8 Teilchen

verschiedene Arten in die beiden Zustände einordnen. Abb. 2.1 zeigt $g(E(N_1))$ für $N = 8$. Dies ist die Zahl der Zustände mit der Energie $E = \epsilon_1 N_1 + \epsilon_2 N_2$ und mit Teilchenzahl $N = N_1 + N_2$. Es ist $N_1 = (E - N\epsilon_2)/(\epsilon_1 - \epsilon_2)$. Setzen wir $\epsilon_2 = 0$, $\epsilon_1 = \Delta\epsilon$, so wird $N_1 = E/\Delta\epsilon$. Wir wollen nun $N!$ für große N approximieren; dazu verwenden wir die Stirling-Formel

$$\ln N! = \ln 1 + \ln 2 + \cdots + \ln N = \sum_{i=1}^{N} \ln i \simeq \int_1^N \ln x\, dx$$

$$= x(\ln x - 1)\Big|_1^N = N(\ln N - 1) + 1 \simeq N \ln \frac{N}{e}, \qquad (2.28)$$

oder

$$N! \simeq e^{N \ln(N/e)} = e^{\ln((N/e)^N)} = \left(\frac{N}{e}\right)^N. \qquad (2.29)$$

Diese Näherung nennt man die Stirling-Formel. Damit wird

$$g(E) \simeq \frac{N^N}{N_1^{N_1} N_2^{N_2}} = \frac{N^{N_1} N^{N_2}}{N_1^{N_1} N_2^{N_2}}$$

$$= \left(\frac{N}{N_1}\right)^{N_1} \left(\frac{N}{N_2}\right)^{N_2} = \left[\left(\frac{N}{N_1}\right)^{\frac{N_1}{N}} \left(\frac{N}{N_2}\right)^{\frac{N_2}{N}}\right]^N .\quad(2.30)$$

Aus $E = \Delta\epsilon N_1$ und $N = N_1 + N_2$ berechnet man

$$N_1 = \frac{E}{\Delta\epsilon} \ , \ N_2 = \frac{N\Delta\epsilon - E}{\Delta\epsilon} \quad (2.31)$$

oder

$$\frac{N_1}{N} = \frac{E/N}{\Delta\epsilon} \ , \ \frac{N_2}{N} = \frac{\Delta\epsilon - E/N}{\Delta\epsilon} \ . \quad (2.32)$$

Damit ist

$$g(E) = \left(h\left(\frac{E}{N}\right)\right)^N . \quad (2.33)$$

Dabei ist $h(E/N)$ eine beliebige Funktion der intensiven Variablen E/N. Während $g(E)$ wegen des Exponenten N extrem stark von E abhängt, ist $\ln g(E) = N \ln(h(E/N))$ eine extensive Größe, die asymptotisch linear von der Teilchenzahl N, beziehungsweise dem Volumen V, abhängt. Diese Eigenschaft, die wir am Beispiel des Zweiniveausystems abgeleitet haben, ist eine allgemeine Eigenschaft. Teilt man ein beliebiges makroskopisches System in zwei gleich große, schwach wechselwirkende Systeme auf, so gilt $g(E) \simeq g(E/2)g(E/2)$ und allgemein bei der Aufteilung in N/n Teilsysteme

$$g(E) \simeq \left(g\left(\frac{E}{N}n\right)\right)^{\frac{N}{n}} = \left(g\left(\frac{E}{N}n\right)^{1/n}\right)^N = \left(h\left(\frac{E}{N}\right)\right)^N , \quad(2.34)$$

also

$$\ln g(E) \propto N \ . \quad (2.35)$$

2.4 Aufgaben

2.1. Liouville-Gleichung für harmonische Oszillatoren

Schreiben Sie die Liouville-Gleichung (2.17) unter Verwendung von Winkel- und Wirkungsvariablen (siehe Aufgabe 1.1) für ein System nichtgekoppelter harmonischer Oszillatoren.

2.2. Wechselwirkungsdarstellung der quantenmechanischen Liouville-Gleichung

Der Hamilton-Operator eines Systems soll zerfallen in $H = H_0 + V$, wobei H_0 der exakt behandelbare, zeitunabhängige Teil sein und V einen Wechselwirkungsoperator darstellen soll. Transformieren Sie die Gleichung des statistischen Operators (2.11) auf die Wechselwirkungsdarstellung mit

$$\tilde{\rho}(t) = S^{-1}(t)\rho(t)S(t), \quad \text{mit} \quad S(t) = e^{-\frac{i}{\hbar}H_0 t} \ . \qquad (2.36)$$

3 Kanonische Gesamtheit

3.1 System im Wärmebad

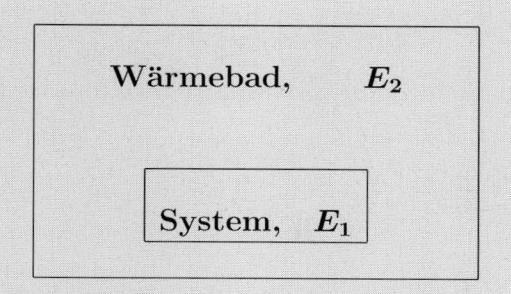

> Wärmebad, E_2
>
> System, E_1
>
> **System und Wärmebad. Es besteht ein Energieaustausch zwischen System und Bad. Beide zusammen bilden ein abgeschlossenes System.**

Wir gehen aus von der mikrokanonischen Wahrscheinlichkeitsdichte, die für abgeschlossene Systeme gilt, und leiten daraus eine Verteilungsfunktion ab für Systeme, die im Kontakt sind mit einem großen Wärmebad. Für viele Anwendungen und für die meisten theoretischen Ableitungen ist diese sogenannte kanonische Verteilungsfunktion viel wichtiger als die ursprüngliche mikrokanonische. Hierzu betrachten wir zwei Teilsysteme, die miteinander nur schwach wechselwirken, aber doch auch im Bezug aufeinander im thermischen Gleichgewicht stehen. Das ist nur möglich, wenn ein Energieaustausch stattfinden kann. Wir verwenden die quantenstatistische Beschreibung für die Herleitung. Für das uns interessierende System 1 soll die Verteilungsfunktion bestimmt werden, das System 2 dient lediglich als ein Wärmebad (auch Reservoir genannt). Man kann an einen Kristall denken

(System 1), der sich in der Flüssigkeit (zum Beispiel flüssiges Helium) eines großen Kryostaten oder Thermostaten (Bad) befindet. Wenn wir die Wechselwirkungsenergie vernachlässigen, gilt

$$E_{1,n} + E_{2,\nu} = E_{n,\nu} , \quad E_1 + E_2 = E , \qquad (3.1)$$

wobei n und ν die Mikrozustände von System und Bad charakterisieren. Die Gesamtenergie ist die Summe der Energien der beiden Teilsysteme. Die Wahrscheinlichkeit für den Zustand $E_{n,\nu}$ des Gesamtsystems ist für mikrokanonische Gesamtheiten gegeben durch

$$\rho(E_{n,\nu}) = \begin{cases} \frac{1}{g(E)} & \text{für } E - \Delta E \leq E_{n,\nu} \leq E \\ 0 & \text{sonst} . \end{cases} \qquad (3.2)$$

Die Wahrscheinlichkeit, das System 1 im Zustand n zu finden, ist dann

$$\rho_1(E_{1,n}) = \sum_{\nu} \rho(E_{n,\nu}) , \qquad (3.3)$$

oder mit (3.2)

$$\sum_{\nu} \rho(E_{n,\nu}) = \begin{cases} \sum_{\nu} \frac{1}{g(E)} & \text{für } E - \Delta E \leq E_{1,n} + E_{2,\nu} \leq E \\ 0 & \text{sonst} \end{cases} \qquad (3.4)$$

oder

$$= \frac{g_2(E - E_{1,n})}{g(E)} = \frac{g_2(E_2 + E_1 - E_{1,n})}{g(E)} , \qquad (3.5)$$

wobei $g_2(E - E_{1,n})$ die Zahl der Zustände des Systems 2 im Intervall $E - \Delta E - E_{1,n} \leq E_{2,\nu} \leq E - E_{1,n}$ ist. Die Abweichung $E_1 - E_{1,n}$ wird für makroskopische Systeme sehr klein sein. Wir wollen daher g_2 nach dieser Energiedifferenz entwickeln. Wir erinnern uns, dass $g \propto h(E/N)^N$ extrem stark von der Energie abhängt, nicht aber

$$\ln g \propto N \ln h(E/N) . \qquad (3.6)$$

Wir entwickeln daher

$$\begin{aligned}\ln \rho_1(E_{1,n}) &= \ln g_2(E_2 + E_1 - E_{1,n}) - \ln g(E) \\ &= \ln \left(\frac{g_2(E_2)}{g(E)} \right) + \frac{d}{dE_2} \ln (g_2(E_2)) (E_1 - E_{1,n}) + \cdots \\ &\simeq -\ln Z - \beta E_{1,n} , \end{aligned} \qquad (3.7)$$

wobei wir alle nicht von $E_{1,n}$ abhängigen Terme als $-\ln Z$ geschrieben haben. Die Ordnung der N_2-Abhängigkeit der einzelnen Terme ist

$$\ln g_2 \propto O(N_2) \;,\; \frac{d\ln g_2}{dE_2} \propto O(1) \;,\; \frac{d^2\ln g_2}{dE_2^2} \propto O(1/N_2) \text{ usw.} \tag{3.8}$$

Insgesamt erhalten wir von (3.7)

$$\rho_1(E_{1,n}) = \frac{1}{Z} e^{-\beta E_{1,n}} \;. \tag{3.9}$$

Die Konstante

$$\beta = \frac{d\ln g_2(E_2)}{dE_2} \geq 0 \tag{3.10}$$

wird durch den Mittelwert der Energie festgelegt

$$<E> = \sum_n \rho_n E_n \;. \tag{3.11}$$

Sie ist, wie wir noch ausführlich besprechen werden, gegeben durch die inverse thermische Energie, die durch die Temperatur des Bades bestimmt ist. Die Konstante Z bestimmt sich aus der Normierung von ρ_1 zu

$$Z = \sum_n e^{-\beta E_n} \tag{3.12}$$

Kanonische Zustandssumme

Die Berechnung der kanonischen Zustandssumme wird sich als zentrales Problem der statistischen Physik des Gleichgewichts erweisen, da man aus ihr die thermodynamischen Eigenschaften eines Systems berechnen kann. Damit ist die Wahrscheinlichkeitsverteilung

$$\rho_n = \frac{1}{Z} e^{-\beta E_n} \qquad (3.13)$$

Kanonische Verteilung für Systeme im Wärmebad

Für den statistischen Operator ρ erhalten wir mit $<n\mid\rho\mid n>=\rho_n$ den Operatorausdruck

$$\rho = \frac{1}{Z} e^{-\beta H}, \qquad (3.14)$$

wobei H der Hamilton-Operator ist und die Zustandssumme

$$Z = \mathrm{Sp}\, e^{-\beta H}. \qquad (3.15)$$

In der kanonischen Verteilung ist die Energie des Systems also nicht mehr scharf, vielmehr tragen bei Mittelungen viele Zustände bei mit einer Wahrscheinlichkeit, die durch das Verhältnis von der Energie dieser Zustände zur thermischen Energie bestimmt ist. Gesamtheiten, die durch diese Verteilungsfunktion beschrieben werden, nennt man kanonische Gesamtheiten.

Eine direkte Herleitung der statistischen Verteilung einer kanonischen Gesamtheit ergibt sich aus den Forderungen für zwei schwach gekoppelte Systeme

$$\rho(H) = \rho(H_1 + H_2) = \rho(H_1)\rho(H_2). \qquad (3.16)$$

Diese Gleichung wird durch eine Exponentialfunktion gelöst:

$$\rho(H) = a e^{-bH}. \qquad (3.17)$$

Das ist gerade die Form der kanonischen Verteilung (3.14).

3.2 Aufgaben

3.1. Kanonische Zustandssumme des klassischen harmonischen Oszillators

Berechnen Sie die kanonische Zustandssumme eines harmonischen Oszillators

a) klassisch mit den kanonischen Variablen q und p
b) klassisch mit Winkel- und Wirkungsvariablen.

3.2. Kanonische Zustandssumme des quantenmechanischen harmonischen Oszillators

a) Berechnen Sie die kanonische Zustandssumme des harmonischen Oszillators quantenmechanisch.
b) Zeigen Sie, dass im Grenzfall $\frac{\hbar\omega}{kT} \to 0$ die quantenmechanische Zustandssumme in die klassische übergeht.
c) Wie sieht die Zustandssumme eines Systems von N unabhängigen Oszillatoren im quantenmechanischen Fall aus?

3.3. Ortsraumdarstellung der kanonischen Dichtematrix für den harmonischen Oszillator

a) Zeigen Sie, dass das Diagonalelement der Ortsraumdarstellung der kanonischen Dichtematrix $\rho(x) = <x\,|\,\rho\,|\,x>$ für ein Ensemble harmonischer Oszillatoren der Differenzialgleichung

$$\frac{d}{dx}\rho(x) = -\frac{2}{x_0^2} \tanh \frac{\beta\hbar\omega}{2} x\rho(x) \qquad (3.18)$$

genügt. Verwenden Sie hierzu die Technik der Erzeugungs- und Vernichtungsoperatoren aus Aufgabe 1.2.
b) Lösen Sie die Differenzialgleichung (3.18). Welche Randbedingungen müssen erfüllt sein?
c) Berechnen Sie die klassische Form von $\rho(x)$, und vergleichen Sie das quantenmechanische und klassische Ergebnis.

4 Großkanonische Gesamtheit

4.1 Quantenstatistische Verteilung

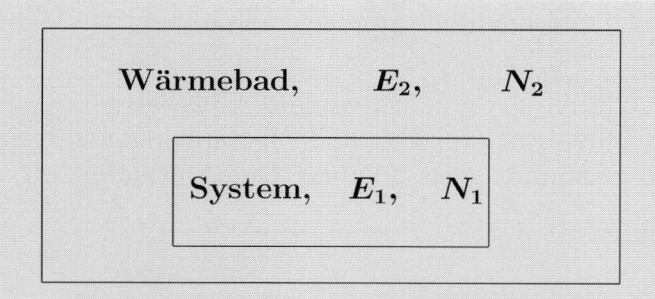

> Wärmebad, E_2, N_2
>
> System, E_1, N_1
>
> System und Wärmebad. Es besteht ein Energie- und Teilchenaustausch zwischen System und Bad.

Wir betrachten wieder zwei Teilsysteme, also System und Bad, die miteinander schwach wechselwirken. Diesmal soll die Trennwand zwischen System und Bad nicht nur einen Energieaustausch, sondern auch einen Teilchenaustausch zulassen, das heißt die Energie kann sich sowohl durch direkten Austausch als auch durch Materietransport ändern. Wir suchen die Wahrscheinlichkeitsverteilung dafür, dass sich das uns interessierende System 1 im Zustand $|n>$ mit der Energie $E_{1,n}$ und der Teilchenzahl $N_{1,n}$ befindet

$$\rho_1(E_{1,n}, N_{1,n}) = \sum_\nu \rho(E_{n,\nu})$$
$$= \sum_\nu \begin{cases} \frac{1}{g(E,N)} & \text{für} \quad E - \Delta E \leq E_{1,n} + E_{2,\nu} \leq E \\ 0 & \text{sonst} \end{cases}$$

$$= \frac{g_2(E - E_{1,n}, N - N_{1,n})}{g(E, N)}$$

$$= \frac{g_2(E_2 + E_1 - E_{1,n}, N_2 + N_1 - N_{1,n})}{g(E, N)} \;, \qquad (4.1)$$

wobei $g_2(E_2, N_2)$ wieder die Zahl der Zustände des Bades im Intervall ΔE ist. Entwickelt man $\ln \rho_1(E_{1,n}, N_{1,n})$ nach den kleinen Schwankungen $E_1 - E_{1,n}$ und $N_1 - N_{1,n}$, so entsteht

$$\ln \rho_1(E_{1,n}, N_{1,n})$$
$$\simeq \ln\left(\frac{g_2(E_2, N_2)}{g(E, N)}\right) + \frac{\partial \ln g_2}{\partial E_2}(E_1 - E_{1,n}) + \frac{\partial \ln g_2}{\partial N_2}(N_1 - N_{1,n})$$
$$= -\ln Z - \beta E_{1,n} + \beta \mu N_{1,n} \;, \qquad (4.2)$$

wobei wir alle nicht von $E_{1,n}$ und $N_{1,n}$ abhängigen Terme wieder zu $-\ln Z$ zusammengefasst haben. Damit erhalten wir

$$\boldsymbol{\rho(E_n, N_n) = \frac{1}{Z} e^{-\beta(E_n - \mu N_n)}} \qquad (4.3)$$

**Großkanonische Verteilung
mit Energie- und Teilchenaustausch**

Die Zustandssumme folgt wieder aus der Normierung

$$\sum_n \rho(E_n, N_n) = 1 \text{ oder } Z = \sum_n e^{-\beta(E_n - \mu N_n)} \;. \qquad (4.4)$$

Die großkanonische Verteilungsfunktion beschreibt Systeme im Gleichgewicht mit einem Bad, wobei der Kontakt den Austausch von Energie und von Teilchen zulässt. Sowohl die Energie als auch die Teilchenzahl schwanken dabei um einen vorgegebenen Mittelwert

$$<E> = \sum_n E_n \rho(E_n, N_n) \;, \; <N> = \sum_n N_n \rho(E_n, N_n) \;. \qquad (4.5)$$

Diese zwei Beziehungen legen die Konstanten β und μ fest. Während β wieder die inverse thermische Energie darstellt, die durch die Temperatur des Bades bestimmt wird, ist das chemische Potenzial $-\mu$ gerade die Energieänderung, die durch das Hinzufügen eines Teilchens hervorgerufen wird. Die gesamte Energieänderung ist dann $-\mu N_n$. Dieser Term tritt in der großkanonischen Verteilung (4.3) als Änderung der Energie E_n auf.

Noch allgemeiner kann man solche Systeme betrachten, deren Energie nicht nur direkt und durch Teilchenaustausch geändert werden kann, sondern auch dadurch, dass äußere Felder f_i Arbeit leisten. Die dazugehörige Wechselwirkungsenergie sei

$$H_W = -\sum_i q_i f_i \ . \qquad (4.6)$$

Dann schwanken nicht nur E und N, sondern auch die Größen q_i. Man erhält für diese offenen Systeme ganz analog die Verteilung

$$\rho_n = \frac{1}{Z} e^{-\beta(E_n - \mu N_n - \sum_i f_i q_{i,n})} \qquad (4.7)$$

Allgemeine großkanonische Verteilung

Für den statistischen Operator erhält man entsprechend

$$\rho = \frac{1}{Z} e^{-\beta(H - \mu N - \sum_i f_i q_i)} \ . \qquad (4.8)$$

wobei H, N und q_i Operatoren sind. Die allgemeine großkanonische Zustandssumme ist dann

$$Z = \mathrm{Sp}\, e^{-\beta(H - \mu N - \sum_i f_i q_i)} \ . \qquad (4.9)$$

4.2 Klassische Verteilung

Wir haben die kanonischen und makro- oder großkanonischen Verteilungen in ihrer quantenmechanischen Formulierung abgeleitet. Ihre klassische Formulierung finden wir, wie schon bei der mikrokanonischen Verteilung besprochen, durch den quasiklassischen Grenzübergang

$$E_n \to H(x_i, p_i) \ . \qquad (4.10)$$

4 Großkanonische Gesamtheit

Die klassische Verteilungsfunktion ist damit

$$\rho(x_i, p_i) = \frac{1}{Z} e^{-\beta H(x_i, p_i)} \ . \tag{4.11}$$

Statt über die Quantenzustände n zu summieren, integrieren wir über den Phasenraum

$$Z = \sum_n e^{-\beta E_n} = \sum_n \frac{(\Delta p \Delta x)^{3N}}{(\Delta p \Delta x)^{3N}} e^{-\beta E_n} \ . \tag{4.12}$$

Anders als bei der mikrokanonischen Verteilung, wo wir für den Übergang von freien Teilchen ausgegangen sind, wollen wir nun den Übergang unter der Annahme von gebundenen Zuständen durchführen. Aus der Sommerfeldschen Quantisierungsbedingung für gebundene Zustände

$$J_n = \int p \, dx = n 2\pi \hbar \tag{4.13}$$

folgt

$$\Delta p \Delta x = 2\pi \hbar \ . \tag{4.14}$$

Gehen wir nun zum Integral über, so erhalten wir

$$\boxed{Z = \frac{1}{N!} \int (dx)^{3N} \left(\frac{dp}{2\pi \hbar}\right)^{3N} e^{-\beta H(x_i, p_i)}} \tag{4.15}$$

Klassische Zustandssumme

Der Faktor $1/N!$ wurde wieder eingeführt, um die quantenmechanische Ununterscheidbarkeit der Teilchen zu berücksichtigen. Wir sehen, dass (4.15) dieselben Gewichtsfaktoren für das Phasenraumintegral liefert wie (2.24). Die Energie setzt sich im Allgemeinen aus Einteilchenenergien und Wechselwirkungsenergien zusammen

$$H(x_i, p_i) = \sum_i H_i + \frac{1}{2} \sum_{i \neq j} W_{i,j} \ . \tag{4.16}$$

Integriert man über die Koordinaten und Impulse von $N-1$ Teilchen, so erhalten wir eine Einteilchenverteilungsfunktion

$$f(x,p) = \int \frac{(dxdp)^{3(N-1)}}{(2\pi\hbar)^{3(N-1)}(N-1)!} \rho(x_i, p_i) \ . \qquad (4.17)$$

Besonders einfach ist die resultierende Verteilungsfunktion für ein ideales Gas mit $W_{i,j} = 0$, die sogenannte Maxwell-Boltzmann-Verteilung

$$f(x,p) = \frac{e^{-\beta H^0(\boldsymbol{x},\boldsymbol{p})}}{\int \frac{d^3 x d^3 p}{(2\pi\hbar)^3 N} e^{-\beta H^0(\boldsymbol{x},\boldsymbol{p})}} \ , \qquad (4.18)$$

wobei $H^0 = \frac{p^2}{2m} + V(\boldsymbol{x})$ die Hamilton-Funktion eines Teilchens ist. Diese Verteilung ist auf N normiert. Das Integral über $\boldsymbol{x}$ und $\boldsymbol{p}$ liefert also die Gesamtteilchenzahl.

4.3 Beispiele: Klassische Verteilungen

Geschwindigkeitsverteilung

Sei $H^0 = \frac{p^2}{2m}$. In diesem Fall erhalten wir die Wahrscheinlichkeitsverteilung des Impulses eines Teilchens

$$f(p) = \int d^3 x f(x,p) = C^{-1} e^{-\frac{\beta p^2}{2m}} \ . \qquad (4.19)$$

Mit

$$\begin{aligned}
C &= V \int \frac{d^3 p}{(2\pi\hbar)^3 N} e^{-\beta \frac{p^2}{2m}} \\
&= 4\pi V \int_0^\infty \frac{dp}{(2\pi\hbar)^3 N} p^2 e^{-\frac{\beta p^2}{2m}} \\
&= 4\pi V \left(\frac{2m}{\beta}\right)^{3/2} \frac{1}{(2\pi\hbar)^3 N} \int_0^\infty dx\, x^2 e^{-x^2} \\
&= 4\pi V \left(\frac{2m}{\beta}\right)^{3/2} \frac{1}{(2\pi\hbar)^3 N} \frac{d}{d(-\alpha)} \int_0^\infty dx\, e^{-\alpha x^2} \Big|_{\alpha=1} \\
&= 2\pi V \left(\frac{2m}{\beta}\right)^{3/2} \frac{1}{(2\pi\hbar)^3 N} \frac{d}{d(-\alpha)} \pi^{1/2} \alpha^{-1/2} \Big|_{\alpha=1} \\
&= \left(\frac{2\pi m}{\beta}\right)^{3/2} \frac{V}{(2\pi\hbar)^3 N} \\
&= \left(\frac{m}{2\pi\hbar^2 \beta}\right)^{3/2} \frac{V}{N} = C \ , \qquad (4.20)
\end{aligned}$$

also mit $n = N/V$

$$f(p) = n \left(\frac{2\pi\hbar^2\beta}{m}\right)^{3/2} e^{-\beta\frac{p^2}{2m}} \qquad (4.21)$$

Maxwellsche Geschwindigkeitsverteilung

mit

$$\int \frac{d^3p}{(2\pi\hbar)^3} f(p) = n \ . \qquad (4.22)$$

Identifizieren wir β mit $1/kT$, wobei k die Boltzmann-Konstante mit dem numerischen Wert $k = 1,381 \cdot 10^{-23} J/K = 1,381 \cdot 10^{-16} erg K^{-1} = 8,617 \cdot 10^{-2} meV K^{-1}$ ist, so stellt das Ergebnis (4.21) die berühmte Geschwindigkeitsverteilung von Maxwell (1831-1879) dar. Die Einheit der Energie ist hier gegeben durch J „Joule", erg oder Millielektronvolt meV, während die Einheit der absoluten Temperatur K „Kelvin" ist.

Barometrische Höhenformel
Setzen wir $H^0 = V(z) = mgz$, so erhält man die Gleichgewichtsverteilung von schweren Teilchen im Gravitationsfeld der Erde als

$$f(z) = C^{-1} e^{-\beta mgz} \qquad (4.23)$$

Barometrische Höhenformel

Die Impulskoordinaten und die x,y-Komponenten des Ortsvektors wurden dabei herausintegriert.

4.4 Aufgaben

4.1. Eigenschaften der Spur

Zeigen Sie für beliebige Operatoren $A, B, \ldots$, dass:

a) für die Spurbildung über Produkte folgendes Gesetz gilt: $\mathrm{Sp}(AB) = \mathrm{Sp}(BA)$. Leiten Sie diese Relation zuerst mit Hilfe eines vollständigen Satzes von Einteilchen-Schrödinger-Eigenfunktionen und dann in der kürzeren Notation mit Zustandsvektoren her.
b) die Spur mit Hilfe eines beliebigen vollständigen Satzes von Eigenzuständen gebildet werden kann.
c) unter der Spur über ein Produkt von drei Operatoren die Operatoren zyklisch vertauscht werden dürfen.

5 Verbindung mit der Thermodynamik, Entropie

Aus der allgemeinen großkanonischen Verteilungsfunktion (4.7) erhalten wir den zugehörigen statistischen Operator ρ, dessen Matrixelemente gerade die Verteilung (4.7) ergeben

$$<m\,|\rho|\,m> = \rho_m\;, \qquad (5.1)$$

wobei

$$\rho = \frac{1}{Z}e^{-\beta\left(H-\mu N-\sum_i f_i q_i\right)}\;. \qquad (5.2)$$

Hier sind H, N und q_i die Operatoren der Energie, der Teilchenzahl und der Koordinate q_i. Die Zustandssumme, die von den Parametern β, μ und f_i abhängt, ist

$$Z(\beta,\mu,\{f_i\}) = \mathrm{Sp}\,e^{-\beta\left(H-\mu N-\sum_i f_i q_i\right)} = e^{-\beta\Omega(\beta,\mu,\{f_i\})}\;, \qquad (5.3)$$

also

$$\rho = e^{\beta\left(\Omega-H+\mu N+\sum_i f_i q_i\right)}\;. \qquad (5.4)$$

Wir nennen Ω das thermodynamische Potenzial. Es ergibt sich als

$$\boxed{\Omega(\mu,\beta,\{f_i\}) = -\frac{1}{\beta}\ln\mathrm{Sp}\,e^{\beta\left(-H+\mu N+\sum_i f_i q_i\right)}} \qquad (5.5)$$

Thermodynamisches Potenzial

Der Erwartungswert des Operators q_i lässt sich als Ableitung von Ω nach f_i berechnen, denn es gilt:

$$\frac{\partial\Omega}{\partial f_i} = -\frac{1}{\beta Z}\,\mathrm{Sp}\,\beta q_i e^{\beta\left(-H+\mu N+\sum_j f_j q_j\right)} = -\mathrm{Sp}\,q_i\rho = -<q_i>\;. \qquad (5.6)$$

Die Ableitung des Logarithmus liefert dabei die Normierung $1/Z$ und die Ableitung des Exponentialterms den Faktor βq_i unter der Spur. Ebenso ist

$$\frac{\partial \Omega}{\partial \mu} = - <N> \qquad (5.7)$$

und

$$\frac{\partial \Omega}{\partial \beta} = -\frac{\Omega}{\beta} + \frac{1}{\beta} <H - \mu N - \sum_i f_i q_i> = -\frac{1}{\beta^2} <\ln \rho> \ . \qquad (5.8)$$

Mit der Bezeichnung $\beta = \frac{1}{kT}$ wird $d\beta = -\frac{kdT}{(kT)^2}$ und damit

$$\frac{\partial \Omega}{\partial \beta} d\beta = k <\ln \rho> dT = -SdT \ . \qquad (5.9)$$

In (5.9) haben wir also die Änderung des thermodynamischen Potenzials $\Delta\Omega = -S\Delta T$ mit der Temperatur als das Negative der Entropiefunktion S bezeichnet. Wie (5.9) zeigt, ist diese neue thermodynamische Funktion S gegeben durch

$$\boldsymbol{S = -k <\ln \rho> = -k\mathrm{Sp}(\rho \ln \rho)} \qquad (5.10)$$

Entropie

Der von R. Clausius (1822-1888) geprägte Begriff der Entropie stammt aus dem Griechischen und bedeutet Umwandlung. Wir sehen, dass diese für die Thermodynamik sehr wichtige Zustandsfunktion S gegeben ist durch den Mittelwert des Logarithmus der Verteilungsfunktion, beziehungsweise durch den Erwartungswert des Logarithmus des statistischen Operators. Da die Erwartungswerte von ρ Wahrscheinlichkeiten sind, die zwischen Null und Eins variieren, ist der Logarithmus negativ, so dass die in (5.10) definierte Entropie positiv ist. Wie alle wichtigen Begriffe der Physik, gewinnt auch der Begriff der Entropie erst im Kontext, das heißt hier, im Rahmen der noch abzuleitenden Beziehungen der Thermodynamik, seine Bedeutung. Lassen wir der Kürze wegen die Erwartungswertzeichen $<>$ von N und q_i weg, so ist die totale Änderung der thermodynamischen Funktion

5 Verbindung mit der Thermodynamik, Entropie

$$d\Omega = -SdT - Nd\mu - \sum q_i df_i \qquad (5.11)$$
Thermodynamische Identität

Da sich das totale Differenzial von Ω ausdrücken lässt durch die Differenziale von T, μ und f_i, hängt das thermodynamische Potenzial ab von den unabhängigen Variablen T, μ und f_i, das heißt $\Omega = \Omega(T, \mu, \{f_i\})$. Aus (5.11) sieht man sofort, dass

$$\frac{\partial \Omega}{\partial T} = -S, \quad \frac{\partial \Omega}{\partial \mu} = -N, \quad \frac{\partial \Omega}{\partial f_i} = -q_i , \qquad (5.12)$$

wobei wir - wie stets beim partiellen Differenzieren - die nicht von der Ableitung betroffenen Variablen festhalten. Die Energie $E = <H>$ folgt mit

$$\frac{\partial \Omega}{\partial \beta} = \frac{TS}{\beta} \qquad (5.13)$$

aus (5.8)

$$E = \mu N + \sum f_i q_i + TS + \Omega \qquad (5.14)$$
Energie

Für das totale Differenzial von E erhalten wir $dE = \mu dN + Nd\mu + \sum_i (q_i df_i + f_i dq_i) + TdS + SdT + d\Omega$. Mit Hilfe von (5.11) erhält man die Identität

$$dE = TdS + \mu dN + \sum_i f_i dq_i \qquad (5.15)$$
Totales Differenzial der Energie

Man sieht, dass $TdS = \delta Q$ die Zunahme der Energie ist, die man durch eine reversible Erhöhung der Entropie erhält. Dabei muss das System immer im thermischen Gleichgewicht bleiben, dann ist ein solcher Prozess reversibel. Die Größe δQ ist also ein Maß für die bei diesem reversiblen Prozess zugeführte Energie, die wir Wärme nennen. Das totale Differenzial (5.15) ist eine Form des **ersten Hauptsatzes der Thermodynamik**. Bringen wir alle Terme auf eine Seite, so beschreibt (5.15) die Energieerhaltung unter Einbeziehung dieser Wärmezufuhr δQ sowie der Änderungen der Energie durch Teilchenzufuhr und durch die am System von äußeren Feldern geleistete Arbeit. Die Energie hängt nach (5.15) von den unabhängigen Variablen S, N und q_i ab, das heißt $E = E(S, N, \{q_i\})$. Der Übergang vom thermodynamischen Potenzial $\Omega(T, \mu, f)$ zur Energie $E(S, N, q)$ ist natürlich eine Legendre-Transformation, wie wir sie schon in der Mechanik beim Übergang von der Lagrange-Funktion $L(q, \dot{q}, t)$ zur Hamilton-Funktion $H(q, p, t)$ mit der verallgemeinerten Impulsvariablen $p = \frac{\partial L}{\partial \dot{q}}$ kennengelernt haben. Wir haben nun folgende Analogie der Legendre-Transformation in der Mechanik und in der Thermodynamik

Alte Funktion	
$L(q,\dot{q},t)$	$\Longleftrightarrow \Omega(T,\mu,f)$
Neue Variable	
$p=\frac{\partial L}{\partial \dot{q}}$	$\Longleftrightarrow S=-\frac{\partial \Omega}{\partial T},\ N=-\frac{\partial \Omega}{\partial \mu},\ q=-\frac{\partial \Omega}{\partial f}$
Neue Funktion	
$H(q,p,t)$	$\Longleftrightarrow E(S,N,q)$
Transformation	
$H=p\dot{q}-L$	$\Longleftrightarrow E=TS+\mu N+fq+\Omega$

Die in (5.10) eingeführte Entropie verknüpft die Statistik und die Thermodynamik. Wir wollen im Folgenden einige Eigenschaften dieser zentralen Zustandsfunktion der Thermodynamik kennenlernen. Zuerst setzen wir in unsere Definition

$$S = -k <\ln \rho> = -k \sum_n \rho_n \ln \rho_n \geq 0 \qquad (5.16)$$

die mikrokanonische Verteilung

$$\rho(E_n) = \rho_n = \begin{cases} \frac{1}{g(E)} & \text{für } E-\Delta E < E_n < E \\ 0 & \text{sonst} \end{cases} \qquad (5.17)$$

ein und finden

$$S = -k \frac{1}{g(E)} g(E) \ln\left(\frac{1}{g(E)}\right) \qquad (5.18)$$

oder

$$S = k \ln g(E) \qquad (5.19)$$
Entropie der mikrokanonischen Verteilung

Diese Formel wurde zuerst von Boltzmann (1844-1906) abgeleitet. Sie steht (mit dem Symbol Ω für die Zahl der Mikrozustände) ohne Kommentar auf seinem Grabstein in Wien und soll den großartigen Beitrag von Ludwig Boltzmann würdigen, der die statistische Begründung der Thermodynamik lieferte. Nach dieser Formel ist die Entropie also proportional dem Logarithmus der Zahl der Mikrozustände in ΔE. Man nennt $g(E)$ auch kurz das statistische Gewicht. Die Entropie ist additiv für nichtwechselwirkende Teilsysteme, für die gilt

$$\rho = \prod_i \rho_i \ . \qquad (5.20)$$

Aus
$$S = -k <\ln \rho> \qquad (5.21)$$
folgt dann
$$S = -k \sum_i <\ln \rho_i> = \sum_i S_i \ . \qquad (5.22)$$

Man sieht, dass die wichtige Eigenschaft der Additivität der Entropie gerade aus der entsprechenden Eigenschaft des Logarithmus folgt. Ebenso folgt, dass die Entropie eine extensive Größe ist. Aus $S = k \ln g(E)$ und $g(E) = (h(E/N))^N$ folgt

$$S = Nk \ln h(E/N) = Ns(E/N) \ , \qquad (5.23)$$

wobei $s(E/N)$ die Entropie pro Teilchen ist. Ein Rückblick auf Kapitel 3 zeigt, dass wir beim Übergang von der mikro- zur kanonischen Verteilung gerade die Entropie entwickelt haben.

5.1 Extremaleigenschaften der Entropie

Wir werden nun folgende wichtige Aussage beweisen: Die Entropie der Gleichgewichtsverteilung ist maximal, oder, physikalisch ausgedrückt, die Entropie eines abgeschlossenen Systems nimmt im thermischen Gleichgewicht ihren maximalen Wert an. Für den Beweis betrachten wir neben der Gleichgewichtsverteilung ρ eine beliebige andere Verteilung $\tilde{\rho}$. Wir führen nun folgende Hilfsgröße $\mathcal{H}$ - nach Boltzmann Eta-Funktion genannt - ein (leider lässt sich das griechische große Eta nicht vom lateinischen großen H unterscheiden)

$$\mathcal{H} = \mathrm{Sp}\tilde{\rho}(\ln\rho - \ln\tilde{\rho}) \ . \qquad (5.24)$$

Mit den Eigenzuständen $|\tilde{n}>$ von $\tilde{\rho}$ wird

$$\mathcal{H} = \sum_{\tilde{n}} \tilde{\rho}_{\tilde{n}}\big(<\tilde{n}\,|\ln\rho|\,\tilde{n}> - \ln\tilde{\rho}_{\tilde{n}} <\tilde{n}\,|\,\tilde{n}>\big) \ . \qquad (5.25)$$

Durch Einfügen der Vollständigkeitsrelation $\sum_n |\,n><n\,| = 1$ mit den Eigenzuständen $|\,n>$ von ρ wird

$$\mathcal{H} = \sum_{n,\tilde{n}} \tilde{\rho}_{\tilde{n}} |<\tilde{n}\,|\,n>|^2 (\ln\rho_n - \ln\tilde{\rho}_{\tilde{n}})$$

$$= \sum_{n,\tilde{n}} \tilde{\rho}_{\tilde{n}} |<\tilde{n}\,|\,n>|^2 \ln\left(\frac{\rho_n}{\tilde{\rho}_{\tilde{n}}}\right) \ . \qquad (5.26)$$

Nun gilt $e^x \geq 1 + x$ oder $x \geq \ln(1+x)$, also $y - 1 \geq \ln y$. Mit

$$y = \frac{\rho_n}{\tilde{\rho}_{\tilde{n}}} \qquad (5.27)$$

folgt wieder unter Benutzung der Vollständigkeitsrelation sowohl für $|n>$ als auch für $|\,\tilde{n}>$

$$\mathcal{H} \leq \sum_{n,\tilde{n}} |<\tilde{n}\,|\,n>|^2 (\rho_n - \tilde{\rho}_{\tilde{n}}) = Sp(\rho - \tilde{\rho}) = 0 \ , \qquad (5.28)$$

also

$$\mathcal{H} = \mathrm{Sp}\tilde{\rho}(\ln\rho - \ln\tilde{\rho}) \leq 0 \qquad (5.29)$$

Extremaleigenschaft der Eta-Funktion

Setzen wir für die Gleichgewichtsverteilung ρ die mikrokanonische Verteilung (2.14) für ein abgeschlossenes System ein, so folgt mit $\tilde{S} = -k <\ln\tilde{\rho}>$ aus (5.29)

44   5 Verbindung mit der Thermodynamik, Entropie

$$k\mathcal{H} = -\sum \tilde{\rho}_{\tilde{n}}| < \tilde{n}|n > |^2 k \ln g(E) + \tilde{S} \leq 0 \; , \tag{5.30}$$

wobei $S = k \ln g(E)$ nach (5.19) die Entropie eines mikrokanonischen Systems im Gleichgewicht ist und $\tilde{S} = -k\mathrm{Sp}\tilde{\rho}\ln\tilde{\rho}$ die Entropie eines durch den statistischen Operator $\tilde{\rho}$ beschriebenen Nichtgleichgewichtszustandes ist. Nehmen wir an, dass der Operator $\tilde{\rho}$ nur Matrixelemente in dem von $|n>$ aufgespannten Hilbert-Raum hat, dann gilt

$$\mathrm{Sp}\tilde{\rho} = \sum < n|\tilde{\rho}|n > = \sum |< n|\tilde{n} > |^2 \tilde{\rho}_{\tilde{n}} = 1 \; . \tag{5.31}$$

Damit ist

$$\tilde{S} \leq k \ln g(E) = S \tag{5.32}$$

Extremaleigenschaft der Entropie

Unter allen Verteilungsfunktionen, die nur Matrixelemente in dem von den Energiezuständen $|n>$ aus ΔE aufgespannten Hilbert-Raum haben, hat die mikrokanonische Gleichgewichtsverteilung die größte Entropie.

In abgeschlossenen Systemen ist also die Entropie im thermodynamischen Gleichgewicht maximal.

Bei der irreversiblen Annäherung eines Systems ans Gleichgewicht muss also die Entropie zunehmen. Das ist eine Form des **zweiten Hauptsatzes der Thermodynamik**. Für eine detaillierte Diskussion der physikalischen und technischen Bedeutung des zweiten Hauptsatzes verweisen wir auf Lehrbücher der klassischen, phänomenologischen Thermodynamik.

Setzen wir die kanonische Verteilung $\rho_n = \frac{1}{Z}e^{-\beta E_n}$ in (5.29) ein, so folgt

$$\begin{aligned} k\mathcal{H} &= \sum \tilde{\rho}_{\tilde{n}}| < \tilde{n}|n > |^2 k \ln \rho_n + \tilde{S} \leq 0 \\ &= -\sum_{\tilde{n},n} \tilde{\rho}_{\tilde{n}}| < \tilde{n}|n > |^2 k (\ln Z + \beta E_n) + \tilde{S} \leq 0 \\ &= -k \ln Z - k\beta \mathrm{Sp}\tilde{\rho}H + \tilde{S} \leq 0 \; , \end{aligned} \tag{5.33}$$

oder mit $\tilde{E} = \mathrm{Sp}\tilde{\rho}H$

$$T\tilde{S} \leq kT \ln Z + \tilde{E} \ . \tag{5.34}$$

Definieren wir eine neue thermodynamische Funktion

$$\boldsymbol{F = -kT \ln Z = -kT \ln \mathrm{Sp} e^{-\beta H} = E - TS} \tag{5.35}$$

Freie Energie

so folgt

$$\boldsymbol{F \leq \tilde{E} - T\tilde{S} = \tilde{F}} \tag{5.36}$$

Extremaleigenschaft der freien Energie

Die freie Energie wird also minimal, falls bei vorgegebener Temperatur ein System im thermischen Gleichgewicht mit einem Bad ist.

Für das totale Differenzial der freien Energie gilt

$$dF = dE - SdT - TdS \tag{5.37}$$

mit (5.15)

$$dF = -SdT + \mu dN + \sum f_i dq_i \ , \tag{5.38}$$

das heißt die freie Energie ist eine Funktion der unabhängigen Variablen T, N und $\{q_i\}$:

$$F = F(T, N, \{q_i\}) \ . \tag{5.39}$$

Setzen wir die allgemeine großkanonische Verteilung

$$\rho = \frac{1}{Z} e^{-\beta(H - \mu N - \sum f_i q_i)} \tag{5.40}$$

in das Boltzmannsche Eta-Theorem (5.29) ein, so folgt wie oben mit dem thermodynamischen Potenzial

$$\Omega = E - TS - \mu N - \sum f_i q_i = -kT \ln\left(\mathrm{Sp}\, e^{-\beta\left(H - \mu N - \sum f_i q_i\right)}\right) \quad (5.41)$$

$$\Omega \leq \tilde{\Omega} = \tilde{E} - T\tilde{S} - \mu \tilde{N} - \sum f_i \tilde{q}_i \quad (5.42)$$

Extremaleigenschaft des thermodynamischen Potenzials

Bei vorgegebener Temperatur T, chemischem Potenzial μ und Kräften f_i ist also das thermodynamische Potenzial im Gleichgewicht minimal.

5.2 Zwei Systeme im Gleichgewicht

1. Zwei Systeme im thermischen Kontakt

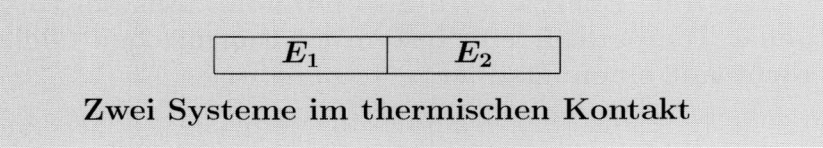

Zwei Systeme im thermischen Kontakt

Wir betrachten den Gleichgewichtszustand von zwei Systemen, die sich im thermischen Kontakt befinden. Für das abgeschlossene Gesamtsystem gilt:

$$\delta E = 0 \,. \quad (5.43)$$

Für ein System im Gleichgewicht gilt ferner

$$\delta S = 0 \,. \quad (5.44)$$

Nun ist aber $E = E_1 + E_2$ und $S = S_1(E_1) + S_2(E_2)$. Daher ist $\delta E_1 + \delta E_2 = 0$ oder $\delta E_1 = -\delta E_2$ und

$$\frac{\partial S_1}{\partial E_1}\delta E_1 + \frac{\partial S_2}{\partial E_2}\delta E_2 = 0 \quad (5.45)$$

oder
$$\frac{\partial S_1}{\partial E_1} = \frac{\partial S_2}{\partial E_2} . \qquad (5.46)$$

Da aber nach (5.15) $\frac{\partial E}{\partial S} = T$ bei festen N und q_i ist, folgt

$$T_1 = T_2 \qquad (5.47)$$
Thermisches Gleichgewicht

Im thermischen Gleichgewicht sind also beide Temperaturen gleich. **Die Temperatur ist also der Parameter, der für Systeme, die miteinander im thermischen Gleichgewicht sind, gleich sein muss.**

2. Zwei Systeme mit Energie- und Teilchenaustausch

| E_1, N_1 | E_2, N_2 |

Zwei Systeme mit Energie- und Teilchenaustausch

Neben dem Energieaustausch soll jetzt auch Teilchenaustausch möglich sein. Für das Gleichgewicht des abgeschlossenen Gesamtsystems gilt: $\delta E = 0$, $\delta N = 0$ und $\delta S = 0$, also $\delta E_1 = -\delta E_2$, $\delta N_1 = -\delta N_2$ und

$$\frac{\partial S_1}{\partial E_1}\delta E_1 + \frac{\partial S_1}{\partial N_1}\delta N_1 + \frac{\partial S_2}{\partial E_2}\delta E_2 + \frac{\partial S_2}{\partial N_2}\delta N_2 = 0 . \qquad (5.48)$$

Die Identität $dE = TdS + \mu dN = 0$ liefert die Beziehung $\frac{\partial S}{\partial N} = -\frac{\mu}{T}$. Damit wird

$$(\frac{1}{T_1} - \frac{1}{T_2})\delta E_1 - (\frac{\mu_1}{T_1} - \frac{\mu_2}{T_2})\delta N_1 = 0 . \qquad (5.49)$$

Da δE_1 und δN_1 willkürlich sind, folgt

$$T_1 = T_2, \qquad \mu_1 = \mu_2 \qquad (5.50)$$

Gleichgewicht mit Energie- und Teilchenaustausch

Die Temperaturen und die chemischen Potenziale müssen gleich sein.

5.3 Entropie und Information

Wir wollen den Entropiebegriff etwas verschärfen. Wir bezeichnen die Nichtgleichgewichtsentropie

$$\tilde{S} = -k < \ln \tilde{\rho} > \qquad (5.51)$$

auch wie von Shannon eingeführt als Informationsentropie und $S = \text{Max}\tilde{S}$ als die thermodynamische Entropie, oder kurz die Entropie. Die Informationsentropie ist eng verwandt mit der in der Nachrichtentechnik definierten Information. Man betrachtet dort N Ereignisse E_n mit $n = 1, 2, \ldots, N$, die mit der Wahrscheinlichkeit ρ_n eintreten, das heißt $\sum \rho_n = 1$. Der mittlere Informationsgehalt einer Ereignisreihe ist dann ähnlich wie die Informationsentropie definiert als

$$I = -\sum \rho_n \log_2 \rho_n \;, \qquad (5.52)$$

wobei mit $2^{\log_2 x} = x$ der duale Logarithmus benutzt wird. I gibt die Zahl der Ja-Nein-Fragen an, die nötig sind, um die Ereignisreihe zu bestimmen. Damit sieht man, dass die Entropie ein Maß ist für den Informationsmangel, den man hat, um den Ausgang einer Messung mit Sicherheit vorhersagen zu können. Damit ist auch klar, dass die Entropie für ein stark ungeordnetes System besonders groß sein wird und dass die Entropie mit wachsender Ordnung, die man etwa durch Abkühlen des Systems erzeugen kann, abnehmen wird. Ist das System nahe dem absoluten Temperaturnullpunkt im quantenmechanischen Vielteilchengrundzustand, so ist die dazugehörige Entropie Null. Dieser Sachverhalt wird auch Nernstsches Theorem genannt. Um es zu begründen, muss man quantenmechanisch mit dem Grundzustand argumentieren, es wird also für klassisch berechnete Entropien im Allgemeinen nicht erfüllt sein.

Beispiele für Informationsentropie

1. $N = 1$, 1 Ereignis, es tritt mit Sicherheit auf, $\rho_n = 1$, also $I = 0$.
2. $N = 2$, 2 Ereignisse (Wappen, Zahl), $\rho_n = 1/2$, also $I = \log_2 2 = 1$.
   Es ist gerade eine Ja-Nein-Frage nötig, um festzustellen, ob Wappen oder Zahl gefallen ist (1 bit (binary digit)).
3. $N = 6$, Würfel, $\rho_n = 1/6$, also $I = \log_2 6 = 2,58$ bit.
   Es sind manchmal 2, manchmal 3 Ja-Nein-Fragen nötig.
4. $N = 2, \rho_1 = p, \rho_2 = q = 1 - p$, also $I = -p \log_2 p - q \log_2 q$. Es ist $I = 0$ für $p = 1, q = 0$, $I = MaxI = 1$ für $p = q = 1/2$.

5.4 Andere Darstellungen der mikrokanonischen und kanonischen Verteilungen

Mit dem Ergebnis (5.19) lässt sich umgekehrt die mikrokanonische Verteilung durch die Entropie ausdrücken

$$\rho_n = \begin{cases} e^{-\frac{S}{k}} & \text{für} \quad E - \Delta E < E_n < E \\ 0 & \text{sonst.} \end{cases} \qquad (5.53)$$

Verwendet man nun noch den Zusammenhang zwischen der Entropie, der freien Energie und der Energie, $TS = E - F$, so findet man

$$\rho_n = \begin{cases} e^{\beta(F-E)} & \text{für} \quad E - \Delta E < E_n < E \\ 0 & \text{sonst.} \end{cases} \qquad (5.54)$$

Diese Darstellung der mikrokanonischen Verteilung macht den formalen Zusammenhang mit der kanonischen Verteilung viel deutlicher. Mit (5.35) lässt sich die kanonische Verteilung schreiben als

$$\rho_n = e^{\beta(F-E_n)} \ . \qquad (5.55)$$

Die variable Energie E_n in der kanonischen Verteilung (5.55) wird also in der mikrokanonischen Verteilung (5.54) innerhalb der Energieschale ersetzt durch den konstanten Wert E, während die Verteilung außerhalb der Energieschale null gesetzt wird.

5.5 Aufgaben

5.1. Entropie eines mikrokanonischen Ensembles von Zweiniveausystemen

Berechnen Sie aus der Zahl der Mikrozustände (2.30) in einem Zweiniveausystem dessen Entropie $S(E, N)$. Leiten Sie die Temperaturabhängigkeit her unter Verwendung der Beziehung $\frac{\partial S}{\partial E} = \frac{1}{T}$ und diskutieren Sie $E(T, N)$ und $S(T, N)$.

6 Thermodynamische Relationen

In diesem Kapitel wollen wir einige thermodynamische Relationen ableiten und besprechen, die wir zur Berechnung der Zustandssummen in den folgenden Kapiteln verwenden werden. Wir beginnen damit, physikalisch wichtige Beispiele für äußere Felder näher auszuführen. Anschließend werden die zweiten Ableitungen der thermodynamischen Potenziale, wie etwa die spezifische Wärme, näher betrachtet. Zum Schluss dieses Kapitels werden wir noch räumlich homogene Systeme und die sich dafür ergebenden Vereinfachungen behandeln.

6.1 Beispiele für äußere Felder

In der verallgemeinerten großkanonischen Verteilung haben wir angenommen, dass äußere Felder f_i die Energie des Systems ändern können: $H_w = -\sum f_i q_i$.

Volumenänderung durch äußere Kraft
Eine mechanische äußere Kraft $-mg$ soll über einen beweglichen Stempel auf das System wirken. Im Gleichgewicht kompensiert der Druck p auf die Fläche F des Stempels die Schwerkraft

$$K_z = pF = mg \ . \tag{6.1}$$

Das dazugehörige Potenzial ist $-pFz = -pV$. Wir fassen $-p$ als äußeres Feld f auf und V als Systemvariable q.

Dann ist das totale Differenzial des thermodynamischen Potenzials

$$d\Omega(T,\mu,p) = -SdT - Nd\mu + Vdp \ . \tag{6.2}$$

Da $E = \mu N - Vp + TS + \Omega$ ist, finden wir

$$dE(S, N, V) = TdS + \mu dN - pdV \ . \qquad (6.3)$$

Betrachten wir zwei Systeme, die miteinander im thermischen Gleichgewicht stehen (bewegliche Stempel), so gilt:

$$\delta V = \delta V_1 + \delta V_2 = 0 \ , \quad \text{und} \quad \delta E = \delta E_1 + \delta E_2 = 0 \ . \qquad (6.4)$$

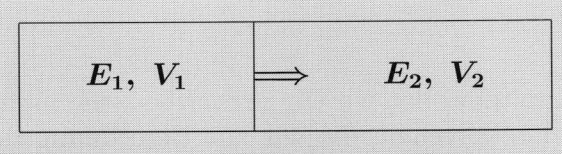

$E_1, V_1 \implies E_2, V_2$

Zwei Systeme mit Energieaustausch und Volumenänderung

Die Gesamtentropie ändert sich ebenfalls nicht, also ist

$$\delta S = \left(\frac{\partial S_1}{\partial E_1} - \frac{\partial S_2}{\partial E_2}\right) \delta E_1 + \left(\frac{\partial S_1}{\partial V_1} - \frac{\partial S_2}{\partial V_2}\right) \delta V_1 = 0 \qquad (6.5)$$

Da δE_1 und δV_1 unabhängig sind, gilt

$$T_1 = T_2 \quad \text{und} \quad \frac{\partial S_1}{\partial V_1} = \frac{p_1}{T_1} = \frac{p_2}{T_2} \quad \text{oder} \quad p_1 = p_2 \ , \qquad (6.6)$$

das heißt der Druck und die Temperatur müssen gleich sein.

Translationsbewegung
Bewegt sich das betrachtete System als Ganzes mit der Geschwindigkeit $\boldsymbol{u}$, so tritt also in der Hamilton-Funktion überall $\boldsymbol{u}_i - \boldsymbol{u}$ auf

$$H = \sum_i \frac{p_i^2}{2m_i} - \sum_i \boldsymbol{p}_i \cdot \boldsymbol{u} + \frac{1}{2} u^2 \sum_i m_i \ . \qquad (6.7)$$

Fassen wir die Geschwindigkeit $\boldsymbol{u}$ als äußeres Feld, den Gesamtimpuls $\sum_i \boldsymbol{p}_i = \boldsymbol{P}$ als Systemvariable $\boldsymbol{q}$ auf, dann gilt

$$d\Omega = -SdT - Nd\mu - \boldsymbol{P} \cdot d\boldsymbol{u} \qquad (6.8)$$

und

$$dE = TdS + \mu dN + \boldsymbol{u} \cdot d\boldsymbol{P} \ . \qquad (6.9)$$

Drehbewegung
Bei einer Drehung des Gesamtsystems mit der Winkelgeschwindigkeit $\boldsymbol{\omega}$ tritt ein Zusatzterm

$$-\boldsymbol{\omega}\cdot\boldsymbol{L} \qquad (6.10)$$

auf, wobei $\boldsymbol{\omega}\leftrightarrow\boldsymbol{f}$ und der Gesamtdrehimpuls $\boldsymbol{L}\leftrightarrow\boldsymbol{q}$ wird:

$$d\Omega = -SdT - Nd\mu - \boldsymbol{L}\cdot d\boldsymbol{\omega} \qquad (6.11)$$

und

$$dE = TdS + \mu dN + \boldsymbol{\omega}\cdot d\boldsymbol{L} \ . \qquad (6.12)$$

Elektrisches Feld
Falls ein äußeres elektrisches Feld $\boldsymbol{E}_a$ am System angreift, so ist die Energie der Dipolmomente

$$H_w = -\sum_i \boldsymbol{p}_i \cdot \boldsymbol{E}_a. \qquad (6.13)$$

Damit wird $\sum_i \boldsymbol{p}_i = \boldsymbol{P}$ die elektrische Polarisation zur Systemvariablen $\boldsymbol{q}$, das äußere Feld $\boldsymbol{E}_a \leftrightarrow \boldsymbol{f}$. Damit ist

$$d\Omega = -SdT - Nd\mu - \boldsymbol{P}\cdot d\boldsymbol{E}_a \qquad (6.14)$$

und

$$dE = TdS + \mu dN + \boldsymbol{E}_a\cdot d\boldsymbol{P} \ . \qquad (6.15)$$

Magnetisches Feld
Im äußeren magnetischen Feld $\boldsymbol{B}_a$ ist die Energie magnetischer Dipolmomente $\boldsymbol{m}_i$

$$H_w = -\sum_i \boldsymbol{m}_i \cdot \boldsymbol{B}_a \ . \qquad (6.16)$$

Die Magnetisierung $\sum \boldsymbol{m}_i = \boldsymbol{M}$ ist hier die Variable $\boldsymbol{q}$, während $\boldsymbol{B}_a \leftrightarrow \boldsymbol{f}$. Damit ist

$$d\Omega = -SdT - Nd\mu - \boldsymbol{M}\cdot d\boldsymbol{B}_a \qquad (6.17)$$

und

$$dE = TdS + \mu dN + \boldsymbol{B}_a\cdot d\boldsymbol{M} \ . \qquad (6.18)$$

Wir wollen mit diesen Beispielen die Einführung und Diskussion der Eigenschaften der verschiedenen thermodynamischen

Funktionen beenden. Wir stellen zum Schluss alle üblichen thermodynamischen Potenziale in einer Tabelle zusammen unter der Annahme, dass als äußere Felder nur mechanische Kräfte wirken. Dabei finden wir auch die bisher noch nicht erwähnte Enthalpie $H = E + pV$ und die freie Enthalpie $G = H - TS$.

Tab. 6.1 Thermodynamische Potenziale und Identitäten

Energie $E = E(S, N, V)$	$dE = TdS + \mu dN - pdV$
Freie Energie $F = E - TS = F(T, N, V)$	$dF = -SdT + \mu dN - pdV$
Enthalpie $H = E + pV = H(S, N, p)$	$dH = TdS + \mu dN + Vdp$
Freie Enthalpie $G = H - TS = G(T, N, p)$	$dG = -SdT + \mu dN + Vdp$
Therm. Potenzial $\Omega = G - \mu N = \Omega(T, \mu, p)$	$d\Omega = -SdT - Nd\mu + Vdp$
Großkan. Potenzial $J = F - \mu N = J(T, \mu, V)$	$dJ = -SdT - Nd\mu - pdV$

In der Thermodynamik gilt die Konvention, alle extensiven Größen, also alle Größen, die in homogenen Systemen proportional dem Volumen anwachsen, groß zu schreiben, während die intensiven Größen klein geschrieben werden. Eine Ausnahme ist die intensive Größe der absoluten Temperatur T, die schon anderweitig durch Großschreibweise festgelegt war.

Die jeweiligen Zustandssummen, aus denen wir diese Potenziale berechnen, sind

$$F = -kT \ln Sp e^{-\beta H} \tag{6.19}$$

$$J = -kT \ln Sp e^{-\beta(H-\mu N)} \tag{6.20}$$

$$\Omega = -kT \ln Sp e^{-\beta(H-\mu N - \sum f_i q_i)} \ . \tag{6.21}$$

Die Berechnung dieser Zustandssummen ist die Hauptaufgabe der Statistik für Gleichgewichtssysteme. Ist eine dieser Zustandssummen berechnet und damit das entsprechende Potenzial bekannt, so lassen sich - ähnlich wie man in der Mechanik durch Ableitung des

Potenzials die Kraft erhält - auch hier durch partielle Ableitungen des Potenzials andere thermodynamische Funktionen berechnen. Aus den totalen Differenzialen der Potenziale sieht man direkt, welche thermodynamische Funktion man durch die Ableitungen erhält. So ist zum Beispiel

$$\frac{\partial F}{\partial T} = -S = \left(\frac{\partial F}{\partial T}\right)_{N,V}. \tag{6.22}$$

Die explizite Angabe der Variablen, die bei der Ableitung festgehalten werden wie in (6.22), ist in der Thermodynamik üblich.

6.2 Relationen zwischen zweiten Ableitungen

Aus den totalen Differenzialen gewinnt man die partiellen Ableitungen

$$\left(\frac{\partial E}{\partial S}\right)_{N,V} = T, \quad \left(\frac{\partial E}{\partial N}\right)_{S,V} = \mu, \quad \left(\frac{\partial E}{\partial V}\right)_{S,N} = -p \tag{6.23}$$

und

$$\left(\frac{\partial S}{\partial E}\right)_{N,V} = \frac{1}{T}, \quad \left(\frac{\partial S}{\partial N}\right)_{E,V} = -\frac{\mu}{T}, \quad \left(\frac{\partial S}{\partial V}\right)_{N,E} = \frac{p}{T}, \text{ etc.} \tag{6.24}$$

Betrachtet man zum Beispiel E als Funktion von S, N, V, so kann man also direkt die partiellen Ableitungen von E nach diesen Variablen aus dem totalen Differenzial von E ablesen. S, N, V sind offenbar die natürlichen unabhängigen Variablen, von denen E abhängt. Nur wenn man ein thermodynamisches Potenzial als Funktion aller natürlichen Variablen kennt, kann man alle thermodynamischen Eigenschaften daraus ableiten.

Schreibt man allgemein

$$dL = X\,dx + Y\,dy + Z\,dz\,, \tag{6.25}$$

so gilt

$$\frac{\partial X}{\partial y} = \frac{\partial^2 L}{\partial y \partial x}, \quad \frac{\partial Y}{\partial x} = \frac{\partial^2 L}{\partial x \partial y}. \tag{6.26}$$

Daher gilt die Maxwell-Relation

$$\frac{\partial X}{\partial y} = \frac{\partial Y}{\partial x} \qquad (6.27)$$

Maxwell-Relation

Beispiele:

– Mit der Wahl

$$L = E, \ X = -p, \ x = V, \ Y = \mu, \ y = N \qquad (6.28)$$

folgt

$$\left(\frac{\partial p}{\partial N}\right)_{S,V} = -\left(\frac{\partial \mu}{\partial V}\right)_{S,N} . \qquad (6.29)$$

– Wählt man dagegen

$$L = F, \ x = V, \ X = -p, \ y = T, \ Y = -S \ , \qquad (6.30)$$

folgt

$$\left(\frac{\partial S}{\partial V}\right)_{T,N} = \left(\frac{\partial p}{\partial T}\right)_{V,N} . \qquad (6.31)$$

Differenziert man nicht nach den natürlichen Variablen, so ergeben sich Relationen zwischen den verschiedenen Ableitungen thermodynamischer Potenziale, zum Beispiel:

$$\left(\frac{\partial E}{\partial T}\right)_{V,N} = \left(\frac{\partial E}{\partial S}\right)\left(\frac{\partial S}{\partial T}\right)_{V,N} = T\left(\frac{\partial S}{\partial T}\right)_{V,N} = c_V \qquad (6.32)$$

spezifische Wärme bei konstantem Volumen

und

$$\left(\frac{\partial E}{\partial T}\right)_{p,N} = \left(\frac{\partial E}{\partial S}\right)\left(\frac{\partial S}{\partial T}\right)_{p,N} = T\left(\frac{\partial S}{\partial T}\right)_{p,N} = c_p \tag{6.33}$$

spezifische Wärme bei konstantem Druck

Wir halten also fest:

$$c_x = T\left(\frac{\partial S}{\partial T}\right)_x \tag{6.34}$$

spezifische Wärme bei festem $x = V, p$

Ferner gilt

$$\left(\frac{\partial E}{\partial V}\right)_{T,N} = \frac{\partial E}{\partial S}\left(\frac{\partial S}{\partial V}\right)_{T,N} + \frac{\partial E}{\partial V} = T\left(\frac{\partial S}{\partial V}\right)_{T,N} - p = T\left(\frac{\partial p}{\partial T}\right)_{V,N} - p\,. \tag{6.35}$$

Wie oben, kann man also auch $E = E(T, V)$ betrachten. Man muss häufig die Variablen wechseln. Gegeben sei $z = z(x, y)$, daraus folgt auch $x = x(y, z)$. Dann gilt

$$dz = \left(\frac{\partial z}{\partial x}\right)_y dx + \left(\frac{\partial z}{\partial y}\right)_x dy\,. \tag{6.36}$$

Aus $dz = 0$ folgert man

$$\left(\frac{\partial x}{\partial y}\right)_z = -\frac{\left(\frac{\partial z}{\partial y}\right)_x}{\left(\frac{\partial z}{\partial x}\right)_y} \tag{6.37}$$

und

$$\left(\frac{\partial x}{\partial y}\right)_z \left(\frac{\partial z}{\partial x}\right)_y \left(\frac{\partial y}{\partial z}\right)_x = -1\,. \tag{6.38}$$

Diese Beziehung (6.38) ist wichtig für den Wechsel der unabhängigen Variablen.

Eine andere nützliche Technik sind die Jacobi-Determinanten, die wie Poisson-Klammern in der Mechanik gebildet werden:

$$\frac{\partial(f,g)}{\partial(x,y)} = \frac{\partial f}{\partial x}\frac{\partial g}{\partial y} - \frac{\partial f}{\partial y}\frac{\partial g}{\partial x}. \tag{6.39}$$

Mit den zusätzlichen Variablen $u = u(x,y)$ und $v = v(x,y)$ erhalten wir mit zum Beispiel

$$\frac{\partial f}{\partial x} = \frac{\partial f}{\partial u}\frac{\partial u}{\partial x} + \frac{\partial f}{\partial v}\frac{\partial v}{\partial x} \tag{6.40}$$

folgende Form

$$\frac{\partial(f,g)}{\partial(x,y)} = \left(\frac{\partial f}{\partial u}\frac{\partial u}{\partial x} + \frac{\partial f}{\partial v}\frac{\partial v}{\partial x}\right)\left(\frac{\partial g}{\partial u}\frac{\partial u}{\partial y} + \frac{\partial g}{\partial v}\frac{\partial v}{\partial y}\right)$$
$$- \left(\frac{\partial f}{\partial u}\frac{\partial u}{\partial y} + \frac{\partial f}{\partial v}\frac{\partial v}{\partial y}\right)\left(\frac{\partial g}{\partial u}\frac{\partial u}{\partial x} + \frac{\partial g}{\partial v}\frac{\partial v}{\partial x}\right) \tag{6.41}$$

Die Hälfte der Terme hebt sich weg, und man erhält

$$\frac{\partial(f,g)}{\partial(x,y)} = \left(\frac{\partial f}{\partial u}\frac{\partial g}{\partial v} - \frac{\partial f}{\partial v}\frac{\partial g}{\partial u}\right)\left(\frac{\partial u}{\partial x}\frac{\partial v}{\partial y} - \frac{\partial u}{\partial y}\frac{\partial v}{\partial x}\right) \tag{6.42}$$

oder

$$\frac{\partial(f,g)}{\partial(x,y)} = \left(\frac{\partial(f,g))}{\partial(u,v)}\right)\left(\frac{\partial(u,v))}{\partial(x,y)}\right). \tag{6.43}$$

Es gilt also wie beim gewöhnlichen Differenzieren eine Kettenregel. Wählt man speziell $g = y$, so wird

$$\frac{\partial(f,y)}{\partial(x,y)} = \frac{\partial f}{\partial x} - \frac{\partial f}{\partial y}\frac{\partial y}{\partial x} = \left(\frac{\partial f}{\partial x}\right)_y \tag{6.44}$$

und

$$\frac{\partial(f,y)}{\partial(y,x)} = \frac{\partial f}{\partial y}\frac{\partial y}{\partial x} - \frac{\partial f}{\partial x} = -\left(\frac{\partial f}{\partial x}\right)_y. \tag{6.45}$$

Dann gilt

$$\frac{\partial(z,x)}{\partial(y,x)} = \left(\frac{\partial z}{\partial y}\right)_x = \frac{\partial(z,x)}{\partial(z,y)}\frac{\partial(z,y)}{\partial(y,x)} = -\left(\frac{\partial x}{\partial y}\right)_z\left(\frac{\partial z}{\partial x}\right)_y. \tag{6.46}$$

Das ist wieder die abgeleitete Relation (6.37).

6.2 Relationen zwischen zweiten Ableitungen

Als Anwendung dieser Formel leiten wir eine Beziehung zwischen den Kompressibilitäten und den spezifischen Wärmen her. Die Kompressibilitäten sind wie folgt definiert

$$\kappa_x = -\frac{1}{V}\left(\frac{\partial V}{\partial p}\right)_x = -\frac{1}{V}\frac{\partial(V,x)}{\partial(p,x)} \qquad (6.47)$$

Kompressibilität bei festem $x = S, T$

Die Kompressibilität bei konstanter Entropie heißt isentrope oder auch adiabatische Kompressibilität. Mit (6.34) sind die spezifischen Wärmen gegeben durch

$$c_x = T\left(\frac{\partial S}{\partial T}\right)_x = T\frac{\partial(S,x)}{\partial(T,x)} \ . \qquad (6.48)$$

Es gilt

$$\kappa_S = -\frac{1}{V}\frac{\partial(V,S)}{\partial(p,S)} = -\frac{1}{V}\frac{\partial(V,S)}{\partial(V,T)}\frac{\partial(V,T)}{\partial(p,T)}\frac{\partial(p,T)}{\partial(p,S)} = \frac{c_V \kappa_T}{c_p} \qquad (6.49)$$

oder

$$\frac{\kappa_S}{\kappa_T} = \frac{c_V}{c_p} \ , \qquad (6.50)$$

das heißt das Verhältnis der isentropen Kompressibilität zur isothermen ist gleich dem Verhältnis der spezifischen Wärmen bei konstantem Volumen und konstantem Druck.

Weiter ist

$$c_V = T\frac{\partial(S,V)}{\partial(T,V)} = T\frac{\partial(S,V)}{\partial(T,p)}\frac{\partial(T,p)}{\partial(T,V)} = T\frac{\partial(S,V)}{\partial(T,p)}\frac{1}{\left(\frac{\partial V}{\partial p}\right)_T}$$

$$= T\left[\left(\frac{\partial S}{\partial T}\right)_p\left(\frac{\partial V}{\partial p}\right)_T - \left(\frac{\partial S}{\partial p}\right)_T\left(\frac{\partial V}{\partial T}\right)_p\right]\frac{1}{\left(\frac{\partial V}{\partial p}\right)_T}$$

$$= c_p + \left(\frac{\partial S}{\partial p}\right)_T\left(\frac{\partial V}{\partial T}\right)_p\frac{T}{\kappa_T V} \ . \qquad (6.51)$$

Mit Hilfe der Maxwell-Beziehung (6.27)

$$\left(\frac{\partial S}{\partial p}\right)_T = -\frac{\partial^2 G}{\partial p \partial T} = -\left(\frac{\partial V}{\partial T}\right)_p \qquad (6.52)$$

folgt

$$c_p - c_V = \left(\frac{\partial V}{\partial T}\right)_p^2 \frac{T}{V \kappa_T} \ . \qquad (6.53)$$

Wir bezeichnen

$$\alpha = \frac{1}{V}\left(\frac{\partial V}{\partial T}\right)_p \qquad (6.54)$$

als den thermischen Ausdehnungskoeffizienten. Damit gilt für alle Systeme

$$c_p - c_V = \frac{\alpha^2 T V}{\kappa_T} \geq 0 \ . \qquad (6.55)$$

6.3 Homogene Systeme

In homogenen Systemen lassen sich die thermodynamischen Relationen etwas vereinfachen. Alle Größen, die mit dem Volumen oder der Teilchenzahl linear anwachsen, nennt man extensive Größen. Für die extensiven Größen kann man Dichten, bezogen auf das Volumen oder auf die Teilchenzahl, einführen. Wir beschreiben hier als Beispiel Dichten pro Teilchen. Es gilt für die Energie, die Entropie und das Volumen

$$E = N e(s, v) \quad \text{mit} \quad e = \frac{E}{N},\ s = \frac{S}{N},\ v = \frac{V}{N} \ . \qquad (6.56)$$

Aus der thermodynamischen Identität für die Energie

$$dE = TdS + \mu dN - pdV \qquad (6.57)$$

oder

$$edN + Nde = NTds + TsdN + \mu dN - Npdv - pvdN \qquad (6.58)$$

folgt

$$(e - Ts - \mu + pv)dN = 0 \qquad (6.59)$$

oder

$$E - TS + pV = G = \mu N \qquad (6.60)$$

Gibbs-Duhem-Relation für freie Enthalpie

Man nennt diese Beziehung eine Gibbs-Duhem-Relation. In homogenen Systemen ist also die freie Enthalpie pro Teilchen gleich dem chemischen Potenzial. Andererseits folgt aus (6.58) die thermodynamische Identität für die Energiedichte:

$$de = Tds - pdv \ . \qquad (6.61)$$

Entsprechend gilt für das thermodynamische Potenzial Ω:

$$\Omega(T, \mu, p) = N\omega(T, \mu, p) \qquad (6.62)$$

und

$$\omega dN + Nd\omega = -NsdT - Nd\mu + Nvdp \ . \qquad (6.63)$$

Daraus folgt

$$\omega = 0 \quad \text{oder} \quad \Omega = 0 \qquad (6.64)$$

und

$$d\mu = -sdT + vdp = dg(T, p) \ . \qquad (6.65)$$

Für das großkanonische Potenzial J erhalten wir mit

$$J(T, \mu, V) = Nj(T, \mu, v) \qquad (6.66)$$

die Beziehung

$$dJ = jdN + Ndj = -sNdT - Nd\mu - pNdv - pvdN \ , \qquad (6.67)$$

aus der folgt

$$j = -pv \quad \text{oder} \quad J = -pV \qquad (6.68)$$

und

$$dj = -sdT - pdv - d\mu \ . \qquad (6.69)$$

Wir stellen noch einmal zusammen

$$G = \mu N, \quad \Omega = 0, \quad J = -pV \qquad (6.70)$$
Gibbs-Duhem-Relationen

und

$$de = Tds - pdv, \quad d\mu = -sdT + vdp, \quad dj = -sdT - pdv - d\mu$$
$$(6.71)$$
Thermodynamische Identitäten

6.4 Homogene Systeme mit mehreren Teilchenarten

Hat man mehrere Teilchenarten, so haben wir in der großkanonischen Verteilung

$$\rho_n = \frac{1}{Z} e^{-\beta\left(H - \sum_i \mu_i N_i - \sum_i f_i q_i\right)} . \qquad (6.72)$$

Für die freie Enthalpie in homogenen Systemen kann man schreiben

$$G = Ng(T, p, c_i) \qquad (6.73)$$

mit der Konzentration $c_i = \frac{N_i}{N}$. Es gilt $\sum_i c_i = 1$. Wir haben also $I - 1$ unabhängige Variablen c_i, wobei I die Anzahl der Teilchenarten ist.

In homogenen Systemen ist G eine homogene Funktion 1. Ordnung, die folgendermaßen skaliert:

$$G(T, p, \alpha N_i) = \alpha G(T, p, N_i) . \qquad (6.74)$$

Leitet man G nach α ab, erhält man

$$\frac{\partial G}{\partial \alpha} = \sum_i \frac{\partial G}{\partial (\alpha N_i)} N_i = G(T, p, N_i) . \qquad (6.75)$$

Setzt man die Skalierungskonstante $\alpha = 1$, so folgt mit $\frac{\partial G}{\partial N_i} = \mu_i$ die Gibbs-Duhem-Relation

$$G = \sum_i \mu_i N_i \ . \tag{6.76}$$

Das großkanonische Potenzial J kann man direkt aus der großkanonischen Zustandssumme berechnen:

$$\begin{aligned}-\beta\Omega(T,p,\mu_i) &= \ln Sp e^{-\beta(H-\sum_i \mu_i N_i + pV)} = 0 \\ &= \ln Sp e^{-\beta(H-\sum \mu_i N_i)} - \beta pV = 0 \ , \end{aligned} \tag{6.77}$$

oder

$$-\beta J(T,V,\mu_i) = \ln Sp e^{-\beta(H-\sum_i \mu_i N_i)} = \beta pV \ . \tag{6.78}$$

Die mikroskopische Rechnung liefert in natürlicher Weise die Zustandssumme als Funktion von T, μ_i und V, führt damit direkt auf das großkanonische Potenzial und folglich auf den Druck

$$\boldsymbol{pV = kT \ln Sp e^{-\beta(H-\sum_i \mu_i N_i)} = V p(T,V,\mu_i)} \tag{6.79}$$

Druck für homogene Systeme

6.5 Aufgaben

6.1. Paramagnetische Eigenschaften eines Spinsystems

Der Paramagnetismus beruht auf der Ausrichtung der magnetischen Momente im Magnetfeld. Wir betrachten ein System mit N Zentren mit jeweils einem Elektron, dessen Spin noch zwei Einstellungen erlaubt. Die Energie eines Elektrons im Magnetfeld B kann daher folgende Werte annehmen:

$$\epsilon_\sigma = -\frac{1}{2} g_s \mu_B \sigma B \quad \text{mit} \quad \sigma = \pm 1 \quad \text{und} \quad \mu_B = \frac{e\hbar}{2m_0 c} \ . \tag{6.80}$$

μ_B ist das Bohrsche Magneton und g_s ist der gyromagnetische Faktor. Berechnen Sie aus der großkanonischen Verteilung über ein thermodynamisches Potenzial Ω ohne chemischen Potenzialterm (da die Zahl der Elektronen fest ist)

$$\Omega = -kTN \sum_\sigma \ln\left(1 + e^{-\epsilon_\sigma \beta}\right) \qquad (6.81)$$

die Magnetisierung M und hieraus die statische Spinsuszeptibilität χ:

$$M = -\frac{\partial \Omega}{\partial B}, \qquad \chi = \left.\frac{\partial M}{\partial B}\right|_{B=0}. \qquad (6.82)$$

6.2. Diamagnetische Eigenschaften eines zweidimensionalen Elektronengases

Berechnen Sie die Bewegung eines Elektrons, das sich nur in einer zweidimensionalen x-y-Ebene bewegen kann, in einem konstanten Magnetfeld, das senkrecht (in z-Richtung) zur x-y-Ebene steht. Aus dieser Bahnbewegung eines idealen 2d-Elektronengases sollen dann die diamagnetischen Eigenschaften in einem schwachen Magnetfeld berechnet werden.

a) Zeigen Sie, dass der spinunabhängige Teil des Einteilchenenergiespektrums gegeben ist durch die Energieeigenwerte eines harmonischen Oszillators

$$\epsilon_n = \left(n + \frac{1}{2}\right) 2\mu_B B \qquad n = 0, 1, 2, \cdots \qquad (6.83)$$

Man nennt diese Energien Landau-Niveaus. Zeigen Sie dazu zuerst, dass Sie das Magnetfeld $B\boldsymbol{e}_z$ durch das Vektorpotenzial $\boldsymbol{A} = -xB\boldsymbol{e}_y$ darstellen können. $\boldsymbol{e}_i$ sind die Einheitsvektoren.

b) Bestimmen Sie den Entartungsfaktor für jedes Landau-Niveau n dadurch, dass Sie die Zahl der möglichen Werte der Wellenzahl k in y-Richtung in einer endlichen Fläche ermitteln.

c) Berechnen Sie das thermodynamische Potenzial Ω aus der großkanonischen Zustandssumme. Führen Sie dazu die Spur der Zustandssumme aus mit den Produktzuständen

$$\prod_{n,k} |n, k>,$$

wobei $|n, k\rangle$ die Eigenzustände im Magnetfeld sind. n ist die Landau-Quantenzahl, k die Wellenzahl in y-Richtung. Die Zustandssumme läuft über die Besetzungszahl $N_{n,k}$ eines Zustandes nur über die Werte 0 und 1, da nach dem Pauli-Prinzip in jedem Einteilchenzustand höchstens ein Elektron sein kann.

d) Um eine asymptotische Näherung für kleine Magnetfelder B zu erhalten, führen Sie die diskrete Summe im thermodynamischen Potenzial über die Landau-Niveaus mit Hilfe folgender asymptotischen Formel von Euler-Maclaurin (siehe Abramowitz, Stegun, Formel 23.1.32) aus

$$\sum_{n=0}^{\infty} F\left(n + \frac{1}{2}\right) \simeq \int_0^\infty dx F(x) + \frac{1}{24} F'(0) \ . \qquad (6.84)$$

e) Berechnen Sie die Suszeptibilität durch zweimaliges Ableiten des thermodynamischen Potenzials nach dem Feld.

7 Ideales klassisches Gas

7.1 Berechnung der thermodynamischen Eigenschaften

Wir beginnen die Berechnungen der Zustandssummen für physikalische Systeme mit dem einfachsten System, nämlich dem eines idealen, klassischen Gases. Ideal heißt in diesem Zusammenhang, dass die Teilchen nicht miteinander wechselwirken. Im Anschluss daran werden wir im nächsten Kapitel ideale Quantengase betrachten. Die Zustandssummen realer Systeme können im Allgemeinen nur noch näherungsweise berechnet werden. Wir werden daher in diesem Buch einige Approximationsverfahren, wie zum Beispiel Entwicklungen für verdünnte Systeme, Störungstheorie, Variationsverfahren und quasi-klassische Näherungen, ausführlich besprechen.

Für klassische, nichtwechselwirkende Gase wollen wir die freie Energie aus der kanonischen Zustandssumme ableiten, die als Integration über den $3N$-dimensionalen Phasenraum berechnet wird. Da man heute durch Mikrostrukturierung auch zwei- und eindimensionale Systeme etwa in Form von Quantenfilmen (quantum wells) und Quantendrähten herstellen kann, wollen wir allgemein d-dimensionale Systeme untersuchen. In einem d-dimensionalen System ist eine freie Bewegung also nur in $d = 3, 2, 1$ Richtungen möglich. Wir betrachten der Einfachheit halber ein d-dimensionales Volumen mit gleichen Kantenlängen L, so dass das Volumen $V^{(d)} = L^d$ ist.

$$Z_{kl} = \frac{1}{(2\pi\hbar)^{dN} N!} \int d^{dN}x \int d^{dN}p \; e^{-\beta H(x,p)} \; . \tag{7.1}$$

Für ein ideales Gas mit dN Freiheitsgraden ist $H = \sum_{i=1}^{dN} \frac{p_i^2}{2m}$, da der Impuls der N Teilchen jeweils d Komponenten hat. Damit reduziert sich die Zustandssumme auf

$$Z_{kl} = \frac{L^{dN}}{(2\pi\hbar)^{dN}} \frac{1}{N!} \left(\int_{-\infty}^{\infty} dp \, e^{-\beta p^2/2m} \right)^{dN}$$
$$= \frac{L^{dN}}{(2\pi\hbar)^{dN}} \frac{1}{N!} \left(\frac{2m\pi}{\beta} \right)^{dN/2} . \tag{7.2}$$

Mit der Stirling-Formel $\ln N! \simeq N \ln(N/e)$ folgt für $F_{kl} = -kT \ln Z_{kl}$

$$F_{kl} = -kTN \ln \left(\frac{eL^d}{N} \left(\frac{mkT}{2\pi\hbar^2} \right)^{\frac{d}{2}} \right) = -kTN - \frac{d}{2} kTN \ln \left(\frac{kTm}{2\pi\hbar^2 n^{\frac{2}{d}}} \right) \tag{7.3}$$

oder

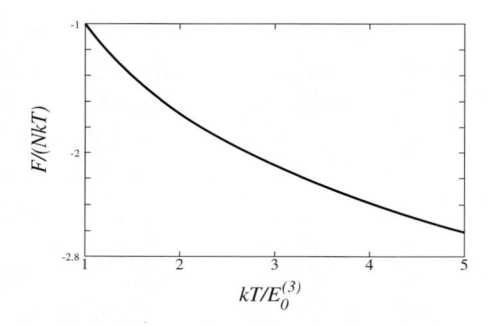

Abb. 7.1. Freie Energie des idealen klassischen Gases als Funktion der Temperatur

$$\boldsymbol{F_{kl} = -kTN - \frac{d}{2} kTN \ln \frac{kT}{E_0^{(d)}}} \tag{7.4}$$

Freie Energie des klassischen idealen Gases

Dabei ist $n^{(d)} = N/L^d$ die Teilchendichte in d Dimensionen und

$$E_0^{(d)} = 4\pi \frac{\hbar^2 (n^{(d)})^{\frac{2}{d}}}{2m} = 4\pi \frac{\hbar^2}{2mL^2} N^{\frac{2}{d}} \tag{7.5}$$

die d-dimensionale Nullpunktsenergie. Jedem Teilchen steht im Mittel nur das Volumen L^d/N oder die Länge $\Delta x = L/N^{1/d}$ zur

Verfügung. Nach der Heisenbergschen Unschärferelation ist daher der Impuls unscharf: $\Delta p_x \simeq \frac{\hbar}{\Delta x}$. Damit verbunden ist die Lokalisierungsenergie $E^{(d)} \simeq \frac{\Delta p_x^2}{2m}$. Das ist die physikalische Bedeutung der oben auftretenden Nullpunktsenergie. Obwohl wir die Statistik eines klassischen Gases behandeln, tritt dieses Maß für die Quantisierungsenergie auf, da wir die Berechnungen der klassischen Zustandssummen so gewählt haben, dass sie mit dem quasiklassischen Grenzfall der quantenstatistischen Berechnung übereinstimmen. Natürlich darf die klassische Statistik gerade nicht durch die Quantisierung bestimmt sein, vielmehr ist hier die mittlere Translationsenergie kT ausschlaggebend. Es muss also sicher $kT \gg E_0^{(d)}$ sein, damit die klassische Statistik überhaupt anwendbar ist. Alternativ wird die thermische Energie $dkT/2$, also $kT/2$ pro Translationsfreiheitsgrad, durch eine thermische Wellenlänge λ, auch thermische de-Broglie-Wellenlänge genannt, ausgedrückt:

$$\frac{dkT}{2} = \frac{\hbar^2 <k^2>}{2m} = \frac{\hbar^2}{2m}\left(\frac{2\pi}{\lambda^{(d)}}\right)^2 . \tag{7.6}$$

Daraus ergibt sich die thermische de-Broglie-Wellenlänge in d Dimensionen als

$$\lambda^{(d)} = \frac{2\pi\hbar}{\sqrt{dmkT}} . \tag{7.7}$$

Für hohe Temperaturen ist die thermische Wellenlänge klein. Der Parameter $kT/E_0^{(d)}$ läßt sich auch schreiben als

$$\frac{kT}{E_0^{(d)}} = \frac{2\pi}{d(\lambda^{(d)}(n^{(d)})^{\frac{1}{d}})^2} . \tag{7.8}$$

Aus der Beziehung $kT \gg E_0^{(d)}$ folgt dann

$$(\lambda^{(d)})^d n^{(d)} \ll 1 . \tag{7.9}$$

Die Zahl der Teilchen in einem d-dimensionalen Würfel, dessen Kantenlänge die thermische Wellenlänge $\lambda^{(d)}$ ist, muss also im klassischen Bereich sehr klein sein, oder anders gesagt, das System muss so verdünnt und so heiß sein, dass die Beziehung (7.9) gilt.

Ausführlich geschrieben ist die freie Energie

$$F_{kl} = -kTN\left(1 + \ln \frac{V^{(d)}}{N}\right) - \frac{d}{2}kTN \ln \frac{mkT}{2\pi\hbar^2} . \tag{7.10}$$

7 Ideales klassisches Gas

Nun ist
$$\frac{\partial F}{\partial V^{(d)}} = -p = -\frac{kTN}{V^{(d)}} \qquad (7.11)$$

oder

$$pV^{(d)} = NkT \qquad (7.12)$$
Zustandsgleichung des klassischen idealen Gases

Natürlich ändert sich für die Fälle für $d = 3, 2, 1$ nicht nur die Dimension des Volumens, sondern auch die des dazugehörigen Druckes.

Die Entropie ist

$$S = -\left(\frac{\partial F}{\partial T}\right)_{N,V} = kN + \frac{d}{2}kN \ln \frac{kT}{E_0^{(d)}} + \frac{d}{2}kN \qquad (7.13)$$

oder

$$S_{kl} = \frac{d+2}{2}kN + \frac{d}{2}kN \ln \frac{kT}{E_0^{(d)}} \qquad (7.14)$$
Entropie des klassischen idealen Gases

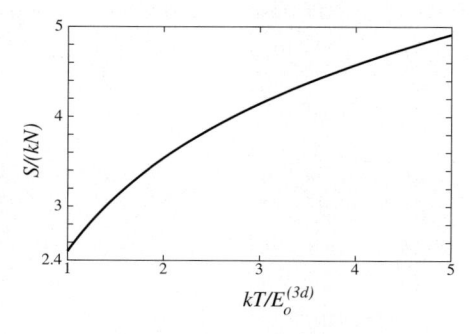

Abb. 7.2. Entropie des klassischen idealen Gases als Funktion der Temperatur

7.1 Berechnung der thermodynamischen Eigenschaften

Abb. 7.2 zeigt, wie die Entropie mit der Temperatur zunimmt. Für $T \to 0$ geht $S \to -\infty$. Nach dem Nernstschen Theorem geht aber die Entropie bei der Annäherung an den absoluten Nullpunkt gegen Null. Die klassische Statistik ist also bei tiefen Temperaturen nicht mehr anwendbar. Wieder sieht man, dass die klassische Beschreibung eines idealen Gases nur gilt, wenn die thermische Energie kT viel größer ist als die charakteristische quantenmechanische Energie E_0. Um die Theorie des klassischen, idealen Gases für die näherungsweise Beschreibung eines **realen** Gases verwenden zu können, muss natürlich darüber hinaus die kinetische Energie noch viel größer als die mittlere Wechselwirkungsenergie sein.

Für die spezifische Wärme bei konstantem Volumen finden wir

$$c_V = T\left(\frac{\partial S}{\partial T}\right)_{V^{(d)}} = \frac{d}{2}kN \ . \tag{7.15}$$

Um die spezifische Wärme bei konstantem Druck c_p zu berechnen, eliminieren wir $V^{(d)}$ zugunsten von p

$$S = \frac{d+2}{2}kN + kN\ln\frac{kT}{p} + \frac{d}{2}kN\ln\left(\frac{mkT}{2\pi\hbar^2}\right) \ . \tag{7.16}$$

Dann ist

$$c_p = T\left(\frac{\partial S}{\partial T}\right)_p = \frac{d+2}{2}kN \ , \tag{7.17}$$

so dass folgende Beziehung zwischen den spezifischen Wärmen gilt:

$$c_p - c_V \ = \ kN \tag{7.18}$$

Relation zwischen spezifischen Wärmen

Für adiabatische oder deutlicher gesagt isentropische Volumenänderungen folgt dann mit (7.16) aus der Konstanz der Entropie $S = const.$:

$$\frac{d+2}{2}kN\ln kT - kN\ln p + \frac{d+2}{2}kN + \frac{d}{2}kN\ln\frac{m}{2\pi\hbar^2} = const. \tag{7.19}$$

oder
$$\frac{d+2}{2} kN \ln kT - kN \ln p = const. \qquad (7.20)$$
oder
$$c_p \ln kT - (c_p - c_V) \ln p = const. \qquad (7.21)$$
Mit dem Wert
$$\gamma(d) = \frac{c_p}{c_V} = \frac{d+2}{d} \qquad (7.22)$$
für das ideale Gas finden wir
$$\gamma(d) \ln kT - (\gamma(d) - 1) \ln p = const.$$
$$\ln \left(\frac{(kT)^{\gamma(d)}}{p^{\gamma(d)-1}} \right) = const. \qquad (7.23)$$
oder

$$\boldsymbol{T^{\gamma(d)} p^{1-\gamma(d)} = const.} , \quad \boldsymbol{T(V^{(d)})^{\gamma(d)-1} = const.} ,$$
$$\boldsymbol{p(V^{(d)})^{\gamma(d)} = const.} \qquad (7.24)$$
Adiabatische Zustandsgleichungen des ideigen klassischen Gases

Dabei haben wir die Zustandsgleichung $pV^{(d)} = NkT$ zur Umwandlung der einzelnen Formen benutzt.

Für die Energie des idealen Gases finden wir

$$\boldsymbol{E_{kl} = F_{kl} + TS_{kl} = \frac{d}{2} kTN} \qquad (7.25)$$
Energie des idealen klassischen Gases

Jedes Teilchen hat also im Mittel die thermische Energie $\frac{d}{2} kT$, für jeden Freiheitsgrad ist die mittlere thermische Energie also $\frac{1}{2} kT$.

Für die freie Enthalpie finden wir

$$G = F + pV^{(d)} = -kTN - \frac{d}{2}NkT \ln \frac{kT}{E_0^{(d)}} + kTN$$

$$= -\frac{d}{2}NkT \ln \frac{kT}{E_0^{(d)}} \ . \qquad (7.26)$$

Für räumlich homogene Systeme gilt die Gibbs-Duhem-Relation (6.60) $G = N\mu$. Daraus folgt das chemische Potenzial

$$\mu_{kl} = -\frac{d}{2}kT \ln \frac{kT}{E_0^{(d)}} \qquad (7.27)$$

Chemisches Potenzial des idealen klassischen Gases

Diese Beziehung folgt natürlich auch direkt mit $\mu = \left(\frac{\partial F}{\partial N}\right)_{T,V^{(d)}}$ aus (7.4). Im Gültigkeitsbereich der klassischen Statistik $kT \gg E_0^{(d)}$ ist demnach $\frac{\mu}{kT} \ll 0$, das chemische Potenzial hat für klassische Gase also große, negative Werte. Diese Eigenschaft bewirkt, dass für klassische Gase der Parameter $z = e^{\beta\mu}$ klein ist. Man nennt diesen Parameter die Fugazität. Die Fugazität ist damit ein geeigneter Entwicklungsparameter zur näherungsweisen Behandlung von wechselwirkenden klassischen Gasen.

7.2 Aufgaben

7.1. Berechnung der Entropie eines mikrokanonischen Systems

Berechnen Sie die Entropie eines klassischen idealen dreidimensionalen Gases nach (5.19) direkt für ein mikrokanonisches Ensemble und vergleichen Sie das Ergebnis mit (7.14), das für ein kanonisches Ensemble berechnet wurde. Zeigen Sie, dass die Ergebnisse für die beiden Ensembles gleich sind, wenn man sie beide als Funktion derselben unabhängigen Variablen, etwa $S = S(T, V, N)$, ausdrückt. Verwenden Sie, dass das Volumen einer $3N$-dimensionalen Kugel mit dem Radius r gegeben ist durch

$$V^{(3N)} = \frac{(\pi^{\frac{1}{2}}r)^{3N}}{\left(\frac{3N}{2}\right)!} \; . \tag{7.28}$$

Diese Formel wird im folgenden Kapitel abgeleitet, siehe (8.26).

7.2. Umformung der Entropie eines idealen Gases

Zeigen Sie am Beispiel eines dreidimensionalen idealen klassischen Gases, dass sich die Boltzmann-Verteilung schreiben lässt als

$$f_p = (E_0\beta)^{\frac{3}{2}} e^{-\beta\frac{p^2}{2m}} \; . \tag{7.29}$$

Dabei ist $E_0 = 4\pi\frac{\hbar^2 (n^{(3)})^{\frac{2}{3}}}{2m}$ die Nullpunktsenergie. Zeigen Sie ferner, dass die Entropie des klassischen idealen Gases (7.14) sich auch ableiten lässt aus der Formel

$$S = -kV \int \left(\frac{dp}{2\pi\hbar}\right)^3 f_p \ln f_p + kN \; . \tag{7.30}$$

8 Ideale Quantengase

Wird die thermische Energie kT vergleichbar der oder kleiner als die Nullpunktsenergie E_0, so wird die Quantenstatistik der Teilchen wichtig. Teilchen mit halbzahligem Spin genügen der Fermi-Statistik, Teilchen mit ganzzahligem Spin genügen der Bose-Statistik. Mit dem d-dimensionalen Impulsvektor $\boldsymbol{p} = \hbar \boldsymbol{k}$ ist der Wellenvektor $\boldsymbol{k}$ verknüpft. Außerdem ist der Quantenzustand noch durch die Spinquantenzahl $s_z = s$ charakterisiert. Den Vielteilchen-Hamilton-Operator verwenden wir in der zweiten Quantisierung, die im Anhang A beschrieben wird. In dieser Methode werden Erzeugungs- und Vernichtungsoperatoren $c^\dagger_{\boldsymbol{k},s}$ und $c_{\boldsymbol{k},s}$ für die Teilchen eingeführt, die folgenden Vertauschungsrelationen genügen

$$\left[c_{\boldsymbol{k},s} \, , \, c^\dagger_{\boldsymbol{k}',s'}\right]_\pm = \delta_{s,s'}\delta_{\boldsymbol{k},\boldsymbol{k}'} \, ,$$

$$\left[c^\dagger_{\boldsymbol{k},s} \, , \, c^\dagger_{\boldsymbol{k}',s'}\right]_\pm = 0 \, ,$$

$$\left[c_{\boldsymbol{k},s} \, , \, c_{\boldsymbol{k}',s'}\right]_\pm = 0 \, . \tag{8.1}$$

Das obere Vorzeichen gilt hier wie im Folgenden für Fermionen, das untere für Bosonen. Der Antikommutator von zwei Fermi-Operatoren a und b ist definiert als $[a,b]_+ := ab + ba$, während der Kommutator von zwei Bose-Operatoren gegeben ist durch $[a,b]_- := ab - ba$. Der Hamilton-Operator eines idealen Quantengases ist

$$H = \sum_{\boldsymbol{k},s} e_k c^\dagger_{\boldsymbol{k},s} c_{\boldsymbol{k},s} \, , \tag{8.2}$$

wobei $e_k = \frac{\hbar^2 k^2}{2m}$ die kinetische Energie ist.

8.1 Berechnung des großkanonischen Potenzials

Wir berechnen die thermodynamischen Eigenschaften von idealen Quantengasen aus dem großkanonischen Potenzial

$$J(T,\mu,V^{(d)}) = -kT \ln Sp\, e^{-\beta(H-\mu N)} \;. \tag{8.3}$$

Da sowohl H wie N nur Teilchenzahloperatoren enthalten, ist die Spur mit Produkten von Teilchenzahlzuständen leicht zu berechnen:

$$\prod_{\{\boldsymbol{k}_i,s\}} |n_{\boldsymbol{k}_i,s}> \;, \tag{8.4}$$

wobei im Fermi-Fall ein Zustand nur leer oder einfach besetzt sein kann, also $n_{\boldsymbol{k}_i,s} = 0,\,1$ sein muss, während im Bose-Fall die Zahl der Teilchen pro Zustand unbeschränkt ist: $n_{\boldsymbol{k}_i,s} = 0,\,1,\,2,\ldots$.

Damit liefert die Spurbildung

$$\begin{aligned}J(T,\mu,V^{(d)}) &= -kT \ln \prod_{\boldsymbol{k},s} \sum_{n_{\boldsymbol{k},s}} e^{-\beta(e_k-\mu)n_{\boldsymbol{k},s}} \\ &= -kT \sum_{\boldsymbol{k},s} \ln \sum_{n_{\boldsymbol{k},s}} e^{-\beta(e_k-\mu)n_{\boldsymbol{k},s}} \\ &= -kT \sum_{\boldsymbol{k},s} \ln Z_{\boldsymbol{k},s} \;.\end{aligned} \tag{8.5}$$

Für Fermionen erhält man

$$Z_{\boldsymbol{k},s} = 1 + e^{-\beta(e_k-\mu)} \;. \tag{8.6}$$

Für die Bosonenzustandssumme ergibt sich eine geometrische Reihe

$$\begin{aligned}Z_{\boldsymbol{k},s} &= 1 + e^{-\beta(e_k-\mu)} + e^{-2\beta(e_k-\mu)} + \cdots \\ &= \frac{1}{1-e^{-\beta(e_k-\mu)}} \;.\end{aligned} \tag{8.7}$$

Damit ergibt sich für das großkanonische Potenzial, das für räumlich homogene Systeme gerade gleich $-pV^{(d)}$ ist,

$$-J = V^{(d)} p(T,\mu) = \pm kT \sum_{\boldsymbol{k},s} \ln\left(1 \pm e^{-\beta(e_k-\mu)}\right) \;, \tag{8.8}$$

und damit wird die Zustandsgleichung von idealen Quantengasen

$$pV^{(d)} = \pm kT \sum_{k,s} \ln\left(1 \pm e^{-\beta(e_k-\mu)}\right) \qquad (8.9)$$

Zustandsgleichung der idealen Quantengase

wobei das obere Vorzeichen für Fermionen, das untere für Bosonen gilt. Aus der Tabelle der thermodynamischen Potenziale sehen wir, dass die Teilchenzahl N durch die Ableitung von J nach μ gegeben ist:

$$N = -\frac{\partial J}{\partial \mu} = \pm kT \sum_{k,s} \frac{1}{1 \pm e^{-\beta(e_k-\mu)}}(\pm\beta)e^{-\beta(e_k-\mu)}$$

$$= \sum_{k,s} \frac{1}{e^{\beta(e_k-\mu)} \pm 1} = \sum_{k,s} n_k \ . \qquad (8.10)$$

Wir erhalten also die bekannten Fermi- und Bose-Verteilungen:

$$n_k = \frac{1}{e^{\beta(e_k-\mu)} \pm 1} \qquad (8.11)$$

Fermi- und Bose-Verteilungsfunktionen

Wegen des Termes -1 im Nenner der Bose-Verteilung muss der Exponent des ersten Terms im Nenner von (8.11) positiv sein. Da die tiefste kinetische Energie $e_0 = 0$ ist, muss das chemische Potenzial für Bosonen $\mu \leq 0$ sein. Für Fermionen gibt es eine solche Beschränkung nicht. Ist die Teilchenzahl N konstant, so kann man aus (8.10) das chemische Potenzial ermitteln.

Ist dagegen die Teilchenzahl nicht erhalten, wie zum Beispiel für Photonen und Phononen, muss man auch im Bezug auf N das Minimum der freien Energie suchen. Da die Ableitung von F nach N gerade das chemische Potenzial μ liefert, erhält man

$$\mu = \left(\frac{\partial F}{\partial N}\right)_{T,V} = 0 \ . \qquad (8.12)$$

Man sieht, dass für diese Teilchen das chemische Potenzial Null ist.

Für die Entropie finden wir aus der Potenzialtabelle

$$S = -\frac{\partial J}{\partial T} = \pm k \sum_{k,s} \ln\left(1 \pm e^{-\beta(e_k - \mu)}\right) \pm k \sum_{k,s} \frac{(\pm\beta)(e_k - \mu)e^{-\beta(e_k - \mu)}}{1 \pm e^{-\beta(e_k - \mu)}} \quad (8.13)$$

oder

$$TS = \pm kT \sum_{k,s} \ln\left(1 \pm e^{-\beta(e_k - \mu)}\right) + \sum_{k,s}(e_k - \mu)n_k \ . \quad (8.14)$$

Man beachte, dass das chemische Potenzial bei der partiellen Temperaturableitung nach (8.3) konstant gehalten wird. Mit den Formen (8.11) für n_k und $1 \mp n_k$ lässt sich die Entropie (8.14) auch auf folgende Form bringen

$$\boldsymbol{TS = -kT \sum_{k,s}\left(n_k \ln n_k \pm (1 \mp n_k)\ln(1 \mp n_k)\right)} \quad (8.15)$$

Entropie der idealen Quantengase

Das Ergebnis (8.15) hat wieder direkt die ursprüngliche Form $S = -k \sum w \ln w$, wobei hier die Wahrscheinlichkeiten die Besetzung von allen Teilchen- und Lochzuständen beschreiben. Wir verstehen dabei unter der Besetzungswahrscheinlichkeit eines Loches (zweiter Term) - das heißt eines fehlenden Teilchens - den Erwartungswert $<c_k c_k^\dagger> = 1 \mp n_k$. Das Vorzeichen des zweiten Terms ist je nach Statistik so gewählt, dass der zweite Term einen insgesamt positiven Beitrag liefert. Die Form (8.15) der Entropie lässt sich leicht auf Nichtgleichgewichtssituationen ausdehnen, indem man die Gleichgewichtsverteilungen n_k durch Nichtgleichgewichtsverteilungen $n_k(t)$ ersetzt. Wir werden sehen, dass diese so gewonnene Nichtgleichgewichtsentropie, beziehungsweise die damit verknüpfte - in Kapitel 5 schon diskutierte - Eta-Funktion, im Rahmen der Theorie der Boltzmann-Gleichung eine wichtige Rolle spielt.

Mit der Form (8.14) findet man für die Energie

$$E = J + TS + \mu N = \sum_{k,s} e_k n_k \qquad (8.16)$$

Energie der idealen Quantengase

Für ein nichtwechselwirkendes Gas muss natürlich die Gesamtenergie gleich der Summe der kinetischen Energien aller Teilchen sein, wie wir das mit (8.16) auch formal gefunden haben.

8.2 Berechnung der d-dimensionalen Impulssummen

Wir wollen nun zur expliziten Berechnung die relevanten Impulssummen und Spinsummen für Elementarteilchen mit $e_k = \hbar^2 k^2/2m$ betrachten. Die Summe über die Spinquantenzahl $s_z = s$ liefert für einen spinunabhängigen Summanden den Entartungsfaktor $g_s = 2s+1$ gemäß der Anzahl der möglichen Spineinstellungen. Die Summe über den d-dimensionalen Vektor $\boldsymbol{k}$ ersetzen wir durch ein Integral:

$$\sum_{\boldsymbol{k},s} = g_s \sum_{\boldsymbol{k}} \frac{(\Delta k)^d}{(\Delta k)^d} \to g_s V^{(d)} \int \frac{d^d k}{(2\pi)^d} \,, \qquad (8.17)$$

wobei wir im Nenner die aus den Randbedingungen folgende Beziehung $(\Delta k)^d = \frac{(2\pi)^d}{V^{(d)}}$ eingesetzt haben. In Polarkoordinaten erhält man, falls der Integrand nicht von den Winkeln abhängt,

$$\sum_{\boldsymbol{k},s} = \frac{g_s V^{(d)}}{(2\pi)^d} \Omega^{(d)} \int_0^\infty k^{d-1} dk \,, \qquad (8.18)$$

wobei $\Omega^{(d)}$ der d-dimensionale Raumwinkel ist. Nun führen wir eine zusätzliche Integration über eine Energie e ein, die wir formal mit einer Delta-Funktion wieder rückgängig machen:

$$\sum_{\boldsymbol{k},s} = \frac{g_s V^{(d)}}{(2\pi)^d} \Omega^{(d)} \int_0^\infty de \int_0^\infty k^{d-1} \delta(e - e_k) dk$$

$$= g_s V^{(d)} \int_0^\infty de \rho^{(d)}(e) \,. \qquad (8.19)$$

Der Raumwinkel hat die Werte

$$\Omega^{(1)} = 2, \quad \Omega^{(2)} = 2\pi, \quad \Omega^{(3)} = 4\pi. \qquad (8.20)$$

Um den Raumwinkel $\Omega^{(d)}$ in beliebiger Dimension zu berechnen, betrachten wir das Gauß-Integral über eine unendlich große d-dimensionale Kugel mit $x^2 = \sum_{i=1}^{d} x_i^2$

$$G^{(d)} = \int dV^{(d)} e^{-x^2} = \prod_{i=1}^{d} \int dx_i e^{-x_i^2}$$
$$= \sqrt{\pi}^d = \pi^{\frac{d}{2}}. \qquad (8.21)$$

In Polarkoordinaten ist

$$G^{(d)} = \Omega^{(d)} \int_0^\infty dr\, r^{d-1} e^{-r^2}. \qquad (8.22)$$

Mit der Variable $y = r^2$ und damit $dy = 2r\, dr$ wird

$$G^{(d)} = \frac{\Omega^{(d)}}{2} \int_0^\infty dy\, y^{\frac{d}{2}-1} e^{-y} = \frac{\Omega^{(d)}}{2} \Gamma\left(\frac{d}{2}\right). \qquad (8.23)$$

Dabei haben wir die Gamma-Funktion $\Gamma(x) = \int_0^\infty dy\, y^{x-1} e^{-y}$ mit $\Gamma(n+1) = n!$ eingeführt. Der Raumwinkel $\Omega^{(d)}$ ist also

$$\Omega^{(d)} = \frac{2\pi^{\frac{d}{2}}}{\Gamma\left(\frac{d}{2}\right)}. \qquad (8.24)$$

Mit den speziellen Werten $\Gamma\left(\frac{1}{2}\right) = \pi^{\frac{1}{2}}$, $\Gamma(1) = 1$, und $\Gamma\left(\frac{3}{2}\right) = \frac{1}{2}\pi^{\frac{1}{2}}$ erhalten wir wieder die oben angegebenen Werte. Mit $\Gamma(x) = (x-1)!$ folgt das in Aufgabe 7.1 angegebene Volumen einer d-dimensionalen Kugel

$$V^{(d)} = \Omega^{(d)} \int_0^r dr'\, r'^{d-1} = \Omega^{(d)} \frac{r^d}{d}. \qquad (8.25)$$

Mit (8.24) wird dann

$$V^{(d)} = \frac{\pi^{\frac{d}{2}} r^d}{\frac{d}{2} \Gamma\left(\frac{d}{2}\right)} = \frac{\pi^{\frac{d}{2}} r^d}{\left(\frac{d}{2}\right)!}. \qquad (8.26)$$

8.2 Berechnung der d-dimensionalen Impulssummen

Die in (8.19) eingeführte d-dimensionale Zustandsdichte erhält man durch Ausführung der Integration über k. Die δ-Funktion hat eine Lösung $k_0 = \left(\frac{2m}{\hbar^2}\right)^{1/2} e^{1/2}$. Mit der Beziehung

$$\int dx f(x)\delta(g(x)) = \sum_{x_i} \left(\frac{f(x)}{|dg/dx|}\right)_{x=x_i}, \qquad (8.27)$$

wobei x_i die Lösungen der Gleichung $g(x) = 0$ sind, findet man

$$\int_0^\infty k^{d-1}\delta(e-e_k)dk = \frac{2m}{\hbar^2}\frac{k_0^{d-2}}{2}\theta(e) . \qquad (8.28)$$

Setzt man k_0 ein, so ergibt sich

$$\int_0^\infty k^{d-1}\delta(e-e_k)dk = \frac{1}{2}\left(\frac{2m}{\hbar^2}\right)^{d/2} e^{d/2-1}\theta(e) . \qquad (8.29)$$

Mit dem Integral (8.29) liefert (8.19) die Zustandsdichte

$$\rho^{(d)}(e) = \frac{1}{2}\frac{\Omega^{(d)}}{(2\pi)^d}\left(\frac{2m}{\hbar^2}\right)^{d/2} e^{d/2-1}\theta(e) = \rho_0^{(d)} e^{d/2-1}\theta(e) \qquad (8.30)$$

d-dimensionale Zustandsdichte

In drei Dimensionen ergibt sich

$$\rho^{(3)}(e) = \frac{1}{4\pi^2}\left(\frac{2m}{\hbar^2}\right)^{3/2} e^{1/2}\theta(e) = \rho_0^{(3)} e^{1/2}\theta(e) , \qquad (8.31)$$

das ist gerade die übliche wurzelförmige dreidimensionale Zustandsdichte. In zwei Dimensionen erhält man

$$\rho^{(2)}(e) = \frac{1}{4\pi}\left(\frac{2m}{\hbar^2}\right)\theta(e) = \rho_0^{(2)}\theta(e) . \qquad (8.32)$$

In zwei Dimensionen ist die Zustandsdichte nur gegeben durch die Theta-Sprungfunktion, das heißt sie ist nur für $e > 0$ ungleich Null und konstant.

In einer Dimension schließlich finden wir

$$\rho^{(1)}(e) = \frac{1}{2\pi}\left(\frac{2m}{\hbar^2}\right)^{1/2} e^{-1/2}\theta(e)$$
$$= \rho_0^{(1)} e^{-1/2}\theta(e) \ . \tag{8.33}$$

Wir erhalten also für Quantendrähte eine bei $e = 0$ singuläre Zustandsdichte.

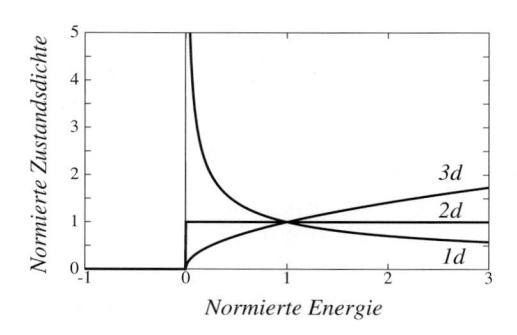

Abb. 8.1. Zustandsdichte für 3-, 2- und 1-dimensionale Systeme

8.3 Berechnung des chemischen Potenzials

Als erstes wollen wir uns der Berechnung des chemischen Potenzials eines d-dimensionalen Quantengases mit Teilchenzahlerhaltung zuwenden:

$$n^{(d)} = \frac{N}{V^{(d)}} = \frac{1}{V^{(d)}} \sum_{\boldsymbol{k},s} n_{\boldsymbol{k},\pm} \ , \tag{8.34}$$

wobei

$$n_{\boldsymbol{k},\pm} = \frac{1}{e^{\beta(e_k - \mu)} \pm 1} \tag{8.35}$$

die Fermi- beziehungsweise Bose-Verteilung ist. Wir ziehen nun die sogenannte Fugazität

$$z = e^{\beta\mu} \tag{8.36}$$

vor die Summe (8.34) und erhalten

$$n^{(d)} = g_s z I^{(d)}(0) \left(\frac{I_{\pm}^{(d)}(z)}{I^{(d)}(0)} \right) , \qquad (8.37)$$

wobei

$$I_{\pm}^{(d)}(z) = \frac{1}{V^{(d)}} \sum_{\boldsymbol{k}} \frac{1}{e^{\beta e_k} \pm z} . \qquad (8.38)$$

Setzen wir in den letzten Klammerausdruck von (8.37) $z = 0$ ein, so dass dieser Ausdruck 1 ergibt, erhalten wir gerade den Boltzmann-Fall

$$n^{(d)} = g_s \frac{1}{V^{(d)}} \sum_{\boldsymbol{k}} e^{-\beta(e_k - \mu)} . \qquad (8.39)$$

Den Ausdruck $I_{\pm}^{(d)}(0)$ kann man am besten in kartesischen Koordinaten ausrechnen

$$\begin{aligned} I^{(d)}(0) &= \frac{1}{V^{(d)}} \sum_{\boldsymbol{k}} e^{-\beta e_k} \\ &= \prod_{i=1}^{d} \left\{ \int_{-\infty}^{+\infty} \frac{dk_i}{2\pi} e^{-\beta \frac{\hbar^2 k_i^2}{2m}} \right\} \\ &= \left(\frac{2m}{4\pi \hbar^2 \beta} \right)^{\frac{d}{2}} = n^{(d)} \left(\frac{kT}{E_0^{(d)}} \right)^{\frac{d}{2}} , \end{aligned} \qquad (8.40)$$

wobei wieder die in Kapitel 7 schon diskutierte d-dimensionale Nullpunktsenergie auftritt:

$$\boldsymbol{E_0^{(d)} = 4\pi \frac{\hbar^2 (n^{(d)})^{\frac{2}{d}}}{2m}} \qquad (8.41)$$

d-dimensionale Nullpunktsenergie

Das normierte Integral $\frac{I_{\pm}^{(d)}(z)}{I^{(d)}(0)}$ werten wir nun in Polarkoordinaten aus. Da die Integranden nicht von den Winkeln abhängen, fallen die Raumwinkel (8.20) $\Omega^{(d)}$ und alle anderen Konstanten vor den Integralen heraus. Wir erhalten

$$\frac{I^{(d)}_\pm(z)}{I^{(d)}(0)} = \frac{J^{(d)}_\pm(z)}{J^{(d)}(0)} \tag{8.42}$$

mit

$$J^{(d)}_\pm(z) = 2\int_0^\infty dk\, k^{d-1}\frac{1}{e^{k^2}\pm z} \ . \tag{8.43}$$

Das Integral mit $z = 0$ ist gerade die Gamma-Funktion

$$J^{(d)}(0) = \int_0^\infty dx\, x^{\frac{d}{2}-1}e^{-x} = \Gamma(d/2) \ . \tag{8.44}$$

Die Werte der Gamma-Funktion wurden oben schon angegeben. In zwei Dimensionen lässt sich $J^{(d)}_\pm(z)$ analytisch auswerten.

$$J^{(2)}_\pm(z) = 2\int_0^\infty dk\, k\frac{1}{e^{k^2}\pm z} = \int_0^\infty dx\, e^{-x}\frac{1}{1\pm e^{-x}z} \ . \tag{8.45}$$

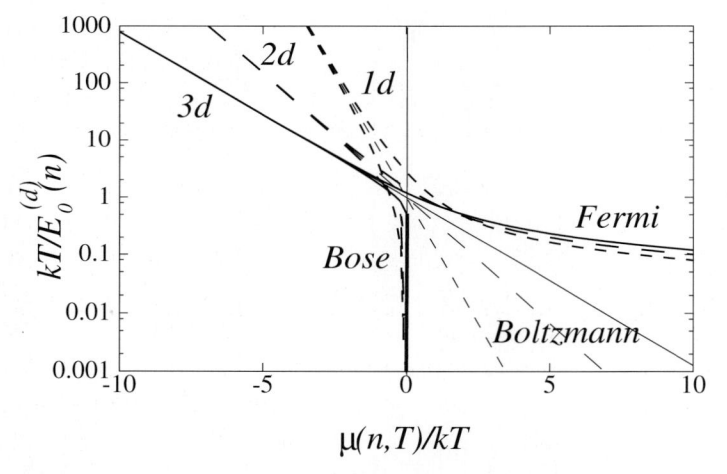

Abb. 8.2. Chemisches Potenzial $\mu(n^{(d)}, T)\beta$ als Funktion des Entartungsparameters $g_s^{\frac{2}{d}} kT/E_0^{(d)}(n^{(d)})$ gezeichnet mit $g_s = 1$ für Bosonen, Fermionen und klassische Teilchen in $d = 1, 2, 3$

Mit der Variablen $y = 1 \pm e^{-x}z$ und $\mp dy = ze^{-x}dx$ erhalten wir mit $\mp\frac{1}{z}\int \frac{dy}{y} = \pm\frac{1}{z}\ln(1\pm z)$ das Ergebnis

$$J^{(2)}_\pm(z) = \pm\frac{1}{z}\ln(1\pm z) \ . \tag{8.46}$$

8.3 Berechnung des chemischen Potenzials

In den Dimensionen 3 und 1 muss $J^{(d)}_\pm(z)$ numerisch integriert werden. Den Boltzmann-Fall erhalten wir natürlich wieder mit $\frac{J^{(d)}_\pm(z)}{J^{(d)}(0)} \to 1$. Von (8.37) erhalten wir mit (8.40)

$$1 = z \left(\frac{g_s^{\frac{2}{d}} kT}{E_0^{(d)}} \right)^{\frac{d}{2}} \left(\frac{J^{(d)}_\pm(z)}{J^{(d)}(0)} \right) . \tag{8.47}$$

Diese Gleichung lässt sich umformen in

$$\frac{g_s^{\frac{2}{d}} kT}{E_0^{(d)}} = \left(z \frac{J^{(d)}_\pm(z)}{J^{(d)}(0)} \right)^{-\frac{2}{d}} . \tag{8.48}$$

Das obere Vorzeichen gilt wieder für Fermionen, das untere für Bosonen, der klassische Grenzfall wird mit $J^{(d)}_\pm(z) \to J^{(d)}(0)$ beschrieben. Das Verhältnis der thermischen Energie kT zur Nullpunktsenergie $E_0^{(d)}$ ist ein Maß für die Entartung eines Quantengases. Ist das Verhältnis wesentlich größer als 1, können die Quanteneffekte vernachlässigt werden, man ist im klassischen Grenzfall. Die Quantenstatistik dominiert dagegen in dem Bereich, in dem die Nullpunktsenergie größer ist als die thermische Energie. In Abb. 8.2 tragen wir das aus (8.48) resultierende Verhältnis $kT g_s^{\frac{2}{d}}/E_0^{(d)}$ logarithmisch auf gegen das Verhältnis des chemischen Potenzials zur thermischen Energie $\beta\mu = \ln z$. Wir haben den Spinentartungsfaktor g_s in das Verhältnis der thermischen Energie zur Nullpunktsenergie hineingezogen, um einen universellen Vergleich der drei Statistiken in den betrachteten drei Dimensionen zu ermöglichen. Wir sehen auf diese Weise auch, dass eine große Spinentartung den Entartungsgrad erniedrigt, da sich viele Teilchenzustände noch durch verschiedene Spineinstellungen unterscheiden können. In dieser Darstellung ist der Boltzmann-Fall durch Geraden mit der Steigung $-\frac{2}{d}$ gegeben. Man sieht, wie die Ergebnisse der Fermi- und der Bose-Statistik sich im klassischen Limes den Boltzmann-Geraden asymptotisch anschmiegen. Für $kT g_s^{\frac{2}{d}}/E_0^{(d)} \leq 1$ finden wir jedoch für die zwei Quantenstatistiken ganz andere Ergebnisse. Für die Bosonen geht das chemische Potenzial in einer und zwei Dimensionen für $T \to 0$ asymptotisch nach Null. In drei Dimensionen wird das chemische Potenzial exakt Null bei einer kritischen Temperatur $\frac{kT_c g_s^{\frac{2}{d}}}{E_0^{(d)}} \simeq 1$, es tritt die sogenannte Bose-Einstein-Kondensation ein. Für Fermionen geht dagegen das chemische Potenzial im Grenzfall niedriger Temperaturen gegen einen festen positiven Grenzwert, die Fermi-Energie $E_F^{(d)} \simeq E_0^{(d)}$. Wir werden diese Eigenschaften noch etwas detaillierter besprechen.

Zunächst wollen wir den Verlauf der Fermi- und Bose-Verteilungsfunktionen für eine gegebene Teilchendichte als Funktion der Einteilchenenergie für verschiedene Temperaturen näher betrachten. Wir wählen als Beispiel zweidimensionale Quantengase, da wir hier das chemische Potenzial mit (8.46) analytisch berechnen können. Aus (8.48) folgt für $d = 2$

$$e^{\pm \frac{E_0^{(2)}}{kT g_s}} = 1 \pm z \ . \tag{8.49}$$

Daraus folgt

$$z = \pm \left(e^{\pm \frac{E_0^{(2)}}{kT g_s}} - 1 \right) \tag{8.50}$$

oder

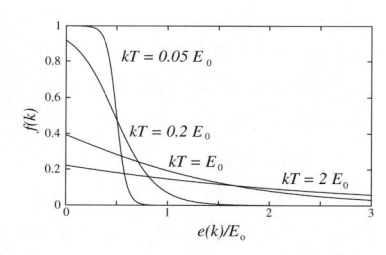

Abb. 8.3. Fermi-Verteilung bei fester Teilchenzahl und verschiedenen Temperaturen für ein 2-dimensionales Gas von Fermionen mit Spin 1/2

$$\boxed{\mu = kT \ln\left(\pm e^{\pm \frac{E_0^{(2)}}{kTg_s}} \mp 1\right)} \qquad (8.51)$$

Chemisches Potenzial in 2d für Fermionen und Bosonen

Wir tragen nun $n_{k,\pm} = \frac{z}{e^{\beta e_k}\pm z}$ mit (8.50) gegen e_k für verschiedene Temperaturen auf. Man sieht, wie die Fermi-Funktion $n_{k,+}$ (siehe Abb. 8.3) bei niederen Temperaturen zu einer Sprungfunktion $n_{k,+} = \Theta(E_F - e_k)$ entartet. Dagegen werden in der Bose-Verteilung für abnehmende Temperaturen immer mehr Teilchen in den niedersten Energiezuständen angehäuft (siehe Abb. 8.4).

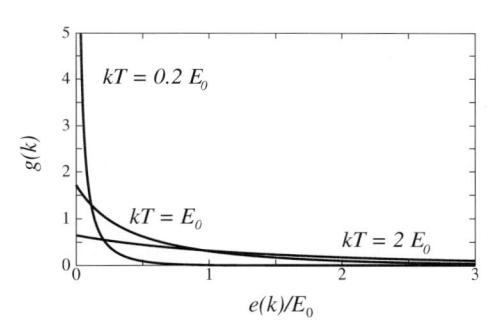

Abb. 8.4. Bose-Verteilung bei fester Teilchenzahl und verschiedenen Temperaturen für ein 2-dimensionales Gas von Bosonen mit Spin Null

8.4 Berechnung der Fermi-Energie

Wir wollen zunächst noch die Fermi-Energie E_F explizit berechnen. Dazu bilden wir

$$n^{(d)} = \sum_{k,s} \Theta(E_F - e_k) = g_s \int_0^{E_F} de\, \rho^{(d)}(e)\,, \qquad (8.52)$$

mit der d-dimensionalen Zustandsdichte (8.30). Damit erhalten wir

$$n^{(d)} = \frac{g_s}{2}\frac{\Omega^{(d)}}{(2\pi)^d}\left(\frac{2m}{\hbar^2}\right)^{d/2}\int_0^{E_F} de\, e^{d/2-1}$$

$$= \frac{g_s}{2} \frac{\Omega^{(d)}}{(2\pi)^d} \left(\frac{2m}{\hbar^2}\right)^{d/2} \frac{2}{d} E_F^{d/2} \tag{8.53}$$

oder

$$E_F = \left(\frac{d\pi^{\frac{d}{2}}}{g_s \Omega^{(d)}}\right)^{\frac{2}{d}} E_0^{(d)} . \tag{8.54}$$

Bis auf einen numerischen Faktor ist also die Fermi-Energie durch die Nullpunktsenergie gegeben. Das muss auch so sein, da bei $T = 0$ keine andere charakteristische Energie vorhanden ist. In d=3 erhalten wir zum Beispiel für ein Elektronengas mit $g_s = 2$

$$E_F = \frac{3^{2/3}\pi^{1/3}}{4} E_0^{(3)} . \tag{8.55}$$

8.5 Bose-Einstein-Kondensation

Nun wollen wir noch die Bose-Einstein-Kondensation besprechen, die in einem dreidimensionalen Bose-Gas stattfindet. Wie wir oben sahen, wird das chemische Potenzial bei einer kritischen Temperatur T_c gleich Null. Mit $g_s = 1$ und $n^{(3)} = n$ finden wir

$$\begin{aligned} n &= \int_0^\infty de \rho^{(3)}(e) \frac{1}{e^{\beta_c e} - 1} \\ &= \sum_{n=1}^\infty \int_0^\infty de \rho^{(3)}(e) e^{-n\beta_c e} \end{aligned} \tag{8.56}$$

oder

$$\begin{aligned} n &= \rho_0^{(3)} \beta_c^{-3/2} \sum_{n=1}^\infty \frac{1}{n^{3/2}} \int_0^\infty dx\, x^{1/2} e^{-x} \\ &= \rho_0^{(3)} \beta_c^{-3/2} \zeta(3/2) \Gamma(3/2) , \end{aligned} \tag{8.57}$$

wobei die Zeta-Funktion gegeben ist durch

$$\zeta(3/2) = \sum_{n=1}^\infty \frac{1}{n^{3/2}} = 2{,}612 \tag{8.58}$$

und die Gamma-Funktion durch

$$\Gamma(3/2) = \int_0^\infty dx\, x^{1/2} e^{-x} = \frac{\pi^{1/2}}{2} \,. \tag{8.59}$$

Aus (8.57) finden wir mit (8.31)

$$n = \frac{1}{2^3 \pi^{3/2}} \left(\frac{2m}{\hbar^2 \beta_c} \right)^{\frac{3}{2}} \zeta(3/2) \,. \tag{8.60}$$

Für die kritische Temperatur der Bose-Einstein-Kondensation finden wir

$$kT_c = \zeta(3/2)^{-\frac{2}{3}} E_0^{(3)} \tag{8.61}$$

Kritische Temperatur der Bose-Einstein-Kondensation

Für Temperaturen $T < T_c$ muss das chemische Potenzial Null bleiben. Damit gilt

$$\frac{1}{V} \sum_k n_{k,-} = \frac{\pi^{3/2}}{2^3} \left(\frac{2mkT}{\hbar^2} \right)^{3/2} \zeta(3/2) < n \,. \tag{8.62}$$

Das heißt unterhalb der kritischen Temperatur bringen wir nicht mehr genügend Teilchen in Zuständen mit endlichem Impuls unter. Beim Übergang von der Summe zum Integral haben wir aber genau die Besetzung des tiefsten Impulszustandes verloren, da die Zustandsdichte $e_k^{1/2} \to 0$ für $k \to 0$ verschwindet. Normalerweise ist dieser Fehler vernachlässigbar, nur wenn der Zustand $k = 0$ durch sehr viele Teilchen besetzt ist, so dass $n_0 = \frac{N_0}{V}$ auch für $V \to \infty$ endlich bleibt, macht sich der Fehler bemerkbar. Unter diesen Bedingungen sagen wir, der Zustand $k = 0$ ist makroskopisch besetzt. Unterhalb T_c lautet also (8.60) richtig

$$n = n_0 + \frac{1}{2^3 \pi^{3/2}} \left(\frac{2mkT}{\hbar^2}\right)^{\frac{3}{2}} \zeta(3/2) \qquad (8.63)$$

Bosonen-System mit Kondensat

Man bezeichnet die makroskopische Besetzung des Zustandes $k = 0$ als Kondensation im Impulsraum. n_0 wird kurz als Kondensat bezeichnet. Die Bose-Einstein-Kondensation in schwach wechselwirkenden Systemen führt zur Superfluidität. Die superfluide Phase der Bose-Flüssigkeit ^4He beruht nach allgemeiner Auffassung auf einer Bose-Einstein-Kondensation. ^4He-Flüssigkeit ist ein dichtes System mit starker Wechselwirkung, daher ist das mikroskopische Verständnis dieses Systems schwierig. Dagegen wurden erst vor Kurzem lasergekühlte Alkaliatomsysteme, zum Beispiel Gase von Rubidium- und Natriumatomen, in magnetischen Fallen durch Verdunstungskühlung soweit abgekühlt, dass sich ein großer Teil der Atome im Zustand mit dem Impuls 0 ansammelte, das heißt in diesen atomaren Gasen wurde eine Bose-Einstein-Kondensation nachgewiesen. Die Temperaturabhängigkeit des Kondensatanteils wurde ebenfalls schon ausgemessen, sie folgt in der Tat (8.63) modifiziert für ein räumlich inhomogenes System in der magnetischen Falle.

8.6 Zustandsgleichung von Quantengasen

Zum Schluss wollen wir noch die Zustandsgleichung von Quantengasen explizit berechnen. Ausgehend von der Gleichung (8.9) finden wir

$$pV^{(d)} = \pm kT g_s V^{(d)} \rho_0^{(d)} \int_0^\infty de \, e^{\frac{d}{2}-1} \ln\left(1 \pm e^{-\beta(e-\mu)}\right) \,. \qquad (8.64)$$

Wir führen nun eine partielle Integration durch

$$\int_0^\infty de \, f'(e) g(e) = f(e)g(e)\Big|_0^\infty - \int_0^\infty de \, f(e) g'(e) \qquad (8.65)$$

mit

$$f'(e) = e^{\frac{d}{2}-1}, \ f(e) = \frac{e^{\frac{d}{2}}}{d/2} \qquad (8.66)$$

und

$$g(e) = \ln\left(1 \pm e^{-\beta(e-\mu)}\right), \ g'(e) = \mp\beta n(e)_\pm . \qquad (8.67)$$

Damit wird

$$pV^{(d)} = \frac{2}{d}g_s V^{(d)} \rho_0^{(d)} \int_0^\infty de\, e^{\frac{d}{2}} n(e)_\pm \qquad (8.68)$$

oder

$$pV^{(d)} = \frac{2}{d} \sum_{\mathbf{k},s} e_k n(e_k)_\pm . \qquad (8.69)$$

Die Summe ergibt nach (8.16) gerade die Energie des Quantengases. Wir erhalten als Schlussergebnis die Zustandsgleichung

$$\boldsymbol{pV^{(d)} = \frac{2}{d}E} \qquad (8.70)$$

Zustandsgleichung der Quantengase

Man sieht sofort, dass man im klassischen Limes $E \to NkTd/2$ wieder die Zustandsgleichung eines klassischen idealen Gases erhält. Bei tiefen Temperaturen gibt es dagegen Abweichungen vom klassischen Verhalten. Da die Energie eines Systems entarteter Fermionen größer ist als die eines klassischen Gases, ist der Druck im Fermi-System entsprechend größer. Man spricht vom Fermi-Druck oder Entartungsdruck. Er ist eine direkte Folge des Pauli-Ausschließungsprinzips, nach dem Fermionen im gleichen Spinzustand einander nicht zu nahe kommen dürfen. Umgekehrt ist der Druck in einem System entarteter Bosonen kleiner als in einem entsprechenden klassischen Gas, da die mittlere Energie im Bosonengas aufgrund der Ansammlung vieler Teilchen in den niedersten Energiezuständen und der damit verbundenen Bose-Einstein-Kondensation dort sehr klein ist.

Für Fermionen ist bei $T = 0$ $\mu(T = 0) = E_F$, damit liefert das Energieintegral

$$E = g_s V^{(d)} \rho_0^{(d)} \int_0^{E_F} de\, e^{\frac{d}{2}} \propto V^{(d)} E_F^{\frac{d}{2}+1} \propto V^{(d)} (E_0^{(d)})^{\frac{d}{2}+1} \propto V^{(d)} \left(\frac{N}{V^{(d)}}\right)^{\frac{d+2}{d}}.$$
(8.71)

Also gilt mit $V^{(d)} = L^d$

$$p(V^{(d)})^{\frac{d+2}{d}} = pL^{d+2} \propto N^{\frac{d+2}{d}},$$
(8.72)

das heißt der Druck wächst mit abnehmendem Volumen für Fermi-Systeme stärker an als für entsprechende klassische Systeme mit $pV^{(d)} = NkT$.

Allgemein sieht man, dass der Druck folgende Temperaturabhängigkeit hat

$$\begin{aligned}pV^{(d)} &= \frac{2}{d\beta^{\frac{d}{2}+1}} g_s V^{(d)} \rho_0^{(d)} \int_0^\infty d(\beta e)(\beta e)^{\frac{d}{2}} n(\beta e, \beta\mu) \\ &= \frac{2}{d}(kT)^{\frac{d}{2}+1} g_s V^{(d)} f(\beta\mu),\end{aligned}$$
(8.73)

wobei $f(x)$ mit der dimensionslosen Variablen $x = \beta\mu$ das allein von dieser Variablen abhängige Integral ist. Die Entropie erhalten wir wieder durch eine partielle Ableitung von J nach der Temperatur bei festem μ:

$$\begin{aligned}S &= -\frac{\partial J}{\partial T} = k\frac{\partial pV^{(d)}}{\partial kT} \\ &= k\frac{d+2}{d}(kT)^{\frac{d}{2}} g_s V^{(d)} f(\beta\mu) + k\frac{2}{d}(kT)^{\frac{d}{2}+1} g_s V^{(d)} f'(\beta\mu)\frac{(-\beta\mu)}{kT} \\ &= (kT)^{\frac{d}{2}} F(\beta\mu).\end{aligned}$$
(8.74)

Diese Entropie geht nun - wie vom Nernstschen Theorem gefordert wird - nach Null für $T \to 0$. Für ein Fermi-System sieht man das direkt, da bei $T = 0$ die Energie (8.70) durch die Fermi-Energie gegeben ist, so dass die Temperaturableitung Null ergibt.

8.7 Aufgaben

8.1. Zur Entropie von idealen Gasen

Leiten Sie aus der Entropie für ideale Quantengase (8.15) die Entropie für ein nichtentartetes Boltzmann-Gas ab, die wir bereits in Aufgabe 7.2 kennengelernt haben.

8.2. Quantenkorrekturen zum klassischen Gas

Wir wollen die ersten Korrekturen für die idealen Quantengase gegenüber dem klassischen Grenzfall $e^{\beta\mu} \ll 1$ berechnen. Für das großkanonische Potenzial $J = J(T, \mu, V)$ gilt:

$$J(T, \mu, V) = -p(T, \mu) V = -\frac{2}{3} E(T, \mu, V)$$

$$= -\frac{2}{3} kT\, a(V, T) \int_0^\infty dx \frac{x^{3/2}}{e^{x-\beta\mu} \pm 1} \qquad (8.75)$$

mit

$$a(V, T) = \frac{Vg}{(2\pi)^2} \left(\frac{2mkT}{\hbar^2}\right)^{3/2} . \qquad (8.76)$$

Entwickeln Sie die Energie $E = E(T, N, V)$ und den Druck $p = p(T, N, V)$ bis zur Ordnung $O(N^2)$ und diskutieren Sie die Effekte der Quantenstatistik auf die Zustandsgleichung.

Tipp: Die entstehenden Integrale lassen sich, teilweise durch Substitution, auf die folgende Form bringen

$$\Gamma(\alpha) = \int_0^\infty dx\, e^{-x} x^{\alpha-1} . \qquad (8.77)$$

9 Quasiklassische Näherung für wechselwirkende Systeme

Wir wenden uns nun der Berechnung der Zustandssumme für reale, wechselwirkende Systeme zu. Diese Berechnungen können jedoch nur approximativ durchgeführt werden. Wir müssen also eine Reihe von Näherungsverfahren entwickeln. Die quantenmechanischen Berechnungen von Z sind dadurch erschwert, dass im Hamilton-Operator nichtvertauschbare Operatoren stehen. So vertauscht zum Beispiel der Operator der kinetischen Energie $H_0 = \sum_{i=1}^{3N} \frac{p_i^2}{2m}$ nicht mit dem Potenzial $W(x_1, \cdots, x_{3N})$, das die Wechselwirkung zwischen den Teilchen beschreibt. Im Allgemeinen gilt also in der Quantenstatistik

$$e^{-\beta(H_0+W)} \neq e^{-\beta H_0} e^{-\beta W}, \qquad (9.1)$$

falls

$$[H_0, W] \neq 0. \qquad (9.2)$$

Man kann jedoch die einfache Faktorisierung als klassische Näherung verwenden, um danach erste quantenmechanische Korrekturen an dem klassischen Resultat anzubringen.

9.1 Klassische Näherung für wechselwirkende Systeme

Wir berechnen nun mit der Faktorisierung für ein dreidimensionales System die quantenmechanische Zustandssumme, indem wir die Spur mit Produkten von ebenen Wellen bilden:

$$Z = \sum_{p_i} \int \frac{d^{3N}x}{N!} \prod_i <p_i|x_i> e^{-\beta H} \prod_i <x_i|p_i>, \qquad (9.3)$$

wobei $<x_i|p_i> = \frac{1}{\sqrt{V}} e^{\frac{i}{\hbar} p_i x_i}$ die Ortsraumdarstellung des Dirac-Zustandsvektors $|p_i>$ mit scharfem Impuls p_i ist.

9 Quasiklassische Näherung für wechselwirkende Systeme

Der Normierungsfaktor $1/N!$ rührt her von der Symmetrisierung der Produktzustände der Vielteilchenwellenfunktion. Der Hamilton-Operator in der Ortsraumdarstellung ist dann

$$H = -\frac{\hbar^2}{2m}\sum_{i=1}^{3N}\frac{\partial^2}{\partial x_i^2} + W(x_1,\cdots,x_{3N})\ . \quad (9.4)$$

Die klassische Näherung für diese Zustandssumme ist

$$\begin{aligned}Z_{kl} &= \sum_{p_i}\int \frac{d^{3N}x}{N!V^N}e^{-i\sum_{i=1}^{3N}\frac{p_ix_i}{\hbar}}e^{-\beta H_0}e^{+i\sum_{i=1}^{3N}\frac{p_ix_i}{\hbar}}e^{-\beta W(x_1,\cdots,x_{3N})}\\ &= \sum_{p_i}e^{-\beta\sum_i\frac{p_i^2}{2m}}\int \frac{d^{3N}x}{N!V^N}e^{-\beta W(x_1,\cdots,x_{3N})}\\ &= \int \frac{d^{3N}p}{(\Delta p)^{3N}V^N}e^{-\beta\sum_i\frac{p_i^2}{2m}}\int \frac{d^{3N}x}{N!}e^{-\beta W(x_1,\cdots,x_{3N})}\ .\end{aligned} \quad (9.5)$$

Mit $\Delta p = \hbar\Delta k = \hbar 2\pi/L$ oder $V^N(\Delta p)^{3N} = (2\pi\hbar)^{3N}$ wird

$$\boxed{\begin{aligned}Z_{kl} &= \int\left(\frac{dp}{2\pi\hbar}\right)^{3N}e^{-\beta\sum_i\frac{p_i^2}{2m}}\int\frac{d^{3N}x}{N!}e^{-\beta W}\\ &= \left(\frac{mkT}{2\pi\hbar^2}\right)^{\frac{3N}{2}}\int\frac{d^{3N}x}{N!}e^{-\beta W}\end{aligned}} \quad (9.6)$$

Klassische Zustandssumme

da

$$\int_{-\infty}^{+\infty}dp_i e^{-\beta\frac{p_i^2}{2m}} = \left(\frac{2m}{\beta}\right)^{1/2}\int_{-\infty}^{+\infty}dx\, e^{-x^2} = \left(\frac{2\pi m}{\beta}\right)^{1/2}\ . \quad (9.7)$$

Diese Ableitung zeigt noch einmal ausführlich, warum das klassische Phasenraumintegral immer mit einem gewichteten Phasenraumvolumenelement

$$d\Gamma = \frac{1}{N!}\left(\frac{dp}{2\pi\hbar}\right)^{3N}d^{3N}x \quad (9.8)$$

durchgeführt werden muss, wie schon in früheren Kapiteln besprochen. Für ein ideales Gas mit $W = 0$ haben wir die klassische Zustandssumme schon in Kapitel 7 berechnet und ausführlich diskutiert. Die Berechnung der räumlichen Integrationen über den Wechselwirkungsterm in (9.6) ist im Allgemeinen analytisch nicht mehr möglich. Wir werden in späteren Kapiteln eine Näherungsmethode für verdünnte Systeme angeben, die sogenannte Virialentwicklung, die von der großkanonischen klassischen Zustandssumme ausgeht.

9.2 Entwicklung nach Potenzen der Planck-Konstanten

Hier wollen wir die erste Korrektur zu dieser klassischen Näherung ableiten. Wir führen in (9.3) den dort auftretenden Ausdruck als Hilfsgröße ein

$$I = e^{-i \sum_i p_i x_i/\hbar} e^{-\beta H} e^{i \sum_i p_i x_i/\hbar} \; . \tag{9.9}$$

Damit wird die zu berechnende Zustandssumme (9.3)

$$Z = \int \frac{d^{3N}p}{(2\pi\hbar)^{3N}} \int \frac{d^{3N}x}{N!} I = \int d\Gamma I \; . \tag{9.10}$$

Nun ist $\frac{\partial}{\partial \beta} e^{-\beta H} = -H e^{-\beta H}$ und damit

$$\frac{\partial I}{\partial \beta} = -e^{-i \sum p_i x_i/\hbar} H e^{-\beta H} e^{i \sum p_i x_i/\hbar} \; . \tag{9.11}$$

Durch Einschieben eines Produktes von zwei zueinander konjugiert komplexen Wellen zwischen H und $e^{-\beta H}$ erhält man

$$\frac{\partial I}{\partial \beta} = -e^{-i \sum p_i x_i/\hbar} H e^{i \sum p_i x_i/\hbar} I \; . \tag{9.12}$$

Der Ableitungsoperator der kinetischen Energie (9.4) wirkt sowohl auf die ebenen Wellen als auch auf die Hilfsgröße I:

$$\frac{\partial I}{\partial \beta} = -H(x,p) I + \frac{\hbar^2}{2m} \sum_i \left(2\frac{i}{\hbar} p_i \frac{\partial I}{\partial x_i} + \frac{\partial^2 I}{\partial x_i^2} \right) \; , \tag{9.13}$$

wobei $H(x,p) = \sum p_i^2/2m + W(x_1, \cdots, x_{3N})$ die klassische Hamilton-Funktion ist, also kein Operator. Die Gleichung (9.13) ist zu lösen mit der Anfangsbedingung $I(\beta = 0) = 1$. Sie hat die Struktur einer zeitabhängigen Schrödinger-Gleichung. Mit dem Ansatz

$$I = e^{-\beta H(x,p)}\chi \tag{9.14}$$

eliminieren wir den ersten Term der rechten Seite von (9.13) und erhalten

$$\frac{\partial \chi}{\partial \beta} = \frac{\hbar}{2m}\sum_i 2ip_i\left(-\beta\chi\frac{\partial W}{\partial x_i} + \frac{\partial \chi}{\partial x_i}\right) \tag{9.15}$$

$$+ \frac{\hbar^2}{2m}\sum\left(-\beta\chi\frac{\partial^2 W}{\partial x_i^2} - 2\beta\frac{\partial W}{\partial x_i}\frac{\partial \chi}{\partial x_i} + \beta^2\chi\left(\frac{\partial W}{\partial x_i}\right)^2 + \frac{\partial^2 \chi}{\partial x_i^2}\right) .$$

Nun entwickeln wir die Funktion χ nach Potenzen von $\hbar$

$$\chi = \chi_0 + \hbar\chi_1 + \hbar^2\chi_2 + \cdots . \tag{9.16}$$

Die nullte Ordnung in $\hbar$ von (9.16) liefert $\frac{\partial \chi_0}{\partial \beta} = 0$ oder $\chi_0 = const$. Aus $I(\beta = 0) = 1$ folgt

$$\chi_0 = 1 \tag{9.17}$$

und $\chi_1(0) = \chi_2(0) = 0$.

Die erste Ordnung in $\hbar$ liefert

$$\frac{\partial \chi_1}{\partial \beta} = -i\frac{\beta}{m}\sum_i p_i\frac{\partial W}{\partial x_i} , \tag{9.18}$$

oder mit $\chi_1(0) = 0$

$$\chi_1 = -\frac{i}{2m}\beta^2\sum_i p_i\frac{\partial W}{\partial x_i} . \tag{9.19}$$

Die zweite Ordnung liefert

$$\frac{\partial \chi_2}{\partial \beta} = \frac{\beta^2}{2m^2}\sum_{i,l} p_l p_i\left(-\beta\frac{\partial W}{\partial x_i}\frac{\partial W}{\partial x_l} + \frac{\partial^2 W}{\partial x_i \partial x_l}\right)$$

$$+ \frac{1}{2m}\sum_i\left(-\beta\frac{\partial^2 W}{\partial x_i^2} + \beta^2\left(\frac{\partial W}{\partial x_i}\right)^2\right) , \tag{9.20}$$

oder mit $\chi_2(0) = 0$

$$\chi_2 = -\frac{\beta^4}{8m^2}\sum_{i,l} p_i p_l \frac{\partial W}{\partial x_i}\frac{\partial W}{\partial x_l} + \frac{\beta^3}{6m^2}\sum_{i,l} p_i p_l \frac{\partial^2 W}{\partial x_i \partial x_l}$$

$$+ \frac{\beta^3}{6m}\sum_i \left(\frac{\partial W}{\partial x_i}\right)^2 - \frac{\beta^2}{4m}\sum_i \frac{\partial^2 W}{\partial x_i^2} \ . \qquad (9.21)$$

Damit ist bis zur Ordnung $\hbar^2$

$$Z = \int e^{-\beta H(x,p)} \left(1 + \hbar \chi_1 + \hbar^2 \chi_2\right) d\Gamma \ . \qquad (9.22)$$

Das Integral über χ_1 verschwindet, da $\chi_1 \propto p_i$ ist, aber $e^{-\beta H(x,p)}$ gerade in p ist. Näherungsweise gilt dann

$$Z = Z_{kl}\left(1 + \hbar^2 <\chi_2>\right) \simeq Z_{kl} e^{\hbar^2 <\chi_2>} \ . \qquad (9.23)$$

Dabei ist

$$<\chi_2> = \frac{\int e^{-\beta H(x,p)} \chi_2 d\Gamma}{\int e^{-\beta H(x,p)} d\Gamma} \ . \qquad (9.24)$$

Die freie Energie wird damit

$$F = -kT \ln Z \simeq -kT \ln Z_{kl} - kT\hbar^2 <\chi_2> = F_{kl} - kT\hbar^2 <\chi_2> \ . \qquad (9.25)$$

Mit

$$\frac{<p_i p_l>}{2m} = \frac{<p_i^2>}{2m}\delta_{il} = \frac{kT}{2}\delta_{il} = \frac{1}{2\beta}\delta_{il} \qquad (9.26)$$

wird

$$<\chi_2> = \frac{\beta^2}{m}\sum_{i=1}^{3N}\left(-\frac{\beta}{8}<\left(\frac{\partial W}{\partial x_i}\right)^2> + \frac{1}{6}<\frac{\partial^2 W}{\partial x_i^2}>\right.$$

$$\left. + \frac{\beta}{6}<\left(\frac{\partial W}{\partial x_i}\right)^2> - \frac{1}{4}<\frac{\partial^2 W}{\partial x_i^2}>\right)$$

$$= \frac{\beta^2}{24m}\sum_{i=1}^{3N}\left(\beta <\left(\frac{\partial W}{\partial x_i}\right)^2> - 2<\frac{\partial^2 W}{\partial x_i^2}>\right) ,(9.27)$$

wobei

$$<\frac{\partial^2 W}{\partial x_i^2}> = \frac{\int d^{3N}x \frac{\partial^2 W}{\partial x_i^2} e^{-\beta W}}{\int d^{3N}x \, e^{-\beta W}} \qquad (9.28)$$

ist. Durch partielle Integration folgt

$$\int dx_i \frac{\partial^2 W}{\partial x_i^2} e^{-\beta W} = \frac{\partial W}{\partial x_i} e^{-\beta W} \Big|_{-\infty}^{+\infty} + \beta \int dx_i \left(\frac{\partial W}{\partial x_i}\right)^2 e^{-\beta W}.$$
(9.29)

Da der erste Term an den Grenzen keinen Beitrag liefert, wird

$$< \frac{\partial^2 W}{\partial x_i^2} > = \beta < \left(\frac{\partial W}{\partial x_i}\right)^2 > . \qquad (9.30)$$

Damit erhalten wir insgesamt

$$F_{qkl} = F_{kl} + \frac{\hbar^2}{24m(kT)^2} \sum_{i=1}^{3N} < \left(\frac{\partial W}{\partial x_i}\right)^2 > \qquad (9.31)$$

Freie Energie in quasiklassischer Näherung

Die klassische freie Energie eines idealen Gases ist in (7.10) gegeben. Dazu kommt noch der klassisch berechnete Beitrag der Wechselwirkung. Gleichung (9.31) zeigt nun, dass die erste quantenmechanische Korrektur durch das mittlere Quadrat der Kraft auf die Teilchen gegeben ist. Diese Korrektur wird im Regime hoher Temperaturen klein, in dem die thermische Energie nicht nur größer als die Nullpunktsenergie, sondern auch größer als die Wechselwirkungsenergie ist.

Die erste Korrektur, die man von der in Kapitel 8 behandelten Quantenstatistik idealer Gase zur klassischen freien Energie bekommt, ist proportional $\hbar^3$.

9.3 Quasiklassische Korrektur der Boltzmann-Statistik

Es ist interessant zu berechnen, welche Abweichungen wir in der quasiklassischen Näherung von der klassischen Boltzmann-Statistik bekommen. Um die Wahrscheinlichkeitsverteilung der Impulse zu erhalten, integrieren wir die kanonische Verteilung über alle Koordinaten

9.3 Quasiklassische Korrektur der Boltzmann-Statistik

$$dW(p) = d^{3N}p \int \frac{d^{3N}x}{V^N} e^{-\frac{i}{\hbar}\sum p_i x_i} \rho e^{\frac{i}{\hbar}\sum p_i x_i} = d^{3N}p \; A \int d^{3N}x \; I$$

$$= d^{3N}p e^{-\beta \sum_i \frac{p_i^2}{2m}} A \int d^{3N}x e^{-\beta W}\left(1 + \hbar\chi_1 + \hbar^2\chi_2\right). \quad (9.32)$$

Setzen wir χ aus (9.19) und (9.21) ein, so verschwindet χ_1 bei der Integration (ungerade in x). Die Terme, die unabhängig von p sind, geben nur einen neben der 1 sehr kleinen konstanten Beitrag, den wir vernachlässigen. Man erhält

$$dW = A \; d^{3N}p \bigg(1 - \frac{\hbar^2 \beta^4}{8m^2}\sum p_i p_l < \frac{\partial W}{\partial x_i}\frac{\partial W}{\partial x_l} > \quad (9.33)$$

$$+ \frac{\hbar^2 \beta^3}{6m^2}\sum p_i p_l < \frac{\partial^2 W}{\partial x_i \partial x_l} > \bigg) e^{-\beta \sum \frac{p_i^2}{2m}}$$

$$= A \; d^{3N}p \left(1 + \frac{\beta^4 \hbar^2}{12m}\sum \frac{p_i^2}{2m} < \left(\frac{\partial W}{\partial x_i}\right)^2 > \right) e^{-\beta \sum \frac{p_i^2}{2m}},$$

wobei wieder gilt

$$< \frac{\partial^2 W}{\partial x_i \partial x_l} > = \beta < \frac{\partial W}{\partial x_i}\frac{\partial W}{\partial x_l} > = \beta < \left(\frac{\partial W}{\partial x_i}\right)^2 > \delta_{il}. \quad (9.34)$$

Der Klammerausdruck lässt sich in der Ordnung $\hbar^2$ auch als Exponentialfunktion schreiben. Damit wird

$$dW \simeq A \; d^{3N}p \; e^{-\beta \sum \frac{p_i^2}{2m}\left(1 - \frac{\beta^3 \hbar^2}{12m}<\left(\frac{\partial W}{\partial x_i}\right)^2>\right)}. \quad (9.35)$$

Integrieren wir über alle Impulskoordinaten außer den drei Impulskoordinaten des ersten Teilchens $\boldsymbol{p}$, so finden wir die modifizierte Boltzmann-Verteilung

$$dW(\boldsymbol{p}) = A \; e^{-\beta \sum_{i=1}^{3} \frac{p_i^2}{2m}\left(1 - \frac{\hbar^2 \beta^3}{12m}<\left(\frac{\partial W}{\partial x_i}\right)^2>\right)} d^3p = f(\boldsymbol{p})d^3p \quad (9.36)$$

oder

$$f(\boldsymbol{p}) = A \; e^{-\frac{p^2}{2mkT_{eff}}}. \quad (9.37)$$

Die Wechselwirkung führt also zum Auftreten einer effektiven Temperatur, die höher ist als die wahre Temperatur.

$$T_{eff} = \frac{T}{1 - \frac{1}{6(kT)^3}\frac{\hbar^2}{2m} < \left(\frac{\partial W}{\partial x}\right)^2 >}$$

$$\simeq T + \frac{T}{6(kT)^3}\frac{\hbar^2}{2m} < \left(\frac{\partial W}{\partial x}\right)^2 > . \qquad (9.38)$$

Alle Umformungen sind immer bis zur Ordnung $\hbar^2$ gültig.

9.4 Aufgaben

9.1. Freie Energie eines Systems harmonischer Oszillatoren

Berechnen Sie die freie Energie für ein System nichtwechselwirkender linearer Oszillatoren in folgenden Schritten:

a) in klassischer Näherung
b) in quasiklassischer Näherung
c) quantenmechanisch ohne Näherung.

Vergleichen Sie die Hochtemperaturentwicklung der quantenmechanisch berechneten freien Energie mit der quasiklassischen Näherung für diese thermodynamische Funktion.

10 Virialentwicklung erster Ordnung

10.1 Einkomponentige verdünnte Systeme

Bei Systemen kleiner Dichte ist das chemische Potenzial μ, wie wir in Kapitel 7 sahen, groß und negativ, das heißt $e^{\beta\mu} \ll 1$. Wir können in diesen Systemen also die Fugazität

$$z = e^{\beta\mu} \tag{10.1}$$

Fugazität als Entwicklungsparameter

als kleinen Entwicklungsparameter verwenden. Diese Entwicklung nennt man die Virialentwicklung. Wir werden daher die klassische, großkanonische Zustandssumme für wechselwirkende Systeme, in der das chemische Potenzial explizit auftritt, nach der Fugazität entwickeln. Die Reihenentwicklung der Zustandssumme der großkanonischen Verteilung ist

$$Z(T,V,\mu) = Sp\, e^{-\beta(H-\mu N)} = \sum_{N=0}^{\infty} Z(T,V,N) e^{\beta\mu N}$$
$$= 1 + Z(T,V,1)z + Z(T,V,2)z^2 + \cdots , \tag{10.2}$$

wobei $Z(T,V,N) = Z_N$ die Zustandssumme bei vorgegebener Teilchenzahl N ist. Das großkanonische Potenzial J im homogenen System ist dann bis zur zweiten Ordnung

$$-J(T,V,\mu) = p(T,V,\mu)V = kT \ln Z(T,V,\mu)$$
$$\simeq kT\, Z_1 z + kT \left(Z_2 - \frac{1}{2} Z_1^2 \right) z^2 , \tag{10.3}$$

wobei wir die Taylor-Reihenentwicklung des Ausdruckes

$$\ln(1 + Z_1 z + Z_2 z^2) = Z_1 z + \left(Z_2 - \frac{Z_1^2}{2}\right) z^2 + \cdots \qquad (10.4)$$

bis zur Ordnung z^2 eingesetzt haben. Z_2 ist die kanonische Zustandssumme für 2 Teilchen. Also sind die Wechselwirkungseffekte erst in dieser Zweiteilchen-Zustandssumme enthalten. Die Entwicklung (10.3) wird die Virialentwicklung genannt.

Wir werden zunächst die Virialentwicklung erster Ordnung für verdünnte Gase und Lösungen besprechen und wollen die Korrekturen zweiter Ordnung erst im nächsten Kapitel ausführlich behandeln. Da in Z_1 keine Wechselwirkungen auftreten, ist Z_1 gerade die Zustandssumme des idealen klassischen Gases, deren kanonische Zustandssumme wir in Kapitel 7 schon berechnet haben. Für ein dreidimensionales System ist

$$Z_1 = \frac{1}{(2\pi\hbar)^3} \int d^3x \int d^3p \, e^{-\beta p^2/2m} = \frac{V}{(2\pi\hbar)^3} \left(\frac{2\pi m}{\beta}\right)^{3/2} . \qquad (10.5)$$

Andererseits ist

$$\frac{\partial J}{\partial \mu} = -N . \qquad (10.6)$$

Aus (10.3) folgt

$$\frac{\partial J}{\partial \mu} = -\frac{\partial V p}{\partial \mu} = -V p \beta , \qquad (10.7)$$

das heißt wir finden mit (10.6) und (10.7) auch von der großkanonischen Verteilung (10.2) ausgehend wieder das ideale Gasgesetz: $pV = NkT$.

10.2 Zweikomponentige Systeme

Wir wollen die Virialentwicklung erster Ordnung für ein zweikomponentiges System anwenden mit dem Lösungsmittel (Index 0) und dem darin verdünnt gelösten Stoff (Index 1). Die Zustandssumme dieses Systems kann man also nach der Fugazität des gelösten Stoffes entwickeln:

$$Z(T, V, \mu_0, \mu_1) = Sp \, e^{-\beta(H - \mu_0 N_0 - \mu_1 N_1)} . \qquad (10.8)$$

10.2 Zweikomponentige Systeme

μ_0 ist das chemische Potenzial des Lösungsmittels, μ_1 das der gelösten Substanz. Für verdünnte Lösungen ist die Fugazität des gelösten Stoffes $z_1 = e^{\beta\mu_1}$ ein Kleinheitsparameter.

$$\begin{aligned} Z(T,V,\mu_0,\mu_1) &= \sum_{N_1} Z(T,V,\mu_0,N_1)e^{\beta\mu_1 N_1} \\ &\simeq Z_0(T,V,\mu_0) + Z_1(T,V,\mu_0,1)z_1 \\ &= Z_0\left(1 + \frac{Z_1}{Z_0}z_1\right) . \end{aligned} \qquad (10.9)$$

Anders als beim verdünnten einkomponentigen System ist $Z_0 \neq 1$, da es ja das Lösungsmittel charakterisiert. Das großkanonische Potenzial ist dann bis zur Ordnung z_1

$$J(T,V,\mu_0,\mu_1) = -kT \ln Z \simeq J_0(T,V,\mu_0) - kT\frac{Z_1}{Z_0}e^{\beta\mu_1} , \qquad (10.10)$$

wobei wir nur den ersten Term der Taylor-Entwicklung (10.4) mitgenommen haben. J_0 ist das großkanonische Potenzial des reinen Lösungsmittels, das wir hier natürlich nicht berechnen wollen, da uns hierfür kein Kleinheitsparameter zur Verfügung steht. Mit

$$\frac{\partial J}{\partial \mu_1} = -N_1 = -\frac{Z_1}{Z_0}e^{\beta\mu_1} \qquad (10.11)$$

gilt auch

$$e^{\beta\mu_1} = N_1 \frac{Z_0}{Z_1} \qquad (10.12)$$

oder

$$\mu_1 = \frac{1}{\beta} \ln\left(\frac{Z_0 N_0}{Z_1} \frac{N_1}{N_0}\right) \qquad (10.13)$$

oder mit der Konzentration $c = N_1/N_0$

$$\mu_1 = kT \ln\left(\frac{Z_0 N_0}{Z_1}\right) + kT \ln c . \qquad (10.14)$$

Das chemische Potenzial des gelösten Stoffes hängt also linear vom Logarithmus seiner Konzentration ab.

$$\mu_1(p,T,c) = g(p,T) + kT \ln c \qquad (10.15)$$
Chemisches Potenzial des gelösten Stoffes

Der erste Term, den wir mit $g(p,T)$ (freie Enthalpie pro Teilchen, da im homogenen System $G = \mu N$, also $\mu = G/N = g$) bezeichnet haben, hängt nicht von der Konzentration des gelösten Stoffes ab. Da μ_1 nur von p, T und c abhängen kann, muss also

$$\frac{Z_0}{Z_1} \propto \frac{1}{N_0} \qquad (10.16)$$

sein. Aus der Maxwell-Relation, die aus der Symmetrie der zweiten Ableitung folgt, und dem letzten Term von (10.15) erhalten wir, wie μ_0 von N_1 abhängt:

$$-\frac{\partial^2 J}{\partial N_0 \partial N_1} = \frac{\partial \mu_0}{\partial N_1} = \frac{\partial \mu_1}{\partial N_0} = -\frac{kT}{N_0} \ . \qquad (10.17)$$

Für das Integral über $d\mu_0$ folgt dann mit (10.17)

$$\int_{\mu_0(p,T,0)}^{\mu_0(p,T,c)} d\mu_0 = \int_0^{N_1} dN_1' \frac{\partial \mu_0}{\partial N_{1'}} = -\frac{kT}{N_0} \int_0^{N_1} dN_{1'} = -kTc \qquad (10.18)$$

oder

$$\mu_0(p,T,c) \;=\; \mu_0(p,T,0) - kTc \qquad (10.19)$$
Chemisches Potenzial des Lösungsmittels

Das Ergebnis (10.15) gibt uns eine logarithmische Abhängigkeit des chemischen Potenzials des gelösten Stoffes von c, während das Ergebnis (10.19) eine lineare Beziehung zwischen c und dem chemischen Potenzial des Lösungsmittels liefert. Wir wollen einige Folgerungen aus diesen Ergebnissen ziehen:

1. Zwei Phasen des Lösungsmittels im Gleichgewicht

Wir wollen den Einfluss der Konzentration des gelösten Stoffes auf die Koexistenzkurve von zwei Phasen a und b berechnen. Im thermischen Gleichgewicht müssen Temperatur und Druck in beiden Phasen gleich sein: $T = T^a = T^b$, und $p = p^a = p^b$. Da zwischen beiden Phasen ein Teilchenausgleich besteht, müssen die chemischen Potenziale beider Phasen im Gleichgewicht gleich groß sein:

$$\mu_0^a(p, T, c^a) = \mu_0^b(p, T, c^b) \ . \tag{10.20}$$

Aus (10.19) folgt für eine Taylor-Reihenentwicklung erster Ordnung mit $d\mu = -sdT + vdp$

$$\mu_0^{a,b}(p + \Delta p, T + \Delta T, c^{a,b}) \tag{10.21}$$
$$= \mu_0^{a,b} + \frac{\partial \mu_0^{a,b}}{\partial p}\Delta p + \frac{\partial \mu_0^{a,b}}{\partial T}\Delta T + \frac{\partial \mu_0^{a,b}}{\partial c^{a,b}}c^{a,b}$$
$$= \mu_0^{a,b} + v_0^{a,b}\Delta p - s_0^{a,b}\Delta T - kTc^{a,b} \ .$$

Aus der Gleichheit der chemischen Potenziale im Gleichgewicht folgt mit (10.20)

$$(v_0^a - v_0^b)\Delta p - (s_0^a - s_0^b)\Delta T = kT(c^a - c^b). \tag{10.22}$$

Wir nehmen an, dass die Koeffizienten der Taylor-Reihenentwicklung erster Ordnung in beiden Phasen verschieden sind, dass also ein diskontinuierlicher Phasenübergang vorliegt, der nach Ehrenfest daher als Phasenübergang erster Ordnung bezeichnet wird.

Mit der latenten Wärme q für einen Übergang von $a \to b$

$$q = T(s_0^b - s_0^a) \tag{10.23}$$

erhält man

$$\frac{q}{T}\boldsymbol{\Delta T} + (v_0^a - v_0^b)\boldsymbol{\Delta p} = (c^a - c^b)\boldsymbol{kT} \tag{10.24}$$

Clausius-Clapeyron-Gleichung der Koexistenzkurve

Das ist die Clausius-Clapeyron-Gleichung für die Koexistenzkurve zweier Phasen des Lösungsmittels, wobei ein Konzentrationsunterschied $c^a - c^b$ zwischen beiden Phasen vorliegen soll. Für isobare Prozesse mit $\Delta p = 0$ ist

10 Virialentwicklung erster Ordnung

$$\Delta T = (c^a - c^b)\frac{kT^2}{q} \ . \tag{10.25}$$

Beispiele:

1. Phase a sei Wasser, Phase b sei Eis, die Konzentration eines Salzes im Wasser sei c^a, im Eis dagegen ist $c^b \simeq 0$, die latente Wärme für den Übergang von $a \to b$ ist negativ: $q = -|q|$. Daraus ergibt sich aus (10.25) bei einer Salzlösung eine Gefrierpunktserniedrigung gegenüber reinem Wasser:

$$\Delta T = -\frac{c^a kT^2}{|q|} \ . \tag{10.26}$$

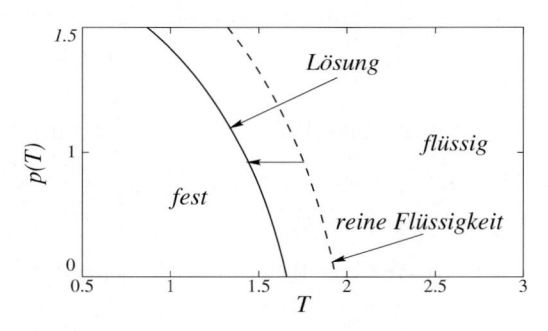

Abb. 10.1. p-T-Phasendiagramm für einen Fest-Flüssig-Phasenübergang

2. Phase a sei Wasser, Phase b sei Dampf, die Salzkonzentration im Dampf ist $c^b \simeq 0$, die latente Wärme für den Übergang von $a \to b$ ist positiv, damit ergibt sich für Salzwasser eine Siedepunktserhöhung.

   Ist dagegen $\Delta T = 0$, so folgt aus (10.24) für isotherme Prozesse:

$$\Delta p = \frac{kT(c^a - c^b)}{v^a - v^b} \ . \tag{10.27}$$

3. Phase a sei Wasser, Phase b wieder Dampf, $c^b = 0$, $v^a \ll v^b$

$$\Delta p = -\frac{kT}{v^b} c^a \tag{10.28}$$

oder

$$\frac{\Delta p}{p} \simeq -c^a \qquad (10.29)$$

mit $pv^b \simeq kT$. Der gesättigte Dampfdruck wird also erniedrigt durch das Lösen eines Stoffes im Lösungsmittel.

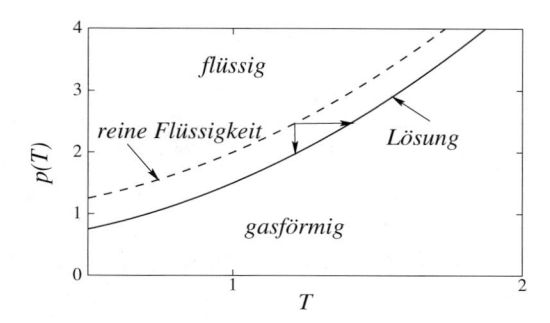

Abb. 10.2. p-T-Phasendiagramm für einen Gas-Flüssig-Phasenübergang

2. Semipermeable Membrane, Lösungsmittel im Gleichgewicht

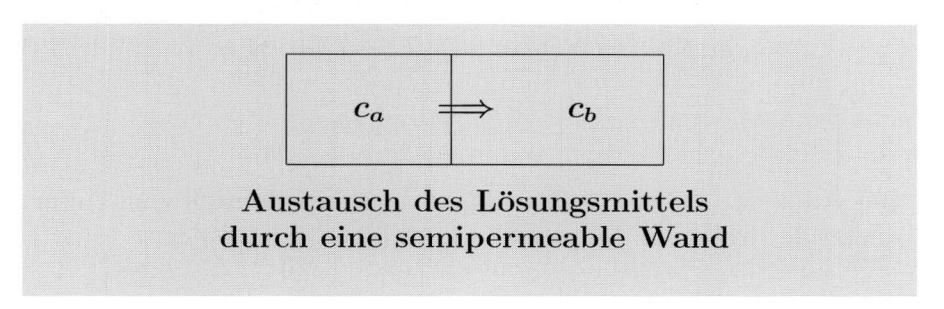

**Austausch des Lösungsmittels
durch eine semipermeable Wand**

Zellwände können zum Beispiel das Lösungsmittel, aber nicht den gelösten Stoff durchlassen. Wir nennen solche Wände semipermeable (halbdurchlässige) Membranen. Im Gleichgewicht der zwei, durch eine semipermeable Membrane getrennten Lösungen gilt

$$\mu_0(p^a, T, c^a) = \mu_0(p^b, T, c^b) , \qquad (10.30)$$

wobei $p^{a,b}$ und $c^{a,b}$ die Drücke und Konzentrationen auf beiden Seiten der Membrane sind. Entwickeln wir beide Seiten, so gilt

$$\mu_0(p^{a,b}, c^{a,b}) = \mu_0(p_0) + \frac{\partial \mu_0}{\partial p}(p^{a,b} - p_0) + \frac{\partial \mu_0}{\partial c}c^{a,b}$$

$$= \mu_0(p_0) + v_0(p^{a,b} - p_0) - kTc^{a,b} \ . \quad (10.31)$$

Also
$$v_0(p^a - p^b) = kT(c^a - c^b) \quad (10.32)$$

oder

$$\boldsymbol{\Delta p = \frac{kT}{v_0}\Delta c} \quad (10.33)$$

Osmotischer Druck

Dies ist der osmotische Druck, der bei Konzentrationsunterschieden auftritt. Er genügt einer idealen Gasgleichung.

3. Gleichgewicht des gelösten Stoffes
Wir betrachten zwei sich nicht vermengende Lösungsmittel, in denen jeweils dieselbe Substanz gelöst ist. Danach gilt nach (10.15)

$$\mu_1(p, T, c_1) = \mu_1(p, T, c_2) \ , \quad (10.34)$$

$$g_1(p, T) + kT \ln c_1 = g_2(p, T) + kT \ln c_2 \quad (10.35)$$

oder
$$\frac{c_1}{c_2} = e^{\beta(g_2(p,T) - g_1(p,T))} \ . \quad (10.36)$$

Das Konzentrationsverhältnis hängt also exponentiell vom Unterschied der freien Enthalpien der zwei Lösungsmittel ab.

10.3 Aufgaben

10.1. Flüssigkeitströpfchen in Dampfphase

Die chemischen Potenziale zweier verschiedener Phasen einer Substanz müssen im Gleichgewicht gleich sein. Bei einer Temperatur- oder Druckänderung wird das chemische Potenzial der einen Phase kleiner. Ein Phasenübergang findet statt. In einem gewissen Temperatur- und Druckintervall kann, durch Fluktuationen bedingt, eine metastabile Phase entstehen, deren chemisches Potenzial nicht minimal ist.

In dieser Aufgabe wollen wir ein durch Fluktuationen entstandenes kugelförmiges Wassertröpfchen in der Dampfphase untersuchen.

a) Zeigen Sie, dass ein solches Tröpfchen in ungesättigtem Dampf ($\mu_d < \mu_{fl}$) immer verdampft. Berechnen Sie dazu die Differenz der freien Energien (unter Verwendung der Gibbs-Duhem-Relation für die freie Enthalpie $G = \mu N$) bei der Tropfenbildung in Abhängigkeit vom Tropfenradius r.

b) Zeigen Sie, dass im gesättigten Dampf mit $\mu_{fl} < \mu_d$ Tröpfchen mit kleinen Radien $r < r_c$ verdampfen, dagegen aber für $r > r_c$ weiter anwachsen. Berechnen Sie den kritischen Radius r_c.

c) Zeigen Sie, dass ein geladenes Tröpfchen mit einem Ion mit Ladung e und Radius a im Zentrum nicht nur in gesättigtem, sondern auch in ungesättigtem Dampf wächst.

Modifizieren Sie dazu die freie Energie durch den Beitrag des elektrischen Feldes. Dieser Beitrag ergibt sich als Differenz der Energie des Feldes, das von dem eingeschlossenen Ion erzeugt wird, und der Feldenergie des freien Ions.

11 Virialentwicklung zweiter Ordnung

Während bei den im letzten Kapitel mit der Virialentwicklung erster Ordnung behandelten stark verdünnten Systemen die Wechselwirkung zwischen den Teilchen noch keine Rolle gespielt hat, wollen wir nun im Rahmen der Virialentwicklung zweiter Ordnung wesentlich dichtere Systeme behandeln, bei denen die Wechselwirkung zwischen den Teilchen schon wichtig ist.

11.1 Berechnung des zweiten Virialkoeffizienten

Wir greifen dazu zurück auf die Entwicklung (10.3) des thermodynamischen Potenzials bis zur zweiten Potenz in der Fugazität $z = e^{\beta\mu}$:

$$p(T,V,\mu)V = kT \ln Z = kT\Big(Z_1 z + (Z_2 - \frac{1}{2}Z_1^2)z^2 + \cdots\Big). \quad (11.1)$$

Die Fugazität lässt sich durch die Teilchenzahl N ausdrücken mit der Beziehung

$$\frac{\partial pV}{\partial \mu} = N = Z_1 e^{\beta\mu} + 2\big(Z_2 - \frac{1}{2}Z_1^2\big)e^{\beta 2\mu} + \cdots . \quad (11.2)$$

Durch Iteration findet man aus (11.2) näherungsweise

$$Z_1 z = N - 2\frac{Z_2 - \frac{1}{2}Z_1^2}{Z_1^2}N^2 + \cdots . \quad (11.3)$$

Damit erhält man aus (11.1) folgende Abhängigkeit des Druckes von der Dichte $n = \frac{N}{V}$

$$p = nkT\big(1 + B_2(T)n + B_3(T)n^2 + \cdots\big) \quad (11.4)$$

mit

11 Virialentwicklung zweiter Ordnung

$$B_2(T) = -V\frac{Z_2 - \frac{1}{2}Z_1^2}{Z_1^2} = -V\frac{Z_2}{Z_1^2} + \frac{V}{2} \ . \qquad (11.5)$$

Man nennt B_n den n-ten Virialkoeffizienten. Der zweite Virialkoeffizient B_2 ist also durch die Zustandssumme für zwei Teilchen bestimmt. Für ein klassisches Gas ist

$$\begin{aligned}
Z_2 &= \frac{1}{2!}\int d^3r_1 d^3r_2 \frac{d^3p_1}{(2\pi\hbar)^3}\frac{d^3p_2}{(2\pi\hbar)^3}e^{-\beta\left(\frac{p_1^2}{2m}+\frac{p_2^2}{2m}+W(|\boldsymbol{r}_1-\boldsymbol{r}_2|)\right)} \\
&= \frac{1}{2}\left(\int \frac{d^3p}{(2\pi\hbar)^3}e^{-\beta\frac{p^2}{2m}}\right)^2 V\int d^3r\, e^{-\beta W(r)} \\
&= \frac{1}{2}Z_1^2\frac{1}{V}\int d^3r\, e^{-\beta W(r)} \ . \qquad (11.6)
\end{aligned}$$

Damit ist in klassischer Näherung der zweite Virialkoeffizient $B_{2,kl} = B_{kl}$ nach (11.5) gleich

$$\boldsymbol{B_{kl}(T) = -\frac{1}{2}\int d^3r\left(e^{-\beta W(r)} - 1\right)} \qquad (11.7)$$

Zweiter Virialkoeffizient

Das Zweiteilchenpotenzial ist für kleine Abstände abstoßend. Aus der gegenseitig induzierten Polarisation resultiert für große Abstände eine schwache Anziehung, die mit der 6. Potenz von $1/r$ abfällt (Van-der-Waals-Anziehung). Eine oft verwendete Approximation ist das sogenannte 12-6-Potential (auch Lennard-Jones-Potenzial genannt)

$$W(r) = 4\epsilon\left(\left(\frac{r_0}{r}\right)^{12} - \left(\frac{r_0}{r}\right)^6\right) \ . \qquad (11.8)$$

Für $r < r_0$ dominiert der sehr rasch ansteigende positive, das heißt abstoßende, Teil des Potenzials, für $r > r_0$ überwiegt das schwach anziehende Van-der-Waals-Potenzial.

Man kann daher den zweiten Virialkoeffizienten folgendermaßen approximieren

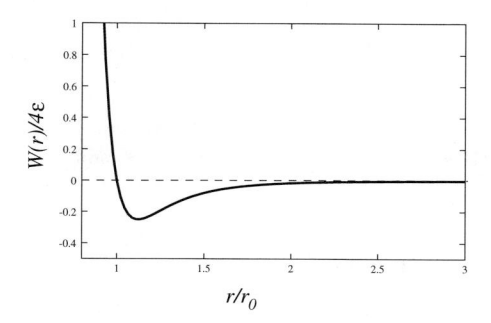

Abb. 11.1. Lennard-Jones-Potenzial

$$B_{kl}(T) = -\frac{1}{2}\left(\int_0^{r_0} d^3r \left(e^{-\beta W} - 1\right) + \int_{r_0}^{\infty} d^3r (e^{-\beta W} - 1)\right)$$
$$\simeq \frac{2\pi}{3}r_0^3 + \beta \int_{r_0}^{\infty} d^3r \frac{W}{2} \ . \tag{11.9}$$

Damit wird
$$B_{kl}(T) = b - \frac{a}{kT} \ , \tag{11.10}$$

wobei b das (halbe) Volumen des Teilchens ist. Das verbleibende Integral für $r > r_0$ ist negativ wegen der Van-der-Waals-Anziehung:

$$\int_{r_0}^{\infty} d^3r \frac{W}{2} \simeq -2\epsilon \int_{r_0}^{\infty} d^3r \left(\frac{r_0}{r}\right)^6 = \frac{-8\pi\epsilon r_0^3}{3} = -a \ . \tag{11.11}$$

11.2 Quantenkorrekturen zum zweiten Virialkoeffizienten

1. Austauschkorrekturen

Bevor wir dieses Ergebnis weiter verwenden, wollen wir die quantenmechanischen Beiträge zum zweiten Virialkoeffizienten erwähnen. Im idealen Quantengas müssen wir die Spur mit richtig symmetrisierten Zuständen berechnen (Antisymmetrie für Fermionen, Symmetrie für Bosonen)

$$\frac{1}{2}\sum_{p_1,p_2} {}_{A,S}<p_1,p_2|e^{-\beta\sum \frac{p_i^2}{2m}}|p_1,p_2>_{A,S} = Z_{2,Aust} \tag{11.12}$$

mit

11 Virialentwicklung zweiter Ordnung

$$|p_1, p_2>_{A,S} = \frac{1}{\sqrt{2}}[|1p_1>|2p_2> \mp |1p_2>|2p_1>] \ . \tag{11.13}$$

Damit erhalten wir folgende Austauschkorrekturen für den zweiten Virialkoeffizienten:

$$\begin{aligned}Z_{2,Aust} &= \frac{1}{4}\sum_{p_1,p_2} e^{-\beta(\frac{p_1^2}{2m}+\frac{p_2^2}{2m})}(2 \mp 2\delta_{p_1,p_2}) \\ &= \frac{1}{2}Z_1^2 \mp \frac{1}{2}\sum_p e^{-\beta\frac{p^2}{m}}\end{aligned} \tag{11.14}$$

Im Exponent des zweiten Terms steht also zweimal die kinetische Energie eines Teilchens. Damit wird

$$Z_{2,Aust} = \frac{1}{2}Z_1^2 \mp \frac{1}{2}\left(\frac{1}{2}\right)^{3/2} Z_1 \ . \tag{11.15}$$

Der Austauschbeitrag zum zweiten Virialkoeffizienten ist damit

$$B_{Aust} = -V\frac{Z_{2,Aust} - \frac{1}{2}Z_1^2}{Z_1^2} \tag{11.16}$$

oder mit Z_1 aus (10.5)

$$\begin{aligned}B_{Aust} &= \pm\frac{V}{Z_1}\left(\frac{1}{2}\right)^{5/2} = \pm\left(\frac{1}{2}\right)^{5/2} \frac{(2\pi\hbar)^3}{(2m\pi kT)^{3/2}} \\ &= \pm\left(\frac{1}{2}\right)^{5/2}\left(\frac{3}{2\pi}\right)^{\frac{3}{2}}(\lambda^{(3)})^3 \ ,\end{aligned} \tag{11.17}$$

wobei $\lambda^{(3)}$ die in Kapitel 7 eingeführte thermische Wellenlänge ist. Bose- und Fermi-Statistik liefern also verschiedene Austauschkorrekturen (wichtig etwa bei den zwei Isotopen von Helium ^4He (Boson) und ^3He (Fermion). In Fermi-Systemen erhalten wir dadurch einen Anstieg, in Bosonen-Systemen dagegen eine Abnahme des Drucks im Vergleich zum idealen klassischen Gas. Bei Fermi-Systemen spricht man deshalb auch vom sogenannten Fermi-Druck.

Die Austauschkorrekturen werden aber erst bei tiefen Temperaturen wichtig, da in der Zustandsgleichung (11.4) $p =$

$nkT(1 + B_2(T)n)$ der Austauschkorrekturterm $B_{Aust}n$ proportional zu $N\frac{(\lambda^{(3)})^3}{V}$ ist. Das Verhältnis der thermischen Wellenlänge $\lambda^{(3)}$ zum mittleren Teilchenabstand $(V/N)^{\frac{1}{3}}$ ist im klassischen Bereich viel kleiner als eins.

2. Quantenmechanische Korrekturen im Rahmen der quasiklassischen Näherung

Bei der Berechnung der Zweiteilchenzustandssumme erhält man bei wechselwirkenden Teilchen noch bis zur Ordnung $\hbar^2$ nach Kapitel 9 eine quantenmechanische Korrektur

$$Z_{2,quant} = Z_{2,kl}(1 + \hbar^2 <\chi_2>) \qquad (11.18)$$
$$= Z_{2,kl}\left(1 + \frac{\hbar^2\beta^3}{24m}\sum<\left(\frac{\partial W}{\partial x_i}\right)^2>\right).$$

Das ergibt die quantenmechanische Korrektur

$$B_{quant} = \frac{\pi\hbar^2}{6m(kT)^3}\int r^2 dr \left(\frac{\partial W}{\partial r}\right)^2 e^{-\beta W}. \qquad (11.19)$$

Damit wird

$$B_2 = B_{kl} + B_{Aust} + B_{quant}. \qquad (11.20)$$

Bei hohen Temperaturen ist $B_2 \simeq B_{kl}$, für tiefe Temperaturen werden die quantenmechanischen Korrekturen wichtig.

11.3 Aufgaben

11.1. Berechnung des Virialkoeffizienten zweiter Ordnung

Berechnen Sie den Virialkoeffizienten zweiter Ordnung für folgendes Modellpotenzial: $W(0 < r < a) = W_r$, $W(a < r < b) = -W_a$ und $W(r > b) = 0$, wobei W_r einen repulsiven harten Kern beschreibt und W_a den schwach attraktiven, langreichweitigen Anteil des Potenzials simulieren soll.

11.2. Berechnung der Austauschkorrektur zum Virialkoeffizienten

Berechnen Sie die quantenmechanischen Austauschkorrekturen aus der Zustandsgleichung für ideale 3d-Quantengase

$$pV = \frac{2}{3}E \ , \tag{11.21}$$

indem Sie die Energie $E = \sum_{\boldsymbol{k},s} e_k n_k$ nach der Fugazität entwickeln.

12 Van-der-Waals-Gleichung

Die im letzten Kapitel besprochene Virialentwicklung zweiter Ordnung berücksichtigt zwar die Wechselwirkung zwischen den Teilchen in niederster Ordnung, aber gute Ergebnisse kann man nur für verdünnte Systeme erwarten. Will man einen Phasenübergang aus der gasförmigen in die flüssige Phase beschreiben, so kann man die Virialentwicklung bis zur zweiten Ordnung sicher nicht anwenden, da die Dichte der Flüssigkeit zu hoch ist. Allerdings erlaubt uns die Virialentwicklung, eine sehr hilfreiche Interpolationsformel abzuleiten, die die wichtigen Eigenschaften dieses Phasenüberganges richtig beschreibt. Diese bahnbrechenden Ideen zum Verständnis des Gas-Flüssigkeit-Phasenüberganges stammen von dem holländischen Physiker J.D. van der Waals (1837-1923), der damit die Verflüssigung von vielen Gasen und die darauf beruhende Entwicklung der Tieftemperaturphysik in Leiden vor allem durch Kamerlingh-Onnes (1853-1926) ermöglichte.

12.1 Interpolationsformeln

Die Virialentwicklung lieferte nach (11.4) klassisch

$$p = nkT(1 + B_{kl}n) \ . \qquad (12.1)$$

Mit dem klassischen Virialkoeffizienten (11.10) erhält man daraus die Zustandsgleichung

$$Vp = NkT\left(1 + \frac{bN}{V} - \frac{aN}{kTV}\right) \ . \qquad (12.2)$$

Da b hier das Volumen eines Atoms war, ist im Gas $\frac{bN}{V} \ll 1$. Wird allerdings $b \simeq \frac{V}{N} = v$, so sollte der Druck stark anwachsen. Diese

Eigenschaft ist in (12.2) noch nicht richtig wiedergegeben. Wir fassen daher $(1 + bn)$ als ersten Term einer geometrischen Reihe auf und schreiben mit van der Waals:

$$Vp \simeq NkT\left(1 + \frac{bN}{V} + \cdots\right) - \frac{aN^2}{V} = \frac{NkT}{1 - \frac{bN}{V}} - a\frac{N^2}{V} \qquad (12.3)$$

oder

$$\left(p + a\frac{N^2}{V^2}\right)(V - bN) = NkT \qquad (12.4)$$

Van-der-Waals-Gleichung

Diese Form der Zustandsgleichung ist, wie die Erfahrung bestätigt, viel besser als die ursprünglich abgeleitete Form (12.2). Wegen des Eigenvolumens b eines Teilchens wird das effektive Volumen V in der Zustandsgleichung um das sogenannte Kovolumen bN der Teilchen reduziert. Es tritt ferner eine Druckkorrektur um den sogenannten Binnendruck aN^2/V^2 auf, der von der Van-der-Waals-Anziehung herrührt, wie die Ableitung des Koeffizienten a zeigt. Wegen der Paarwechselwirkung ist diese Druckkorrektur proportional dem Quadrat der Teilchendichte.

Die Ableitung der Van-der-Waals-Gleichung ist natürlich nicht eindeutig. So lässt sich zum Beispiel von (12.2) auch die folgende Interpolationsformel konstruieren:

$$Vp \simeq NkT\left(1 + \frac{bN}{V} + \cdots\right)\left(1 - \frac{aN}{kTV} + \cdots\right), \qquad (12.5)$$

wobei man die zweite Klammer als Anfang der Reihenentwicklung einer Exponentialfunktion auffasst. Das ergibt

$$Vp = \frac{NkT}{1 - b\frac{N}{V}} e^{-\frac{a}{kT}\frac{N}{V}} \qquad (12.6)$$

Dietrici-Gleichung

Hier wurde auch approximativ eine Summation in Bezug auf den Korrekturterm, der in (12.3) proportional a ist, durchgeführt mit $1 - \frac{aN}{VkT} \simeq e^{-\frac{aN}{VkT}}$. Die Van-der-Waals-Gleichung wie die Dietrici-Gleichung sind approximative Beschreibungen eines realen Gases. Die experimentellen Ergebnisse liegen etwa zwischen den Werten, die aus (12.4) beziehungsweise (12.6) folgen. Die Konstanten a und b werden jeweils angepasst.

12.2 Thermodynamische Funktionen eines Van-der-Waals-Gases

Wir wollen im Folgenden die etwas einfachere Van-der-Waals-Gleichung ausführlicher diskutieren. Da

$$p = -\frac{\partial F}{\partial V} = \frac{NkT}{V - bN} - a\frac{N^2}{V^2} \; , \tag{12.7}$$

folgt durch Integration über das Volumen

$$F = F_0 - NkT \ln(V - bN) - a\frac{N^2}{V} \tag{12.8}$$
$$= F_0 - NkT \ln\left(\frac{V - bN}{V}\right) - NkT \ln V - a\frac{N^2}{V} \; .$$

Falls $b = 0, a = 0$, erhält man die freie Energie (7.3) des klassischen idealen Gases

$$F = F_{ideal} = -NkT \ln\left(\left(\frac{2\pi}{3}\right)^{\frac{3}{2}} \frac{eV}{N(\lambda^{(3)})^3}\right) = F_0 - NkT \ln V \; , \tag{12.9}$$

wobei die thermische Wellenlänge $\lambda^{(3)} = 2\pi\hbar/(dmkT)^{\frac{1}{2}}$ für drei Dimensionen nach (7.7) verwendet wurde. Damit ergibt sich für das Van-der-Waals-Gas:

$$F = -NkT \ln\left(\left(\frac{2\pi}{3}\right)^{\frac{3}{2}} \frac{eV}{N(\lambda^{(3)})^3}\right)$$
$$- NkT \ln\left(1 - b\frac{N}{V}\right) - a\frac{N^2}{V} \; . \tag{12.10}$$

Damit erhalten wir für die Entropie

$$S = -\frac{\partial F}{\partial T} = kN \ln\left(\left(\frac{2\pi}{3}\right)^{\frac{3}{2}} \frac{eV}{N(\lambda^{(3)})^3}\right) + \frac{3N}{2}k + Nk \ln\left(1 - b\frac{N}{V}\right) \tag{12.11}$$

und für die Energie

$$E = F + TS = \frac{3}{2}NkT - a\frac{N^2}{V} \,. \tag{12.12}$$

Es ergibt sich also gegenüber dem idealen Gas eine Energieabsenkung aufgrund der anziehenden Van-der-Waals-Wechselwirkung. Diese Wechselwirkungsenergie ist proportional dem Quadrat der Teilchenzahl.

12.3 Kritische Werte von Temperatur, Volumen und Druck

Die Isothermen im $p - V$-Diagramm sind für hohe Temperaturen monoton fallend. Unterhalb einer kritischen Temperatur T_c haben die Kurven Abschnitte, bei denen mit wachsendem Druck das Volumen zunimmt. Diese Bereiche sind keine stabilen Zustände des Systems. T_c ist gegeben durch

$$\left(\frac{\partial p}{\partial V}\right)_T = 0 \quad \text{und} \quad \left(\frac{\partial^2 p}{\partial V^2}\right)_T = 0 \,. \tag{12.13}$$

Mit

$$p = \frac{NkT}{V - bN} - \frac{aN^2}{V^2} \tag{12.14}$$

finden wir

$$\frac{\partial p}{\partial V} = 0 = -\frac{NkT}{(V - bN)^2} + \frac{2aN^2}{V^3} \tag{12.15}$$

und für die zweite Ableitung

$$\frac{\partial^2 p}{\partial V^2} = 0 = \frac{2NkT}{(V - bN)^3} - \frac{6aN^2}{V^4} \,. \tag{12.16}$$

Aus diesen zwei Gleichungen bestimmen wir T_c und das dazugehörige Volumen V_c. Es folgt

12.3 Kritische Werte von Temperatur, Volumen und Druck

$$\frac{4aN^2}{V^3}\frac{1}{V-bN} = \frac{6aN^2}{V^4} , \qquad (12.17)$$

oder

$$V - bN = \frac{2}{3}V . \qquad (12.18)$$

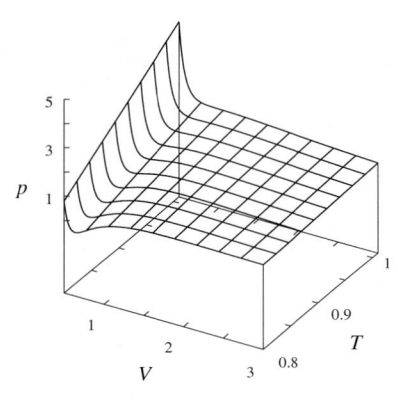

Abb. 12.1. Druck als Funktion von Volumen und Temperatur für die Van-der-Waals-Gleichung. Alle Größen sind aufgetragen in Einheiten der kritischen Werte

Das kritische Volumen ist also durch das Dreifache des Kovolumens aller Teilchen gegeben

$$V_c = 3bN \qquad (12.19)$$

und

$$kT_c = 2\frac{aN}{V_c^3}(V_c - bN)^2 = \frac{2a4b^2}{27b^3} . \qquad (12.20)$$

Die kritische Temperatur ist daher

$$kT_c = \frac{8a}{27b} . \qquad (12.21)$$

Damit ist der kritische Druck

$$p_c = \frac{8aN}{27b\,2bN} - \frac{aN^2}{9b^2N^2} , \qquad (12.22)$$

oder

$$p_c = \frac{a}{27b^2} \ . \qquad (12.23)$$

Die Kombination
$$\frac{NkT_c}{p_c V_c} = \frac{8}{3} \simeq 2.7 \qquad (12.24)$$
ist eine universelle Konstante. Für einfache reale Gase findet man aber experimentell Werte zwischen drei und vier.

12.4 Reduzierte Van-der-Waals-Gleichung und Gas-Flüssigkeits-Phasenübergang

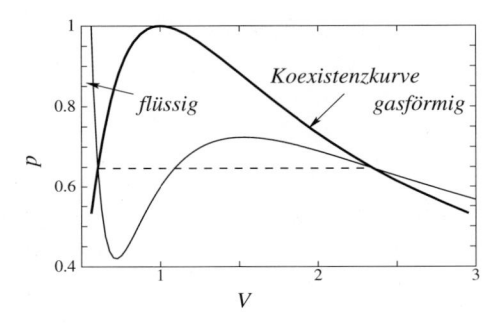

Abb. 12.2. Koexistenzgebiet der Van-der-Waals-Gleichung

Mit Hilfe der kritischen Größen normieren wir nun alle Variablen
$$\overline{p} = \frac{p}{p_c}, \quad \overline{T} = \frac{T}{T_c}, \quad \overline{V} = \frac{V}{V_c} \qquad (12.25)$$
und erhalten
$$\left(\frac{a\overline{p}}{27b^2} + \frac{aN^2}{9b^2 N^2 \overline{V}^2} \right) \left(3bN\overline{V} - bN \right) = \frac{8a}{27b} N\overline{T} \ . \qquad (12.26)$$
Die Teilchenzahl N fällt heraus, und es entsteht die reduzierte Van-der-Waals-Gleichung

$$\left(\overline{p} + \frac{3}{\overline{V}^2}\right)(3\overline{V} - 1) = 8\overline{T} \qquad (12.27)$$

Reduzierte Van-der-Waals-Gleichung

Man sieht deutlich, dass oberhalb der kritischen Temperatur, also für $\overline{T} > 1$, der Druck als Funktion des Volumens monoton abfällt. Für $\overline{T} < 1$ ist die isotherme p(V)-Kurve s-förmig. Die Kurve wächst bei kleinen $\overline{V}$ stark an, wie es in einer wenig kompressiblen Flüssigkeit der Fall ist. Dagegen fällt der Druck im Limes $\overline{V} \gg 1$ nur relativ langsam ab, wie es für ein Gas typisch ist. Unterhalb T_c gibt es also Bereiche, in denen man für einen festen Wert des Druckes drei Lösungen für V findet. Die mittlere Lösung ist sicher mechanisch instabil, da hier der Druck mit wachsendem Volumen anwächst, also $\frac{\partial p}{\partial V} > 0$. Die anderen zwei Lösungen beschreiben die flüssige und die gasförmige Phase. Der Bereich, in dem man diese zwei Lösungen findet, heißt Koexistenzbereich. Man kann das Volumen pro Teilchen, oder auch den Kehrwert, die Teilchendichte, als Ordnungsparameter dieses Phasenüberganges ansehen. Er ändert seinen Wert im Koexistenzbereich sprunghaft, zur flüssigen Phase gehört ein kleines Volumen pro Teilchen, zur gasförmigen Phase gehört ein großes Volumen. Phasenübergänge mit einer diskontinuierlichen Änderung des Ordnungsparameters heißen Phasenübergänge erster Ordnung.

Bei Phasenübergängen zweiter Ordnung ändert sich dagegen der Ordnungsparameter beim Übergang von einer Phase in eine andere kontinuierlich. Bei diesen Phasenübergängen treten in der Nähe des kritischen Punktes große Fluktuationen auf, die sich nicht mehr mit einfachen Theorien mittlerer Felder beschreiben lassen. In den letzten Jahrzehnten hat man im Rahmen einer Skalenrenormierungstheorie eine Behandlungsmethode dieser kritischen Fluktuationen gefunden. Ihre wichtigsten Ergebnisse sind die kritischen Exponenten, da sich im kritischen Bereich bei Phasenübergängen zweiter Ordnung die Änderungen des Ordnungsparameters und vieler anderer physikalischer Größen durch universelle Exponentialgesetze beschreiben lassen. Eine gewisse Universalität findet man auch bei Phasenübergängen erster Ordnung, wenn man - wie oben geschehen - alle Größen auf ihre kritischen Werte normiert. Zustände von zwei Substanzen, die gleichen Werten von $\overline{P}$, $\overline{V}$ und $\overline{T}$ entsprechen, nennt man korrespondierende Zustände. Falls zwei der drei Größen $\overline{p}$, $\overline{V}$ und $\overline{T}$ gleich sind, folgt aus der reduzierten Van-der-Waals-Gleichung (12.27), dass alle drei gleich sind (Gesetz der korrespondierenden Zustände). Obwohl die Van-der-Waals-Gleichung nur näherungsweise gilt, bestätigt die Erfahrung, dass es tatsächlich eine universelle Zustandsgleichung gibt.

12.5 Maxwell-Konstruktion im Koexistenzbereich

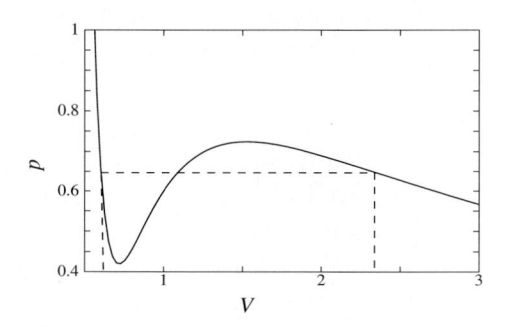

Abb. 12.3. Druck als Funktion des Volumens, Maxwell-Konstruktion

Unterhalb T_c tritt, wie schon besprochen, ein instabiler Bereich auf. Komprimiert man etwa ein Gas isotherm, dann wird die Gasphase ab einem bestimmten Volumen instabil. Es tritt eine Kondensation in die dichtere Flüssigkeitsphase ein. Im Gleichgewicht müssen die chemischen Potenziale der zwei koexistierenden Phasen gleich sein:

$$\mu_g = \mu_{fl} \, . \tag{12.28}$$

Für homogene Systeme ist

$$N\mu = G = F + pV \, , \tag{12.29}$$

also ist

$$F_g + pV_g = F_{fl} + pV_{fl} \, , \tag{12.30}$$

oder

12.5 Maxwell-Konstruktion im Koexistenzbereich

$$p(V_g - V_{fl}) = F_{fl} - F_g \; . \qquad (12.31)$$

Andererseits ist

$$F_{fl} - F_g = \int_{V_g}^{V_{fl}} dV \left(\frac{\partial F}{\partial V}\right)_T = -\int_{V_g}^{V_{fl}} dV\, p = \int_{V_{fl}}^{V_g} dV\, p \; . \qquad (12.32)$$

$p(V_g - V_{fl})$ in (12.31) ist die Fläche des Rechtecks unter der Kurve mit konstantem Druck. Diese Fläche muss nach (12.32) gleich der Fläche unter der $p(V)$-Kurve sein. Also sind die beiden Flächenstücke zwischen Kurve und Gerade gleich groß. Das ist die Maxwell-Konstruktion für das Koexistenzgebiet bei Phasenübergängen erster Ordnung (siehe Abbildung 12.3).

Verbindet man jeweils die Punkte im pV-Diagramm, für die bei vorgegebener Temperatur Gleichgewicht zwischen der Gas- und Flüssigkeitsphase besteht, so erhält man das Koexistenzgebiet. In diesem Bereich liegen beide Phasen räumlich getrennt vor, zum Beispiel als Tröpfchen im Dampf, den man abkühlt, oder als Gasblasen in der Flüssigkeit, die man erwärmt. Die Dynamik eines Phasenüberganges erster Ordnung lässt sich daher im Rahmen einer stochastischen Nukleationstheorie behandeln, in der die Wahrscheinlichkeit für das Auftreten von „Tröpfchenclustern" einer bestimmten Größe in der Gasphase berechnet wird. Wir werden diese Nukleationstheorie in Kapitel 24 behandeln.

Die Teile der Van-der-Waals-Kurve zwischen den Eintrittspunkten in den Koexistenzbereich und den anschließenden Extrema (siehe Abbildung 12.2) sind metastabil, das heißt sie können durchaus für eine gewisse Zeit realisiert werden, zerfallen aber dann in die stabilen Gleichgewichtslösungen. Durch rasche Kompression oder Abkühlung eines Gases kann man etwa Zustände auf dem metastabilen Ast im Koexistenzbereich erhalten, ohne dass zunächst eine Tröpfchenbildung einsetzt. Die Teile der Van-der-Waals-Kurve zwischen den beiden Extrema sind dagegen, wie schon diskutiert, instabil.

12.6 Aufgaben

12.1. Instabilitätsbereich der Van-der-Waals-Gleichung

Benützen Sie die Tatsache, dass die Kompressibilität und damit auch $-(\partial p/\partial V)_T$ grundsätzlich positiv sein muss, um die mechanische Stabilität eines Systems zu gewährleisten. Untersuchen Sie mit diesem Kriterium die Van-der-Waals-Gleichung. Bei der kritischen Temperatur T_c verschwindet die Kompressibilität erstmals. Das Verhalten des Gases in der Nähe dieses Punktes (p_c, v_c) soll näher untersucht werden, wobei wir wieder die Notation $v = V/N$ benützen.

a) Bestimmen Sie den kritischen Punkt p_c, v_c, T_c aus der Forderung, dass dort die isotherme die erste und zweite Ableitung des Drucks nach dem Volumen, verschwinden (Sattelpunktsbedingung):

$$\left(\frac{\partial p}{\partial v}\right)_{T=T_c} = 0 \quad \text{und} \quad \left(\frac{\partial^2 p}{\partial v^2}\right)_{T=T_c} = 0 \ . \qquad (12.33)$$

b) Zeigen Sie mit der reduzierten Van-der-Waals-Gleichung (12.27), dass die Nullstellen von $\frac{\partial p}{\partial v}$ Nullstellen eines Polynoms dritten Grades sind. Die Funktion $\overline{p} = \overline{p}\left(\overline{V}, \overline{T}\right)$ hat in der Umgebung von (p_c, v_c) jedoch maximal zwei Extremwerte. Für die weitere Untersuchung wollen wir das Problem vereinfachen. Ersetzen Sie daher die Funktion $\overline{p}\left(\overline{V}, \overline{T}\right)$ durch die einfachste Funktion, die obige Eigenschaft hat, und fassen Sie die Abweichungen vom kritischen Punkt $p = \overline{p} - 1$, $t = \overline{T} - 1$ und $\eta = \overline{V} - 1$ als neue Variable auf. Verwenden Sie eine Taylor-Entwicklung um $\overline{T} = \overline{V} = 1$ bis zur dritten Ordnung.

c) Wie sieht der Instabilitätsbereich $\frac{-\partial p}{v} < 0$ im p-V-Diagramm aus?

13 Ginzburg-Landau-Potenzial

13.1 Phasenübergänge erster und zweiter Ordnung

Wir wollen den im vorangegangenen Kapitel 12 untersuchten Phasenübergang in einem Van-der-Waals-Gas dazu benutzen, ein recht allgemeines Konzept einzuführen, das Systeme in der Nähe eines Phasenübergangs beschreibt. Dabei wird nach L.D. Landau (1908-1968) und L.V. Ginzburg (geb. 1915) die freie Energie als Potenzreihe eines Ordnungsparameters betrachtet. Diese Funktion nennt man das Ginzburg-Landau-Potenzial. Als Ordnungsparameter wählt man dabei diejenige physikalische Größe, deren Änderung den Phasenübergang charakterisiert. Im Allgemeinen wird man den Ordnungsparameter so wählen, dass er in einer der zwei betrachteten Phasen Null ist, während er am Phasenübergang in der anderen Phase entweder sprunghaft einen endlichen Wert annimmt oder kontinuierlich anwächst.

Es genügen oft recht allgemeine Annahmen wie gewisse Symmetrieargumente, um schon die Form des Ginzburg-Landau-Potenzials als Funktion des Ordnungsparameters anzugeben. Da bei diesen Betrachtungen nur der mittlere Wert des Ordnungsparameters behandelt wird, während seine Fluktuationen vernachlässigt werden, ist die Ginzburg-Landau-Theorie der Phasenübergänge (wie auch das spezielle Beispiel der Van-der-Waals-Theorie) eine Theorie mittlerer Felder, die man auch Molekularfeldtheorie nennt.

Als Ordnungsparameter des Van-der-Waals-Gases können wir die Abweichung der Teilchendichte $\Delta n = n - n_c$ vom kritischen Wert $n_c = \frac{N}{V_c}$ betrachten. Dazu schreiben wir die freie Energie (12.10) um in eine Funktion der Teilchendichte n

13 Ginzburg-Landau-Potenzial

$$F = -V\left(nkT\ln\left(\left(\frac{2\pi}{3}\right)^{\frac{3}{2}}\frac{e}{n(\lambda^{(3)})^3}\right) + nkT\ln(1-bn) + an^2\right) \quad (13.1)$$

mit der thermischen Wellenlänge $\lambda^{(3)} = \sqrt{\frac{4\pi^2\hbar^2}{3mkT}}$ nach (7.7). Weiter verwenden wir, dass die Konstanten a, b durch die kritischen Werte ausgedrückt werden können: $b = \frac{1}{3n_c}$ und $a = \frac{9kT_c}{8n_c}$. Wir setzen nun $n = n_c + \Delta n$ und entwickeln die freie Energie bis zur vierten Potenz in Δn. Dabei verwenden wir die Reihenentwicklung des Logarithmus in der Form $\ln(1+x) = x - \frac{1}{2}x^2 + \frac{1}{3}x^3 - \frac{1}{4}x^4 + \cdots$ und erhalten nach längerer algebraischer Rechnung

$$\frac{F}{V} = \frac{F_0}{V} + \Delta n\mu_c + \frac{9}{8}kT_c n_c\left(\frac{T}{T_c}-1\right)\left(\frac{\Delta n}{n_c}\right)^2 + \frac{3^2}{2^6}kTn_c\left(\frac{\Delta n}{n_c}\right)^4 + \cdots . \quad (13.2)$$

Die Konstante ergibt sich unter Verwendung der Ausdrücke für a und b zu

$$F_0 = -VkTn_c\ln\left(\left(\frac{2}{3}\right)^{\frac{5}{2}}\frac{\pi^{\frac{3}{2}}}{n_c(\lambda^{(3)})^3}\right) - \frac{9}{8}VkT_c n_c . \quad (13.3)$$

Der Koeffizient der dritten Ordnung in Δn ist in (13.2) gleich Null. Der Koeffizient erster Ordnung in Δn ist gegeben durch den Ausdruck

$$\mu_c = -kT\ln\left(\left(\frac{2}{3}\right)^{\frac{5}{2}}\frac{\pi^{\frac{3}{2}}}{n_c(\lambda^{(3)})^3}\right) + \frac{1}{2}kT - \frac{9}{4}kT_c . \quad (13.4)$$

Das chemische Potenzial erhält man aus (13.2) durch Ableiten nach n

$$\mu = \frac{1}{V}\frac{\partial F}{\partial n} = \mu_c + \frac{9}{4}kT_c\left(\frac{T}{T_c}-1\right)\frac{\Delta n}{n_c} + \frac{3^2}{2^4}kT\left(\frac{\Delta n}{n_c}\right)^3 + \cdots . \quad (13.5)$$

Verschiebt man das chemische Potenzial um den Wert von μ_c, indem man $\tilde{\mu} = \mu - \mu_c$ bildet, so entsteht durch Integration über n folgende freie Energie, die nur noch gerade Potenzen im Ordnungsparameter enthält:

$$\frac{\tilde{F}}{V} = \frac{F_0}{V} + \frac{9}{8}kT_c n_c\left(\frac{T}{T_c}-1\right)\left(\frac{\Delta n}{n_c}\right)^2 + \frac{3^2}{2^6}kTn_c\left(\frac{\Delta n}{n_c}\right)^4 . \quad (13.6)$$

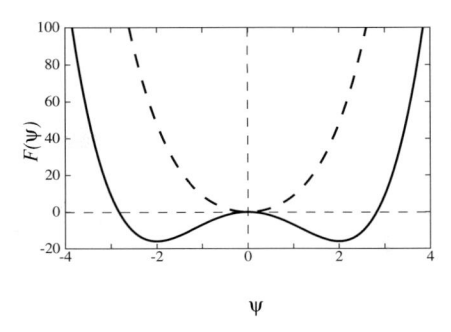

Abb. 13.1. Ginzburg-Landau-Potenzial für kontinuierlichen Phasenübergang

Da wir um den kritischen Punkt des Van-der-Waals-Überganges entwickelt haben, finden wir die freie Energie als Potenzreihe des Ordnungsparameters für einen Phasenübergang zweiter Ordnung. Der quadratische Term wechselt bei $T = T_c$ das Vorzeichen. Die allgemeine Form eines solchen Ginzburg-Landau-Potenzials mit dem Ordnungsparameter ψ, der auch komplex sein darf, ist für einen Phasenübergang zweiter Ordnung in Verallgemeinerung von (13.6) gegeben durch

$$\boldsymbol{F = F_0 + VA\left(\frac{T}{T_c} - 1\right)|\psi|^2 + \frac{VB}{2}|\psi|^4} \ . \qquad (13.7)$$

**Ginzburg-Landau-Potenzial
für kontinuierlichen Phasenübergang**

Das Potenzial ist in Abb. 13.1 gezeigt für $F_0 = 0$. Für $T > T_c$ sind die Koeffizienten der Terme zweiter und vierter Ordnung beide positiv. Das Minimum der freien Energie in Bezug auf den Ordnungsparameter ist also bei Null. Für $T < T_c$ ist der Koeffizient zweiter Ordnung aber negativ. Das Minimum von F ergibt sich jetzt für einen endlichen Wert des Ordnungsparameters ψ.

Man betrachtet ψ und ψ^* als unabhängige Variable und findet

$$\frac{\partial F}{\partial \psi^*} = VA\left(\frac{T}{T_c} - 1\right)\psi + VB|\psi|^2\psi = 0 \ . \qquad (13.8)$$

13 Ginzburg-Landau-Potenzial

Für $T > T_c$ existiert nur die Lösung $\psi = 0$. Für $T < T_c$ findet man neben der Lösung $\psi = 0$ auch die Lösungen

$$|\psi|^2 = \frac{A}{B}\left(\frac{T_c - T}{T_c}\right) . \tag{13.9}$$

Der Ordnungsparameter $\psi = \psi(T)$ ist in Abb. 13.2 gezeigt. Unterhalb T_c ist die Lösung $\psi = 0$ instabil, sie entspricht dem relativen Maximum des Ginzburg-Landau-Potenzials im Ursprung, während (13.9) den Minima entspricht. In der Ginzburg-Landau-Theorie hängt also der Betrag des Ordnungsparameters von dem normierten Temperaturabstand $t = \frac{T_c - T}{T_c}$ vom kritischen Punkt ab wie

$$|\psi| = \left(\frac{A}{B}\right)^{\frac{1}{2}} t^\beta = \left(\frac{A}{B}\right)^{\frac{1}{2}} t^{\frac{1}{2}} . \tag{13.10}$$

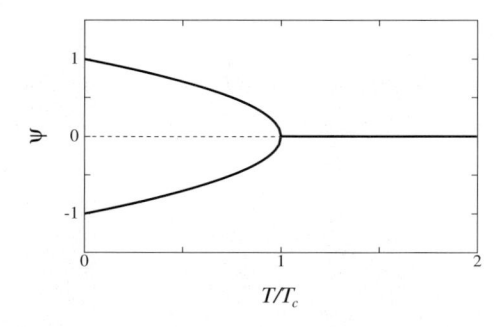

Abb. 13.2. Temperaturabhängigkeit des Ordnungsparameters

Der Exponent β der Temperaturabhängigkeit des Ordnungsparameters hat also in der Ginzburg-Landau-Theorie in der Nähe des Phasenüberganges den Wert $\frac{1}{2}$. Allerdings findet man in unmittelbarer Nähe, das heißt im sogenannten kritischen Bereich, experimentell andere Werte des kritischen Exponenten β. Diese Abweichungen haben ihren Ursprung in den großen Fluktuationen in der Nähe des kritischen Punktes. Dass dort bei einem kontinuierlichen Phasenübergang große Fluktuationen auftreten können, sieht man daran, dass in diesem Bereich das Ginzburg-Landau-Potenzial sehr flach ist und daher nur sehr schwache rücktreibende Kräfte auf eine zufällige Fluktuation des Ordnungsparameters

13.1 Phasenübergänge erster und zweiter Ordnung

einwirken. Die kritischen Exponenten nicht nur des Ordnungsparameters β, sondern auch der spezifischen Wärme $-\alpha$ und der Suszeptibilität $-\gamma$ spielen zur Charakterisierung von kontinuierlichen Phasenübergängen eine zentrale Rolle. Sie werden im Rahmen der sogenannten Renormierungsgruppentheorie berechnet. Die Exponenten sind universell, das heißt, sie sind für ganze Substanzklassen gleich und sie genügen einem Skalengesetz $\alpha + 2\beta + \gamma = 0$. (Siehe auch die Besprechung des Heisenberg-Ferromagneten in Kapitel 15.) Wir verweisen in Bezug auf die modernen Methoden zur Berechnung kritischer Fluktuationen auf die weiterführende Literatur.

Als Ordnungsparameter haben wir beim Van-der-Waals-Gas die Dichteabweichung $n - n_c$ kennen gelernt. Andere Beispiele für einen Ordnungsparameter sind die Magnetisierung in einem Ferromagnet, die Paarwellenfunktion in einem Supraleiter und die Wellenfunktion der im Impulsraum kondensierten Teilchen in supraflüssigem ^4He.

Für eine Temperatur unterhalb T_c erhalten wir im Van-der-Waals-Gas, wie im letzten Kapitel ausführlich diskutiert, einen diskontinuierlichen Phasenübergang. Das Ginzburg-Landau-Potenzial muss entsprechend den zwei koexistierenden Phasen in diesem Bereich zwei Minima haben. Daher muss in einer Potenzreihendarstellung des Ginzburg-Landau-Potenzials auch ein Term dritter Ordnung im Ordnungsparameter anwesend sein.

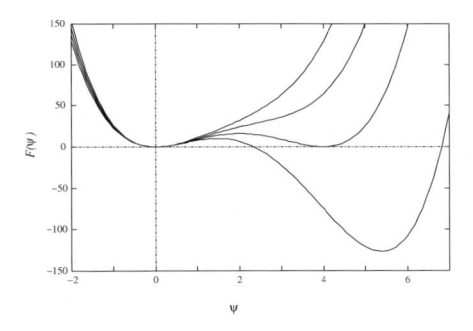

Abb. 13.3. Ginzburg-Landau-Potenzial für diskontinuierlichen Phasenübergang

Die allgemeine Form eines Ginzburg-Landau-Potenzials für einen diskontinuierlichen Phasenübergang, also einen Phasenübergang erster Ordnung, ist

$$F = F_0 + Va\,|\psi|^2 + Vb\,|\psi|^2\,\psi + \frac{Vc}{2}\,|\psi|^4 \ . \qquad (13.11)$$

Diese Funktion ist in Abbildung 13.3 dargestellt. Dieses Ginzburg-Landau-Potenzial besitzt, wie schon oben gesehen, für gewisse Parameterwerte a, b, c eine Potenzialbarriere zwischen den beiden relativen Minima. Diese Situation entspricht dem Koexistenzgebiet, das wir beim Van-der-Waals-Phasenübergang gefunden haben. Die beiden koexistierenden Minima entsprechen gerade den beiden metastabilen Lösungen (Dichte der flüssigen und gasförmigen Phase), das dazwischenliegende Potenzialmaximum entspricht der Lösung auf dem instabilen Ast der Van-der-Waals-Kurve im Koexistenzgebiet.

Das Konzept des Ginzburg-Landau-Potenzials lässt sich auch ausdehnen zur Behandlung von Situationen mit räumlich inhomogenem Ordnungsparameter (siehe Aufgabe 13.1). Beispiele dafür sind die räumliche Struktur der Paarwellenfunktion eines Supraleiters in der Nähe einer magnetischen Flusslinie oder in der Nähe von Grenzflächen. Noch allgemeiner lässt sich das Ginzburg-Landau-Potenzial auch zur Beschreibung von Nichtgleichgewichtsphasenübergängen in offenen Systemen verwenden, wie wir noch im zweiten Teil des Buches näher besprechen werden. An die Stelle des Temperaturparameters tritt dann zum Beispiel der Energiefluss, mit dem das System „gepumpt"wird, um dissipative Verluste zu kompensieren.

13.2 Aufgaben

13.1. Ginzburg-Landau-Potenzial für räumlich inhomogene Systeme, z. B. Supraleiter in der Nähe der Oberfläche

Das Ginzburg-Landau-Potenzial (13.7) lässt sich verallgemeinern für räumlich inhomogene Systeme. Zu der uns schon bekannten Form addiert man einen Term, der proportional dem Absolutbetrag des Gradienten des Ordnungsparameters ist, und führt ein Integral über das ganze Volumen des Systems durch:

$$F = \int d^3r' \left(\frac{1}{2m} |-i\hbar\nabla\psi(\boldsymbol{r}')|^2 + A\left(\frac{T}{T_c} - 1\right) |\psi(\boldsymbol{r}')|^2 + \frac{B}{2} |\psi(\boldsymbol{r}')|^4 \right). \tag{13.12}$$

Im ersten Term erkennt man die kinetische Energie.

a) Bestimmen Sie die Bedingungsgleichung für $\psi(\boldsymbol{r})$, für die F minimal ist. Führen Sie dazu eine Funktionalableitung $\delta F/\delta\psi(\boldsymbol{r})$ durch. Man kann $\psi(\boldsymbol{r})$ und $\psi^*(\boldsymbol{r})$ als unabhängige Funktionen auffassen und vorteilhaft die Funktionalableitung nach $\psi^*(\boldsymbol{r})$ durchführen.

b) Lösen Sie die Differenzialgleichung für den Ordnungsparameter in der Nähe einer ebenen freien Oberfläche, auf der der Ordnungsparameter verschwinden muss. In diesem Problem hängt der Ordnungsparameter nur vom Abstand z von der Oberfläche ab. Machen Sie die nichtlineare Schrödinger-Gleichung durch den Ansatz $\psi(z) = \psi_0 f(z)$ dimensionslos. Hierbei ist ψ_0 die räumlich homogene Lösung. Bestimmen Sie $f(z)$ aus der Forderung $f(0) = 0$ und $f(z \to \infty) = 1$.

c) Diskutieren Sie die als charakteristische Länge auftretende Kohärenzlänge $\zeta(T)$.

13.2. Ginzburg-Landau-Potenzial für Supraleiter im magnetischen Feld

Das Ginzburg-Landau-Potenzial (13.12) lässt sich für geladene Teilchen weiter verallgemeinern, so dass man auch den Effekt elektromagnetischer Felder einschließen kann. Das ist insbesondere wichtig für Supraleiter. Die Ladung eines Cooper-Paares von Elektronen ist $2e$. Dabei ersetzt man, wie aus der kanonischen Theorie bekannt, den Impuls $\boldsymbol{p}$ durch $\boldsymbol{p} - \frac{2e}{c}\boldsymbol{A}$, wobei $\boldsymbol{A}$ das Vektorpotenzial ist

$$F = \int d^3r' \left(\frac{1}{2m} |(-i\hbar\nabla - \frac{2e}{c}\boldsymbol{A})\psi(\boldsymbol{r}')|^2 \right. \tag{13.13}$$
$$\left. + A\left(\frac{T}{T_c} - 1\right) |\psi(\boldsymbol{r}')|^2 + \frac{B}{2} |\psi(\boldsymbol{r}')|^4 \right).$$

a) Bestimmen Sie wieder die Ginzburg-Landau-Gleichung für den Ordnungsparameter durch Funktionalableitung von (13.13) nach $\psi^*(\boldsymbol{r})$. Welche Bedingung ergibt sich aus der Forderung, dass das Oberflächenintegral bei der Anwendung des Gauß-Satzes verschwinden soll?

b) Berechnen Sie unter Verwendung der Stromdichte

$$\boldsymbol{j} = -\frac{e\hbar}{im}\left(\psi^+\nabla\psi - (\nabla\psi^*)\psi\right) - \frac{4e^2}{mc}\psi^*\psi\boldsymbol{A} \qquad (13.14)$$

und der Maxwell-Gleichung für das Magnetfeld die Eindringtiefe λ eines Magnetfeldes, das tangential zur Oberfläche (x-y-Ebene) orientiert ist, unter der Annahme, dass die Kohärenzlänge ζ sehr klein ist, so dass man den Ordnungsparameter im Supraleiter als konstant ansehen kann.

14 Störungstheorie

Wie in der Quantenmechanik üblich, wollen wir auch für die Quantenstatistik eine Näherungsmethode entwickeln, in der die Wechselwirkung als kleine Störung zu einem exakt behandelbaren ungestörten Teil des Hamilton-Operators betrachtet wird.

14.1 Wechselwirkungsdarstellung des Exponentialoperators

Wir wollen hierzu den statistischen Operator in die Wechselwirkungsdarstellung bringen. Der Exponentialoperator

$$E = e^{-\beta H} \tag{14.1}$$

genügt der Differenzialgleichung

$$\frac{\partial E}{\partial \beta} = -(H_0 + W)e^{-\beta H} . \tag{14.2}$$

Mit dem Ansatz

$$E = e^{-\beta H_0} \tilde{E}(\beta) \tag{14.3}$$

finden wir (mit $\tilde{E}(0) = 1$)

$$e^{-\beta H_0} \frac{\partial \tilde{E}}{\partial \beta} = -W e^{-\beta H}$$

$$\frac{\partial \tilde{E}}{\partial \beta} = -\tilde{W}(\beta)\tilde{E} \tag{14.4}$$

mit

$$\tilde{W}(\beta) = e^{\beta H_0} W e^{-\beta H_0} . \tag{14.5}$$

Durch iterative Lösung findet man

$$\tilde{E} = Te^{-\int_0^\beta d\tau \tilde{W}(\tau)} \ . \tag{14.6}$$

Damit haben wir die Wechselwirkungsdarstellung des Exponentialoperators

$$e^{-\beta H} = e^{-\beta H_0} T e^{-\int_0^\beta d\tau \tilde{W}(\tau)} \tag{14.7}$$

Thermodynamische Wechselwirkungsdarstellung

T ist der Ordnungsoperator für die Imaginärzeit τ, der die Operatoren mit den kleinsten imaginären Zeiten am weitesten nach rechts ordnet. Wir sehen, dass die Wechselwirkungsdarstellung der Thermodynamik formal aus der Wechselwirkungsdarstellung des Zeitentwicklungsoperators $\exp(-iHt/\hbar)$ folgt, wenn man $it/\hbar$ durch β ersetzt.

14.2 Störungstheorie zweiter Ordnung für Zustandssumme und freie Energie

Durch Entwicklung des zeitgeordneten Störoperators lässt sich nun die kanonische Zustandssumme näherungsweise berechnen:

$$Z = \sum <n|e^{-\beta H}| n > \quad \text{mit} \quad H_0| n >= E_n| n >$$

$$Z = \sum_n e^{-\beta E_n} - \sum_n e^{-\beta E_n} \int_0^\beta <n |\tilde{W}(\tau)| n > d\tau \tag{14.8}$$

$$+ \sum_{n,m} e^{-\beta E_n} \int_0^\beta d\tau_2 \int_0^{\tau_2} d\tau_1 <n |\tilde{W}(\tau_2)| m><m |\tilde{W}(\tau_1)| n > + \cdots .$$

Nun ist

$$<n |\tilde{W}(\tau)| m >= e^{\tau(E_n - E_m)} W_{n,m} \ . \tag{14.9}$$

Da der Term

$$\sum_{n \neq m} \frac{|W_{n,m}|^2}{(E_n - E_m)^2}(e^{-\beta E_m} - e^{-\beta E_n}) \tag{14.10}$$

Null ist, erhält man

14.2 Störungstheorie zweiter Ordnung

$$Z = \sum_n e^{-\beta E_n} \left(1 - \beta W_{n,n} - \beta \sum_{m \neq n} \frac{|W_{n,m}|^2}{E_n - E_m} + \frac{\beta^2}{2}|W_{n,n}|^2 \right)$$

$$= \sum_n e^{-\beta E_n} \Big(\sum_n \rho_n - \beta \sum_n W_{n,n}\rho_n - \beta \sum_{m \neq n} \frac{|W_{n,m}|^2}{E_n - E_m}\rho_n$$

$$+ \frac{\beta^2}{2} \sum_n |W_{n,n}|^2 \rho_n \Big) \,, \tag{14.11}$$

wobei

$$\rho_n = \frac{e^{-\beta E_n}}{Z_0} = <n|e^{\beta(F_0 - H_0)}|n> \tag{14.12}$$

die ungestörte Verteilungsfunktion ist. Die freie Energie $F = -kT \ln Z$ ist dann

$$F = F_0 - kT \ln\Big(1 - \beta \sum_n W_{n,n}\rho_n - \beta \sum_{m \neq n} \frac{|W_{n,m}|^2}{E_n - E_m}\rho_n$$

$$+ \frac{\beta^2}{2} \sum_n |W_{n,n}|^2 \rho_n \Big) \,. \tag{14.13}$$

Mit der schon früher benutzten Taylor-Reihenentwicklung $\ln(1 + a_1\lambda + a_2\lambda^2) = a_1\lambda + a_2\lambda^2 - \frac{1}{2}a_1^2\lambda^2$ folgt

$$F = F_0 + \sum_n W_{n,n}\rho_n + \sum_{m \neq n} \frac{|W_{n,m}|^2 \rho_n}{E_n - E_m} - \frac{\beta}{2} \sum_n |W_{n,n}|^2 \rho_n$$

$$+ \frac{\beta}{2} \left(\sum_n W_{n,n}\rho_n \right)^2 \,. \tag{14.14}$$

Die freie Energie lässt sich auch schreiben als

$$F = F_0 + \sum_n W_{n,n}\rho_n + \frac{1}{2} \sum_{m \neq n} |W_{n,m}|^2 \frac{\rho_n - \rho_m}{E_n - E_m}$$

$$- \frac{\beta}{2} \sum_m \left(W_{m,m} - \sum_n W_{n,n}\rho_n \right)^2 \rho_m \,. \tag{14.15}$$

Nun ist aber

$$\frac{\rho_n - \rho_m}{E_n - E_m} = \frac{1}{Z_0} e^{-\beta E_n} \frac{1 - e^{\beta(E_n - E_m)}}{E_n - E_m} \leq 0 \,, \tag{14.16}$$

weil $\frac{1-e^x}{x} \leq 0$, da $e^x > (1+x)$. Der erste Beitrag zweiter Ordnung ist also negativ. Der zweite Beitrag, den wir wieder als mittleres Schwankungsquadrat der Wechselwirkungsenergie schreiben können, ist ebenfalls negativ, das heißt die Störungstheorie zweiter Ordnung liefert stets einen erniedrigenden Beitrag zur freien Energie.

Mit $\Delta W = W - \sum W_{n,n}\rho_n = W - <W>$ lässt sich das Ergebnis noch kürzer schreiben

$$F = F_0 + <W> + \frac{1}{2}\sum_{n,m} |<n|\Delta W|m>|^2 \frac{\rho_n - \rho_m}{E_n - E_m}$$

(14.17)

Freie Energie in Störungstheorie zweiter Ordnung

Hierbei muss man berücksichtigen, dass

$$\lim_{m\to n}\frac{\rho_n-\rho_m}{E_n-E_m} = \rho_n \lim_{m\to n}\frac{1-\frac{\rho_m}{\rho_n}}{E_n-E_m} = \rho_n \lim_{m\to n}\frac{\beta(E_m-E_n)}{E_n-E_m} = -\beta\rho_n \ .$$

(14.18)

14.3 Beispiel: Äußeres Feld

Wir behandeln nun ein fluktuierendes äußeres Feld f, dabei nehmen wir den Einfluss des mittleren Feldes in den ungestörten Hamilton-Operator auf, $H_0 = H - fq$, und fassen die Feldfluktuationen δf als Störung auf: $W = -q\delta f$. Auf diese Weise können im Prinzip die Ergebnisse noch in allgemeiner Weise vom mittleren Feldwert abhängen.

In Anwesenheit eines Feldes muss die freie Enthalpie $G(T, f+\delta f)$ im Gleichgewicht minimal sein. Für G liefert die Störungstheorie

$$G = G_0 - q\delta f + \frac{1}{2}\sum_{n,m}|<n|\Delta q|m>|^2\frac{\rho_n-\rho_m}{E_n-E_m}(\delta f)^2 \ . \quad (14.19)$$

Andererseits liefert eine thermodynamische Entwicklung der freien Enthalpie nach den Feldfluktuationen

$$G = G_0 + \left(\frac{\partial G}{\partial f}\right)_T \delta f + \frac{1}{2}\left(\frac{\partial^2 G}{\partial f^2}\right)_T (\delta f)^2 , \qquad (14.20)$$

wobei $\left(\frac{\partial G}{\partial f}\right)_T = -q$ und

$$\left(\frac{\partial^2 G}{\partial f^2}\right)_T = -\left(\frac{\partial q}{\partial f}\right)_T = -\chi_T . \qquad (14.21)$$

Die Ableitung des Erwartungswertes q (also derjenigen Variablen, an der das Feld angreift) nach dem Feld bezeichnen wir allgemein als lineare Suszeptibilität. Diese Größe ist ein Maß dafür, wie leicht man einen endlichen Erwartungswert von q durch Anlegen eines Feldes hervorrufen oder induzieren kann. Eine große Suszeptibilität zeigt, dass das System in Bezug auf das Feld empfindlich reagiert, also suszeptibel oder leicht beeinflussbar ist. Beispiele kennen wir aus der Elektrodynamik. Hier ist die Änderung der Polarisation P mit dem elektrischen Feld E als elektrische Suszeptibilität bekannt, ebenso wie die Änderung der Magnetisierung M mit dem Magnetfeld B, die magnetische Suszeptibilität genannt wird. Da die Temperatur in der freien Enthalpie bei der Feldvariation nicht verändert wird, sprechen wir von der isothermen Suszeptibilität χ_T. Da außerdem ein zeitunabhängiges Feld behandelt wird, spricht man genauer von einer linearen, statischen, isothermen Suszeptibilität. Die Störungstheorie liefert für diesen Ausdruck

$$\chi_T = \sum_{m,n} |<n|\Delta q|m>|^2 \frac{\rho_m - \rho_n}{E_n - E_m} . \qquad (14.22)$$

Dieser Ausdruck lässt sich noch kompakter als Integral über die imaginäre Zeit $0 \leq \tau \leq \beta$ schreiben

$$\chi_T = \int_0^\beta d\tau <\Delta \tilde{q}(\tau)\Delta q> \qquad (14.23)$$

Isotherme statische Suszeptibilität

wobei $\Delta \tilde{q}(\tau) = e^{\tau H_0} \Delta q e^{-\tau H_0}$ in Wechselwirkungsdarstellung ist. Die statische Suszeptibilität ist also gegeben durch das Imaginärzeitintegral über die Korrelationsfunktion $< \Delta \tilde{q}(\tau) \Delta \tilde{q}(0) >$.

Beweis von (14.23)

Das Integral in (14.23) liefert

$$\chi_T = \int_0^\beta d\tau \sum_{n,m} |<n|\Delta q|m>|^2 \frac{e^{-\beta E_n}}{Z} e^{\tau(E_n - E_m)}$$

$$= \sum_{n,m} |<n|\Delta q|m>|^2 \frac{e^{-\beta E_n}}{Z} \frac{e^{\beta(E_n - E_m)} - 1}{E_n - E_m}$$

$$= \sum_{n,m} |<n|\Delta q|m>|^2 \frac{\rho_m - \rho_n}{E_n - E_m} \ . \tag{14.24}$$

Also ist (14.23) gleich (14.22).

Etwas allgemeiner finden wir für ein Vektorfeld $\boldsymbol{f}$ mit $W = -\sum q_i \delta f_i$

$$\chi_{T,ik} = \int_0^\beta d\tau Sp(\rho \Delta \tilde{q}_i(\tau) \Delta q_k) \tag{14.25}$$

$$= \sum <n|\Delta q_i|m><m|\Delta q_k|n> \frac{\rho_m - \rho_n}{E_n - E_m} = \chi_{T,ki} \ .$$

Man sieht, dass der Suszeptibilitätstensor symmetrisch ist. Thermodynamisch muss das so sein, denn

$$\chi_{T,ki} = \frac{\partial q_k}{\partial f_i} = -\frac{\partial^2 G}{\partial f_i \partial f_k} = -\frac{\partial^2 G}{\partial f_k \partial f_i} = \chi_{T,ik} \ . \tag{14.26}$$

14.4 Aufgaben

14.1. Magnetische Suszeptibilität eines 2d-Elektronengases

Die statische Suszeptibilität χ_T ist nach (14.23) gegeben durch die Korrelationsfunktion

$$\chi_T = \int_0^\beta d\tau < \Delta\tilde{q}(\tau)\Delta q > \; . \tag{14.27}$$

a) Berechnen Sie mit dieser Methode den paramagnetischen Anteil der Suszeptibilität eines zweidimensionalen idealen Elektronengases.

b) Verwenden Sie den Zusammenhang zwischen dem chemischen Potenzial und der Teilchenzahl aus Kapitel 8 und vergleichen Sie das Ergebnis mit dem aus Aufgabe 6.2.

15 Thermodynamisches Variationsverfahren

15.1 Bogoljubov-Variationsverfahren

In diesem Kapitel soll ein quantenstatistisches Variationsverfahren besprochen werden, das auf N.N. Bogoljubov (geb. 1909) zurückgeht. Im Rahmen des Wegintegralformalismus hat R.P. Feynman (1918-1988) ein zum Bogoljubov-Variationsverfahren äquivalentes Variationsverfahren angegeben. Diese Verfahren spielen in der quantenstatistischen Berechnung thermodynamischer Funktionen von Quantensystemen eine wichtige Rolle.

Wir zeigen zunächst, dass sich die quantenstatistische Berechnung der freien Energie $F = -kT \ln Sp e^{-\beta H}$ als Variationsrechnung formulieren lässt. Hierzu führen wir einen Test-Hamilton-Operator H_t ein, der sich exakt berechnen lässt

$$H_t |n> = E_n^t |n> \ . \tag{15.1}$$

Die freie Energie berechnen wir mit den Eigenzuständen von H_t. Es gilt zunächst die Ungleichung für den quantenmechanischen Erwartungswert

$$\left(e^{-\beta H}\right)_{n,n} \geq e^{-\beta H_{n,n}} \ . \tag{15.2}$$

Diese Ungleichung beruht auf der Krümmung der Exponentialfunktion. Aus Abb. 15.1 sieht man, dass

$$e^x \geq e^{<x>} + (x - <x>)e^{<x>} \ . \tag{15.3}$$

Daraus folgt durch Mittelbildung

$$<e^x> \geq e^{<x>} \ . \tag{15.4}$$

Wir definieren nun eine Diagonalmatrix $H_{n,m}^D = \delta_{n,m} H_{n,n}$. Damit gilt

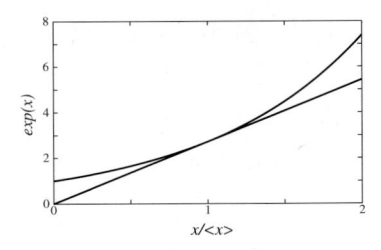

Abb. 15.1. Exponentialfunktion

$$Spe^{-\beta H} \geq Spe^{-\beta H^D} = Sp\left(e^{-\beta H_t}e^{-\beta(H^D-H_t)}\right)$$

$$= Spe^{-\beta H_t} \frac{Sp\left(e^{-\beta H_t}e^{-\beta(H^D-H_t)}\right)}{Spe^{-\beta H_t}}$$

$$=: Spe^{-\beta H_t} Sp\left(\rho_t e^{-\beta(H^D-H_t)}\right)$$

$$=: Spe^{-\beta H_t} <e^{-\beta(H^D-H_t)}>_t$$

$$\geq Spe^{-\beta H_t} e^{-\beta<H^D-H_t>_t} \ . \qquad (15.5)$$

Dabei haben wir zum Schluss die Ungleichung für die quantenstatistische Mittelung verwendet. Da aber

$$<H^D - H_t>_t = <H - H_t>_t \ , \qquad (15.6)$$

gilt die Ungleichung

$$Spe^{-\beta H} \geq Spe^{-\beta H_t} \ e^{-\beta<H-H_t>_t} \ . \qquad (15.7)$$

Für die freie Energie folgt dann die Ungleichung

$$F \leq F_t - kT \ln\left(e^{-\beta<H-H_t>_t}\right) \qquad (15.8)$$

oder

$$\boldsymbol{F \leq F_t + <H - H_t>_t} \qquad (15.9)$$

Bogoljubov-Variationsverfahren

mit

$$F_t = -kT \ln(Spe^{-\beta H_t}) \qquad (15.10)$$

und
$$< H - H_t >_t = \frac{Sp\left(e^{-\beta H_t}(H - H_t)\right)}{Sp\, e^{-\beta H_t}} \ . \tag{15.11}$$

Man kann den Test-Hamilton-Operator H_t mit Variationsparametern ζ_i ausstatten. Dann sucht man das Minimum von $F_t + < H - H_t >_t$:

$$\frac{\partial}{\partial \zeta_i}\left(F_t - < H - H_t >_t\right) = 0 \ . \tag{15.12}$$

Aus diesen Gleichungen bestimmen wir die Werte von ζ_i und erhalten mit ihnen eine obere Grenze für die wahre freie Energie.

15.2 Beispiele: Heisenberg-Ferromagnet; wechselwirkende Fermionen

1. Heisenberg-Ferromagnet

$$H = -\sum_{i,\delta} J \boldsymbol{S}_i \cdot \boldsymbol{S}_{i+\delta} - \mu B \sum_i S_{i,z} \text{ mit } J > 0 \ , \tag{15.13}$$

wobei S_i der Spinoperator des i-ten Atoms ist. Der Index δ läuft über alle nächsten Nachbarn des i-ten Atoms. J ist die Austauschwechselwirkungskonstante. Man sieht sofort, dass die Energie erniedrigt wird, wenn alle Spins parallel stehen: $\boldsymbol{S}_i \cdot \boldsymbol{S}_{i+\delta} > 0$. Man erwartet also, dass bei tiefen Temperaturen alle Spins parallel sind, das heißt dass die Substanz ferromagnetisch wird. Bei hohen Temperaturen wird dagegen die thermische Energie den ferromagnetischen Zustand aufbrechen und in die paramagnetische Phase überführen.

Wir führen einen Test-Hamilton-Operator ein

$$H_t = -\mu b \sum_i S_{i,z} \ , \tag{15.14}$$

b ist dabei ein internes, selbstkonsistent zu bestimmendes Feld, das als Variationsparameter dient. Damit wird für ein Spin-$\frac{1}{2}$-System

$$< S_{i,z} >_t = \frac{1}{2} \frac{e^{+\frac{\beta \mu b}{2}} - e^{-\frac{\beta \mu b}{2}}}{e^{+\frac{\beta \mu b}{2}} + e^{-\frac{\beta \mu b}{2}}} = \frac{1}{2} \tanh\left(\frac{\beta b \mu}{2}\right) = s_z \ . \tag{15.15}$$

Da wir ein äußeres Feld haben, berechnen wir die freie Enthalpie $G(T,B)$

$$G \leq G_t + <H - H_t>_t = \tilde{G} \qquad (15.16)$$

mit

$$\tilde{G} = -kTN \ln\left(e^{+\frac{\beta\mu b}{2}} + e^{-\frac{\beta\mu b}{2}}\right) - nNJs_z^2 + N\mu s_z(b-B) \ . \qquad (15.17)$$

Dabei ist n die Zahl der nächsten Nachbarn eines Atoms. Bilden wir $\frac{\partial G}{\partial b} = 0$, so finden wir

$$-\frac{N\mu}{2} \frac{e^{\frac{\beta\mu b}{2}} - e^{-\frac{\beta\mu b}{2}}}{e^{\frac{\beta\mu b}{2}} + e^{-\frac{\beta\mu b}{2}}} - \frac{\partial s_z}{\partial b}\left(2nNJs_z - N\mu(b-B)\right) + N\mu s_z = 0 \ . \qquad (15.18)$$

Der erste und der letzte Term heben sich weg. Das mittlere Feld ergibt sich zu

$$b = B + \frac{2nJ}{\mu} s_z \ . \qquad (15.19)$$

Setzen wir zunächst das äußere Feld $B = 0$, so erhalten wir folgende transzendente Gleichung für b:

$$\frac{\mu b}{nJ} = tanh\left(\frac{\beta b \mu}{nJ} \frac{nJ}{2}\right) \qquad (15.20)$$

oder

$$tanh\left(\frac{xT_c}{T}\right) = x \text{ mit } x = \frac{\mu b}{nJ} \text{ und } kT_c = \frac{nJ}{2} \ . \qquad (15.21)$$

x ist also das Verhältnis der Wechselwirkungsenergien eines Spins mit dem Molekularfeld und mit seinen Nachbarn. T_c wird sich als die kritische Temperatur für den Phasenübergang von der ungeordneten paramagnetischen Phase in die geordnete ferromagnetische Phase herausstellen. Für kleine Molekularfelder gilt:

$$x \simeq \frac{xT_c}{T} - \frac{1}{3}x^3\left(\frac{T_c}{T}\right)^3 \qquad (15.22)$$

oder

$$x\frac{T_c - T}{T} = \frac{1}{3}x^3\left(\frac{T_c}{T}\right)^3 \ . \qquad (15.23)$$

In der Nähe von T_c gilt dann

15.2 Beispiele: Heisenberg-Ferromagnet; wechselwirkende Fermionen

$$3x\frac{T_c - T}{T_c} = x^3 \ . \tag{15.24}$$

Für $T > T_c$ ist $x = 0$, für $T < T_c$ finden wir zwei Lösungen: $x = 0$ und mit $\tau = 1 - \frac{T}{T_c}$

$$x = (3\tau)^{1/2} \ . \tag{15.25}$$

Wir erkennen hier den schon in Kapitel 13 abgeleiteten kritischen Exponenten des Ordnungsparameters $\beta = \frac{1}{2}$ wieder, wie er für alle Molekularfeldtheorien typisch ist.

Setzen wir diese Ergebnisse in $\tilde{G}$ ein, so finden wir

$$\tilde{G} = -kTN\ln\left(e^{+\frac{\beta\mu b}{2}} + e^{-\frac{\beta\mu b}{2}}\right) + nNJs_z^2 \ . \tag{15.26}$$

Die Größe $<S_{zi}> = s_z$ nennt man den Ordnungsparameter. Er ist Null in der paramagnetischen Phase und ungleich Null in der geordneten, der ferromagnetischen Phase. Als Entropie finden wir dann:

$$S = -\frac{\partial \tilde{G}}{\partial T} = kN\ln\left(e^{+\frac{\beta\mu b}{2}} + e^{-\frac{\beta\mu b}{2}}\right) - \frac{kT\mu bN}{kT^2}s_z$$
$$+ N\mu\frac{2nJ}{\mu}\frac{\partial s_z}{\partial T}s_z - 2nNJs_z\frac{\partial s_z}{\partial T} \ , \tag{15.27}$$

wobei wir benutzt haben $b = \frac{s_z 2nJ}{\mu}$ und $s_z = 1/2\tanh(\beta b\mu/2)$, oder

$$TS = +kTN\ln(e^{+\frac{\beta\mu b}{2}} + e^{-\frac{\beta\mu b}{2}}) - N\mu b s_z \ . \tag{15.28}$$

Wir sehen, dass dieses Ergebnis übereinstimmt mit der Beziehung

$$TS \simeq kT\ln(Z_t + \beta E_t) = kTN\ln(e^{+\frac{\beta\mu b}{2}} + e^{-\frac{\beta\mu b}{2}}) - N\mu b s_z \ . \tag{15.29}$$

Für die Suszeptibilität finden wir bei endlichem Feld B mit

$$\chi_T = -\frac{\partial^2 \tilde{G}}{\partial^2 B} = \frac{\partial N\mu s_z}{\partial B}, \quad \text{da} \quad \frac{\partial \tilde{G}}{\partial b}\frac{db}{dB} = 0 \ , \tag{15.30}$$

$$\chi_T = \frac{1}{4}N\mu^2\beta\frac{db}{dB}\frac{1}{\cosh^2\left(\frac{\beta\mu b}{2}\right)} \ . \tag{15.31}$$

Nun ist $b = B + \frac{2nJ}{\mu}s_z$, also

$$\frac{db}{dB} = 1 + \frac{nJ\beta}{2\cosh^2\left(\frac{\mu\beta b}{2}\right)} \frac{db}{dB} \qquad (15.32)$$

oder

$$\frac{db}{dB} = \frac{1}{1 - \frac{nJ\beta}{2}\cosh^{-2}\left(\frac{\mu\beta b}{2}\right)} \ . \qquad (15.33)$$

Oberhalb T_c ist $b = 0$, also $\cosh\left(\frac{\mu\beta b}{2}\right) = 1$. Damit erhalten wir für $T \geq T_c$:

$$\chi_T = \frac{1}{4}N\mu^2 \frac{1}{kT - \frac{nJ}{2}} \qquad (15.34)$$

und

$$\chi_T = \frac{N\mu^2}{4k}\frac{1}{T - T_c} \qquad (15.35)$$

Curie-Weiss-Gesetz

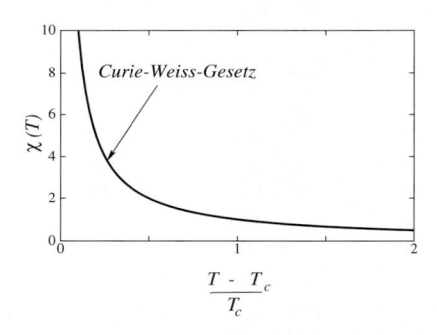

Abb. 15.2. Magnetische Suszeptibilität oberhalb T_c

Die Suszeptibilität divergiert bei Annäherung an den kritischen Punkt, da die Magnetisierung immer leichter zu erreichen ist, je näher man an T_c herankommt. Der kritische Exponent, der die Divergenz der Suszeptibilität beschreibt, ist hier also wie in allen Molekularfeldtheorien $\gamma = 1$.

Es sei noch bemerkt, dass neben den schon erwähnten kritischen Exponenten β und γ des Ordnungsparameters und der Suszeptibilität der kritische Exponent α wichtig ist, der die Divergenz der spezifischen Wärme am Phasenübergang beschreibt.

15.2 Beispiele: Heisenberg-Ferromagnet; wechselwirkende Fermionen 151

Diese drei Koeffizienten sind durch das Skalengesetz $\alpha+2\beta+\gamma = 2$ miteinander verknüpft. In der Molekularfeldbeschreibung, die keine kritischen Fluktuationen berücksichtigt, ist also mit $\beta = 1/2$ und $\gamma = 1$ der Exponent der spezifischen Wärme $\alpha = 0$.

2. System wechselwirkender Fermionen

$$H = \sum_{\boldsymbol{k}}(\epsilon_k - \mu)n_{\boldsymbol{k}} + \frac{1}{2}\sum_{\boldsymbol{k},\boldsymbol{k}',\boldsymbol{q}\neq 0} W_q c^{\dagger}_{\boldsymbol{k}+\boldsymbol{q}}c^{\dagger}_{\boldsymbol{k}'-\boldsymbol{q}}c_{\boldsymbol{k}'}c_{\boldsymbol{k}} + \sum_{\boldsymbol{k}}\phi_k n_{\boldsymbol{k}} \, , \quad (15.36)$$

wobei ϕ_k das Potenzial eines äußeren Feldes sei. Wir wählen den Test-Hamilton-Operator in der Form

$$H_t = \sum_{\boldsymbol{k}}(\epsilon_k - \mu + \sigma_k)n_{\boldsymbol{k}} \quad (15.37)$$

mit den Selbstenergien σ_k als Variationsparameter. Damit ist das großkanonische Potenzial für isotrope Verteilungen

$$J \leq \tilde{J} = -kT\sum_{\boldsymbol{k}}\ln(1+e^{-\beta(\epsilon_k+\sigma_k-\mu)}) + \sum_{\boldsymbol{k}}(\phi_k - \sigma_k)<n_{\boldsymbol{k}}>$$
$$- \frac{1}{2}\sum_{\boldsymbol{k}',\boldsymbol{q}} W_q <n_{|\boldsymbol{k}'+\boldsymbol{q}|}><n_{\boldsymbol{k}'}> \, , \quad (15.38)$$

wobei

$$<n_{\boldsymbol{k}}> = \frac{1}{e^{\beta(\epsilon_k+\sigma_k-\mu)}+1} = f_k. \quad (15.39)$$

Die Variation des großkanonischen Potenzials nach σ_k ergibt

$$\frac{\partial \tilde{J}}{\partial \sigma_k} = f_k - f_k + \frac{\partial f_k}{\partial \sigma_k}\left((\phi_k - \sigma_k) - \sum_q W_q f_{|k+q|}\right) = 0 \quad (15.40)$$

oder

$$\sigma_k = -\sum_{q\neq 0} W_q f_{|k+q|} + \phi_k \quad (15.41)$$

Temperaturabhängige Hartree-Fock-Selbstenergie

Dies ist eine Integralgleichung für σ_k, da die Fermiverteilungsfunktion σ_k wieder enthält. Das großkanonische Potenzial ist dann

$$\tilde{J} = -kT \sum_k \ln(1 + e^{-\beta(\epsilon_k + \sigma_k - \mu)}) + \frac{1}{2} \sum_{k,q \neq 0} W_q f_{|k+q|} f_k \ . \quad (15.42)$$

Es muss sein

$$\frac{\partial \tilde{J}}{\partial \mu} = -N = -\sum_k f_k + \sum_k \frac{\partial \sigma_k}{\partial \mu} f_k + \sum_{k,q \neq 0} W_q \frac{\partial f_{|k+q|}}{\partial \mu} f_k \ . \quad (15.43)$$

Da

$$\frac{\partial \sigma_k}{\partial \mu} = -\sum_{q \neq 0} W_q \frac{\partial f_{|k+q|}}{\partial \mu} \ , \quad (15.44)$$

heben sich die beiden letzten Terme weg. Entsprechend ist

$$\frac{\partial \tilde{J}}{\partial \phi_k} = -f_k \quad (15.45)$$

und

$$\chi_k = -\frac{\partial^2 \tilde{J}}{\partial \phi_k^2} = \frac{\partial f_k}{\partial \phi_k} \ . \quad (15.46)$$

15.3 Aufgaben

15.1. Bogoljubov-Variationsverfahren für anharmonischen Oszillator

In dieser Aufgabe wollen wir das thermodynamische Variationsverfahren auf den anharmonischen Oszillator anwenden. Der Hamilton-Operator des anharmonischen Oszillators sei in normierten Einheiten gegeben als

$$H = \frac{1}{2}\left(-\frac{d^2}{dx^2} + x^2 + \lambda x^4\right) \ . \quad (15.47)$$

Wählt man als Testoperator den Hamilton-Operator des harmonischen Oszillators

$$H_t(\omega) = \frac{1}{2}\left(-\frac{d^2}{dx^2} + \omega^2 x^2\right) \ , \quad (15.48)$$

so kann man mit Hilfe des Bogoljubov-Variationsverfahrens eine obere Schranke für die freie Energie berechnen. Der Variationsparameter ist dabei die effektive Frequenz ω.

a) Substituieren Sie $\xi = \sqrt{\omega}x$ und drücken Sie H_t und $H - H_t$ durch die in der Quantenmechanik eingeführten Erzeugungs- und Vernichtungsoperatoren aus.

$$a = \frac{1}{\sqrt{2}}\left(\xi + \frac{d}{d\xi}\right)$$
$$a^\dagger = \frac{1}{\sqrt{2}}\left(\xi - \frac{d}{d\xi}\right) \qquad (15.49)$$

b) Berechnen Sie die freie Energie des harmonischen Oszillators

$$F_t = -kT \ln \text{Sp } e^{-\beta H_t} . \qquad (15.50)$$

c) Berechnen Sie $W(n)$ als Funktion der Verteilungsfunktion

$$<n>_t = n(T,\omega) = 1/(e^{\beta\omega} - 1) \qquad (15.51)$$

$$W(n) \equiv \langle H - H_t \rangle_t . \qquad (15.52)$$

Hinweis:
Verwenden Sie bei der Auswertung die Beziehung

$$\langle a^\dagger a^\dagger a a \rangle_t = 2n^2(T,\omega) . \qquad (15.53)$$

Zusatzfrage:
Beweisen Sie die Beziehung (15.53).

d) Stellen Sie eine Bestimmungsgleichung für den besten Variationsparameter $\tilde{\omega}$ mit Hilfe der Bedingung

$$\left.\frac{\partial}{\partial\omega}(F_t + \langle H - H_t \rangle_t)\right|_{\tilde{\omega}} = 0 \qquad (15.54)$$

auf.

e) Entwickeln Sie eine Lösung der Gleichung für $T = 0$ und kleine λ.

Teil II

Statistik und Kinetik für Nichtgleichgewichtssysteme

16 Master-Gleichung

16.1 Master-Gleichung für abgeschlossene Systeme

Nach der Behandlung der Statistik von Systemen im thermischen Gleichgewicht wollen wir im zweiten Teil des Buches die Kinetik, das heißt die zeitliche Entwicklung von Wahrscheinlichkeitsverteilungen für Nichtgleichgewichtssysteme untersuchen. Anders als im ersten Teil des Buches ist dann die Wahrscheinlichkeit ρ_n für das Auftreten des Mikrozustands n nicht mehr stationär, sondern zeitabhängig, also $\rho_n(t)$. Das kann dadurch geschehen, dass das System Übergänge zwischen verschiedenen Zuständen macht.

Wir erinnern uns, dass der Zustand n einen quantenmechanischen Vielteilchenzustand beschreibt. Denken wir etwa an ein Elektronengas, das wir im Fock-Raum beschreiben, so wäre ein bestimmter Vielteilchenzustand dadurch charakterisiert, dass wir die Besetzung aller Impulszustände $n_k = 0, 1$ angeben. Die Wahrscheinlichkeit für einen solchen Mikrozustand soll also $\rho_n(t)$ heißen. Wir wollen die Wahrscheinlichkeit pro Zeit für einen Übergang von $n \to m$ mit $w_{m,n}$ bezeichnen. Die zeitliche Änderung der Wahrscheinlichkeit den Zustand n zu finden ergibt sich dann als die Differenz der Übergangswahrscheinlichkeiten aus dem betrachteten Zustand in alle anderen Zustände und den Wahrscheinlichkeiten für die umgekehrten Übergänge als

$$\frac{d\rho_n}{dt} = -\sum_{m \neq n} \Big(w_{m,n}\rho_n(t) - w_{n,m}\rho_m(t) \Big) \qquad (16.1)$$

Master-Gleichung

Der erste Term der Mastergleichung beschreibt Übergänge aus dem Zustand n in alle anderen Zustände m, während der zweite Term die Übergänge aus allen anderen Zuständen m nach n beschreibt. Auf mikroskopischer Ebene sind die Übergangswahrscheinlichkeiten pro Zeiteinheit von $n \rightarrow m$ gleich groß wie für den umgekehrten Prozess $n \leftarrow m$. Die Übergangsraten sind daher symmetrisch. Außerdem muss für ein abgeschlossenes System die Energie beim Übergang innerhalb der Energieschale ΔE erhalten sein.

$$\boldsymbol{w_{m,n} = w_{n,m}\,, \quad w_{m,n} = 0 \text{ für } \Delta E > \mid E_n - E_m \mid} \qquad (16.2)$$

Übergangsraten für abgeschlossene Systeme

Die Master-Gleichung ist wegen des Auftretens der ersten Zeitableitung nicht Zeitumkehr-invariant, sie beschreibt anders als die reversiblen fundamentalen Entwicklungsgleichungen, also die klassische Newton-Gleichung oder die entsprechende quantenmechanische Schrödinger-Gleichung, irreversibles Verhalten. Es fällt auf, dass die Master-Gleichung zeitlich lokal ist. Die zeitliche Änderung der Wahrscheinlichkeit für den Zustand n hängt nur von den Wahrscheinlichkeiten aller Zustände $\rho_m(t)$ zur Zeit t ab, nicht aber von den Wahrscheinlichkeiten $\rho_m(t')$ zu früheren Zeiten $t' < t$. Solche Prozesse heißen in der Statistischen Physik Markov-Prozesse. Die Ableitung dieser Master-Gleichung aus den fundamentalen klassischen oder quantenmechanischen Gleichungen stellt ein schwieriges und bis heute nicht allgemein gelöstes Problem dar. Zum Beispiel konnte zuerst Van Hove für das einfachere Problem eines Systems, das in Wechselwirkung mit einem Bad steht, im Fall schwacher Wechselwirkung zeigen, dass man die Master-Gleichung für das System durch Teilsummationen der führenden Diagramme bis zu beliebig hoher Ordnung erhält. Die Master-Gleichung wird in solchen Situationen aus der Liouville-Gleichung für den statistischen Operator des eigentlich interessierenden Systems und des damit wechselwirkenden Bades abgeleitet. Mit Projektionsoperatoren können der System- und Badanteil getrennt werden, und schließlich wird man über das nicht interessierende Bad mitteln. Genauere quantenmechanische Ableitungen führen im Allgemeinen zum Auftreten von Gedächtniseffekten, so dass solche verallgemeinerten Master-Gleichungen nicht mehr lokal in der Zeit sind wie Gleichung (16.1). Noch schwieriger ist die Herleitung einer Master-Gleichung für abgeschlossene Systeme, die durch interne Stöße ins Gleichgewicht streben. Wir wollen aber diese interessanten Fragen im Zusammenhang mit der Ableitung von Master-Gleichungen hier nicht weiter verfolgen.

Wir wollen zunächst zeigen, dass die Master-Gleichung tatsächlich die Relaxation auf die Gleichgewichtsverteilung hin beschreibt. Im Gleichgewicht verschwindet die Zeitableitung. Es muss also gelten

$$\sum_{m \neq n} \left(w_{m,n} \rho_n - w_{n,m} \rho_m \right) = 0 \ . \tag{16.3}$$

Die mikrokanonische Verteilung

$$\rho_n = \frac{1}{g(E)} \quad \text{für} \quad E - \Delta E \leq E_n \leq E \tag{16.4}$$

stellt eine Lösung von (16.3) dar, wie man unter Berücksichtigung von (16.2) sieht. Außerhalb der Energieschale sind alle Terme Null, auf der Energieschale sind alle Verteilungsfunktionen gleich groß, so dass die Klammer wegen der Symmetrie der Übergangsraten verschwindet. Man kann darüberhinaus zeigen, dass die mikrokanonische Verteilung die einzige Lösung der stationären Master-Gleichung ist. Die mikrokanonische Verteilung genügt sogar nicht nur der stationären Master-Gleichung (16.3), sondern darüber hinaus dem detaillierten Gleichgewicht, in dem die Übergangsraten sich paarweise aufheben

$$w_{m,n} \rho_n = w_{n,m} \rho_m \ . \tag{16.5}$$

16.2 Master-Gleichung für System in Kontakt mit einem Bad

Wie im Kapitel 3 betrachten wir jetzt ein System, das mit einem Wärmebad Energie austauscht. Da System und Bad wieder ein abgeschlossenes System mit der Gesamtenergie $E_{n,\nu} = E_n + E_\nu$ bilden, gehen wir aus von der Master-Gleichung für das Gesamtsystem (die griechischen Quantenzahlen stehen für das Bad)

$$\frac{d\rho_{n,\nu}}{dt} = -\sum_{m,\mu}\Big(w_{m,\mu;n,\nu}\rho_{n,\nu}(t) - w_{n,\nu;m,\mu}\rho_{m,\mu}(t)\Big) \,. \qquad (16.6)$$

Will man aus dieser Gleichung (16.6) eine Master-Gleichung für das System allein gewinnen, so muss man über die Badquantenzahl ν summieren. Da aber Bad und System statistisch unabhängig sind, können wir die Wahrscheinlichkeiten faktorisieren

$$\rho_{n,\nu}(t) = \rho_n(t)\rho_\nu(E - E_n) \,, \qquad (16.7)$$

wobei die Wahrscheinlichkeiten für das sich im thermischen Gleichgewicht befindende Bad stationäre, mikrokanonische Verteilungen sind. Nach (5.54) erhält man für $\rho_\nu(E - E_n)$ folgende Form

$$\rho_\nu(E - E_n) = A e^{-\beta(E - E_n)} \quad \text{für} \quad E - E_n - \Delta E \leq E_\nu \leq E - E_n \,, \qquad (16.8)$$

und Null außerhalb der Energieschale. Damit liefert (16.6)

$$\frac{d\rho_n}{dt} = -\sum_{m,\mu,\nu}\Big(w_{m,\mu;n,\nu}\rho_n(t)\rho_\nu(E-E_n) - w_{n,\nu;m,\mu}\rho_m(t)\rho_\mu(E-E_m)\Big) \,. \qquad (16.9)$$

Setzt man die thermische Verteilung ein, so entsteht eine Master-Gleichung für das System allein

$$\frac{d\rho_n}{dt} = -\sum_m \Big(W_{m;n}\rho_n(t) - W_{n;m}\rho_m(t)\Big) \qquad (16.10)$$

Master-Gleichung für System mit Bad

Dabei ist

$$W_{m;n} = \sum_{\nu,\mu} w_{m,\mu;n,\nu}\rho_\nu(E-E_n) \ . \qquad (16.11)$$

Durch Einsetzen der expliziten Form von ρ_ν ergibt sich die Beziehung

$$W_{m;n}e^{-\beta E_n} = W_{n;m}e^{-\beta E_m} \qquad (16.12)$$

Übergangsraten für System in Kontakt mit einem Bad

Im thermischen Gleichgewicht verschwindet die Zeitableitung, und es muss gelten

$$0 = -\sum_m \Big(W_{m;n}\rho_n - W_{n;m}\rho_m\Big) \ . \qquad (16.13)$$

Mit der Symmetrieeigenschaft der Übergangsraten erhält man

$$0 = -\sum_m W_{m;n}\Big(\rho_n - e^{\beta(E_m-E_n)}\rho_m\Big) \ , \qquad (16.14)$$

woraus die kanonische Verteilung als Gleichgewichtslösung folgt

$$\rho_n = \frac{1}{Z}e^{-\beta E_n} \ . \qquad (16.15)$$

Wir haben also gezeigt, dass die stationären Verteilungen der Master-Gleichung die thermischen Gleichgewichtsverteilungen liefern, also speziell für abgeschlossene Systeme die mikrokanonische Verteilung (2.14) und für Systeme im Energiekontakt mit einem Bad die kanonische Verteilung (3.13).

16.3 Eta-Theorem

16.3.1 Abgeschlossene Systeme

Wir wollen nun aus der Master-Gleichung das auf Boltzmann zurückgehende Eta-Theorem, kurz $\mathcal{H}$-Theorem genannt, ableiten, indem wir eine Gleichung für die zeitliche Entwicklung der Nichtgleichgewichtsentropie herleiten. Wir gehen aus von der Definition der Nichtgleichgewichtsentropie (5.51)

$$S(t) = -k \sum_n \rho_n(t) \ln \rho_n(t) \ . \tag{16.16}$$

Die Ableitung dieser Größe ist

$$\frac{dS}{dt} = -k \sum_n \frac{d\rho_n}{dt} \ln \rho_n = k \sum_{n,m} \Big(w_{m,n} \rho_n(t) - w_{n,m} \rho_m(t) \Big) \ln \rho_n \ . \tag{16.17}$$

Die Ableitung des Logarithmus liefert keinen Beitrag, da die Gesamtwahrscheinlichkeit zeitlich unveränderlich (= 1) ist. Mit der Symmetrie der Übergangswahrscheinlichkeiten wird

$$\frac{dS}{dt} = k \sum_{n,m} w_{m,n} \Big(\rho_n(t) - \rho_m(t) \Big) \ln \rho_n \tag{16.18}$$

oder auch

$$\frac{dS}{dt} = k \sum_{n,m} w_{m,n} \Big(\rho_m(t) - \rho_n(t) \Big) \ln \rho_m \ . \tag{16.19}$$

Durch Addition dieser beiden äquivalenten Formen ergibt sich

$$\frac{dS}{dt} = \frac{k}{2} \sum_{n,m} w_{m,n} \Big(\rho_n(t) - \rho_m(t) \Big) \Big(\ln \rho_n - \ln \rho_m \Big) \ . \tag{16.20}$$

Da der Logarithmus monoton mit dem Argument zunimmt, ist die Form $(x-y)(\ln x - \ln y) \geq 0$. Da außerdem die $w_{n,m}$ als Übergangswahrscheinlichkeiten pro Zeit positiv sind, gilt

$$\frac{dS}{dt} \geq 0 \tag{16.21}$$

Eta-Theorem für abgeschlossene Systeme

16.3.2 Systeme in Kontakt mit einem Bad

Hier leiten wir aus der Master-Gleichung für ein System mit Bad (16.10) eine Gleichung für die zeitliche Entwicklung der freien Energie her. Wir gehen aus von der Nichtgleichgewichtsform

$$F(t) = E(t) - S(t)T \ , \qquad (16.22)$$

wobei $E(t) = \sum_n \rho_n(t) E_n$ die zeitabhängige Energie des Systems und T die Temperatur des Bades sind. Durch Ableiten finden wir

$$\frac{dF(t)}{dt} = \sum_n \frac{d\rho_n}{dt}(E_n + kT \ln \rho_n(t)) = kT \sum_n \frac{d\rho_n}{dt} \ln\left(e^{\frac{E_n}{kT}} \rho_n(t)\right)$$

$$= -kT \sum_{m,n} \Big(W_{m;n}\rho_n(t) - W_{n;m}\rho_m(t)\Big) \ln\left(e^{\beta E_n}\rho_n(t)\right) \quad (16.23)$$

Die Symmetriebeziehung (16.12) befriedigen wir durch Einführen neuer nun symmetrischer Übergangsmatrizen $\tilde{W}_{m;n}$

$$W_{m;n} = \tilde{W}_{m;n} e^{\beta E_n} \ . \qquad (16.24)$$

Damit wird

$$\frac{dF(t)}{dt} = -kT \sum_{m,n} \tilde{W}_{m;n}\left(e^{\beta E_n}\rho_n(t) - e^{\beta E_m}\rho_m(t)\right) \ln\left(e^{\beta E_n}\rho_n(t)\right) \ .$$
$$(16.25)$$

Die dazu alternative Form erhält man durch Umbenennung von n und m

$$\frac{dF(t)}{dt} = -kT \sum_{m,n} \tilde{W}_{m;n}\left(e^{\beta E_m}\rho_m(t) - e^{\beta E_n}\rho_n(t)\right) \ln\left(e^{\beta E_m}\rho_m(t)\right) \ .$$
$$(16.26)$$

Die Summe der beiden Gleichungen liefert

$$\frac{dF(t)}{dt} = -\frac{kT}{2} \sum_{m,n} \tilde{W}_{m;n}\left(e^{\beta E_n}\rho_n(t) - e^{\beta E_m}\rho_m(t)\right)$$
$$\times \Big(\ln\left(e^{\beta E_n}\rho_n(t)\right) - \ln\left(e^{\beta E_m}\rho_m(t)\right)\Big) \ , \qquad (16.27)$$

woraus sofort mit denselben Argumenten wie oben folgt, dass in einem System in Kontakt mit einem Bad die freie Energie während der Relaxation ins thermische Gleichgewicht abnimmt.

$$\frac{d\boldsymbol{F}}{dt} \leq \boldsymbol{0} \qquad (16.28)$$

Abnahme der freien Energie in System mit Bad

16.4 Lösungen der Master-Gleichung

Master-Gleichungen können direkt mit stochastischen numerischen Methoden – den sogenannten Monte-Carlo-Simulationen – gelöst werden. Dabei werden stochastische Entwicklungen ermittelt, indem man „auswürfelt", ob ein gewisser Übergang stattfindet. Ist die Wahrscheinlichkeit für einen Übergang p, so soll der Übergang stattfinden, wenn der Zufallsgenerator eine Zahl z liefert, die zwischen Null und p liegt. Ist dagegen $p < z \leq 1$, findet der Übergang nicht statt. Natürlich muss man viele so ermittelte stochastische zeitliche Entwicklungen bestimmen und dann durch Mittelung die gewünschte Kinetik einer Observablen berechnen.

Wir wollen eine sehr einfache diskrete Master-Gleichung näher untersuchen, in der die Quantenzahl $n = 0, 1, 2, \ldots$ ist. Als einfachstes Beispiel wollen wir zunächst das zufällige Hüpfen auf einer Kette („random walk") besprechen.

Beispiel: Zufälliges Hüpfen auf einer Kette

Wir betrachten ein Teilchen, das mit gleicher Übergangswahrscheinlichkeit w entweder nach rechts oder links um einen Gitterplatz weiterspringen kann. Für die Wahrscheinlichkeit $\rho_n(t)$, das Teilchen auf dem n-ten Gitterplatz zu finden, gilt die Master-Gleichung

$$\frac{d\rho_n}{dt} = w\big(-2\rho_n + \rho_{n+1} + \rho_{n-1}\big) \ . \tag{16.29}$$

Als Anfangsbedingung wollen wir annehmen, dass das Teilchen am Gitterplatz $n = 0$ lokalisiert war:

$$\rho_n(t=0) = \delta_{n,0} \ . \tag{16.30}$$

Zur Lösung von (16.29) verwenden wir eine Fourier-Transformation

$$\rho_n = \int_{-\pi}^{+\pi} \frac{dk}{2\pi} \rho(k) e^{-ikn} \quad \text{und} \quad \rho(k) = \sum_{n=-\infty}^{\infty} \rho_n e^{ikn} \tag{16.31}$$

und erhalten

$$\frac{d\rho(k)}{dt} = w\rho(k)\big(-2 + e^{ik} + e^{-ik}\big) = -w\rho(k)4sin^2\left(\frac{k}{2}\right) \ . \tag{16.32}$$

Die Lösung ist

$$\rho(k,t) = e^{-4wt\sin^2\left(\frac{k}{2}\right)} = e^{-2wt(1-\cos k)} \ . \tag{16.33}$$

Die Rücktransformation liefert

$$\rho_n(t) = \int_{-\pi}^{+\pi} \frac{dk}{2\pi} e^{-ikn} e^{-2wt(1-\cos k)} \ . \tag{16.34}$$

Das Integral lässt sich umschreiben und ergibt

$$\rho_n(t) = \frac{e^{-2wt}}{\pi} \int_0^\pi dk \cos(kn) e^{2wt\cos k} = e^{-2wt} I_n(2wt) \ . \tag{16.35}$$

$I_n(x)$ ist die modifizierte Bessel-Funktion erster Art n-ter Ordnung (siehe zum Beispiel Abramowitz, Stegun, Handbook of Mathematical Functions, Dover, N. Y.). In Abbildung 16.1 ist gezeigt, wie die Wahrscheinlichkeiten $\rho_n(t)$ sich in der Nähe des ursprünglich besetzten Platzes $n = 0$ entwickeln.

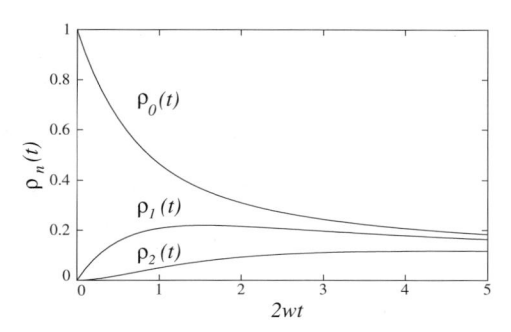

Abb. 16.1. Zeitabhängigkeit der Aufenthaltswahrscheinlichkeiten an den Gitterplätzen 0, 1 und 2

Ein noch einfacheres Bild entsteht, wenn wir $na = x$ mit der Gitterkonstanten a als kontinuierliche Variable einführen. Dann wird

$$\frac{\partial \rho(x,t)}{\partial t} = wa^2 \frac{\partial^2 \rho(x,t)}{\partial x^2} \ . \tag{16.36}$$

Das ist gerade die Diffusionsgleichung mit dem Diffusionskoeffizienten $D = wa^2 = \frac{a^2}{2\Delta t}$. Die Anfangsbedingung lautet nun

$$\rho(x, t=0) = \delta(x) \ . \tag{16.37}$$

Die Lösung der Diffusionsgleichung ist (siehe Aufgabe (23.1))

$$\rho(x,t) = \frac{1}{\sqrt{4\pi w a^2 t}} e^{-\frac{x^2}{4wa^2 t}} . \qquad (16.38)$$

Wir sehen aus Abb. 16.2, wie sich diese Aufenthaltswahrscheinlichkeit diffusiv in Raum und Zeit ausbreitet. Das Ergebnis der Diffusionsgleichung lässt sich natürlich auch direkt aus der Lösung der diskreten Master-Gleichung (16.34) erhalten. Wir führen auch dort die Variable $na = x$ ein und die Wellenzahl $\frac{k}{a} = q$, dann wird

$$\rho(x,t) = \frac{\rho_n(t)}{a} = \int_{-\frac{\pi}{a}}^{+\frac{\pi}{a}} \frac{dq}{2\pi} e^{-iqx} e^{-4wt \sin^2\left(\frac{qa}{2}\right)}$$

$$\simeq a \int_{-\infty}^{+\infty} \frac{dq}{2\pi} e^{-iqx} e^{-wa^2 q^2 t} . \qquad (16.39)$$

Die Fourier-Transformierte einer Gauß-Funktion ist wieder eine Gauß-Funktion

$$\rho(x,t) = \sqrt{\frac{1}{4\pi w a^2 t}} e^{-\frac{x^2}{4a^2 wt}} , \qquad (16.40)$$

in Übereinstimmung mit Gleichung (16.38).

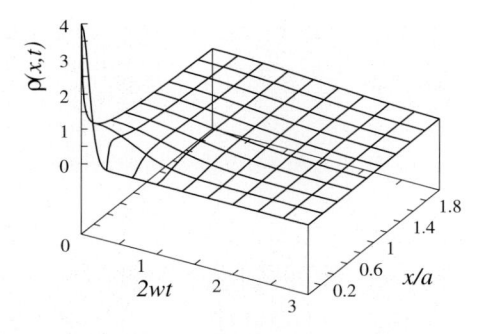

Abb. 16.2. Lösung der Diffusionsgleichung als Funktion von Ort und Zeit

16.5 Aufgaben

16.1. Master-Gleichung für Generation und Rekombination

Die Master-Gleichung für Generation und Rekombination ist

$$\frac{d\rho_n}{dt} = -G(n)\rho_n + G(n-1)\rho_{n-1} - R(n)\rho_n + R(n+1)\rho_{n+1}, \quad (16.41)$$

wobei $G(n)$ die Generationsrate und $R(n)$ die Rekombinationsrate ist. Der erste Term auf der rechten Seite von (16.41) beschreibt die Rate, mit der ein Teilchen im Zustand mit n Teilchen erzeugt wird. Nach dieser Erzeugung sind also $n+1$ Teilchen vorhanden, die Wahrscheinlichkeit, n Teilchen zu finden, nimmt also ab. Entsprechend ist die Interpretation der anderen Terme.

a) Lösen Sie die Master-Gleichung (16.41) für einen Poisson-Prozess mit $G(n) = g$ und $R(n) = 0$ mit der Anfangsbedingung $\rho_n(t=0) = \delta_{n,0}$. Dabei ist $n \geq 0$. Zu welcher Zeit ist die Wahrscheinlichkeit $\rho_n(t)$ für einen gegebenen Wert n maximal?

b) Die Master-Gleichung für ein Populationsmodell erhält man aus (16.41) mit der Geburtenrate $G(n) = gn$ und der Sterberate $R(n) = rn$: Zeigen Sie, dass sich diese Master-Gleichung mit einer Green-Funktion $\rho_n(t) = \sum_m G_{n,m}(t)\rho_m(t=0)$ lösen lässt. Wie sieht die Gleichung der Green-Funktion aus? Wandeln Sie die inhomogene Differenzialgleichung der Green-Funktion durch eine Laplace-Transformation um in eine algebraische Gleichung, die man iterativ lösen kann.

c) Für welche Wahl von $R(n)$ und $G(n)$ erhält man aus (16.41) das oben behandelte Modell des Hüpfens auf einer Kette?

17 Kinetische Gleichung ohne Stöße

17.1 Reduzierte Einteilchendichtematrix, Wigner-Verteilung

Nachdem wir im vorangegangenen Kapitel die zeitliche Entwicklung der Wahrscheinlichkeitsverteilung des Gesamtsystems im Rahmen der Master-Gleichung behandelt haben, wollen wir nun die zeitliche Veränderung einer Einteilchenverteilungsfunktion $f(\boldsymbol{r}, \boldsymbol{p}, t)$ untersuchen. Ein prinzipieller Einwand gegen dieses Konzept ist, dass Ort und Impuls gar nicht gleichzeitig beliebig genau bestimmt werden können. Das Heisenbergsche Unschärfeprinzip $\Delta x_i \Delta p_i \geq \hbar/2$ zeigt, dass die Position eines Teilchens in einer Zelle des Phasenraumes mit dem Volumen $(\hbar/2)^3$ nicht näher bestimmt werden kann. Nur die Beschreibung von langsamen – das heißt makroskopischen – Veränderungen der Verteilungsfunktion im Orts- und Impulsraum ist problemlos möglich. Die Veränderungen von f müssen dabei innerhalb einer Phasenraumzelle sehr klein sein. Unter diesen Bedingungen ist $f(\boldsymbol{r}, \boldsymbol{p}, t)$ eine positive Wahrscheinlichkeitsverteilung. Quantenmechanisch gewinnt man eine solche Verteilungsfunktion aus der reduzierten Einteilchendichtematrix in der Ortsraumdarstellung

$$\rho(\boldsymbol{r}_1, \boldsymbol{r}_2, t) = \mathrm{Sp}(\rho \psi^\dagger(\boldsymbol{r}_2, t) \psi(\boldsymbol{r}_1, t)) \ . \tag{17.1}$$

Wichtig ist, dass man sich nicht mit der Diagonalen $\boldsymbol{r}_1 = \boldsymbol{r}_2$ begnügt, sondern von der vollen Zweipunktfunktion ausgeht. Führt man Schwerpunkts- und Relativkoordinaten

$$\boldsymbol{r} = \frac{\boldsymbol{r}_1 + \boldsymbol{r}_2}{2} \quad \text{und} \quad \boldsymbol{r}' = \boldsymbol{r}_1 - \boldsymbol{r}_2 \tag{17.2}$$

ein, so wird die Dichtematrix

$$\rho(\boldsymbol{r},\boldsymbol{r}',t) = \mathrm{Sp}\big(\rho\psi^\dagger(\boldsymbol{r}-\frac{\boldsymbol{r}'}{2},t)\psi(\boldsymbol{r}+\frac{\boldsymbol{r}'}{2},t)\big) \ . \tag{17.3}$$

Für $r'=0$ findet man für die Teilchendichte

$$\rho(\boldsymbol{r},\boldsymbol{r}'=\boldsymbol{0},t) = \mathrm{Sp}(\rho\psi^\dagger(\boldsymbol{r},t)\psi(\boldsymbol{r},t)) \ . \tag{17.4}$$

Leitet man (17.3) einmal nach der Relativkoordinate ab und nimmt dann $r' \to 0$, so erhält man

$$\lim_{r'\to 0}\frac{\partial}{\partial r'_i}\rho(\boldsymbol{r},\boldsymbol{r}\,',t) \tag{17.5}$$
$$= \frac{1}{2}\mathrm{Sp}\rho\Big(\big(-\frac{\partial}{\partial r_i}\psi^\dagger(\boldsymbol{r},t)\big)\psi(\boldsymbol{r},t) + \psi^\dagger(\boldsymbol{r},t)\frac{\partial}{\partial r_i}\psi(\boldsymbol{r},t)\Big) \ .$$

Der Operator des Teilchenstroms in zweiter Quantisierung ist

$$J_i(t) = \frac{1}{m}\int d^3r\,\psi^\dagger(\boldsymbol{r},t)\frac{\hbar}{i}\frac{\partial}{\partial r_i}\psi(\boldsymbol{r},t) \tag{17.6}$$
$$= \frac{\hbar}{2mi}\int d^3r\Big(\psi^\dagger(\boldsymbol{r},t)\frac{\partial\psi(\boldsymbol{r},t)}{\partial r_i} - \frac{\partial\psi^\dagger(\boldsymbol{r},t)}{\partial r_i}\psi(\boldsymbol{r},t)\Big) \ ,$$

wobei der zweite Term von (17.6) durch partielle Differenziation entstanden ist. Damit ist der Erwartungswert der Teilchenstromdichte

$$j_i(\boldsymbol{r},t) = \frac{\hbar}{2mi}\mathrm{Sp}\rho\left(\psi^\dagger(\boldsymbol{r},t)\frac{\partial\psi(\boldsymbol{r},t)}{\partial r_i} - \frac{\partial\psi^\dagger(\boldsymbol{r},t)}{\partial r_i}\psi(\boldsymbol{r},t)\right)$$
$$= \frac{\hbar}{mi}\lim_{r'\to 0}\frac{\partial}{\partial r'_i}\rho(\boldsymbol{r},\boldsymbol{r}',t) \ . \tag{17.7}$$

Nach Wigner ist nun

$$f(\boldsymbol{r},\boldsymbol{p},t) = \int d^3r'\,\rho(\boldsymbol{r},\boldsymbol{r}',t)e^{-\frac{i}{\hbar}\boldsymbol{p}\cdot\boldsymbol{r}'} \tag{17.8}$$

Wigner-Verteilung

Die Information, die in der Abhängigkeit der reduzierten Dichtematrix von der Nichtdiagonalvariablen $\boldsymbol{r}'$ liegt, ergibt also die Impulsabhängigkeit der Verteilungsfunktion. Multiplizieren wir (17.8) mit $e^{i\frac{\boldsymbol{p}}{\hbar}\cdot\boldsymbol{r}'}$ und integrieren wir über $\boldsymbol{p}$, so entsteht

17.1 Reduzierte Einteilchendichtematrix, Wigner-Verteilung

$$\int d^3p f(\boldsymbol{r},\boldsymbol{p},t)e^{i\boldsymbol{r}'\cdot\frac{\boldsymbol{p}}{\hbar}} = \int d^3r'' \rho(\boldsymbol{r},\boldsymbol{r}'',t)\int d^3p e^{\frac{i}{\hbar}(\boldsymbol{r}'-\boldsymbol{r}'')\cdot\boldsymbol{p}} \quad . \quad (17.9)$$

Nun ist

$$\hbar^3 \int d^3\left(\frac{\boldsymbol{p}}{\hbar}\right)e^{\frac{i}{\hbar}(\boldsymbol{r}'-\boldsymbol{r}'')\cdot\boldsymbol{p}} = (2\pi\hbar)^3 \delta^3(\boldsymbol{r}'-\boldsymbol{r}'') \; , \quad (17.10)$$

das heißt

$$\rho(\boldsymbol{r},\boldsymbol{r}',t) = \int \frac{d^3p}{(2\pi\hbar)^3}f(\boldsymbol{r},\boldsymbol{p},t)e^{\frac{i}{\hbar}\boldsymbol{r}'\cdot\boldsymbol{p}} \; . \quad (17.11)$$

Die Impulsintegration wird also immer mit der Normierung $\frac{dp_i}{2\pi\hbar}$ durchgeführt. Diese Normierung bekommt man gerade, wenn man zuerst von einer diskreten Summe über Wellenvektoren $\boldsymbol{k}$ mit $\hbar\boldsymbol{k} = \boldsymbol{p}$ ausgeht. Dann gilt

$$\rho(\boldsymbol{r},\boldsymbol{r}',t) = \frac{1}{V}\sum_{\boldsymbol{k}} f(\boldsymbol{r},\boldsymbol{k},t)e^{i\boldsymbol{r}'\cdot\boldsymbol{k}} \; . \quad (17.12)$$

Für die Teilchendichte gilt

$$n(\boldsymbol{r},t) = \int \frac{d^3p}{(2\pi\hbar)^3}f(\boldsymbol{r},\boldsymbol{p},t) = \frac{1}{V}\sum_{\boldsymbol{k}}f(\boldsymbol{r},\boldsymbol{k},t) \quad (17.13)$$

und für die Stromdichte

$$\boldsymbol{j}(\boldsymbol{r},t) = \int \frac{d^3p}{(2\pi\hbar)^3}\frac{\boldsymbol{p}}{m}f(\boldsymbol{r},\boldsymbol{p},t) = \frac{1}{V}\sum_{\boldsymbol{k}}\frac{\hbar\boldsymbol{k}}{m}f(\boldsymbol{r},\boldsymbol{k},t) \; . \quad (17.14)$$

Wir sehen also, dass die Wigner-Verteilungsfunktion die Eigenschaften der Einteilchenverteilungsfunktion hat. Setzt man für ein räumlich homogenes System die Entwicklung nach ebenen Wellen ein

$$\psi(\boldsymbol{r}) = \sum_{\boldsymbol{k}} a_{\boldsymbol{k}}\frac{e^{i\boldsymbol{k}\cdot\boldsymbol{r}}}{\sqrt{V}} \; , \quad (17.15)$$

so wird

$$\int d^3r f(\boldsymbol{r},\boldsymbol{p},t) \quad (17.16)$$

$$= \frac{1}{V}\sum_{\boldsymbol{k},\boldsymbol{k}'}\int d^3r e^{i(\boldsymbol{k}-\boldsymbol{k}')\cdot\boldsymbol{r}}\int d^3r' e^{i\left(-\frac{\boldsymbol{p}}{\hbar}+\frac{\boldsymbol{k}+\boldsymbol{k}'}{2}\right)\cdot\boldsymbol{r}'} <a^\dagger_{\boldsymbol{k}'}a_{\boldsymbol{k}}>$$

$$= \frac{1}{V}\sum_{\boldsymbol{k},\boldsymbol{k}'} <a^\dagger_{\boldsymbol{p}}a_{\boldsymbol{p}}> V\delta_{\boldsymbol{k},\boldsymbol{k}'}V\delta_{\boldsymbol{k},\frac{\boldsymbol{p}}{\hbar}} = V<a^\dagger_{\boldsymbol{p}}a_{\boldsymbol{p}}> \; .$$

Im thermischen Gleichgewicht gilt weiter

$$< a_{\bm{p}}^\dagger a_{\bm{p}} > = \frac{1}{e^{\beta(\epsilon_p - \mu)} \pm 1} = \frac{1}{V} \int d^3 r f(\bm{r}, \bm{p}, t) \qquad (17.17)$$

und

$$f(\bm{r}, \bm{k}, t) = \sum_{\bm{k}'} < a_{\bm{k} - \frac{\bm{k}'}{2}}^\dagger a_{\bm{k} + \frac{\bm{k}'}{2}} > e^{i \bm{k}' \cdot \bm{r}} \ . \qquad (17.18)$$

17.2 Kinetische Gleichung

Wir können nun die Bewegungsgleichung der Verteilungsfunktion aus den Heisenberg-Gleichungen der Operatoren $\psi^\dagger$, ψ ableiten. Die zeitliche Ableitung der Verteilungsfunktion ist gegeben durch die Ableitung der reduzierten Dichtematrix.

$$\frac{\partial f(\bm{r}, \bm{p}, t)}{\partial t} = \int d^3 r' \frac{\partial \rho(\bm{r}, \bm{r}', t)}{\partial t} e^{-i \frac{\bm{p}}{\hbar} \cdot \bm{r}'} \ . \qquad (17.19)$$

Die Heisenberg-Gleichung für den Feldoperator ψ ist

$$\frac{\partial \psi}{\partial t} = \frac{i}{\hbar} [H, \psi] \quad \text{und} \quad H = \int d^3 r \psi^\dagger \left(-\frac{\hbar^2 \nabla^2}{2m} + V(\bm{r}) \right) \psi \ , \qquad (17.20)$$

wobei H ein Einteilchenoperator mit dem Potenzial $V(\bm{r})$ eines äußeren Feldes sein soll. Wechselwirkungen zwischen den Teilchen, die zu irreversiblem Verhalten führen können, behandeln wir später getrennt. Damit wird die Heisenberg-Gleichung

$$\frac{\partial \psi(\bm{r})}{\partial t} = \frac{i}{\hbar} \int d^3 r' \int d^3 r'' \delta(\bm{r}' - \bm{r}'') \qquad (17.21)$$

$$\times \left(-\frac{\hbar^2 \nabla''^2}{2m} + V(\bm{r}'') \right) [\psi^\dagger(\bm{r}') \psi(\bm{r}'') , \ \psi(\bm{r})] \ .$$

Mit dem Kommutator

$$\psi(\bm{r}) \psi^\dagger(\bm{r}') = \mp \psi^\dagger(\bm{r}') \psi(\bm{r}) + \delta(\bm{r} - \bm{r}') \qquad (17.22)$$

erhalten wir

$$\psi^\dagger(\bm{r}') \psi(\bm{r}'') \psi(\bm{r}) - \psi(\bm{r}) \psi^\dagger(\bm{r}') \psi(\bm{r}'') \qquad (17.23)$$
$$= \psi^\dagger(\bm{r}') \psi(\bm{r}'') \psi(\bm{r}) \pm \psi^\dagger(\bm{r}') (\mp) \psi(\bm{r}'') \psi(\bm{r}) - \delta(\bm{r} - \bm{r}') \psi(\bm{r}'')$$

und damit die Bewegungsgleichung von ψ

$$i\hbar \frac{\partial \psi(\boldsymbol{r})}{\partial t} = \left(-\frac{\hbar^2}{2m} \nabla^2 + V(\boldsymbol{r}) \right) \psi(\boldsymbol{r}) \; . \tag{17.24}$$

Die hermitesch-konjugierte Gleichung liefert die Bewegungsgleichung des Erzeugungsoperators. Damit wird die Bewegungsgleichung der Dichtematrix

$$\left(i\hbar \frac{\partial}{\partial t} + \frac{\hbar^2}{2m} (\nabla_1^2 - \nabla_2^2) - \bigl(V(\boldsymbol{r}_1,t) - V(\boldsymbol{r}_2,t) \bigr) \right)$$
$$\times \rho(\boldsymbol{r}_1,\boldsymbol{r}_2,t) = 0 \; . \tag{17.25}$$

Wechseln wir zu Schwerpunkts- und Relativkoordinaten mit $\boldsymbol{\nabla}_1 = \frac{1}{2}\boldsymbol{\nabla}_r + \boldsymbol{\nabla}'_r$ und $\boldsymbol{\nabla}_2 = \frac{1}{2}\boldsymbol{\nabla}_r - \boldsymbol{\nabla}'_r$, so wird

$$\left(i\hbar \frac{\partial}{\partial t} + \frac{\hbar^2}{m} \boldsymbol{\nabla}_r \cdot \boldsymbol{\nabla}_{r'} - \left(V\!\left(\boldsymbol{r}+\frac{\boldsymbol{r}'}{2},t\right) - V\!\left(\boldsymbol{r}-\frac{\boldsymbol{r}'}{2},t\right) \right) \right)$$
$$\times \rho(\boldsymbol{r},\boldsymbol{r}',t) = 0 \; . \tag{17.26}$$

Wir nehmen an, dass sich $V(\boldsymbol{r},t)$ räumlich hinreichend langsam verändert, so dass der lineare Term in der Taylor-Entwicklung nach der Relativkoordinate r' ausreicht. Dann entsteht

$$\left(i\hbar \frac{\partial}{\partial t} + \frac{\hbar^2}{m} \boldsymbol{\nabla}_r \cdot \boldsymbol{\nabla}'_r - \boldsymbol{r}' \cdot \boldsymbol{\nabla} V(\boldsymbol{r},t) \right) \rho(\boldsymbol{r},\boldsymbol{r}',t) = 0 \; . \tag{17.27}$$

Für die Verteilungsfunktion folgt dann

$$i\hbar \frac{\partial}{\partial t} f(\boldsymbol{r},\boldsymbol{p},t) + \frac{i\hbar \boldsymbol{p}}{m} \cdot \boldsymbol{\nabla}_r f(\boldsymbol{r},\boldsymbol{p},t) - i\hbar \bigl(\boldsymbol{\nabla}_r V(\boldsymbol{r},t) \bigr) \cdot \boldsymbol{\nabla}_p f(\boldsymbol{r},\boldsymbol{p},t) = 0 , \tag{17.28}$$

wobei wir im letzten Term einmal partiell integriert haben. Damit ist

$$\left(\frac{\partial}{\partial t} + \frac{\boldsymbol{p}}{m} \cdot \boldsymbol{\nabla}_r - \bigl(\boldsymbol{\nabla}_r V(r,t)\bigr) \cdot \boldsymbol{\nabla}_p \right) f(r,p,t) = 0 \tag{17.29}$$

Kinetische Gleichung ohne Stöße

Diese Gleichung ist auch klassisch sofort verständlich

$$\frac{d}{dt}f = \frac{\partial}{\partial t}f + (\boldsymbol{\nabla}_r f) \cdot \frac{\partial \boldsymbol{r}}{\partial t} + (\boldsymbol{\nabla}_p f) \cdot \frac{\partial \boldsymbol{p}}{\partial t} = 0 \ , \qquad (17.30)$$

mit $\frac{\partial \boldsymbol{r}}{\partial t} = \boldsymbol{v} = \frac{\boldsymbol{p}}{m}$ und $\frac{\partial \boldsymbol{p}}{\partial t} = -\boldsymbol{\nabla}_r V$ ist dies wieder das Ergebnis (17.29). Die kinetische Gleichung ohne Stöße ist noch zeitlich reversibel, erst die Stoß- oder Streuterme werden zu irreversiblem Verhalten – und damit zur Annäherung an das thermische Gleichgewicht – führen.

17.3 Aufgaben

17.1. Kinetische Gleichung mit elektrischem Feld

Leiten Sie die kinetische Gleichung für geladene Teilchen in einem konstanten elektrischen Feld ab. Verwenden Sie dazu

a) die skalare Eichung mit $\phi(\boldsymbol{r}, t) = -\boldsymbol{r} \cdot \boldsymbol{E}$;
b) die vektorielle Eichung $\boldsymbol{A}(\boldsymbol{r}, t) = -ct\boldsymbol{E}$.
c) Beweisen Sie die Eichinvarianz der kinetischen Gleichung, indem Sie zeigen, dass beide Ergebnisse äquivalent sind.

18 Lineare Reaktion eines idealen Gases

18.1 Kleine Abweichungen vom Gleichgewicht

Um den linearen Zusammenhang der Dichteänderung und eines äußeren Potenzials zu berechnen, können wir von der linearisierten kinetischen Gleichung ausgehen

$$\delta f = f(\boldsymbol{r}, \boldsymbol{p}, t) - f_0(p) \tag{18.1}$$

mit der thermischen Gleichgewichtsverteilung

$$f_0(p) = \frac{1}{e^{\beta(e_p - \mu)} \pm 1} \ . \tag{18.2}$$

Da wir hier vorteilhaft bald die Teilchenenergie und bald die zugehörige Teilchenfrequenz betrachten, benützen wir die Beziehung

$$e_p = \hbar \epsilon_p \ . \tag{18.3}$$

Aus der kinetischen Gleichung (17.29) folgt

$$\left(\frac{\partial}{\partial t} + \boldsymbol{v} \cdot \boldsymbol{\nabla}_r\right) \delta f = \left(\boldsymbol{\nabla}_r V(\boldsymbol{r}, t)\right) \cdot \left(\boldsymbol{\nabla}_p \delta f + \boldsymbol{\nabla}_p f_0\right)$$
$$\simeq \boldsymbol{\nabla}_r V(\boldsymbol{r}, t) \cdot \boldsymbol{\nabla}_p f_0(p) = \boldsymbol{\nabla}_r V(\boldsymbol{r}, t) \frac{\partial f_0}{\partial e_p} \boldsymbol{\nabla}_p e_p \ . \tag{18.4}$$

Dabei wurde das Produkt von zwei kleinen Größen, nämlich der kleinen Störkraft und der daraus folgenden kleinen Auslenkung aus der Gleichgewichtsverteilung, vernachlässigt. Wir setzen den räumlich veränderlichen Teil des Potenzials in Form einer komplexen, ebenen Welle an mit einer komplexen Frequenz $z = \omega + i\eta$, die mit einem infinitesimalen Imaginärteil η das adiabatische Einschalten bei $t \to -\infty$ sicherstellt. Wie immer ist dann vor der Berechnung einer physikalischen Größe der Realteil der komplexen Variablen zu nehmen. Mit

18 Lineare Reaktion eines idealen Gases

$$\delta V(\boldsymbol{r},t) = \delta V(\boldsymbol{k},z)e^{i(\boldsymbol{k}\cdot\boldsymbol{r}-zt)} \tag{18.5}$$

ist die entsprechende Änderung der Verteilungsfunktion

$$\delta f(\boldsymbol{r},\boldsymbol{p},t) = \delta f(\boldsymbol{k},\boldsymbol{p},z)e^{i(\boldsymbol{k}\cdot\boldsymbol{r}-zt)} \ . \tag{18.6}$$

Damit finden wir

$$\delta f(\boldsymbol{k},\boldsymbol{p},z) = \frac{i\boldsymbol{k}\cdot(\boldsymbol{\nabla}_p e_p)\frac{\partial f_0}{\partial e_p}V(\boldsymbol{k},z)}{-iz+i\boldsymbol{v}_p\cdot\boldsymbol{k}}$$

$$= \frac{\boldsymbol{v}_p\cdot\boldsymbol{k}(-\frac{\partial f_0}{\partial e_p})V(\boldsymbol{k},z)}{z-\boldsymbol{v}_p\cdot\boldsymbol{k}} \ . \tag{18.7}$$

Mit

$$\sum_p \delta f(\boldsymbol{k},\boldsymbol{p},z) = \delta n(\boldsymbol{k},z) \tag{18.8}$$

erhalten wir für die dynamische Suszeptibilität, die mit der Dichte-Dichte-Korrelationsfunktion verknüpft ist,

$$-\frac{\delta n(\boldsymbol{k},z)}{\delta V(\boldsymbol{k},z)} = \chi^0_{n,n}(\boldsymbol{k},z) = \sum_p \frac{\boldsymbol{v}_p\cdot\boldsymbol{k}\frac{df_0}{de_p}}{z-\boldsymbol{v}_p\cdot\boldsymbol{k}} \ . \tag{18.9}$$

Für $z = \omega + i\eta$ ergibt sich mit Hilfe der Dirac-Identität $\frac{1}{x+i\eta} = P\frac{1}{x} - i\pi\delta(x)$, wobei P für den Haupt- oder Prinzipalwert steht, folgende Beziehung

$$\chi^0_{n,n}(\boldsymbol{k},\omega) = \sum_p \frac{\boldsymbol{v}_p\cdot\boldsymbol{k}\frac{df_0}{de_p}}{\omega-\boldsymbol{v}_p\cdot\boldsymbol{k}} - i\pi\sum_p \boldsymbol{v}_p\cdot\boldsymbol{k}\frac{df_0}{de_p}\delta(\omega-\boldsymbol{v}_p\cdot\boldsymbol{k}) \tag{18.10}$$

Dynamische Suszeptibilität

Man sieht, dass (18.10) nichts anderes als der langwellige Grenzfall der Lindhard-Formel ist, die in der Theorie der Abschirmung eines Coulomb-Potenzials eine große Rolle spielt. Diese Lindhard-Formel lässt sich mit der Methode eines effektiven

18.1 Kleine Abweichungen vom Gleichgewicht

Potenzials (siehe Kapitel 19) und der quantenmechanischen Bewegungsgleichung einer ortsabhängigen Ladungsträgerdichtefunktion ableiten. Im Rahmen der kinetischen Gleichung, die nur für schwache räumliche Veränderungen gilt, erhält man nur den langwelligen Grenzwert der allgemeinen Lindhard-Formel. Mit der Bezeichnung

$$\boldsymbol{p} = \hbar \boldsymbol{k} \ ' \tag{18.11}$$

ist die Lindhard-Formel und ihre Näherung für kleine Wellenvektoren $\boldsymbol{k}$ gegeben durch

$$\chi_{n,n}^0(\boldsymbol{k},\omega) = -\sum_{\boldsymbol{k}'} \frac{f_{|\boldsymbol{k}'-\boldsymbol{k}|} - f_{\boldsymbol{k}'}}{\hbar(\omega + \epsilon_{|\boldsymbol{k}\,'-\boldsymbol{k}|} - \epsilon_{\boldsymbol{k}'} + i\eta)} \simeq \sum_{\boldsymbol{p}} \frac{\boldsymbol{k} \cdot \boldsymbol{v}_p \frac{\partial f}{\partial e_p}}{\omega - \boldsymbol{k} \cdot \boldsymbol{v}_p + i\eta} \ . \tag{18.12}$$

Die über eine Periode gemittelte Energieabsorption aus einem periodischen Störpotenzial (18.5) ist gegeben durch

$$< \frac{dW(t)}{dt} > = -\int d^3r \boldsymbol{\nabla} V(\boldsymbol{r},t) \cdot <\boldsymbol{j}(\boldsymbol{r},t)> \tag{18.13}$$

$$= \int d^3r V(\boldsymbol{r},t) \mathrm{div} <\boldsymbol{j}>$$

$$= -\int d^3r V(\boldsymbol{r},t) < \frac{dn(\boldsymbol{r},t)}{dt} >$$

$$= \int d^3r V(\boldsymbol{r},t) Re < i\omega \delta n(\boldsymbol{k},z) e^{i(\boldsymbol{k}\cdot\boldsymbol{r}-zt)} >$$

$$= \int d^3r < Re \left(\delta V(\boldsymbol{k},z) e^{i(\boldsymbol{k}\cdot\boldsymbol{r}-zt)} \right)$$
$$\times Re \left(-i\omega \delta V(\boldsymbol{k},z) \chi_{n,n}^0(\boldsymbol{k},z) e^{i(\boldsymbol{k}\cdot\boldsymbol{r}-zt)} \right) > \ .$$

Falls $\delta V(\boldsymbol{k},z)$ reell ist, erhält man nur einen endlichen Beitrag vom Mittelwert der Quadrate der Kosinusterme

$$< \frac{dW(t)}{dt} > = \delta V^2(\boldsymbol{k},z) \omega \chi_{n,n}^{0''}(\boldsymbol{k},\omega) < cos^2(\boldsymbol{k}\cdot\boldsymbol{r} - \omega t) >$$
$$= \frac{1}{2} \delta V^2(\boldsymbol{k},z) \omega \chi_{n,n}^{0''}(\boldsymbol{k},\omega) \ . \tag{18.14}$$

Allgemein gilt daher für die absorbierte Energie

$$<\frac{dW(t)}{dt}> = \frac{1}{2}|\delta V(k,z)|^2 \omega \chi_{n,n}^{0''}(k,\omega) \qquad (18.15)$$

Absorbierte Energie

mit

$$\chi_{n,n}^{0''}(\boldsymbol{k},\omega) = \pi \frac{1}{V} \sum_{\boldsymbol{p}} \boldsymbol{v}_p \cdot \boldsymbol{k} \frac{-df_0}{d\epsilon_p} \delta(\omega - \boldsymbol{v}_p \cdot \boldsymbol{k}) \; . \qquad (18.16)$$

Nur Teilchen mit der Geschwindigkeit $\boldsymbol{v}_p \cdot \boldsymbol{k} = \omega$ können Energie aufnehmen. Diese Teilchen laufen mit der Welle mit. Man nennt sie auch die Wellenreiter. Quantenmechanisch ist die Energieerhaltung $\epsilon_p + \omega = \epsilon_{|\boldsymbol{p}+\boldsymbol{k}|} \simeq \epsilon_p + \boldsymbol{v}_p \cdot \boldsymbol{k}$ für $k \ll p$. Die Impulssumme lässt sich leicht auswerten. Mit $x = cos\theta$ und $\boldsymbol{v}_p = \boldsymbol{p}/m$ wird

$$\chi_{n,n}^{0''} = \frac{2\pi^2}{(2\pi)^3} \int_0^\infty p^2 dp \frac{-df_0}{d\epsilon_p} \int_{-1}^{+1} \delta(\omega - \frac{pk}{m}x)\frac{pk}{m}x\frac{pk}{m}dx\frac{m}{pk}$$

$$= \frac{m}{4\pi k} \int_0^\infty p\, dp \left(-\frac{df_0}{d\epsilon_p}\right) \int_{-pk/m}^{+pk/m} \delta(\omega - y) y\, dy \; , \qquad (18.17)$$

wobei das zweite Integral den Beitrag $\omega\theta(pk/m-\omega)$ liefert. Durch die Sprungfunktion θ läuft die Impulsintegration erst ab einer durch $m\omega/k$ gegebenen unteren Grenze, also

$$\chi_{n,n}^{0''} = \frac{m\omega}{4\pi k} \int_{m\omega/k}^\infty p\, dp \left(-\frac{df_0}{d\epsilon_p}\right) \; . \qquad (18.18)$$

Mit $d\epsilon_p = \frac{p}{m}dp$ (freie Teilchen) folgt mit $\epsilon_{min} = \frac{m\omega^2}{2k^2}$:

$$\chi_{n,n}^{0''} = \frac{m^2\omega}{4\pi k} \int_{\epsilon_{min}}^\infty d\epsilon \left(-\frac{df_0}{d\epsilon}\right) = \frac{m^2\omega}{4\pi k} f_0(p=\frac{m\omega}{k}) \qquad (18.19)$$

Absorption im idealen Gas

Diese Formel beschreibt zum Beispiel die Dämpfung einer Schallwelle in einem näherungsweise idealen Gas im thermischen Gleichgewicht.

18.2 Aufgaben

18.1. Lindhard-Formel

a) Zeigen Sie, dass die dielektrische Funktion

$$\epsilon(\boldsymbol{k},\omega) = 1 + V_k \chi^0_{n,n}(\boldsymbol{k},\omega) \qquad (18.20)$$

mit der Fourier-Transformierten des Coulomb-Potenzials

$$V_k = \frac{4\pi e^2}{k^2 V} \qquad (18.21)$$

und der Lindhard-Formel (18.12) im langwelligen Grenzfall die Drude-Formel

$$\epsilon(0,\omega) = 1 - \frac{\omega_{pl}^2}{(\omega + i\delta)^2} \qquad (18.22)$$

ergibt. Dabei definiert

$$\omega_{pl}^2 = \frac{4\pi e^2 n}{m} \qquad (18.23)$$

die Plasmafrequenz.

b) Zeigen Sie unter der Annahme einer thermischen Verteilung, das heißt einer Fermi-Verteilung, dass sich die Lindhardsche dielektrische Funktion im statischen langwelligen Grenzfall reduziert auf

$$\epsilon(\boldsymbol{k},0) = 1 + \frac{\kappa^2}{k^2} , \qquad (18.24)$$

wobei

$$\kappa^2 = 4\pi e^2 \frac{\partial n}{\partial \mu} \qquad (18.25)$$

die Abschirmwellenzahl ist. Benützen Sie dazu, dass die Teilchendichte vom chemischen Potenzial abhängt.

c) Zeigen Sie, dass sich die Abschirmwellenzahl (18.25) für ein nichtentartetes Elektronengas mit einer Boltzmann-Verteilung auf die Debyesche Abschirmwellenzahl

$$\kappa = \sqrt{\frac{4\pi e^2 n}{kT}} \qquad (18.26)$$

reduziert.

d) Zeigen Sie, dass sich die Abschirmwellenzahl (18.25) für ein entartetes Elektronengas auf die Thomas-Fermi-Abschirmwellenzahl

$$\kappa^2 = \frac{6\pi e^2 n}{\mu} = 6\pi e^2 \left(\frac{2\rho_0^{(3d)}}{3}\right)^{\frac{2}{3}} n^{\frac{1}{3}} \qquad (18.27)$$

reduziert.

19 Lineare Reaktion einer Fermi-Flüssigkeit

19.1 Dichte-Dichte-Korrelation und dielektrische Funktion

Wir wollen die Betrachtungen für das ideale Gas ausdehnen auf dichte Systeme, indem wir das äußere Potenzial durch ein effektives Potenzial im System ersetzen. Diese Näherung wird als zeitabhängige Hartree-Fock-Näherung oder nach dem englischen Ausdruck „Random Phase Approximation" meist kurz als RPA bezeichnet. Das Wechselwirkungspotenzial zwischen zwei Teilchen sei $W(r)$. Allerdings wollen wir die Streuung der Teilchen noch nicht mitnehmen. Das ist in entarteten Fermi-Systemen eine gute Näherung, da die Stoßraten durch das Pauli-Prinzip stark reduziert sind. Das effektive Potenzial, das eine Testladung spürt, setzt sich zusammen aus dem äußeren Potenzial und dem mittleren Potenzial, das von den Wechselwirkungen mit allen anderen Teilchen herrührt:

$$V^{eff}(\bm{r},t) = V^{ext}(\bm{r},t) + \int d^3r' W(|\bm{r}-\bm{r}'|) n(r',t) \qquad (19.1)$$

$$= V^{ext}(\bm{r},t) + \frac{1}{V}\int d^3r' W(|\bm{r}-\bm{r}'|) \sum_{\bm{p}} f(\bm{r}',\bm{p},t)$$

$$= V^{ext}(\bm{r},t) + \frac{1}{V}\int d^3r' W(|\bm{r}-\bm{r}'|) \sum_{\bm{p}} \Big(f_0(p) + \delta f(\bm{r}',\bm{p},t)\Big).$$

Der konstante Beitrag ist eine starre Verschiebung der Energieskala, die wir weglassen:

$$V^{eff}(\bm{r},t) = V^{ext}(\bm{r},t) \qquad (19.2)$$
$$+ \frac{1}{V} \sum_{\bm{p}} \int d^3r' W(|\bm{r}-\bm{r}'|) \delta f(\bm{r}',\bm{p},t).$$

Nach einer Fourier-Transformation, bei der die Faltung in (19.2) in ein Produkt übergeht, erhält man

$$V^{eff}(\boldsymbol{k},z) = V^{ext}(\boldsymbol{k},z) \tag{19.3}$$
$$+ \frac{1}{V}\sum_p W(k)\delta f(k,p,z) = V^{ext}(\boldsymbol{k},z) + W(k)\delta n(\boldsymbol{k},z) .$$

Andererseits ist die Dichtefluktuation $\delta n(\boldsymbol{k},z)$ gerade durch das effektive Potenzial hervorgerufen. Nach dem letzten Kapitel ist dann

$$\delta n(\boldsymbol{k},z) = -V^{eff}(\boldsymbol{k},z)\chi^0_{n,n}(\boldsymbol{k},z) . \tag{19.4}$$

Aus (19.3) und (19.4) kann man δn eliminieren und findet:

$$V^{eff}(\boldsymbol{k},z) = \frac{V^{ext}(\boldsymbol{k},z)}{1+W(k)\chi^0_{n,n}(\boldsymbol{k},z)} = \frac{V^{ext}(\boldsymbol{k},z)}{\epsilon(\boldsymbol{k},z)} , \tag{19.5}$$

wobei ϵ die dielektrische Abschirmfunktion ist $\epsilon(\boldsymbol{k},z) = 1 + W(k)\chi^0_{n,n}(\boldsymbol{k},z)$. Die dielektrische Funktion zeigt, wie ein äußeres Potenzial durch die Potenziale der anderen Teilchen abgeschwächt wird. Weiter folgt durch Elimination von V^{eff} aus (19.3) und (19.4)

$$-\frac{\delta n(k,z)}{V^{ext}(k,z)} = \chi_{n,n}(k,z) = \frac{\chi^0_{n,n}(k,z)}{1+W(k,z)\chi^0_{n,n}(k,z)} \tag{19.6}$$

Dichte-Dichte-Korrelation in RPA

19.2 Auswertung der Suszeptibilität für $T = 0K$

Für $T = 0$ ist die Fermi-Kante bei e_F scharf.

$$-\frac{\partial f_0}{de_p} = \delta(e_F - e_p) , \tag{19.7}$$

Der Realteil von (18.10) ist dann

19.2 Auswertung der Suszeptibilität für $T = 0K$

$$Re\chi^0_{n,n}(\boldsymbol{k},\omega) = -\frac{4\pi}{(2\pi)^3}\mathrm{P}\int_0^\infty dp\, p^2 \int_{-1}^{+1} dx \frac{pkx}{m} \frac{\delta(e_F - e_p)}{\omega - \frac{pkx}{m}} \quad . \tag{19.8}$$

Mit dem Integral

$$\int dx \frac{ax}{b-ax} = -\int dx\left(1 - \frac{b}{b-ax}\right) = -x - \frac{b}{a}\ln(b-ax) \tag{19.9}$$

wird

$$Re\chi^0_{n,n} = \frac{\mathrm{P}}{2\pi^2}\int_0^\infty dp\, p^2 \delta(e_F - e_p)\left(2 + \frac{\omega m}{pk}\ln\left(\left|\frac{\omega - \frac{pk}{m}}{\omega + \frac{pk}{m}}\right|\right)\right) \quad . \tag{19.10}$$

Mit $e_p = \frac{p^2}{2m}$, wobei m die effektive Masse ist, und der Formel

$$\int_0^\infty dp\, G(p)\delta\left(e_F - \frac{p^2}{2m}\right) = \frac{G(p_F)}{\frac{p_F}{m}} \tag{19.11}$$

finden wir

$$Re\chi^0_{n,n} = \frac{p_F^2 m}{\pi^2 p_F}\left(1 + \frac{\omega m}{2p_F k}\ln\left(\left|\frac{\omega - \frac{p_F k}{m}}{\omega + \frac{p_F k}{m}}\right|\right)\right) \tag{19.12}$$

und mit $x = \frac{\omega m}{p_F k}$ und der Zustandsdichte $\rho(e_F) = \frac{p_F m}{\pi^2}$

$$\boldsymbol{Re\chi^0_{n,n} = \rho(e_F)\left(1 + \frac{x}{2}\ln\left|\frac{1-x}{1+x}\right|\right)} \tag{19.13}$$

$T = 0$, $k \to 0$ Limes des Realteils der Suszeptibilität

Für den Imaginärteil wird

$$Im\chi^0_{n,n} = \frac{\pi}{(2\pi)^3}4\pi \int_{-1}^{+1} dx \int_0^\infty p^2 dp\, \delta(e_F - e_p)\frac{pkx}{m}\delta\left(\omega - \frac{pkx}{m}\right)$$

$$= \frac{1}{2\pi}\frac{p_F^2 m}{p_F}\frac{\omega m}{p_F k}\theta(1 - \frac{\omega m}{p_F k}) \quad , \tag{19.14}$$

wieder ausgedrückt mit $x = \frac{\omega m}{p_F k}$ und der Zustandsdichte $\rho(e_F)$

$$Im\chi^0_{n,n} = \rho(e_F)\frac{\pi}{2}x\theta(1-x) \qquad (19.15)$$

$T = 0$, $k \to 0$ Limes des Imaginärteils der Suszeptibilität

19.3 Kollektive longitudinale Schwingungen

19.3.1 Plasmaschwingungen im Jellium-Modell

Das entartete Elektronensystem in einem Metall kann näherungsweise beschrieben werden als ein Elektronengas, das die positiven Ladungen der Kristallionen nur als verschmierten Hintergrund spürt. Dieses Modell der Metallelektronen nennt man das Jellium-Modell. Die longitudinalen Eigenschwingungen dieses entarteten Fermi-Systems liegen dort, wo die Suszeptibilität divergiert, denn das bedeutet, dass selbst bei verschwindender äußerer Störung eine endliche Dichtewelle übrig bleibt. Für die longitudinalen Eigenmoden gilt also nach (19.5)

$$1 = -W(k)\chi^0_{n,n}(\boldsymbol{k}, z) \ . \qquad (19.16)$$

Andererseits ist nach (19.5) $\epsilon(\boldsymbol{k}, z) = 1 + W(k)\chi^0_{n,n}(\boldsymbol{k}, z)$. Hier finden wir:

$$\chi_{n,n}(\boldsymbol{k}, z) = \frac{\chi^0_{n,n}(\boldsymbol{k}, z)}{1 + W(k)\chi^0_{n,n}(\boldsymbol{k}, z)} \qquad (19.17)$$

oder

$$\chi^0_{n,n}(\boldsymbol{k}, z)(1 - W(k)\chi_{n,n}(\boldsymbol{k}, z)) = \chi_{n,n}(\boldsymbol{k}, z) \ , \qquad (19.18)$$

und damit gilt

$$\epsilon(\boldsymbol{k}, z) = 1 + \frac{W(k)\chi_{n,n}(\boldsymbol{k}, z)}{1 - W(k)\chi_{n,n}(\boldsymbol{k}, z)} = \frac{1}{1 - W(k)\chi_{n,n}(\boldsymbol{k}, z)} \ . \qquad (19.19)$$

Das stellt den Zusammenhang zwischen der dielektrischen Funktion und der Dichte-Dichte-Korrelationsfunktion her.
$\chi_{n,n}(\boldsymbol{k}, z) \to \infty$ entspricht also $\epsilon(\boldsymbol{k}, z) \to 0$.

19.3 Kollektive longitudinale Schwingungen

Wir betrachten den langwelligen Grenzfall $\frac{1}{x} = \frac{p_F k}{m|\omega|} \ll 1$. Aus

$$\chi^0_{n,n}(\mathbf{k}, z) = \rho(e_F) \left(1 + \frac{x}{2} \ln \left| \frac{1 - \frac{1}{x}}{1 + \frac{1}{x}} \right| + i \frac{\pi}{2} x \theta(1 - x) \right) \quad (19.20)$$

folgt mit der Taylor-Entwicklung $ln(1+y) = y - \frac{1}{2}y^2 + \frac{1}{3}y^3 - \frac{1}{4}y^4 + \cdots$ nach $y = 1/x$

$$\ln \left| \frac{1 - \frac{1}{x}}{1 + \frac{1}{x}} \right| = -\frac{2}{x} - \frac{2}{3}\left(\frac{1}{x}\right)^3 - \frac{2}{5}\left(\frac{1}{x}\right)^5 + \cdots \quad (19.21)$$

$$\chi^0_{n,n}(\mathbf{k}, z) = -\frac{\rho(e_F)}{3}\left(\frac{p_F k}{m\omega}\right)^2 \left(1 + \frac{3}{5}\left(\frac{p_F k}{m\omega}\right)^2 + \cdots\right) = -\frac{1}{W(k)} \quad . \quad (19.22)$$

Der Imaginärteil $\text{Im}\chi^0$ ist Null in diesem Bereich. Die Frequenz der Eigenschwingungen ist dann gegeben durch

$$\omega^2 = W(k)\rho(e_F)\frac{1}{3}\left(\frac{p_F k}{m}\right)^2 \left(1 + \frac{3}{5}\left(\frac{p_F k}{m\omega}\right)^2\right) \quad . \quad (19.23)$$

Im Plasma ist die Coulomb-Wechselwirkung gegeben durch das Potenzial $W(k) = \frac{4\pi e^2}{k^2}$, also wird

$$\omega^2 = \frac{4e^2 p_F^3}{3\pi m}\left(1 + \frac{3}{5}\left(\frac{p_F k}{m\omega}\right)^2\right) \quad . \quad (19.24)$$

Berücksichtigt man, dass

$$n = \frac{8\pi}{8\pi^3} \int_0^{p_F} p^2 dp = \frac{p_F^3}{3\pi^2} \quad , \quad (19.25)$$

so erhalten wir

$$\omega \simeq \omega_{pl} \left(1 + \frac{3}{10}\left(\frac{p_F k}{m\omega}\right)^2\right) \quad (19.26)$$

Plasmamode mit Dispersion

Die langwellige Plasmafrequenz ω_{pl} ist durch die bekannte Formel

$$\omega_{pl}^2 = \frac{4\pi e^2 n}{m} \qquad (19.27)$$

gegeben. Die resultierende Plasmamode hat also ein quadratisches Spektrum. Die Mode wird erst bei größeren Wellenzahlen k gedämpft, wenn ein Plasmon zerfallen kann unter Anregung eines Paares von freien Teilchen.

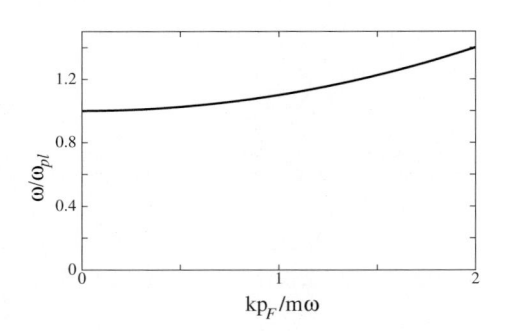

Abb. 19.1. Plasmondispersion

19.3.2 Plasmonen in einem Elektron-Loch-Plasma

Die durch optische Anregung erzeugten Elektronen im Leitungsband und Löcher im Valenzband eines Halbleiters sind eine interessante Variante einer Fermi-Flüssigkeit, da die Dichte in gewissen Grenzen über die Stärke der optischen Anregung frei variiert werden kann. Da gleich viele Elektronen wie Löcher erzeugt werden, ist das zweikomponentige Plasma insgesamt neutral. Gegenüber dem Jellium-Modell muss man einige Modifikationen berücksichtigen. Die Coulomb-Wechselwirkung zwischen den Ladungsträgern ist im dielektrischen Medium des Halbleiters abgeschirmt durch die dielektrische Konstante ϵ_0 des nichtangeregten Halbleiters. Das Potenzial ist also

$$W(k) = \frac{4\pi e^2}{\epsilon_0 k^2} \ . \qquad (19.28)$$

Bei der Plasmaschwingung bewegen sich die negativ geladenen Elektronen und die positiv geladenen Löcher gegeneinander. Die reduzierte Masse dieser Relativbewegung ist

$$m_r = \frac{m_e m_h}{m_e + m_h} \;, \qquad (19.29)$$

wobei m_e und m_h die effektiven Massen der Elektronen und Löcher sind. Die resultierende Plasmafrequenz im Elektron-Loch-Plasma eines Halbleiters ist damit statt (19.27)

$$\omega_{pl}^2 = \frac{4\pi e^2 n}{\epsilon_0 m_r} \;. \qquad (19.30)$$

Typische Dichten in Halbleiterplasmen sind $n \simeq 10^{18}\text{cm}^{-3}$, daher liegen die typischen Plasmafrequenzen in Halbleitern bei $\hbar\omega_{pl} \simeq 30$ meV, während die Plasmafrequenzen in Metallen ungefähr einem eV entsprechen.

19.3.3 Nullter Schall in Helium 3

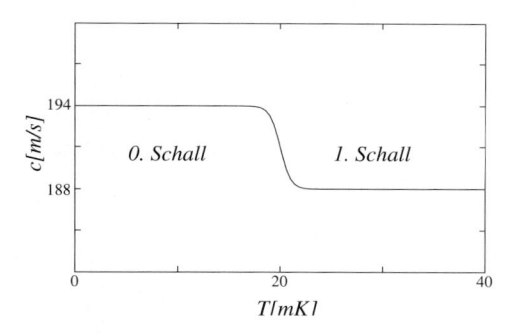

Abb. 19.2. Schallgeschwindigkeit in ^3He (schematisch)

Eine Flüssigkeit aus ^3He-Isotopen ist bei tiefen Temperaturen eine entartete Fermi-Flüssigkeit, auf die unsere Annahmen ebenfalls zutreffen. Für das Wechselwirkungspotenzial der Heliumatome nehmen wir ein Kontaktpotenzial $W(r) = W_0 \delta^3(\boldsymbol{r})$. Damit ist $W(k) = W_0$. Wieder nehmen wir an, dass $\frac{1}{x} = \frac{p_F k}{m\omega} \ll 1$. Aus

$$\omega^2 \simeq \frac{1}{3} W_0 \rho(e_F) \left(\frac{p_F k}{m}\right)^2 \qquad (19.31)$$

folgt eine lineare Dispersion $\omega = c_0 k$ mit der „Schallgeschwindigkeit" c_0:

$$c_0^2 = \frac{1}{3}\frac{W_0 p_F^2}{m^2}\rho(e_F) \ . \qquad (19.32)$$

Man nennt diese Mode den nullten Schall. Unsere Forderung $\frac{p_F k}{m\omega} = \frac{v_F}{c_0} \ll 1$ wird ungefähr erfüllt, da für ^3He $c_0 = 194$ m/s und $v_F = 54$ m/s. Wir haben also kollektive Schwingungen gefunden in einem Regime, in dem keine Stöße stattfinden. Dort ist die Lebensdauer τ der Quasiteilchen viel größer als die Periode einer Schwingung $T = \frac{2\pi}{\omega}$, das heißt $\omega\tau \gg 1$.

Normaler Schall tritt auf, wenn lokales Gleichgewicht herrscht, also wenn in einer Periode viele Stöße stattfinden. Die mittlere Lebensdauer τ ist dann viel kürzer als die Periodendauer T, so dass für normalen oder ersten Schall gilt $\omega\tau \ll 1$. In Analogie dazu nennt man den hier behandelten kollektiven Schwingungstyp nullten Schall. Schließlich versteht man in der Tieftemperaturphysik noch unter zweitem Schall eine Wellenart im superfluiden ^4He, in der die superfluide Komponente gegen die normale Komponente schwingt.

Experimentell beobachtet man in ^3He bei tiefen Temperaturen, bei denen wenig Stöße auftreten, nullten Schall mit $c_0 = 194$ m/s und bei höheren Temperaturen ersten Schall mit $c_1 = 188$ m/s. Der Übergang von nulltem zu erstem Schall findet bei ungefähr 20 mK statt. (siehe Abb. 19.2)

19.4 Aufgaben

19.1. Plasmadispersion eines quasi-zweidimensionalen Elektronengases

a) In Halbleiterquantentrögen ist das Coulomb-Potenzial im Ortsraum häufig in guter Näherung $V(r) = \frac{e^2}{\epsilon_0 r}$, wobei ϵ_0 die dielektrische Konstante der Halbleiterstruktur ist. Der Grund für dieses Verhalten ist, dass die dielektrischen Eigenschaften des Barrierenmaterials sich nicht stark von dem der dünnen Trogschicht unterscheiden. Berechnen Sie die zwei-dimensionale Fourier-Transformierte des Coulomb-Potenzials.

b) Berechnen Sie damit die Dispersion eines Plasmas in einer solchen quasi- zweidimensionalen Halbleitermikrostruktur.
c) Vergleichen Sie die Dispersion der Plasmonen in zwei und drei Dimensionen.

20 Boltzmann-Gleichung

20.1 Heuristische Ableitung

Nachdem wir bis jetzt die stoßfreie kinetische Gleichung ausführlich besprochen haben, wollen wir uns nun der zeitlichen Veränderung der Verteilungsfunktion auf Grund der Stöße zuwenden. Das Stoßintegral wurde von Ludwig Boltzmann im Jahr 1872 zu einer Zeit, als die Atomistik noch nicht allgemein anerkannt war, und ein halbes Jahrhundert vor der Entwicklung der Quantenmechanik mit großer Intuition eingeführt! Das Wahrscheinlichkeitskonzept Boltzmanns antizipierte wichtige Ideen der quantenmechanischen Streutheorie. Wir wollen uns hier mit einer heuristischen Einführung der Boltzmannschen Stoßrate bescheiden. Eine wesentlich detailliertere Ableitung der Stoß- oder Streurate ist in der Aufgabe am Ende dieses Kapitels und in ihrer Lösung enthalten. Wir schreiben die Boltzmann-Gleichung als

$$\frac{\partial f}{\partial t} + \frac{p}{m}\cdot \nabla_r f - (\nabla_r V(r))\cdot \nabla_p f = \left.\frac{\partial f}{\partial t}\right|_{\text{Stoß}} \qquad (20.1)$$

Boltzmann-Gleichung

Die Streurate $\partial f/\partial t|_{\text{Stoß}}$ beschreibt den Effekt der Stöße im Gas. Wir wollen hier nicht historisch vorgehen, sondern direkt eine moderne Formulierung der Streurate wählen, die auch für entartete Quantengase gilt. Das ist nötig, wenn man etwa die Boltzmann-Kinetik eines Elektronengases in Metallen oder in mit Lichtpulsen angeregten Halbleitern untersuchen will. Das Ergebnis der zeitabhängigen Störungstheorie, Fermis goldene Regel, liefert uns die Übergangsrate pro Zeiteinheit und damit die gesuchte Veränderung der Verteilungsfunktion f durch die Stöße. Für ein wechselwirkendes Fermi-Gas berechnen wir diese Änderung für eine Streuung eines freien Teilchens von einem Impulszustand p in einen Impulszustand p' und der simultanen Streuung eines anderen Teilchens von p_1 nach p_1' sowie den umgekehrten Prozess:

$$\left.\frac{\partial f(p)}{\partial t}\right|_{\text{Stoß}} = -\sum_{p',p_1,p_1'} w(p,p_1;p',p_1')\bigl\{f(p)f(p_1) \qquad (20.2)$$
$$\times [1-f(p')][1-f(p_1')] - [1-f(p)][1-f(p_1)]f(p')f(p_1')\bigr\}$$

Boltzmannsches Stoßintegral

wobei die intrinsische Übergangswahrscheinlichkeit pro Zeiteinheit gegeben ist durch

$$w(p,p_1;p',p_1') = \frac{\pi}{\hbar}\left|W_{p,p_1;p',p_1'} - W_{p,p_1;p_1',p'}\right|^2 \qquad (20.3)$$
$$\times \delta_{p+p_1,p'+p_1'}\delta(e_p + e_{p_1} - e_{p'} - e_{p_1'})$$

Übergangswahrscheinlichkeit pro Zeit

Dabei ist
$$W_{p,p_1;p',p_1'} = \langle pp_1|W|p'p_1'\rangle \qquad (20.4)$$

das Wechselwirkungsmatrixelement (siehe Abb. 20.1) und e_p die Energie der Teilchen. Das zweite Matrixelement in (20.3) ist der Austauschterm. Die Übergangswahrscheinlichkeit (20.3) ohne Austauschterm nennt man die erste Bornsche Näherung. Die Besetzungsfaktoren in (20.2) bewirken, dass die Anfangszustände des Streuprozesses auch gefüllt sind und dass die Endzustände frei sind in Übereinstimmung mit dem Pauli-Prinzip.

Die Streuung $p+p_1 \to p'+p_1'$ führt zu einem Verlust, der die mittlere Besetzungswahrscheinlichkeit $f(p)$ reduziert, während

$$p' = p-q \qquad p_1' = p_1+q$$

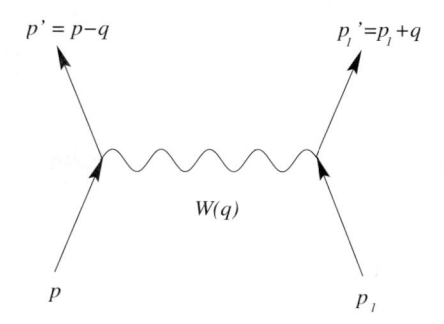

$$W(q)$$

$$p \qquad p_1$$

Abb. 20.1. Diagramm der Zweiteilchen-Wechselwirkung

der inverse Prozess $\boldsymbol{p}' + \boldsymbol{p}_1' \to \boldsymbol{p} + \boldsymbol{p}_1$ die Verteilungsfunktion anwachsen lässt. Während der Impuls des betrachteten Zustandes, also $\boldsymbol{p}$, fest ist, wird über die anderen drei Impulse summiert, da alle Werte zum Streuprozess beitragen können. Die Impulssummation steht dabei nur als Kurzschreibweise für ein Integral, wie weiter unten noch näher ausgeführt ist:

$$\sum_{\boldsymbol{p}_1} = \int \frac{d^d p}{(2\pi)^d} \;, \tag{20.5}$$

wobei d wieder die Dimension des Systems ist und $V^{(d)} = 1$ gesetzt wurde. Falls nicht anders erwähnt, behandeln wir im Folgenden dreidimensionale Systeme. Zur Vereinfachung der Notation haben wir die parametrischen Abhängigkeiten der Verteilungsfunktionen von der räumlichen Koordinate $\boldsymbol{r}$ und der Zeit t im Stoßterm nicht gezeigt. Die Form des Stoßintegrals (20.2) zeigt direkt, dass bei jedem Stoß fünf physikalische Größen erhalten sind, nämlich a) die Gesamtzahl der Teilchen, b) der Vektor des Gesamtimpulses und c) die Gesamtenergie. In einem verdünnten, nichtentarteten Gas kann man die Besetzung des Endzustandes vernachlässigen, so dass man die Besetzungszahlfaktoren in (20.2) durch folgende Näherung vereinfachen kann: $1 - f(\boldsymbol{p}) \simeq 1$.

Die Dirac-Delta-Funktion zeigt, dass der Stoß nur stattfinden kann, wenn die Energie der zwei betroffenen Teilchen vor und nach dem Stoß exakt gleich ist: $e_p + e_{p_1} = e_{p'} + e_{p_1'}$. In einem endlichen System sind die Impulse und Wellenvektoren quantisiert. Im Würfel mit der Kantenlänge L etwa ist eine kartesische Impulskomponente $p_i = n_i \hbar 2\pi / L$, wobei n_i eine ganze Zahl ist. Die Energie freier Teilchen ist dann ebenfalls diskret $e_p = (2\pi\hbar/L)^2/(2m)\sum_i n_i^2$. Das Argument der Deltafunktion ist mit diesen diskreten Energien im Allgemeinen nicht null. Die Energieerhaltung ist mathematisch erst gewährleistet für unendlich große Systeme mit kontinuierlichem Energiespektrum. Nur dann tritt irreversibles Verhalten auf. In einem endlichen abgeschlossenen System kommt der Systempunkt jedem Punkt im 6N-dimensionalen Phasenraum auf der Energieschale beliebig nahe, also auch dem Punkt, der die Anfangsbedingung der Entwicklung des Systems war. Man bezeichnet dieses Argument als den Poincaréschen Wiederkehreinwand gegen die Boltzmann-Gleichung und allgemeiner gegen die Annahme einer irreversiblen Kinetik. Die Zeit aber, die bis zu dieser Wiederkehr im Mittel vergeht, wird immer größer, je größer das System wird. Auch diese Überlegung zeigt, dass wirklich irreversibles Verhalten nur bei unendlich großen Systemen vorliegt. Da die Wiederkehrzeiten bei endlichen makroskopischen Systemen aber so riesig sind, dass eine Beobachtung dieses Phänomens beliebig unwahrscheinlich ist, ist die Annahme eines kontinuierlichen Spektrums, das streng nur für unendlich große Systeme gilt, in der Praxis eine erlaubte Näherung.

Eine zweiter wichtiger Streuprozess für ein Elektronengas in einem perfekten Kristall ist die Streuung durch Absorption oder Emission eines Phonons. Allgemeiner tritt diese Streuform auf bei der Streuung freier Fermionen durch Emission oder Absorption von Bosonen. Diese Streuraten haben folgende Form

$$\frac{\partial f(\boldsymbol{p})}{\partial t}\bigg|_{\text{Stoß}} = -\sum_{\boldsymbol{p'},\boldsymbol{q}} w(\boldsymbol{p},\boldsymbol{p'},\pm\boldsymbol{q})\bigg\{ f(\boldsymbol{p})\big(1-f(\boldsymbol{p'})\big)\big(\tfrac{1}{2}+g(\boldsymbol{q})\pm\tfrac{1}{2}\big)$$
$$-\big(1-f(\boldsymbol{p})\big)f(\boldsymbol{p'})\big(\tfrac{1}{2}+g(\boldsymbol{q})\mp\tfrac{1}{2}\big)\bigg\} , \qquad (20.6)$$

wobei die intrinsische Streurate pro Zeiteinheit in einem dreidimensionalen System gegeben ist durch

$$w(\boldsymbol{p},\boldsymbol{p'},\pm\boldsymbol{q}) = \frac{2\pi}{\hbar}|W_q|^2 \delta_{\boldsymbol{p},\boldsymbol{p'}\pm\boldsymbol{q}} \delta\big(e_{p'}\pm\hbar\omega_q - e_p\big) . \qquad (20.7)$$

Dabei ist W_q das Matrixelement der Elektron-Phonon-Wechselwirkung. Für die in polaren Kristallen besonders wichtige Wechselwirkung mit longitudinalen optischen Phononen hat die Wechselwirkung die Form eines Coulomb-Potenzials

$$W_q = \frac{4\pi e^2}{q^2 \tilde{\epsilon}} , \qquad (20.8)$$

wobei die effektive dielektrische Konstante der Wechselwirkung gegeben ist durch

$$\frac{1}{\tilde{\epsilon}} = \frac{1}{\epsilon_\infty} - \frac{1}{\epsilon_0} . \qquad (20.9)$$

Die Wechselwirkung mit den longitudinalen optischen Phononen ist also gegeben durch den Polarisierungsbeitrag des Gitters, der nach (20.9) durch den Unterschied der hoch- und niederfrequenten Grenzwerte der dielektrischen Funktion, also ϵ_∞ und ϵ_0, bestimmt ist. Man nennt diese Wechselwirkung auch die Fröhlich-Kopplung. $g(\boldsymbol{q})$ beziehungsweise ω_q sind die Verteilungsfunktion und die Frequenz der Phononen. Für das obere Vorzeichen etwa beschreibt der erste Term in (20.6) die Streuung eines Elektrons vom Zustand $\boldsymbol{p}$ in den Zustand $\boldsymbol{p}'$ begleitet von der Emission eines Phonons. Der Endzustandsfaktor der Bose-Verteilung ist $[1 + g(\boldsymbol{q})]$. Er zeigt, dass die Emission sowohl spontan (der Term $\propto 1$) als auch stimuliert (der Term $\propto g(\boldsymbol{q})$) verlaufen kann. Die Energieerhaltung zeigt, dass die Energie e_p des ursprünglich besetzten Zustands übertragen wird auf das Teilchen im Endzustand und das emittierte Phonon. Der Beitrag des unteren Vorzeichens in (20.6) beschreibt die Streuung von $\boldsymbol{p}$ nach $\boldsymbol{p}'$ durch die Absorption eines Phonons mit einem Besetzungsfaktor $g(\boldsymbol{q})$. Die Form von (20.6) zeigt, dass für die Elektron-Phonon-Streurate nur die Teilchenzahl der Elektronen erhalten ist, aber nicht totaler Impuls und totale Energie des Elektronengases, da beide an das Phononensystem übertragen werden können. Die Phononenverteilung $g(\boldsymbol{r}, \boldsymbol{q}, t)$ ist natürlich auch wieder durch eine ähnliche Boltzmann-Gleichung bestimmt. Wir verzichten hier auf ihre explizite Darstellung.

Wenn man an die Ableitung von Fermis goldener Regel denkt, ist sofort klar, dass diese halbklassische Boltzmann-Gleichung nicht für sehr kurze Zeitintervalle gültig sein kann. Bei der Ableitung muss man nämlich annehmen, dass das Zeitintervall genügend groß ist, so dass sich eine scharfe Energieerhaltung in einem isolierten Stoß ausbilden kann. In einem sehr kurzen Zeitintervall δt bleibt die Energie unbestimmt, gemäß der Energie-Zeit-Unschärferelation $\delta t \delta e \geq \hbar$. Im Kurzzeitregime, wie es heute etwa mit Laserpulsen von nur wenigen Femtosekunden untersucht werden kann, muss daher die halbklassische Boltzmann-Kinetik durch eine Quantenkinetik ersetzt werden. In dieser Quantenkinetik ist die Energie nicht mehr scharf erhalten, vielmehr treten Zeitintegrale über die Vergangenheit des Systems auf, da sich über sehr kurze Zeiten hinweg die Elektronen wie kohärente quantenmechanische Wellen verhalten.

Die mathematischen Eigenschaften der Boltzmann-Kinetik der Gleichungen (20.1), (20.2) und (20.6) sind heute sehr gut untersucht. Die volle Theorie der Boltzmann-Gleichung ist allein ein breites Gebiet, wir werden hier nur einige wenige Eigenschaften behandeln. Für eine breitere Darstellung der Theorie und der Anwendung der Boltzmann-Gleichung seien die Bücher zum Beispiel von Ziman (1961), Cercinani (1975) und Smith und Jensen (1989) empfohlen.

20.2 Annäherung ans Gleichgewicht, Eta-Theorem

Man kann sich leicht überzeugen, dass die Boltzmann-Gleichung (20.1) für ein System wechselwirkender Fermionen in der Tat eine Entwicklung beschreibt, die ins thermische Gleichgewicht führt, sofern keine äußeren Felder auf das System wirken. Wir führen zuerst eine willkürliche Funktion $F(\boldsymbol{r},\boldsymbol{p},f_{\boldsymbol{p}},t)$ ein, die sowohl von dem Impuls als auch von der Verteilungsfunktion $f(\boldsymbol{r},\boldsymbol{p},t)$ abhängen darf. Ihre räumliche Dichte ist

$$\langle F(\boldsymbol{r},t)\rangle = \sum_{\boldsymbol{p}} F(\boldsymbol{p},f_{\boldsymbol{p}})f_{\boldsymbol{p}} \ . \qquad (20.10)$$

Die Änderung dieser Funktion durch die Stöße ist (hier werden wir die Eigenschaften des Stoßoperators (20.2) im Detail benötigen)

$$\left.\frac{\partial \langle F(\boldsymbol{r},t)\rangle}{\partial t}\right|_{\text{Stoß}} = \sum_{\boldsymbol{p}} \left(f_{\boldsymbol{p}}\frac{\partial F(\boldsymbol{p})}{\partial f(\boldsymbol{p})} + F(\boldsymbol{p})\right)\left.\frac{\partial f(\boldsymbol{p})}{\partial t}\right|_{\text{Stoß}} \qquad (20.11)$$

$$= -\sum_{\boldsymbol{p},\boldsymbol{p}',\boldsymbol{p}_1,\boldsymbol{p}'_1} w(\boldsymbol{p},\boldsymbol{p}_1;\boldsymbol{p}',\boldsymbol{p}'_1)\frac{\partial [F(\boldsymbol{p})f(\boldsymbol{p})]}{\partial f(\boldsymbol{p})}\bigg\{ f(\boldsymbol{p})f(\boldsymbol{p}_1)$$

$$\times \big(1-f(\boldsymbol{p}')\big)\big(1-f(\boldsymbol{p}'_1)\big) - \big(1-f(\boldsymbol{p})\big)\big(1-f(\boldsymbol{p}_1)\big)f(\boldsymbol{p}')f(\boldsymbol{p}'_1)\bigg\} \ .$$

Benutzt man nun die Symmetrie der intrinsischen Übergangswahrscheinlichkeit $w(\boldsymbol{p},\boldsymbol{p}_1;\boldsymbol{p}'_1,\boldsymbol{p}')$ in Bezug auf den Austausch der Teilchenkoordinaten

$$w(\boldsymbol{p},\boldsymbol{p}_1;\boldsymbol{p}',\boldsymbol{p}'_1) = w(\boldsymbol{p}_1,\boldsymbol{p};\boldsymbol{p}'_1,\boldsymbol{p}') \qquad (20.12)$$
$$= w(\boldsymbol{p}',\boldsymbol{p}'_1;\boldsymbol{p},\boldsymbol{p}_1) = w(\boldsymbol{p}'_1,\boldsymbol{p}';\boldsymbol{p}_1,\boldsymbol{p}) \ ,$$

so findet man

$$\left.\frac{\partial \langle F(\boldsymbol{r},t)\rangle}{\partial t}\right|_{\text{Stoß}} = -\frac{1}{4} \sum_{\boldsymbol{p},\boldsymbol{p}',\boldsymbol{p}_1,\boldsymbol{p}'_1} w(\boldsymbol{p},\boldsymbol{p}_1;\boldsymbol{p}',\boldsymbol{p}'_1) \qquad (20.13)$$
$$\times \left(\frac{\partial(Ff)}{\partial f} + \frac{\partial(Ff)}{\partial f_1} - \frac{\partial(Ff)}{\partial f'} - \frac{\partial(Ff)}{\partial f'_1}\right)$$
$$\times \left(ff_1(1-f')(1-f'_1) - (1-f)(1-f_1)f'f'_1\right) \ .$$

In (20.13) haben wir eine Abkürzung eingeführt, zum Beispiel sollen im Ausdruck $\partial(Ff)/\partial f$ alle Funktionen vom Argument $\boldsymbol{p}$ abhängen und im Ausdruck $\partial(Ff)/\partial f'$ vom Argument $\boldsymbol{p}'$ usw. Nun treffen wir eine spezielle Wahl für die Funktion F, nämlich

$$f(\boldsymbol{p})F(\boldsymbol{p},f_{\boldsymbol{p}}) = f(\boldsymbol{p})\ln f(\boldsymbol{p}) + (1-f(\boldsymbol{p}))\ln(1-f(\boldsymbol{p})) \ . \qquad (20.14)$$

Summieren wir diesen Ausdruck über $\boldsymbol{p}$, so entsteht die Eta-Funktion eines entarteten Fermi-Gases

$$\mathcal{H}(\boldsymbol{r},t) = \sum_{\boldsymbol{p}} \Big(f(\boldsymbol{p})\ln f(\boldsymbol{p}) + (1-f(\boldsymbol{p}))\ln(1-f(\boldsymbol{p}))\Big) \ , \qquad (20.15)$$

die nach (8.15) unmittelbar mit der Nichtgleichgewichts-Entropiedichte $s(\boldsymbol{r},t)$ verknüpft ist

$$s(\boldsymbol{r},t) = -k_B \mathcal{H}(\boldsymbol{r},t) \ . \qquad (20.16)$$

Die partielle Ableitung nach f ergibt

$$\frac{\partial(Ff)}{\partial f(\boldsymbol{p})} = \ln \frac{f(\boldsymbol{p})}{1-f(\boldsymbol{p})} \ . \qquad (20.17)$$

Damit wird (20.13)

$$\left.\frac{\partial}{\partial t}\right|_{\text{Stoß}} \mathcal{H}(\boldsymbol{r},t) \qquad (20.18)$$

$$= \left.\frac{\partial}{\partial t}\right|_{\text{Stoß}} \sum_{\boldsymbol{p}} \Big(f(\boldsymbol{p}) \ln f(\boldsymbol{p}) + (1-f(\boldsymbol{p})) \ln(1-f(\boldsymbol{p})) \Big)$$

$$= -\frac{1}{4} \sum_{\boldsymbol{p},\boldsymbol{p}',\boldsymbol{p}_1,\boldsymbol{p}_1'} w(\boldsymbol{p},\boldsymbol{p}_1;\boldsymbol{p}',\boldsymbol{p}_1') \ln\left(\frac{ff_1(1-f')(1-f_1')}{(1-f)(1-f_1)f'f_1'}\right)$$

$$\times \big(ff_1(1-f')(1-f_1') - (1-f)(1-f_1)f'f_1' \big) \ .$$

Der Integrand hat die Form $(x-y)\ln(x/y)$ und ist daher größer oder gleich Null, denn $x-y$ und $\ln(x/y) = \ln x - \ln y$ tragen dasselbe Vorzeichen, also gilt

$$\left.\frac{\partial}{\partial t}\right|_{\text{Stoß}} \mathcal{H}(\boldsymbol{r},t) \leq 0 \ , \quad \left.\frac{\partial}{\partial t}\right|_{\text{Stoß}} s(\boldsymbol{r},t) \geq 0 \qquad (20.19)$$

Boltzmannsches Eta-Theorem

Die $\mathcal{H}$-Funktion nimmt also nach dem Boltzmannschen Eta-Theorem stetig ab und die Entropiedichte stetig zu, wenn sich das System dem Gleichgewicht nähert. Das Ergebnis (20.19) ist die Spezialisierung des allgemeinen Eta-Theorems (16.21) auf ein System, das durch Einteilchenverteilungsfunktionen beschrieben wird.

Um die Transportgleichung der Eta-Funktion oder der Entropiedichte abzuleiten, multiplizieren wir die Boltzmann-Gleichung (20.1) mit $\partial(Ff)/\partial f = \ln(f/(1-f))$ und summieren über $\boldsymbol{p}$. Der erste Term liefert nach (20.11)

$$\sum_{\boldsymbol{p}} \frac{\partial(Ff)}{\partial f} \frac{\partial f}{\partial t} = \frac{\partial \mathcal{H}}{\partial t} \ . \qquad (20.20)$$

Der zweite Term gibt

$$\sum_{\boldsymbol{p},i} \frac{\partial(Ff)}{\partial f} \frac{p_i}{m} \frac{\partial f}{\partial x_i} = \sum_i \frac{\partial j_{i,\mathcal{H}}}{\partial x_i} \ , \qquad (20.21)$$

mit der Eta-Stromdichte

20.2 Annäherung ans Gleichgewicht, Eta-Theorem

$$j_{i,\mathcal{H}} = \sum_{\boldsymbol{p}} \frac{p_i}{m} \Big(f \ln f + (1-f) \ln(1-f) \Big) . \tag{20.22}$$

Der dritte Term trägt nicht bei

$$-\sum_{\boldsymbol{p},i} \frac{\partial F f}{\partial f} \frac{\partial V_i}{\partial x_i} \frac{\partial f}{\partial p_i} \tag{20.23}$$

$$= -\sum_i \frac{\partial V_i}{\partial x_i} \sum_{\boldsymbol{p}} \frac{\partial}{\partial p_i} \Big(f \ln f + (1-f) \ln(1-f) \Big) = 0 ,$$

da er in ein verschwindendes Oberflächenintegral umgewandelt werden kann. Man erhält also

$$\frac{\partial \mathcal{H}}{\partial t} + \mathrm{div} \boldsymbol{j}_{\mathcal{H}} = \frac{\partial \mathcal{H}}{\partial t}\Big|_{\text{Stoß}} \leq 0 . \tag{20.24}$$

Entsprechend bekommt man für die Entropiedichte

$$\frac{\partial s}{\partial t} + \mathrm{div} \boldsymbol{j}_s = \frac{\partial s}{\partial t}\Big|_{\text{Stoß}} \geq 0 , \tag{20.25}$$

mit der Entropiestromdichte

$$j_{i,s} = -k \sum_{\boldsymbol{p}} \frac{p_i}{m} \Big(f \ln f + (1-f) \ln(1-f) \Big) . \tag{20.26}$$

Zuletzt wollen wir noch zeigen, dass die Lösungen der Boltzmann-Gleichung (20.1) für ein wechselwirkendes Fermi-System tatsächlich gegen die Fermi-Verteilung relaxieren. Zu diesem Zweck wollen wir die fünf Erhaltungsgesetze mathematisch formulieren. Wir definieren die Funktionen $F_i(\boldsymbol{p})$ mit $i = 1, \ldots, 5$ als

$$\boldsymbol{F_1 = 1, \quad F_i = p_i \quad i = 2, 3, 4, \quad F_5 = e_p} \tag{20.27}$$

Erhaltungsgrößen

Die Erwartungswerte $\langle F_i \rangle = \sum_{\boldsymbol{p}'} F(\boldsymbol{p}') f(\boldsymbol{p}')$ werden durch die Stöße nicht verändert, wie direkt zu sehen ist. Im Gleichgewicht müssen sich andererseits die Streuraten aus einem und in einen betrachteten Zustand kompensieren, das heißt der folgende Ausdruck von (20.1) muss verschwinden:

$$\left(f^0 f_1^0 (1-f^{0'})(1-f_1^{0'}) - (1-f^0)(1-f_1^0) f^{0'} f_1^{0'}\right) = 0 . \quad (20.28)$$

Aus dieser Beziehung des detaillierten Gleichgewichts folgt durch Logarithmieren von (20.28)

$$\ln \frac{f^0}{(1-f^0)} + \ln \frac{f_1^0}{(1-f_1^0)} = \ln \frac{f^{0'}}{(1-f^{0'})} + \ln \frac{f_1^{0'}}{(1-f_1^{0'})} . \quad (20.29)$$

Das heißt auch der Ausdruck $\ln(f^0/(1-f^0))$ ist eine erhaltene Größe. Da wir aber nur fünf fundamentale Erhaltungsgrößen haben, muss dieser Ausdruck sich darstellen lassen als eine Linearkombination von $1, \boldsymbol{p}$ und e_p:

$$\ln \frac{f^0}{(1-f^0)} = A + \boldsymbol{B} \cdot \boldsymbol{p} + C e_p , \quad (20.30)$$

mit

$$A = \beta \mu, \quad \boldsymbol{B} = \beta \boldsymbol{u}, \quad C = -\beta , \quad (20.31)$$

wobei $\beta = 1/(kT)$, μ das chemische Potenzial und $\boldsymbol{u}$ die Driftgeschwindigkeit ist. Alle diese Größen (20.31) können noch - langsam variierende - Funktionen von $\boldsymbol{r}$ and t sein. Eine solche Situation nennt man lokales Gleichgewicht. Gleichung (20.30) hat die Lösung

$$f^0(\boldsymbol{p}) = \frac{1}{e^{\beta(r,t)\left(e_p - \boldsymbol{p}\cdot \boldsymbol{u}(r,t) - \mu(r,t)\right)} + 1} \quad (20.32)$$

Lokale Gleichgewichtsverteilung für Fermionen

Das ist gerade die Fermi-Verteilungsfunktion in einem bewegten System. Eine ähnliche Ableitung für die Boltzmann-Gleichung mit Elektron-Phonon-Streuung liefert im Gleichgewicht eine Phononverteilungsfunktion in der Form

$$g^0(p) = \frac{1}{e^{\beta(r,t)\left(\hbar\omega_p - p\cdot u(r,t)\right)} - 1} \qquad (20.33)$$

Lokale Gleichgewichtsverteilung für Phononen

da das chemische Potenzial von Bosonen, deren Teilchenzahl nicht erhalten ist, verschwindet.

20.3 Aufgaben

20.1. Boltzmann-Gleichung für Elektron-Phononstreuung

Leiten Sie die Streurate für Elektronen ab, die unter Absorption und Emission von Phononen gestreut werden. Gehen sie dabei aus von der Wechselwirkung

$$H_w = \sum_{q,l} W_q \left(a^\dagger_{l+q} a_l b_q + h.k. \right), \qquad (20.34)$$

wobei h.k. den hermitesch-konjugierten Term des vorangehenden Ausdrucks bedeutet. W_q ist das Matrixelement der Elektron-Phonon-Streuung. Für akustische Phononen ist es durch das Deformationspotenzial bestimmt, für optische Phononen ist es durch die Coulomb-artige Fröhlich-Kopplung gegeben.

a) Berechnen Sie die zeitliche Änderung der reduzierten Einteilchendichtematrix $f_k(t) = <a^\dagger_k a_k>$ unter Verwendung der Heisenberg-Gleichungen für die Operatoren a und $a^\dagger$. Es entstehen auf der rechten Seite Erwartungswerte von einem Produkt von drei Operatoren.

b) Berechnen Sie die Bewegungsgleichungen dieser höheren Dichtematrizen und vereinfachen Sie das Ergebnis durch Faktorisierung in Einteilchendichtematrizen. Setzen Sie die formal integrierten Gleichungen in die Bewegungsgleichung von $f_k(t)$ ein.

c) Diskutieren Sie die entstandene quantenkinetische Gleichung, insbesondere ihren zeitlich nicht-lokalen Charakter.

d) Untersuchen Sie die quantenkinetische Gleichung im Grenzfall großer Zeiten und zeigen Sie, wie sie näherungsweise in die halbklassische Boltzmann-Gleichung übergeht. Führen Sie dazu noch phänomenologisch einen Dämpfungsterm der Form $e^{-\Gamma(t-t')}$ in den Integralterm ein. Diskutieren Sie, unter welchen Bedingungen die Verteilungsfunktionen aus dem Integral gezogen werden können. Zeigen Sie, dass sich das Integral über den verbleibenden Integralkern in bestimmten Grenzfällen auf eine energieerhaltende Deltafunktion reduziert.

21 Linearisierte Boltzmann-Gleichung

21.1 Kleine Abweichungen von der Gleichgewichtsverteilung

In der Nähe des thermischen Gleichgewichts kann man die nichtlineare Boltzmann-Gleichung (20.1) linearisieren in Bezug auf die Abweichung $\delta f := f - f^0$ von der thermischen Gleichgewichtslösung (20.32). Zur Vereinfachung wollen wir hier nur ein räumlich homogenes Elektronengas ohne Driftterme betrachten. Es zeigt sich, dass es vorteilhaft ist, eine normierte Abweichung $\phi(\boldsymbol{p},t)$ einzuführen

$$f(\boldsymbol{p},t) = \frac{1}{e^{\beta(\epsilon_p - \mu) - \phi(\boldsymbol{p},t)} + 1} \ . \tag{21.1}$$

Entwickelt man diese Verteilungsfunktion nach $\phi(\boldsymbol{p},t)$, so erhält man mit $f = f^0 + \delta f$

$$\delta f(\boldsymbol{p},t) = f^0(\boldsymbol{p})[1 - f^0(\boldsymbol{p})]\phi(\boldsymbol{p},t) \ . \tag{21.2}$$

Die linearisierte Boltzmann-Gleichung für die normierte Abweichung ϕ liefert die folgende Streurate aus dem Zustand $\boldsymbol{p}$

$$\frac{\partial \phi(\boldsymbol{p},t)}{\partial t} = -\frac{2}{f^0(\boldsymbol{p})(1 - f^0(\boldsymbol{p}))} \sum_{\boldsymbol{p}_1,\boldsymbol{p}',\boldsymbol{p}'_1} w(\boldsymbol{p},\boldsymbol{p}_1;\boldsymbol{p}',\boldsymbol{p}'_1)$$
$$\times \Big(\phi(\boldsymbol{p},t)\Big(f^0(1-f^0)f_1^0(1-f^{0'})(1-f_1^{0'})$$
$$+ f^0(1-f^0)(1-f_1^0)f^{0'}f_1^{0'}\Big) + \cdots \Big) \ . \tag{21.3}$$

Die Punkte stehen für entsprechende Terme jeweils proportional zu $\phi(\boldsymbol{p}_1,t)$, $\phi(\boldsymbol{p}',t)$ und $\phi(\boldsymbol{p}'_1,t)$. Da der Spin der Elektronen nicht explizit behandelt wird, sollen die Impulssummationen die Spinsummation nicht mehr enthalten. Da keine Spinflips im Stoß auftreten, enthält die Übergangswahrscheinlichkeit pro Zeiteinheit in Bezug auf den Spin der Teilchen zwei Deltafunktionen, so dass von den drei Spinsummen nur ein Faktor 2 übrigbleibt, wie (21.3) zeigt. Mit der Beziehung des detaillierten Gleichgewichts (20.28)

$$f^0 f_1^0 (1 - f^{0'})(1 - f_1^{0'}) = (1 - f^0)(1 - f_1^0) f^{0'} f_1^{0'} \qquad (21.4)$$

vereinfacht sich die linearisierte Boltzmann-Gleichung (21.3) zu

$$\frac{\partial \phi(p,t)}{\partial t} = -\mathcal{L}\, \phi(p,t) \qquad (21.5)$$

$$= -\frac{4}{f^0(p)(1 - f^0(p))} \sum_{p_1, p', p_1'} \mathcal{W}(p, p_1; p', p_1')$$

$$\times \Big(\phi(p,t) + \phi(p_1,t) - \phi(p',t) - \phi(p_1',t)\Big)$$

Linearisierte Boltzmann-Gleichung

mit

$$\mathcal{W}(p, p_1; p', p_1') = w(p, p_1; p', p_1') f^0 f_1^0 (1 - f^{0'})(1 - f_1^{0'}) \qquad (21.6)$$

Matrix der Übergangswahrscheinlichkeit

Die Matrix $\mathcal{W}$ der Übergangswahrscheinlichkeit der linearisierten Boltzmann-Gleichung hat folgende Symmetrieeigenschaften

$$\mathcal{W}(p, p_1; p', p_1') = \mathcal{W}(p_1, p; p', p_1') = \mathcal{W}(p', p_1'; p, p_1)$$
$$= \mathcal{W}(p, p_1; p_1', p') = \mathcal{W}(p', p_1'; p_1, p) = \mathcal{W}(p_1', p'; p, p_1)$$
$$= \mathcal{W}(p_1', p'; p_1, p) = \mathcal{W}(p_1, p; p_1', p') \ . \qquad (21.7)$$

Die linearisierte Boltzmann-Gleichung erhält also die Gesamtteilchenanzahl, den Gesamtimpuls und die Gesamtenergie. Wählt man ein $\phi(\boldsymbol{p},t)$, das proportional zu entweder $1, \boldsymbol{p}$ oder e_p ist, so verschwindet die rechte Seite von (21.5). Diese speziellen Funktionen sind daher Eigenfunktionen des Stoßoperators $\mathcal{L}$ mit dem Eigenwert null.

21.2 Eigenschaften des Stoßoperators

Der Stoßoperator ist ein Integraloperator

$$\mathcal{L}\phi(\boldsymbol{p}) = \sum_{\boldsymbol{p}'} \mathcal{L}(\boldsymbol{p},\boldsymbol{p}')\phi(\boldsymbol{p}') \ . \tag{21.8}$$

Die allgemeinen Eigenfunktionen $\phi_\lambda(\boldsymbol{p})$ sind Lösungen der stationären Gleichung

$$\mathcal{L}\phi_\lambda(\boldsymbol{p}) = \lambda \phi_\lambda(\boldsymbol{p}) \tag{21.9}$$

Eigenwertgleichung

Mit den reellen quadratintegrierbaren Funktionen ϕ kann man einen Hilbert-Raum aufspannen

$$\langle \phi | \phi \rangle = \sum_{\boldsymbol{p}} f^0(\boldsymbol{p})\big(1 - f^0(\boldsymbol{p})\big)\phi(\boldsymbol{p})\phi(\boldsymbol{p}) \ , \tag{21.10}$$

und

$$\langle \sigma | \phi \rangle = \sum_{\boldsymbol{p}} f^0(\boldsymbol{p})\big(1 - f^0(\boldsymbol{p})\big)\sigma(\boldsymbol{p})\phi(\boldsymbol{p}) \ . \tag{21.11}$$

Anders als im Skalarprodukt der Quantenmechanik wird hier noch eine Gewichtsfunktion $f^0(\boldsymbol{p})(1-f^0(\boldsymbol{p}))$ eingeführt. Der vollständige Satz der Eigenfunktionen von $\mathcal{L}$ liefert dann die Einheitsvektoren, die den Hilbert-Raum aufspannen. In diesem Hilbert-Raum, der durch das Skalarprodukt (21.11) definiert ist, ist der linearisierte Stoßoperator $\mathcal{L}$ ein hermitescher, das heißt selbstadjungierter, reeller und positiv semidefiniter Operator. Man sieht das wie folgt

$$\langle \sigma | \mathcal{L}\phi \rangle = 4 \sum_{\boldsymbol{p},\boldsymbol{p}_1,\boldsymbol{p}',\boldsymbol{p}_1'} \sigma(\boldsymbol{p})\mathcal{W}(\boldsymbol{p},\boldsymbol{p}_1;\boldsymbol{p}',\boldsymbol{p}_1')$$
$$\times \Big(\phi(\boldsymbol{p},t) + \phi(\boldsymbol{p}_1,t) - \phi(\boldsymbol{p}',t) - \phi(\boldsymbol{p}_1',t)\Big) \ . \tag{21.12}$$

21 Linearisierte Boltzmann-Gleichung

Man erkennt nun, dass die Gewichtsfunktion im Skalarprodukt gerade die Gleichgewichtsverteilungsfaktoren im Nenner des Stoßoperators (21.5) kompensiert. Teilt man nun die Funktion $\sigma = \frac{1}{4}4\sigma$ in vier gleiche Teile auf, kann man unter Ausnutzung der in Gleichung (21.7) angegebenen Symmetrien von $\mathcal{W}$ die Impulsvariablen umbenennen. Zunächst kann man etwa jeweils die Variablen der beiden Anfangs-und Endzustände austauschen $\boldsymbol{p} \leftrightarrow \boldsymbol{p}_1$ und $\boldsymbol{p}' \leftrightarrow \boldsymbol{p}'_1$, dann erhält man

$$4 \sum_{\boldsymbol{p},\boldsymbol{p}_1,\boldsymbol{p}',\boldsymbol{p}'_1} \frac{1}{4}\Big(\sigma(\boldsymbol{p}) + \sigma(\boldsymbol{p}_1) - \sigma(\boldsymbol{p}') - \sigma(\boldsymbol{p}'_1)\Big)\mathcal{W}(\boldsymbol{p},\boldsymbol{p}_1;\boldsymbol{p}',\boldsymbol{p}'_1)$$
$$\times \Big(\phi(\boldsymbol{p},t) + \phi(\boldsymbol{p}_1,t) - \phi(\boldsymbol{p}',t) - \phi(\boldsymbol{p}'_1,t)\Big) . \qquad (21.13)$$

Durch weitere Umbenennungen lassen sich die vier Funktionen ϕ zusammenfassen zu

$$4 \sum_{\boldsymbol{p},\boldsymbol{p}_1,\boldsymbol{p}',\boldsymbol{p}'_1} \Big(\sigma(\boldsymbol{p}) + \sigma(\boldsymbol{p}_1) - \sigma(\boldsymbol{p}') - \sigma(\boldsymbol{p}'_1)\Big) \qquad (21.14)$$
$$\times \mathcal{W}(\boldsymbol{p},\boldsymbol{p}_1;\boldsymbol{p}',\boldsymbol{p}'_1)\phi(\boldsymbol{p},t) = \langle \mathcal{L}\sigma | \phi \rangle . \qquad (21.15)$$

Man sieht, dass der Stoßoperator in der Tat selbstadjungiert ist

$$\langle \sigma | \mathcal{L}\phi \rangle = \langle \mathcal{L}\sigma | \phi \rangle . \qquad (21.16)$$

Setzt man $\sigma = \phi$, so folgt aus (21.13)

$$\langle \phi | \mathcal{L}\phi \rangle \geq 0 . \qquad (21.17)$$

Das Gleichheitszeichen gilt, falls ϕ eine der fünf Erhaltungsgrößen des Stoßoperators ist.

Mit diesen Definitionen kann die Lösung der zeitabhängigen linearisierten Boltzmann-Gleichung mit einer gegebenen Anfangsbedingung $\phi(t=0) = \phi_0$ dadurch gefunden werden, dass man ϕ_0 nach dem vollständigen Satz der Eigenfunktionen ϕ_λ von $\mathcal{L}$ entwickelt. Die Lösung nimmt dann folgende Form an:

$$\phi(p,t) = \sum_\lambda A_\lambda e^{-\lambda t} \phi_\lambda(p) \qquad (21.18)$$

Entwicklung nach Eigenfunktionen

Die Eigenwerte λ sind die wahren Relaxationsfrequenzen für die Abweichungen der Form von ϕ_λ. Die Lösung (21.18) zeigt auch, dass im Allgemeinen die Boltzmannsche Relaxationskinetik nicht mit nur einer Relaxationszeit beschrieben werden kann. Daher ist die oft benutzte lineare Approximation der Streurate, die sogenannte Relaxationszeit-Näherung

$$\left.\frac{\partial f(\boldsymbol{p})}{\partial t}\right|_{\text{Stoß}} \simeq -\frac{\delta f(\boldsymbol{p})}{\tau}, \qquad (21.19)$$

nur eine grobe Beschreibung der Relaxationskinetik zum Gleichgewicht hin. Die effektive Relaxationszeit τ in dem resultierenden exponentiellen Zerfall der Abweichung von einer thermischen Gleichgewichtsverteilung hat im Allgemeinen keine strenge Bedeutung, da sie oft vom Anfangszustand abhängt. Die Relaxationszeit-Näherung könnte nur dann eine gute Näherung sein, wenn der kleinste endliche Eigenwert $\lambda_{\min}$ deutlich kleiner wäre als die nächsthöheren Eigenwerte. In einer solchen Situation wäre $\tau \simeq 1/\lambda_{\min}$. Man kann zeigen, dass die Relaxationszeitnäherung die experimentell beobachteten Transporteigenschaften, wie zum Beispiel die Viskositäten und die thermische Leitfähigkeit von einfachen mono- und diatomaren Gasen, nicht gut wiedergibt [siehe Smith and Jensen (1989)].

Da der linearisierte Stoßoperator mit dem Operator des Drehimpulses im Impulsraum vertauscht, kann man die Abweichungen $\phi(\boldsymbol{p})$ faktorisieren in einen Radial- und einen Winkelanteil. Leider lassen sich die Eigenfunktionen im Allgemeinen nur numerisch berechnen. Nur für ein nichtentartetes System von sogenannten Maxwell-Molekülen mit einem abstoßenden Wechselwirkungspotenzial $\propto r^{-4}$ sind analytische Eigenfunktionen bekannt. Für ein entartetes Fermi-System, in dem alle Impulse auf die Umgebung des Fermi-Impulses p_F beschränkt sind, liefert die Eigenfunktionsentwicklung eine rasch konvergierende Reihe für verschiedene Transportkoeffizienten.

Wir werden im nächsten Kapitel die Verwendung der Eigenfunktionsentwicklung für die numerische Berechnung der Relaxationskinetik für Coulomb-Streuung in einem quasi-zweidimensionalen (2d) Elektronengas illustrieren. Die Relaxationskinetik eines 2d-Elektronengases kann heute auch experimentell in einer mit einem Femtosekundenlaserpuls angeregten Halbleiterquantentrog-Mikrostruktur untersucht werden. Dieses Beispiel behandelt zugleich Aspekte des wichtigen Relaxationsprozesses heißer Elektronen in Halbleiterbauelementen, da in einem dichten Elektronengas die Coulomb-Streuung der schnellste Relaxationsmechanismus ist.

21.3 Aufgaben

21.1. Linearisierte Boltzmann-Gleichung für ein klassisches Gas

Wiederholen Sie die Ableitung der linearisierten Boltzmann-Gleichung, die Einführung eines Hilbert-Raums und den Beweis der Eigenschaften des Stoßoperators ausführlich unter der Vereinfachung, dass ein nichtentartetes klassisches Gas vorliegt.

21.2. Relaxationszeit für ein klassisches Gas harter Kugeln

Berechnen Sie die impulsunabhängige Relaxationszeit

$$\sum_{\boldsymbol{p}} \frac{f_p^0}{\tau} = \sum_{\boldsymbol{p},\boldsymbol{p}_1,\boldsymbol{p}',\boldsymbol{p}_1'} f_p^0 f_{p_1}^0 W_0^2 \frac{2\pi}{\hbar} \delta(\boldsymbol{p}+\boldsymbol{p}_1-\boldsymbol{p}'-\boldsymbol{p}_1')\delta\left(e_p+e_{p_1}-e_{p'}-e_{p_1'}\right)$$
(21.20)

für ein klassisches Gas harter Kugeln. Vereinfachen Sie die Auswertung der Integrale durch Einführung des Impulsübertrags $\boldsymbol{q} = \boldsymbol{p}' - \boldsymbol{p}$.

21.3. Auswertung der Relaxationszeit für harte Kugeln

Werten Sie den in Aufgabe 21.2 gefundenen Ausdruck für die Relaxationszeit aus. Statt Summen beziehungsweise Integrale über Wellenzahlen zu verwenden, ist es für diesen klassischen Ausdruck einfacher, direkt Summen über Geschwindigkeiten zu verwenden. Natürlich müssen dann auch die Gleichgewichtsverteilungsfunktionen entsprechend normiert sein, das heißt, $\int d^3v f^0(v) = N$, also

$$f^0(v) = n \left(\frac{m}{2\pi kT}\right)^{3/2} e^{-\frac{m}{2kT}v^2} . \qquad (21.21)$$

Die Relaxationszeit ist dann

$$\frac{n}{\tau} = \int d^3v \, d^3v_1 \, |\boldsymbol{v} - \boldsymbol{v}_1| \, \pi d^2 \, f^0(v) f^0(v_1) , \qquad (21.22)$$

wobei $d = 2a_0$ der Kugeldurchmesser ist. $\pi d^2 |\boldsymbol{v}_1 - \boldsymbol{v}_2|$ ist die Wahrscheinlichkeit, dass im Zeitintervall dt die zwei Teilchen zusammenstoßen.

a) Geben Sie zuerst ohne jede Rechnung allein mit Dimensionsüberlegungen an, wie die Relaxationszeit (21.22) von der Temperatur abhängen muss.

b) Berechnen Sie die Integrationen unter Verwendung von Schwerpunkts- und Relativgeschwindigkeit $(\boldsymbol{v}_s, \boldsymbol{u})$. Die Integrale sind durch die Gammafunktion gegeben

$$\int_0^\infty dx \, x^n \, e^{-ax^2} = \frac{\Gamma\big((n+1)/2\big)}{2a^{(n+1)/2}}. \qquad (21.23)$$

22 Entwicklung nach Eigenfunktionen des Stoßoperators

Die Boltzmann-Gleichung muss im Allgemeinen numerisch gelöst werden. Dabei kann man sie etwa für das Beispiel von angeregten Elektronen in einem Halbleiter direkt numerisch integrieren. Obwohl solche Methoden verlässliche Ergebnisse liefern, erlauben sie nur relativ wenig Einsicht in die relevanten Mechanismen und Gesetzmäßigkeiten.

Wir wollen daher wie im letzten Kapitel nur kleine Abweichungen vom thermischen Gleichgewicht untersuchen und annehmen, dass man eine linearisierte Boltzmann-Gleichung verwenden darf. Wir werden zuerst die Methode der Entwicklung nach Eigenfunktionen an der Relaxationskinetik eines dichten zweidimensionalen Elektronengases mit Coulomb-Streuung illustrieren.

22.1 Boltzmann-Kinetik eines 2d-Elektronengases

Die Boltzmannsche Relaxationskinetik eines Elektronengases in einem Halbleiter kann experimentell durch zeitaufgelöste Spektroskopie mit einem Pump- und Teststrahl beobachtet werden.

Wir wollen deshalb die Entwicklung nach Eigenfunktionen des Stoßoperators am Beispiel eines Elektronengases in einer Quantentrogstruktur besprechen und verwenden dazu Ergebnisse der Arbeit von El Sayed et al, Z. Physik B 86, 345 (1992). Wir nehmen an, dass die Schicht so eng ist, dass wir die Bewegung der Elektronen im niedersten Subband als zweidimensional betrachten dürfen. Die Bewegung der Elektronen senkrecht zur Schicht ist durch die Quantisierung unterdrückt. Der zweidimensionale Elektronenimpuls ist $\boldsymbol{p} = \hbar \boldsymbol{k}$, wobei $\boldsymbol{k}$ der Wellenvektor ist. Die effektive Elektronenmasse sei m. Da die Feldlinien der Coulomb-Wechselwirkungen auch durch das Barrierematerial laufen, das sehr ähnliche dielektrische Eigenschaften hat wie das Trogmaterial, bleibt das Coulomb-Potenzial in diesen mesoskopischen Mikrostrukturen räumlich in seiner drei-dimensionalen $1/r$-Form erhalten. Seine $2d$-Fourier-Transformierte ist dann mit dem $2d$-Volumen $V^{(2)} = L^2$

$$V_q = \int \frac{d^2r}{L^2} \frac{e^2}{\epsilon_0 r} e^{i\boldsymbol{q}\cdot\boldsymbol{r}} = \frac{e^2}{\epsilon_0 L^2} \int_0^\infty \frac{rdr}{r} \int_0^{2\pi} d\phi e^{iqr\cos\phi}$$
$$= \frac{2\pi e^2}{\epsilon_0 L^2 q} \int_0^\infty d(qr) J_0(qr) \ , \qquad (22.1)$$

wobei $J_0(x)$ die Bessel-Funktion nullter Ordnung ist. Da das Integral $\int_0^\infty dx J_0(x) = 1$, erhält man schließlich

$$V_q = \frac{2\pi e^2}{L^2 \epsilon_0 q} \ . \qquad (22.2)$$

ϵ_0 ist die dielektrische Konstante des nichtangeregten Halbleiters. In Coulomb-Systemen muss das nackte Coulomb-Potenzial im Stoßintegral ersetzt werden durch das abgeschirmte Potenzial. In der statischen, langwelligen Näherung ist das abgeschirmte $2d$-Coulomb-Potenzial gegeben durch $V_{s,q} = V_q/\epsilon(q \to 0, 0)$. Aus der in Kapitel 18 abgeleiteten Lindhard-Formel (hier ist V_q von (22.2) ohne Abschirmung zu nehmen, also mit $\epsilon_0 = 1$)

$$\epsilon(\boldsymbol{q},\omega) = 1 - V_q 2 \sum_{\boldsymbol{k}} \frac{f_k - f_{|\boldsymbol{k}+\boldsymbol{q}|}}{\hbar\omega + e_k - e_{|\boldsymbol{k}+\boldsymbol{q}|} + 2\gamma i} \qquad (22.3)$$

finden wir den statischen, langwelligen Grenzfall

$$\epsilon(q \to 0, 0) = 1 - V_q \, 2 \sum_{\boldsymbol{k}} \frac{\sum_i \frac{\partial f_k}{\partial k_i} q_i}{\sum_i \frac{\hbar^2 k_i q_i}{m}} \ . \qquad (22.4)$$

Für isotrope Verteilungen ist $\frac{\partial f_k}{\partial k_i} = \frac{\partial f_k}{\partial k} \frac{k_i}{k}$. Mit der zweidimensionalen k-Summe $\frac{1}{V^{(2)}} \sum_{\boldsymbol{k}} = \int \frac{d^2k}{(2\pi)^2}$ erhalten wir

$$\epsilon(q \to 0, 0) = 1 - \frac{V_q 2 L^2 m}{\hbar^2} \int \frac{d^2k}{(2\pi)^2} \frac{\partial f_k}{\partial k} \frac{1}{k} \ . \qquad (22.5)$$

In 2d-Polarkoordinaten erhalten wir schließlich

22.1 Boltzmann-Kinetik eines 2d-Elektronengases

$$\epsilon(q \to 0, 0) = 1 - \frac{V_q 2L^2 m}{\hbar^2} \int_0^\infty \frac{k dk}{(2\pi)^2} \frac{\partial f_k}{\partial k} \frac{1}{k} \int_0^{2\pi} d\phi$$

$$= 1 - \frac{V_q 2L^2 m}{\hbar^2 2\pi} \int_0^\infty dk \frac{\partial f_k}{\partial k}$$

$$= 1 + \frac{V_q 2L^2 m}{\hbar^2 2\pi} f_{k=0}$$

$$= 1 + \frac{\frac{e^2 2m}{\hbar^2} f_{k=0}}{q} = 1 + \frac{\kappa}{q} , \qquad (22.6)$$

wobei die Abschirmwellenzahl in 2d gegeben ist durch

$$\kappa = \frac{2m}{\hbar^2} e^2 f_{k=0} . \qquad (22.7)$$

Mit (22.2) wird das abgeschirmte 2d-Coulomb-Potenzial

$$V_{s,q} = \frac{2\pi e^2}{\epsilon_0 L^2 (q + \kappa)} . \qquad (22.8)$$

Da sich die Besetzung des tiefsten Impulszustandes während des Relaxationsprozesses zeitlich ändert, ist die Abschirmwellenzahl noch eine parametrische Funktion der Zeit. In der linearisierten Boltzmann-Gleichung trägt jedoch diese Zeitabhängigkeit nicht bei, da man dort die Näherung $f_0(t) \to f_0^0$ verwenden muss.

Im Folgenden werden wir nur isotrope Verteilungen $f_k(t)$ behandeln, für die nur die Eigenfunktionen mit dem Drehimpuls $l = 0$ benötigt werden. Wegen dieser Einschränkung sind nur die Teilchenzahl und die Energie relevante Stoßinvarianten mit den Eigenwerten $\lambda = 0$. Für isotropische Abweichungen kann man eine Winkelintegration durchführen. Der Stoßoperator wird dann eine Matrix mit kontinuierlichem Wellenzahlindex k

$$\mathcal{L}\phi_k = \sum_{k'} \mathcal{L}_{k,k'} \phi_{k'} , \qquad (22.9)$$

wobei der Integralkern gegeben ist durch

$$\mathcal{L}_{k,k'} \qquad (22.10)$$
$$= \frac{me^4}{\pi \hbar^3 \epsilon_0^2} \int d^2 p \int d^2 q \frac{\delta((\boldsymbol{p} - \boldsymbol{k}) \cdot \boldsymbol{q} - q^2)}{(q + \kappa)^2} \frac{f_k^0 f_p^0 (1 - f_{|\boldsymbol{k}+\boldsymbol{q}|}^0)(1 - f_{|\boldsymbol{p}-\boldsymbol{q}|}^0)}{f_k^0 (1 - f_k^0)}$$
$$\times \left(\delta(k' - k) + \delta(k' - p) - \delta(k' - |\boldsymbol{k} + \boldsymbol{q}|) - \delta(k' - |\boldsymbol{p} - \boldsymbol{q}|) \right) .$$

Hier haben wir der Einfachheit halber den Austauschterm des Streupotenzials weggelassen. Das Streupotenzial ist hier also das abgeschirmte 2d-Coulomb-Potenzial (22.8). Die Zustände vor dem Stoß heißen $\boldsymbol{k}$ und $\boldsymbol{p}$, die Zustände nach dem Stoß $\boldsymbol{k} + \boldsymbol{q}$ und $\boldsymbol{p} - \boldsymbol{q}$, der übertragene Impuls ist also $\boldsymbol{q}$. Die erste Deltafunktion beschreibt die Energieerhaltung, die vier Impuls-Deltafunktionen erzeugen gerade die richtige Linearkombination der vier ϕ-Funktionen.

Um die Eigenfunktionen numerisch berechnen zu können, muss das Integral durch eine Summe auf einem gleichförmigen Gitter $k_i = i\Delta k$ mit $i = 0, 1, \ldots, N$ approximiert werden. Dabei führt man eine Abschneidewellenzahl $k_N > k_F$ ein, die auf jeden Fall größer als die Fermi-Wellenzahl $\hbar^2 k_F^2/(2m) = \mu$ sein muss. Die Diagonalelemente des Stoßoperators werden die Stoßfrequenzen $\nu_k = \mathcal{L}_{k,k}$ genannt. Eine weitere Vereinfachung der Rechnung erhält man durch Transformation zu einer symmetrischen Matrix

$$\tilde{\mathcal{L}} = g^{-1}\mathcal{L}g \ , \quad \tilde{\phi} = g^{-1}\phi \text{ mit } \tilde{\mathcal{L}}\tilde{\phi}_\lambda = \lambda \tilde{\phi}_\lambda \ , \tag{22.11}$$

dabei ist g die Diagonalmatrix mit den Elementen

$$g_{k,k'} = \delta_{k,k'} \frac{1}{\sqrt{k f_k^0(1 - f_k^0)}} \ . \tag{22.12}$$

Diese Transformation macht aus dem asymmetrischen Nenner im Stoßoperator (22.10) einen symmetrischen Nenner proportional zu $\sqrt{f_k^0(1 - f_k^0)f_{k'}^0(1 - f_{k'}^0)}$. Außerdem macht sie den durch die k'-Summation ($\sum_{k'} \to \int k' dk'$) auftretenden Wellenzahlfaktor symmetrisch. Als ersten Schritt berechnet man die Matrixelemente $\mathcal{L}_{k,k'}$ für $k, k' \leq k_N$. Danach berechnet man die Eigenfunktionen und Eigenwerte λ der symmetrischen Matrix $\tilde{\mathcal{L}}$. Die Eigenfunktionen werden schließlich wieder zurücktransformiert durch die Multiplikation mit der Matrix g, um so die gewünschten Eigenfunktionen ϕ_λ zu erhalten. Als Schrittweite bei allen folgenden Rechnungen wurde $\Delta k = k_F/50$ gewählt. Eine weitere Reduktion der Schrittweite ändert die Ergebnisse nicht mehr wesentlich. Wir werden jedoch eine nichttriviale Abhängigkeit der Ergebnisse von der Abschneidewellenzahl k_N erhalten und weiter diskutieren.

Schreibt man die Boltzmann-Gleichung in der Form

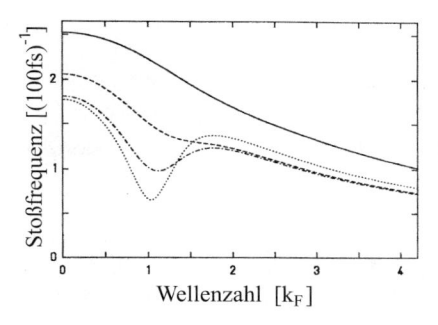

22.1 Boltzmann-Kinetik eines 2d-Elektronengases

Abb. 22.1. Stoßfrequenz ν_k gegen k/k_F für verschiedene 2d-Plasmadichten in Einheiten von 10^{12}cm^{-2}: Durchgezogene Linie $n = 0,64$; gestrichelte Linie $n = 1,28$; strich-punktierte Linie $n = 2,56$; punktierte Linie $n = 5,12$

$$\frac{\partial f_k}{\partial t} = -\Gamma_k^{out} f_k + \Gamma_k^{in}(1 - f_k) \ , \qquad (22.13)$$

so bezeichnet man die Summe der Streuraten als Streufrequenz

$$\nu_k = \Gamma_k^{in} + \Gamma_k^{out} \ . \qquad (22.14)$$

Diese Stoßfrequenz ν_k wird manchmal benutzt, um eine Abschätzung der Relaxationszeit der inelastischen Streuung der freien Ladungsträger aneinander zu erhalten. Wir werden zunächst zeigen, dass dies im Allgemeinen nicht möglich ist. Abbildung 22.1 zeigt die Stoßfrequenz ν_k für vier Ladungsträgerdichten für die Materialparameter des Leitungsbandes von GaAs. Die effektive Masse dieser Leitungsbandelektronen ist $m = 0,0665 m_0$, wobei m_0 die Masse eines freien Elektrons ist. Die dielektrische Konstante ist $\epsilon_0 = 13,71$. Die Stoßfrequenz nimmt überraschend mit wachsender Dichte ab. Dieser Effekt wird durch die Pauli-Blockade der Endzustände im Streuprozess und die verstärkte Abschirmung des Coulomb-Potenzials bedingt. Mit zunehmender Entartung entsteht ein ausgeprägtes Minimum in der Umgebung der Fermi-Energie. Dieses Loch kann man verstehen, wenn man sich erinnert, dass die Streufrequenz ν_k die Summe der Gleichgewichtsstreuraten in und aus dem Zustand mit der Energie e_k ist. Da für Gleichgewichtslösungen die rechte Seite von (22.13) verschwindet, genügen diese Raten der detaillierten Gleichgewichtsbeziehung

$$\Gamma_k^{out} = \frac{1 - f_k^0}{f_k^0} \Gamma_k^{in} \ . \qquad (22.15)$$

Bei tiefen Temperaturen sind diese Raten um k_F herum sehr klein. Wenn wir zum Beispiel einen Zustand k knapp über k_F betrachten, so ist seine Streurate aus k heraus klein, da die Zahl der freien Endzustände zwischen k und k_F klein ist. Für $k \to \infty$ geht die Stoßfrequenz nach null.

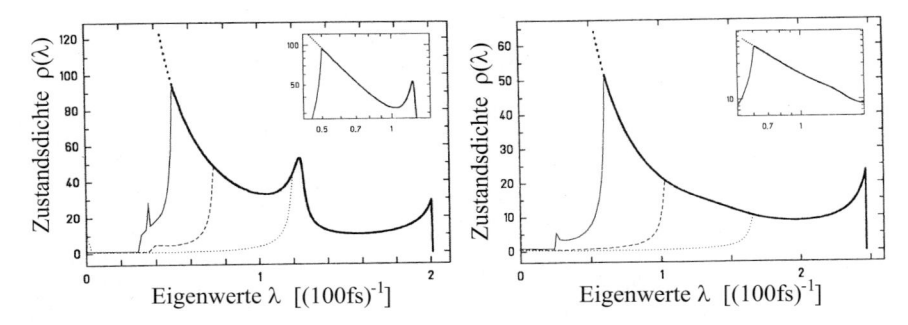

Abb. 22.2. Zustandsdichte der Eigenwerte $\rho(\lambda)$ für zwei Plasmadichten n: Oben: $n = 1,28 \cdot 10^{12} \text{cm}^{-2}$ und den Abschneidewellenzahlen: $k_N = 2k_F$ (punktierte Linie); $k_N = 4k_F$ (gestrichelte Linie); $k_N = 6k_F$ (durchgezogende Linie). Unten: $n = 0,64 \cdot 10^{12} \text{cm}^{-2}$ und den Abschneidewellenzahlen: $k_N = 2k_F$ (punktierte Linie); $k_n = 4k_F$ (gestrichelte Linie); $k_n = 7k_F$ (durchgezogene Linie)

Im Allgemeinen findet man ein dichtes Spektrum von Eigenwerten λ_n, $n = 1, 2, \cdots, N$, daher definieren wir eine spektrale Dichte der Eigenzustände

$$\rho(\lambda_n) = \frac{2\Delta k}{\lambda_{n+1} - \lambda_{n-1}} \ , \tag{22.16}$$

die unabhängig wird von der Schrittweite für kleine Δk.

Die Dichte der Eigenwerte $\rho(\lambda_n)$ ist für zwei Ladungsträgerdichten und jeweils für drei Werte der Abschneidewellenzahl in Abb. 22.2 dargestellt. Das Spektrum besteht aus zwei Eigenwerten, die numerisch sehr dicht bei Null liegen - sie gehören zu den zwei Erhaltungsgrößen - und einem kontinuierlichen Band. Der höchste Wert dieses kontinuierlichen Bandes ist durch die maximale Stoßfrequenz gegeben. Das Maximum in der Zustandsdichte $\rho(\lambda_n)$, das bei höheren Dichten auftritt, ist verknüpft mit dem Minimum in der Stoßfrequenz ν_k in der Nähe von k_F. Bei niederen Dichten ist daher kein Maximum vorhanden. Vergrößert man die Abschneidewellenzahl, werden zusätzliche Eigenwerte unterhalb einer von k_N abhängigen Frequenz hinzugefügt, wie Abb. 22.2 zeigt. Oberhalb dieser Frequenz bleibt $\rho(\lambda_n)$ unverändert. Diese invarianten Teile sind in Abb. 22.2 durch dicke Liniensegmente angegeben.

Es lässt sich jedoch numerisch nicht entscheiden, ob zwischen den zwei Eigenwerten Null der Stoßinvarianten und dem kontinuierlichen Teil des Spektrums eine Lücke besteht oder nicht. Der doppeltlogarithmisch gezeichnete Einsatz in Abb. 22.2 legt nahe, dass man die Dichte der Eigenwerte nach kleineren Werten λ durch ein Potenzgesetz $\rho(\lambda_n) \propto \lambda^{-1,8}$ für beide Ladungsträgerdichten extrapolieren kann (dick gepunktete Teile der Kurven). Wenn das stimmt, gibt es keine Lücke im kompletten Spektrum für $k_N \to \infty$. Für $3d$-nichtentartete Verteilungen konnte sowohl für harte Kugeln als auch für Potenziale, die sich durch Potenzgesetze darstellen lassen, gezeigt werden, dass sich das kontinuierliche Spektrum von $\mathcal{L}$ über den ganzen Bereich der Stoßfrequenzen ausdehnt. Es ist zu erwarten, dass das entartete $2d$-Elektronengas mit abgeschirmtem Coulomb-Potenzial dieselben Eigenschaften hat.

Da die prinzipiellen Eigenschaften der Eigenfunktionen ϕ_λ für alle Dichten gleich bleiben, diskutieren wir hier nur den Hochdichtefall. In Abb. 22.3 werden die ersten zwei numerisch berechneten Eigenfunktionen $\phi_{0,1}$ und $\phi_{0,2}$ verglichen mit den exakten orthonormierten Eigenfunktionen der Stoßinvarianten 1 und e_k:

$$\phi_{0,1} = \alpha_1 \text{ und } \phi_{0,2} = \alpha_2 k^2 - \alpha_3 , \qquad (22.17)$$

wobei die Konstanten durch die Orthonormierungsbedingungen festgelegt sind. Die Abweichungen auf der Hochenergieflanke werden durch die endliche Abschneidewellenzahl verursacht.

Zwei typische Eigenfunktionen $\tilde{\phi}_{\lambda,k}$ aus dem kontinuierlichen Spektrum der hermiteschen Matrix $\tilde{\mathcal{L}}_{k,k'}$ sind in Abb. 22.4 dargestellt, zusammen mit den dazugehörigen Abweichungen der Verteilungsfunktionen $\delta f_{\lambda,k}$ für die Eigenwerte $\lambda = 0,8 \cdot 10^{-13} \mathrm{s}^{-1}$ und $1,6 \cdot 10^{-13} \mathrm{s}^{-1}$.

Diese Eigenfunktionen nehmen in Amplitude und Frequenz mit k zu, bis sie ihr Maximum bei $k = k_\lambda$ erreichen. Hier ist die Stoßfrequenz gerade gleich der Eigenfrequenz λ. Für noch größere Werte k verschwinden die Eigenfunktionen rasch. Abb. 22.4

zeigt, dass sich die Eigenfunktionen über den ganzen Bereich k unterhalb k_λ erstrecken. Die zu kleinen Wellenzahlen gehörenden Abweichungen der Verteilungen $\delta f_{\lambda,k}$ werden durch die Normierungsfaktoren verstärkt, wie man aus dem oberen Teil der Abb. 22.4 ersehen kann. Wegen der Ausdehnung der Verteilungsfunktionen $\delta f_{\lambda,k}$ ist es nicht möglich, eine eindeutige k-abhängige Relaxationszeit zu definieren, denn im Allgemeinen wird man viele Eigenfunktionen brauchen, um eine gegebene enge Abweichung vom Gleichgewicht darzustellen.

Die Zustandsdichtekurven mit den größten Abschneidewellenzahlen zeigen ein Maximum bei niederen Relaxationsfrequenzen λ. Zu diesem Maximum gehört eine spezielle Eigenfunktion, die sich wie die Eigenfunktionen höherer Eigenwerte im k-Raum weit ausdehnt, aber bei $k = 0$ nicht verschwindet. Die Eigenfunktionen, die zu kleineren Eigenwerten gehören, verhalten sich anders und verschwinden rasch für Wellenzahlen $k \leq 3k_F$. Das heißt, für Abweichungen unterhalb der Fermi-Wellenzahl bestimmt der Eigenwert dieser ausgezeichneten Eigenfunktion das Relaxationsverhalten bei großen Zeiten.

Allerdings leiden alle diese Aussagen etwas an der numerischen Unvollständigkeit des Spektrums. Dabei gehört das Maximum der Abschneidewellenzahl $6k_F$ schon zu einer Energie, die 36mal größer ist als die Fermi-Energie. Das zeigt, dass eine genauere Beschreibung des Langzeitverhaltens eine detaillierte Bandstruktur mitnehmen müsste.

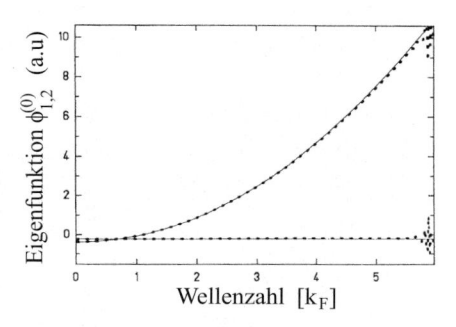

Abb. 22.3. Die zwei Eigenfunktionen der Stoßinvarianten $\phi_{0,1}(k)$ und $\phi_{0,2}(k)$ gegen k/k_F. Die Punkte sind numerisch berechnet, die Linien stellen die exakten orthogonalen Eigenfunktionen dar

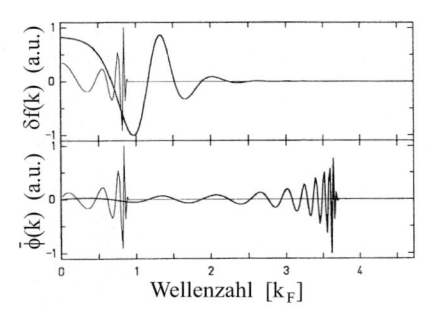

22.1 Boltzmann-Kinetik eines 2d-Elektronengases

Abb. 22.4. Zwei Eigenfunktionen des kontinuierlichen Spektrums $\tilde{\phi}_\lambda(k)$ versus k/k_F für $\lambda = 0, 8 \cdot 10^{-13} \mathrm{s}^{-1}$ (dicke Linie), $\lambda = 1, 6 \cdot 10^{-13} \mathrm{s}^{-1}$ (dünne Linie). Darüber die zugehörigen Abweichungen der Verteilungsfunktionen $\delta f_{\lambda,k}$

Als Nächstes wollen wir die Relaxationskinetik einer gegebenen Nichtgleichgewichts-Anfangsverteilung berechnen. Wir nehmen an, dass die anfängliche Verteilung folgende Form hat

$$f_k(t=0) = f_k^{0,i} + Ce^{-(\frac{e_k - e^0}{\sigma})^2} = f_k^{0,f} + \delta f_k(t=0) \ . \quad (22.18)$$

Hier sind $f^{0,i}$ und $f^{0,f}$ die anfängliche Hintergrundgleichgewichtsverteilung und diejenige, die sich am Schluss einstellt. Auf die ursprüngliche Hintergrundgleichgewichtsverteilung ist eine Gauß-Abweichung aufgesetzt. Die Abweichung $\delta f_k(t)$ von der Endgleichgewichtsverteilung geht nach null für $t \to \infty$. Innerhalb der Entwicklungsmethode wird die Zeitabhängigkeit der dazugehörenden normierten Abweichung $\phi_k(t)$ dadurch bestimmt, dass man $\phi_k(0)$ nach dem vollständigen Satz von Eigenfunktionen ϕ_{λ_n} entwickelt

$$\phi_k(t) = \sum_{n=1}^{N} A_n \phi_{\lambda_n, k} e^{-\lambda_n t} \ . \quad (22.19)$$

Die Entwicklungskoeffizienten A_n werden aus der diskreten Näherung des Skalarproduktes berechnet:

$$A_n = <\phi(t=0)|\phi_{\lambda_n}> = 2\pi \sum_k f_k^{0,f}(1 - f_k^{0,f})\phi_k(t=0)\phi_{\lambda_n, k} \ , \quad (22.20)$$

wobei der Faktor 2π von der Winkelintegration stammt und die Summe nur noch über die Beträge des Wellenvektors läuft.

Da wir um das Endgleichgewicht herum linearisiert haben, verschwinden die zwei Koeffizienten A_1 und A_2. Die Gewichtsfunktion $\alpha(\lambda)$ eines Eigenwertes λ im Relaxationsprozess ist gegeben durch

$$\alpha(\lambda_n) = \rho(\lambda_n) A_n^2 \ . \tag{22.21}$$

Wir zeigen die Gewichtsfunktion in den Abb. 22.5 für eine Ladungsträgerdichte von $n = 1, 28 \cdot 10^{12} \mathrm{cm}^{-2}$ bei einer Temperatur von $T = 250\mathrm{K}$ und einem chemischen Potenzial $\mu = 43, 6\mathrm{meV}$ der Gleichgewichtsverteilung im Endzustand. Die anfängliche Abweichung ist zentriert bei $e^0 = 0, 8\mu$, also etwas unterhalb des chemischen Potenzials der Gleichgewichtsverteilung. Vier verschiedene Werte der Breite σ, ebenfalls ausgedrückt in Bruchteilen des chemischen Potenzials, wurden benutzt. Zum Vergleich ist auch die Dichte der Eigenwerte gezeigt. Die erste Kurve für $\sigma = 0$ wurde erhalten für eine Abweichung in der Form $\delta f_i \propto \delta_{i,j}$, die wegen der endlichen Schrittbreite Δk immer noch eine endliche Breite hat. Das spektrale Gewicht hat ein Maximum bei der Stoßfrequenz, die zur Position - ausgedrückt in Wellenzahlen k - dieser deltafunktionsähnlichen Auslenkung gehört (siehe Abb. 22.1). Allerdings verschwinden auch langsamere Komponenten nicht, was erklärt, warum der anfänglich schnelle Zerfall später recht langsam wird. Mit zunehmender Breite σ werden die langsameren Komponenten immer wichtiger, während der Beitrag der Eigenwerte aus

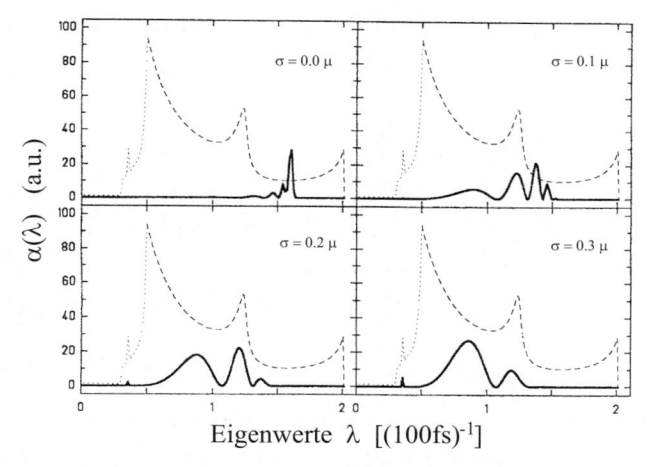

Abb. 22.5. Gewichtsfunktion α_λ gegen λ für vier Breiten σ. Die Zustandsdichte der Eigenwerte ist zum Vergleich dünn eingetragen

der Umgebung des Maximums der anfänglichen Abweichung immer kleiner wird. Die Eigenfunktion, die zum Maximum gehört, oszilliert an der Stelle der Störung sehr schnell. Daher verschwindet das Skalarprodukt, wenn die Störung breit ist. Andererseits oszillieren die Eigenfunktionen mit niedrigeren Eigenwerten in der Umgebung der Abweichung wesentlich langsamer und gewinnen daher an Gewicht, wenn die Abweichung breiter wird.

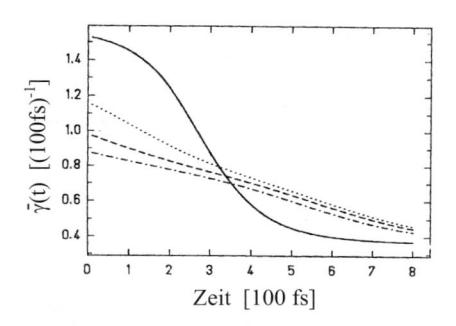

Abb. 22.6. Relaxationsrate $\gamma(t)$ gegen t für eine Anfangsauslenkung $e^0 = 0,8\mu$ und verschiedene Breiten σ: $\sigma = 0$ (volle Linie); $\sigma = 0,1\mu$ (punktierte Linie); $\sigma = 0,2\mu$ (gestrichelte Linie); $\sigma = 0,3\mu$ (strich-punktierte Linie)

Die Relaxationskinetik wird charakterisiert durch den Zerfall der positiv definiten Norm der Abweichung von der Endverteilung.

$$|\phi(t)|^2 = \sum_{n=3}^{N} A_n^2 e^{-2\lambda_n t} \; . \tag{22.22}$$

Im Rahmen dieser Entwicklungsmethode kann man eine zeitabhängige Relaxationskonstante $\gamma(t)$ einführen als

$$|\phi(t)| = |\phi(0)|e^{-g(t)} \text{ mit } \frac{dg}{dt} = \gamma \; . \tag{22.23}$$

Die Relaxationsrate $dg(t)/dt$ ist in Abb. 22.6 für die Parameter von Abb. 22.5 gezeigt. Die Relaxationsrate nimmt etwa um zehn Prozent innerhalb einer Relaxationszeit ab. Die punktierte Linie zeigt zum Beispiel für die Breite $\sigma = 0,1\mu$, dass sogar eine relativ enge Abweichung erheblich langsamer zerfällt als in der Relaxationszeitnäherung, in der die Relaxationszeit durch die Stoßfrequenz bestimmt wird.

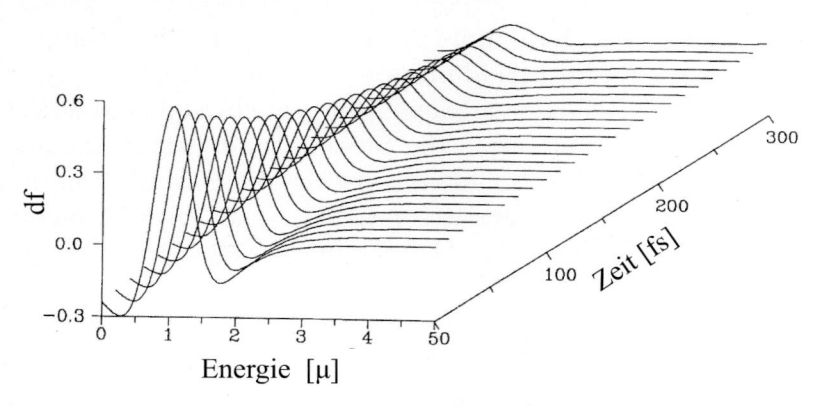

Abb. 22.7. Relaxation einer Abweichung von der Endverteilung, berechnet mit einer Entwicklung nach Eigenfunktionen

Zuletzt soll die aus der Entwicklungsmethode resultierende Relaxationskinetik in Abb. 22.7 dargestellt werden. Die zeitliche Entwicklung der Abweichung von der Endverteilung $\delta f_k(t) = f_k(t) - f_k^{0,f}$ wird gezeigt für eine anfängliche Gauß-Abweichung, die zentriert ist bei $e^0 = \mu$ und die eine Breite $\sigma = 0,4\mu$ hat, wobei die Parameter der Endverteilung wieder gegeben sind durch $\mu = 43,6$meV, $T = 250$K und $n = 1,28 \cdot 10^{12}$cm^{-2}. Da die Abweichung von der Endverteilung dargestellt ist, $\delta f_k(t)$, ist $\delta f_k(0)$ in Abb. 22.7 bei $t = 0$ keine einfache Gauß-Funktion, sondern besitzt negative Flügel an beiden Seiten des Maximums. Man sieht, dass bei diesen Dichten der Relaxationsprozess nach wenigen hundert Femtosekunden abgeschlossen ist. Allerdings muss man einschränkend bemerken, dass auf solch kurzen Zeitskalen das Konzept der halbklassischen Boltzmann-Gleichung mit einem statisch abgeschirmten Coulomb-Potenzial schon recht fraglich ist und ersetzt werden sollte durch eine Quantenkinetik, in der nicht mehr von instantanen, energieerhaltenden Stößen ausgegangen wird und in der die Abschirmung wirklich zeitabhängig berechnet wird [siehe Haug und Jauho (1996)].

22.2 Aufgaben

22.1. Orthonormierung der Eigenfunktionen des Stoßoperators

Führen Sie die Normierung und Orthogonalisierung der Eigenfunktionen, die in einem dreidimensionalen System zu den Erhaltungsgrößen gehören, durch.

23 Fokker-Planck-Gleichung

Wir wollen eine weitere Vereinfachung der linearisierten Boltzmann-Kinetik besprechen. Dabei soll die Boltzmann'sche Integrodifferenzialgleichung durch eine partielle Differenzialgleichung zweiter Ordnung, die sogenannte Fokker-Planck-Gleichung, approximiert werden. Mit dieser Näherung lernen wir eine weitere wichtige stochastische Gleichung zur Beschreibung von Relaxationsprozessen und auch Nichtgleichgewichtsphasenübergängen kennen. Diese Gleichung geht zurück auf den holländischen Theoretiker A.D. Fokker (1887-1972) und den Mitbegründer der Quantenphysik M. Planck (1858-1947). Die wesentliche Idee ist es, eine Entwicklung nach dem im Stoß übertragenen Impuls vorzunehmen. Natürlich setzt das voraus, dass der übertragene Impuls klein ist gegen andere charakteristische Impulse, zum Beispiel den Fermi-Impuls eines entarteten Elektronengases. Da diese Methode nicht ohne weiteres auf die Stöße zwischen gleichartigen Teilchen angewandt werden kann, wollen wir sie illustrieren für die Elektronenkinetik aufgrund der Elektron-Phonon-Streuung. Dabei nehmen wir zur Vereinfachung an, dass die Phononen im thermischen Gleichgewicht sind, das heißt wir betrachten die Phononen als ein thermisches Bad. In der resultierenden Gleichung wird die Relaxationskinetik beschrieben als eine mittlere Strömung und eine Diffusion der Verteilungsfunktionen im Impulsraum.

23.1 Entwicklung der linearisierten Boltzmann-Gleichung nach kleinem Impulsübertrag

Wir gehen aus von der Boltzmann-Gleichung mit Elektron-Phonon-Streuung, die wir in kompakter Form schreiben als

$$\left.\frac{\partial f_k}{\partial t}\right|_{\text{Stoß}} = -\sum_{q,\sigma=\mp 1} |W_q|^2 \delta(e_{|k+\sigma q|} - \sigma\hbar\omega_q - e_k) \qquad (23.1)$$

$$\times \left(f_k(1-f_{|k+\sigma q|})(g_q^0 + \frac{1-\sigma}{2}) - (1-f_k)f_{|k+\sigma q|}(g_q^0 + \frac{1+\sigma}{2})\right).$$

Eine Linearisierung in δf um die Gleichgewichtsverteilung f^0 ergibt

$$\left.\frac{\partial \delta f_k}{\partial t}\right|_{\text{Stoß}} = -\sum_{q,\sigma=\mp 1} \left(w_\sigma(\boldsymbol{k},\boldsymbol{q})\delta f_k - w_{-\sigma}(\boldsymbol{k}+\sigma\boldsymbol{q},\boldsymbol{q})\delta f_{|k+\sigma q|}\right),$$
$$(23.2)$$

wobei die Übergangswahrscheinlichkeit $w_\sigma(\boldsymbol{k},\boldsymbol{q})$ gegeben ist durch

$$w_\sigma(\boldsymbol{k},\boldsymbol{q}) = |W_q|^2 \delta(e_{|k+\sigma q|} - \sigma\hbar\omega_q - e_k)\left(\sigma f^0_{|k+\sigma q|} + (g_q^0 + \frac{1-\sigma}{2})\right).$$
$$(23.3)$$

Im zweiten Term von (23.2) ist σ durch $-\sigma$ zu ersetzen und $\boldsymbol{k}$ durch $\boldsymbol{k}+\sigma\boldsymbol{q}$:

$$w_{-\sigma}(\boldsymbol{k}+\sigma\boldsymbol{q},\boldsymbol{q}) = |W_q|^2 \delta(e_k + \sigma\hbar\omega_q - e_{|k+\sigma q|})\left(-\sigma f_k^0 + (g_q^0 + \frac{1+\sigma}{2})\right).$$
$$(23.4)$$

Man sieht also, dass die ersten zwei Faktoren, nämlich das Quadrat des Matrixelements und die energieerhaltende Deltafunktion, unverändert bleiben und daher auch bei der Entwicklung nach kleinen q nicht betroffen sind. Für ein entartetes Fermi-Gas mit einer großen Fermi-Wellenzahl k_F wird der im Stoß übertragene, mittlere Phononenimpuls q klein sein gegen k_F. Wir können also (23.2) nach q entwickeln und finden

$$\left.\frac{\partial \delta f_k}{\partial t}\right|_{\text{Stoß}} = \sum_{q,\sigma=\mp 1}\left(\sum_i \sigma q_i \frac{\partial}{\partial k_i} + \frac{1}{2}\sum_{i,j} q_i q_j \frac{\partial^2}{\partial k_i \partial k_j} + \cdots\right) w_{-\sigma}(\boldsymbol{k},\boldsymbol{q})\delta f_k.$$
$$(23.5)$$

In der Entwicklung bis zur zweiten Ordnung wird also der linearisierte Boltzmann-Stoßterm zu

$$\left.\frac{\partial \delta f_k}{\partial t}\right|_{\text{Stoß}} = \sum_i \frac{\partial A_i \delta f_k}{\partial k_i} + \sum_{i,j} \frac{\partial^2 B_{i,j}\delta f_k}{\partial k_i \partial k_j}. \qquad (23.6)$$

Diese Gleichung ist die Fokker-Planck-Gleichung. In ihr wird die Relaxationskinetik der Elektronen durch Streuung mit Phononen beschrieben als Driften (erster Term auf der rechten Seite) und Diffundieren (zweiter Term) der Abweichung der Verteilung vom Gleichgewicht, wie das in der Tat in Abb. 22.7 qualitativ zum Ausdruck kommt. Das Maximum der auf die Gleichgewichtsverteilung aufgesetzten Störung driftet nach niedrigeren Energien, während die anfängliche Störung gleichzeitig durch Diffusion breit wird, da der Diffusionsstrom immer dort groß ist, wo starke Änderungen in der Verteilung auftreten, das heißt auf den Flanken der Störung.

Die mathematische Begründung dieser Entwicklung ist eine schwierige Aufgabe. So ist es zum Beispiel unmöglich, diese Näherung dadurch zu verbessern, dass man in der Entwicklung nach q noch eine Ordnung weiter geht. Die Lösungen einer solchen Gleichung wären nicht mehr stabil. Dagegen stellen die Lösungen der Fokker-Planck-Gleichung für viele Probleme eine brauchbare, physikalisch sinnvolle Näherung dar. Ihre Koeffizienten sind gegeben durch

$$A_i(\boldsymbol{k}) = \sum_{\boldsymbol{q},\sigma} \sigma q_i w_\sigma(\boldsymbol{k},\boldsymbol{q}), \qquad B_{i,j}(\boldsymbol{k}) = \frac{1}{2}\sum_{\boldsymbol{q},\sigma} q_i q_j w_\sigma(\boldsymbol{k},\boldsymbol{q}) \;. \tag{23.7}$$

Man nennt A_i den Driftkoeffizient und $B_{i,j}$ den Diffusionskoeffizient. Aus (23.7) findet man, dass der Driftkoeffizient die Form einer mittleren Impulsänderung pro Stoß hat, $\boldsymbol{A} = <\Delta\boldsymbol{q}>/\Delta t$, da w ja eine Übergangswahrscheinlichkeit pro Zeiteinheit ist. Man sieht weiter, dass die Diffusionskonstante in der Tat dieselbe Form hat wie bei einer räumlichen Diffusion $\partial\rho(x,t)/\partial t = \partial/(\partial x) D \partial \rho(x,t)/(\partial x)$ mit $D = <(\Delta x)^2>/(2\Delta t)$. Der Koeffizient für die Diffusion im k-Raum (23.7) hat damit die Form $B_{i,j} = <\Delta q_i \Delta q_j>/(2\Delta t)$. Für eine räumlich homogene Situation ohne äußeres Feld erhält man also statt der Boltzmann-Gleichung die Fokker-Planck-Gleichung, die sich auch als eine Kontinuitätsgleichung schreiben lässt:

$$\frac{\partial \delta f_k}{\partial t} = \sum_i \frac{\partial}{\partial k_i}\left(A_i \delta f_k + \sum_j \frac{\partial B_{i,j} \delta f_k}{\partial k_j}\right) = -\nabla_k \cdot j_k \quad (23.8)$$

Fokker-Planck-Gleichung

Die Stromdichte ist

$$-j_i = A_i \delta f_k + \sum_j \frac{\partial B_{i,j} \delta f_k}{\partial k_j} = \tilde{A}_i \delta f_k + \sum_j B_{i,j} \frac{\partial \delta f_k}{\partial k_j} , \quad (23.9)$$

mit $\tilde{A}_i = A_i + \sum_j \frac{\partial B_{i,j}}{\partial k_j}$. Dass die Fokker-Planck-Gleichung (23.8) die Form einer Kontinuitätsgleichung hat, zeigt sofort, dass sie die Teilchenzahl erhält. Das ist die einzige Erhaltungsgröße, da zum Beispiel in unserem Problem Impuls und Energie dissipativ mit dem Phononenbad ausgetauscht werden.

Die Fokker-Planck-Gleichung ist weit über das Beispiel hinaus, in dem wir sie abgeleitet haben, eine wichtige stochastische Gleichung der Statistischen Physik. Vor allem bei der Beschreibung offener dissipativer Systeme, wie es etwa die Laser sind, spielt die Fokker-Planck-Gleichung eine zentrale Rolle, wie vor allem bei Haken (1978) herausgearbeitet wurde. Dabei ist der Laser nur ein besonders transparentes, paradigmatisches Beispiel für allgemeine spontane Strukturbildung in offenen Systemen.

Mit der Fokker-Planck-Gleichung lassen sich die in diesen Systemen auftretenden Nichtgleichgewichtsphasenübergänge inklusive der dabei auftretenden Fluktuationen konsistent beschreiben. Wir wollen daher zunächst einige allgemeine Eigenschaften der Fokker-Planck-Gleichung besprechen. Ein sehr schönes, ausführliches Buch darüber stammt von Risken (1984).

23.2 Stationäre Lösung

Eine stationäre Lösung der Fokker-Planck-Gleichung erhält man nach (23.8) sicher dann, wenn die Stromdichte (23.9) verschwindet

$$\tilde{A}_i \delta f_k + \sum_j B_{i,j} \frac{\partial \delta f_k}{\partial k_j} = 0 . \quad (23.10)$$

Falls die Stromdichte verschwindet, herrscht detailliertes Gleichgewicht. In isotropen Situationen ist der Tensor der Diffusion $B_{i,j} = \delta_{i,j} B$ und die Richtung von $\boldsymbol{A}$ durch $\boldsymbol{k}$ gegeben, also $\tilde{A}_i = k_i A(k)$. Damit wird

$$\frac{1}{\delta f_k} \frac{\partial \delta f_k}{\partial k_i} = -\frac{k_i A(k)}{B(k)} \qquad (23.11)$$

oder

$$\frac{\partial \ln \delta f_k}{\partial k_i} = -\frac{k_i A(k)}{B(k)} \; . \qquad (23.12)$$

Wir multiplizieren diese Gleichung mit dk_i und summieren über i, dann entsteht schließlich durch unbestimmte Integration

$$\int \sum_i \frac{\partial \ln \delta f_k}{\partial k_i} dk_i = \int d(\ln \delta f_k)$$
$$= -\sum_i \int \frac{k_i A(k)}{B(k)} dk_i = -\int dV(k) = -V(k) \; . \quad (23.13)$$

Damit erhalten wir die stationäre Lösung $\delta f_{k,0}$ in der Form

$$\delta f_{k,0} = Z e^{-V(k)} \text{ und } V(k) = \sum_i \int_{k_{i,0}}^{k_i} dk_i \frac{k_i A(k)}{B(k)} \qquad (23.14)$$

Stationäre Lösung und verallgemeinertes Ginzburg-Landau-Potenzial

Das Potenzial im Exponenten der stationären Verteilung ist das Ginzburg-Landau-Potenzial von offenen Systemen, da es dieselbe Rolle spielt wie das Funktional der freien Energie in Abhängigkeit des Ordnungsparameters, dessen Bedeutung für Gleichgewichtsphasenübergänge wir in Kapitel 13 besprochen haben.
Um die Bedeutung des in (23.14) definierten verallgemeinerten Ginzburg-Landau-Potenzials zu verstehen, wollen wir einige Beispiele diskutieren.

23.3 Beispiele für das verallgemeinerte Ginzburg-Landau-Potenzial

23.3.1 Thermische Verteilung

Falls beide Terme konstant sind, also $A(k) = a$, $B(k) = B$, erhalten wir das Ginzburg-Landau-Potenzial

$$V(k) = \frac{k^2 a}{2B} \ . \tag{23.15}$$

Eine solche Verteilung zeigt, dass die in unserem Beispiel der Gleichgewichtsverteilung hinzugefügten Teilchen nach niedrigen Energien relaxiert und gemäß einer Gauß-Verteilung im Impulsraum verteilt sind. Dieses Ergebnis beschreibt die relaxierten zusätzlichen Teilchen zumindest qualitativ richtig. Da wir ja keine strenge Herleitung dieses Ergebnisses durchgeführt, sondern eben nur die einfachsten Annahmen für $A(k)$ und $B(k)$ getroffen haben, kann man sicher nicht mehr erwarten. Immerhin liefert dieses Ergebnis für nichtentartete Teilchen, für die ja ebenfalls (wegen $1 - f_k \simeq 1$) eine lineare Boltzmann-Gleichung gilt, schon die richtige thermische Maxwell-Verteilung mit $\frac{k^2 a}{2B} = \frac{\hbar^2 k^2}{2mkT}$.

23.3.2 Lasermodell

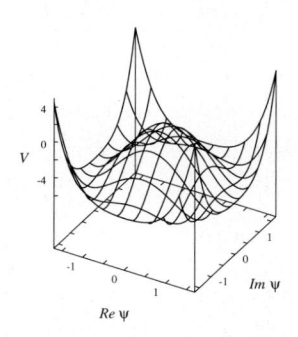

Abb. 23.1. Verallgemeinertes Ginzburg-Landau-Potenzial für einen Laser oberhalb der Schwelle aufgetragen gegen Real- und Imaginärteil der komplexen Lichtfeldamplitude ψ

Die Verteilung der komplexen Lichtfeldamplitude ψ in einem Laserresonator genügt ebenfalls einer Fokker-Planck-Gleichung. Diese Gleichung kann entweder aus der Gleichung der reduzierten Dichtematrix für ein Lasersystem abgeleitet werden oder auch halbklassisch aus den Bewegungsgleichungen des Lichtfelds. Der Einfluss von Bädern führt zum Auftreten von Dämpfungs- und Fluktuationstermen. Diese stochastischen Bewegungsgleichungen heißen Langevin-Gleichungen, die wiederum auf eine Fokker-Planck-Gleichung abgebildet werden können. Das resultierende Ginzburg-Landau-Potenzial hat hier folgende Form

$$V(\psi) = (\lambda_c - \lambda)|\psi|^2 + b|\psi|^4 \ . \tag{23.16}$$

λ ist ein Maß für die Pumpstärke, gibt also an, wieviel Energie dem Laser zugeführt wird, um die nötige Inversion im Elektronensystem des Lasers zu erzeugen. λ_c ist die Pumpstärke an der Schwelle des Lasers. Abb. 23.1 zeigt das Ginzburg-Landau-Potenzial eines Lasers oberhalb der Schwelle. Unterhalb der Schwelle hat das Ginzburg-Landau-Potenzial ein Minimum bei $|\psi| = 0$. Oberhalb der Schwelle liegt ein Minimum bei einer endlichen Lichtfeldamplitude vor, aber mit unbestimmter Phase. Der Laser zeigt an der Schwelle einen kontinuierlichen Phasenübergang, das heißt einen Phasenübergang zweiter Ordnung. Die dazugehörige Wahrscheinlichkeitsverteilung $f(\psi) = f_0 e^{-V(\psi)}$ zeigt auch, dass nicht nur der Wert des Minimums realisiert ist, sondern dass nach der angegebenen Verteilung auch Fluktuationen um das jeweilige Minimum auftreten. Allerdings wird das Minimum mit $|\psi| \neq 0$ in radialer Richtung sehr tief, so dass nur sehr geringe Fluktuationen in der Laserintensität auftreten. Die Phase bleibt unbestimmt. Das Modell zeigt, dass die Rolle der Temperatur bei Gleichgewichtsphasenübergängen in Nichtgleichgewichtsphasenübergängen durch einen anderen kritischen Parameter, im Beispiel des Lasers etwa durch die Pumpstärke, übernommen wird.

23.3.3 Nichtgleichgewichtsphasenübergang erster Ordnung

Wie schon bei Gleichgewichtsphasenübergängen gezeigt, erlaubt das Ginzburg-Landau-Potenzial, auch bei offenen Systemen einen diskontinuierlichen Phasenübergang zu beschreiben. Wie dort muss das Ginzburg-Landau-Potenzial auch einen Term dritter Ordnung im Ordnungsparameter q haben:

$$V(q) = aq^2 + bq^3 + cq^4 \ . \tag{23.17}$$

Dieses Potenzial hat in einem bestimmten Parameterbereich zwei relative Minima, in denen also zwei Phasen koexistieren.

23.4 Eigenfunktionen des Fokker-Planck-Operators

Allgemeiner kann man nicht nur die oben beschriebene Lösung der Fokker-Planck-Gleichung finden. Führt man einen Fokker-Planck-Operator $\mathcal{F}$ ein, so nimmt die Gleichung folgende Form an:

$$\frac{\partial \delta f_k}{\partial t} = -\mathcal{F} \delta f_k \text{ mit } \mathcal{F} = -\sum_i \frac{\partial \tilde{A}_i}{\partial k_i} - \sum_{i,j} \frac{\partial B_{i,j} \partial}{\partial k_i \partial k_j} \ . \tag{23.18}$$

Fokker-Planck-Gleichung und Fokker-Planck-Operator

Wie beim Boltzmann-Operator kann man wieder die Eigenfunktionen und Eigenwerte dieses Operators bestimmen

$$\mathcal{F} f_{k,n} = \lambda_n f_{k,n} \ . \tag{23.19}$$

Allerdings ist der Fokker-Planck-Operator nicht selbstadjungiert. Bildet man etwa

$$<\psi|\mathcal{F}|\phi> = \int \frac{d^3k}{(2\pi)^3} \psi_k^* \mathcal{F} \phi_k = \int \frac{d^3k}{(2\pi)^3} (\mathcal{F}^\dagger \psi_k)^* \phi_k \ , \tag{23.20}$$

ergibt sich der adjungierte Fokker-Planck-Operator einfach durch partielle Integration

$$\mathcal{F}^\dagger = \sum_i \tilde{A}_i \frac{\partial}{\partial k_i} - \sum_{i,j} \frac{\partial B_{i,j} \partial}{\partial k_j \partial k_i} \neq \mathcal{F} \ . \tag{23.21}$$

Da die Diffusionsmatrix symmetrisch ist, ist der zweite Teil von $\mathcal{F}$ und von $\mathcal{F}^\dagger$ gleich, nicht aber der erste. Unter diesen Bedingungen kann man nicht mehr allein mit den Eigenfunktionen $f_{k,n}$ von $\mathcal{F}$ arbeiten, vielmehr muss man auch die Eigenfunktionen $f_{k,n}^\dagger$

von $\mathcal{F}^\dagger$ verwenden und damit ein biorthonormales Funktionensystem aufbauen. Wir wollen hier einen einfacheren Weg gehen und wenigstens für ein eindimensionales System zeigen, dass sich der Fokker-Planck-Operator durch eine unitäre Transformation in einen selbstadjungierten Operator überführen lässt.

In einem eindimensionalen System ist der Fokker-Planck-Operator einfach

$$\mathcal{F} = -\frac{d}{dk}\left(A + \frac{d}{dk}B\right) . \tag{23.22}$$

Aus der Bedingung des detaillierten Gleichgewichts

$$-j = Af + \frac{d}{dk}(Bf) = 0 \tag{23.23}$$

folgt mit $f = \frac{F}{B}$ die Beziehung

$$-\frac{AF}{B} = \frac{dF}{dk} . \tag{23.24}$$

Diese Gleichung lässt sich sofort durch Trennung der Variablen integrieren. Man erhält

$$\ln\frac{F}{F_0} = -\int_{k_0}^{k} dk' \frac{A(k')}{B(k')} = -V(k) \tag{23.25}$$

und damit

$$f_{k,n} = \frac{F_0}{B(k)} e^{-V(k)} = f_{k,0} . \tag{23.26}$$

Eine kleine Umrechnung zeigt, dass diese Form mit (23.14), spezialisiert auf eine Dimension, übereinstimmt. Wir transformieren jetzt die Eigenwertgleichung des Fokker-Planck-Operators (23.19), indem wir neue Funktionen $\phi_n(k)$ folgendermaßen einführen:

$$f_{k,n} = e^{\int_{k_0}^{k} dk' g(k')} \phi_n , \tag{23.27}$$

wobei $g(k)$ eine noch zu bestimmende Funktion ist. Durch Multiplikation der Eigenwertgleichung von links mit $e^{-\int_{k_0}^{k} dk' g(k')}$ erhält man

$$\tilde{\mathcal{F}}\phi_n = \lambda_n \phi_n \tag{23.28}$$

mit

$$\tilde{\mathcal{F}} = e^{-\int_{k_0}^{k} dk' g(k')} \mathcal{F} e^{\int_{k_0}^{k} dk' g(k')} \ . \qquad (23.29)$$

Der Differenzialoperator wird unter dieser Transformation einfach verschoben um g:

$$\frac{\tilde{d}}{dk} = \tilde{D} = g(k) + \frac{d}{dk} = g + D \ . \qquad (23.30)$$

Der transformierte Driftterm des Fokker-Planck-Operators $\tilde{\mathcal{F}} = \tilde{\mathcal{F}}_{dr} + \tilde{\mathcal{F}}_{di}$ wird

$$-\tilde{\mathcal{F}}_{dr} = +gA + (DA) + AD \qquad (23.31)$$

und der entsprechende Diffusionsterm wird

$$-\tilde{\mathcal{F}}_{di} = g^2 B + (Dg)B + 2g(DB) + (D^2 B) + 2(gB + (DB))D + BD^2 \ . \qquad (23.32)$$

Der gesamte transformierte Fokker-Planck-Operator ist damit

$$-\tilde{\mathcal{F}} = m + (A + 2gB + 2(DB))D + BD^2 \ , \qquad (23.33)$$

wobei wir in m alle Terme zusammengefasst haben, die keinen freien Ableitungsoperator enthalten. Dieser sogenannte c-Zahl-Anteil ist

$$m = gA + (DA) + g^2 B + (Dg)B + 2g(DB) + (D^2 B) \ . \qquad (23.34)$$

Wir nehmen jetzt in (23.33) einen der zwei Terme $(DB)D$ zusammen mit dem Ableitungsoperator zweiter Ordnung und bilden so einen symmetrischen, selbstadjungierten Diffusionsoperator

$$-\tilde{\mathcal{F}} = m + (A + 2gB + (DB))D + DBD \ . \qquad (23.35)$$

Wir bestimmen jetzt g so, dass der Koeffizient des linearen Ableitungsoperators verschwindet:

$$A + 2gB + (DB) = 0 \ . \qquad (23.36)$$

Also ist

$$g = -\frac{A}{2B} - \frac{1}{2} D \ln B \ . \qquad (23.37)$$

Der Transformationsfaktor wird damit

$$e^{\int_{k_0}^{k} dk' g(k')} = \frac{B_0^{\frac{1}{2}}}{B(k)^{\frac{1}{2}}} e^{-\int_{k_0}^{k} dk' \frac{A(k')}{2B(k')}} = f_{k,0}^{\frac{1}{2}} . \qquad (23.38)$$

Die Transformationsfunktion ist also die Wurzel der Grundzustandslösung der Fokker-Planck-Gleichung. Der transformierte Fokker-Planck-Operator

$$\tilde{\mathcal{F}} = -m - DBD \qquad (23.39)$$

ist jetzt selbstadjungiert. Man kann daher ohne Probleme den vollständigen Satz seiner reellen Eigenfunktionen ϕ_n bestimmen. Es gilt dann die Beziehung

$$f_{k,n} = f_{k,0}^{\frac{1}{2}} \phi_{k,n} \qquad (23.40)$$

mit der Vollständigkeitsrelation

$$\sum_n \phi_{k',n} \phi_{k,n} = \sum_n \frac{f_{k',n} f_{k,n}}{\sqrt{f_{k',0} f_{k,0}}} = \delta(k' - k) \qquad (23.41)$$

und der Orthogonalitätsrelation

$$\int dk \phi_{n',k} \phi_{n,k} = \int dk \frac{f_{n',k} f_{n,k}}{f_{k,0}} = \delta_{n',n} . \qquad (23.42)$$

Man sieht, dass wir mit dem Verfahren de facto wieder eine Gewichtsfunktion im Skalarprodukt eingeführt haben, wie wir das schon für den linearisierten Boltzmann-Stoßoperator getan hatten. Die zeitabhängige Lösung der Fokker-Planck-Gleichung (23.18) wird damit

$$f_k(t) = \sum_n c_n e^{-\lambda_n t} \phi_{k,n} = \sum_n c_n e^{-\lambda_n t} \frac{f_{k,n}}{f_{k,0}^{\frac{1}{2}}} , \qquad (23.43)$$

wobei die Koeffizienten durch Entwicklung der Anfangsverteilung $f_k(t=0)$ nach ϕ_n bestimmt werden. Natürlich wird die Beschreibung der Relaxationskinetik dann relativ einfach, wenn der erste diskrete Eigenwert λ_1 wesentlich kleiner ist als die folgenden höheren Eigenwerte. Dann hat man mit $\lambda_1 = \frac{1}{\tau}$ eine wohldefinierte Relaxationszeit gefunden.

Das besprochene Verfahren kann auch für höher dimensionale Systeme angewendet werden, sofern auch dort die Bedingung des detaillierten Gleichgewichts gültig ist.

23.5 Aufgaben

23.1. Diffusionsgleichung

Lösen Sie die eindimensionale Diffusionsgleichung

$$\frac{\partial}{\partial t} f(x,t) = D \frac{\partial^2}{\partial x^2} f(x,t) \qquad (23.44)$$

mit der Anfangsbedingung $f(x,0) = \delta(x)$ durch Fourier-Darstellung im Ortsraum.

23.2. Eigenfunktionen für ein harmonisches Potenzial

a) Berechnen Sie die Eigenfunktionen des Fokker-Planck-Operators, der durch den Driftkoeffizienten $A = ak$ und den konstanten Diffusionskoeffizienten $B = const.$ gegeben ist. Folgen Sie der Lösungsmethode, die im letzten Abschnitt beschrieben wurde.

b) Wie groß ist die Relaxationszeit für dieses Problem?

24 Nukleationstheorie

Als ein Beispiel einer eindimensionalen, konkreten Master-Gleichung wollen wir die Nukleationskinetik behandeln, in der man die Wahrscheinlichkeit für das Auftreten eines Tröpfchens (Cluster) mit n Molekülen ermittelt. Mit diesem Beispiel lernen wir gleichzeitig die kinetische Beschreibung eines diskontinuierlichen Phasenübergangs kennen. Wir werden die Master-Gleichung des Nukleationsprozesses durch eine Fokker-Planck-Gleichung annähern, die die anschauliche Interpretation im Rahmen eines verallgemeinerten Ginzburg-Landau-Potenzials erlaubt.

24.1 Kramers-Moyal-Entwicklung

Da in guter Näherung immer nur ein Molekül aus der Gasphase ins Tröpfchen (oder umgekehrt) übergehen kann, gilt in diesem Fall eine besonders einfache Master-Gleichung

$$\frac{\partial f_n}{\partial t} = j_{n-1} - j_n , \qquad (24.1)$$

wobei der Wahrscheinlichkeitsstrom j_n gegeben ist durch

$$j_n = g_n f_n - l_{n+1} f_{n+1} \qquad (24.2)$$

mit der Wachstumsrate (gain) g_n, die die Wahrscheinlichkeit pro Zeit angibt, dass der Cluster ein Molekül aufnimmt. Die Verlustrate (loss) l_{n+1} gibt umgekehrt die Wahrscheinlichkeit pro Zeit an, dass ein Cluster mit $n+1$ Molekülen ein Molekül durch Verdampfen verliert. Dieser Prozess führt natürlich zu einem Anwachsen von f_n. Die Gleichungen (24.1) und (24.2) ergeben also zusammen eine Master-Gleichung vom Generations-Rekombinations-Typ (siehe Aufgabe 1 aus Kapitel 16):

$$\frac{\partial f_n}{\partial t} = g_{n-1}f_{n-1} - g_n f_n + l_{n+1}f_{n+1} - l_n f_n$$
$$= \left(e^{-\frac{\partial}{\partial n}} - 1\right)(g_n f_n) + \left(e^{+\frac{\partial}{\partial n}} - 1\right)(l_n f_n) , \quad (24.3)$$

da

$$h_{n\pm 1} = \left(1 \pm \frac{\partial}{\partial n} + \frac{1}{2!}\frac{\partial^2}{\partial n^2} + \cdots\right)h_n = e^{\pm\frac{\partial}{\partial n}}h_n . \quad (24.4)$$

Wenn die mittleren Cluster genügend groß sind und die betroffenen Funktionen genügend langsam variieren, kann man die Exponential-Differenzialoperatoren bis zur zweiten Ordnung entwickeln. Diese sogenannte Kramers-Moyal-Entwicklung liefert wieder eine Fokker-Planck-Gleichung

$$\frac{\partial f_n}{\partial t} = -\frac{\partial}{\partial n}\left((g_n - l_n) - \frac{1}{2}\frac{\partial}{\partial n}(g_n + l_n)\right)f_n = -\frac{\partial}{\partial n}J_n \quad (24.5)$$

Fokker-Planck-Gleichung der Nukleation

Der Wahrscheinlichkeitsstrom der Fokker-Planck-Gleichung ist gegeben durch

$$J_n = (g_n - l_n)f_n - \frac{1}{2}\frac{\partial}{\partial n}(g_n + l_n)f_n . \quad (24.6)$$

Der Driftterm ist also durch die Differenz der Wachstums- und Verlustrate gegeben, während im Diffusionsterm die Summe der Übergangsraten auftritt. Man spricht hier auch vom Schrotrauschen (shot noise). Wir werden im nächsten Abschnitt diese von Becker und Döring formulierte Nukleationstheorie am Beispiel der Nukleation von Elektron-Loch-Tröpfchen in optisch angeregten Halbleitern illustrieren.

24.2 Elektron-Loch-Tröpfchen-Nukleation in Halbleitern

Regt man optisch genügend viele Elektron-Loch-Paare in einem Halbleiter an, so lässt sich aus der Gasphase dieses Plasmas eine

24.2 Elektron-Loch-Tröpfchen-Nukleation in Halbleitern

Nukleation von Plasmatröpfchen beobachten, wenn die Lebensdauer der angeregten Ladungsträger genügend groß ist. Bei hohen Dichten ist nämlich aufgrund der Coulomb-Wechselwirkung ein diskontinuierlicher Gas-Flüssigkeits-Phasenübergang in diesem Plasma zu erwarten. Wir wollen daher dieses moderne Beispiel einer Nukleation behandeln, das zudem gegenüber der klassischen Nukleation eines Gases in Flüssigkeitströpfchen den Vorteil hat, auf eine stationäre Tröpfchengröße zu führen (wegen der schon angesprochenen endlichen Lebensdauer).

Die Verlustrate ist zunächst bestimmt durch eine Verdampfung von Ladungsträgern durch die Oberfläche des Plasmatröpfchens. Da der Tropfen elektrisch neutral bleiben muss, nehmen wir an, dass immer ein Elektron-Loch-Paar verdampft. Die Verdampfungsrate wird proportional zur Oberfläche des Tropfens $4\pi r^2$ mit dem Radius r sein. Die Dichte der flüssigen Phase sei ρ, dann ist $n = V\rho = \frac{4\pi}{3} r^3 \rho$. Damit ist die Oberfläche

$$F = 4\pi r^2 = 4\pi \left(\frac{3n}{4\pi\rho}\right)^{\frac{2}{3}} . \tag{24.7}$$

Weiter wird die Verdampfungsrate vom Verhältnis des Austrittspotenzials $\phi(n)$ zur thermischen Energie kT abhängen, in der Form $e^{-\frac{\phi(n)}{kT}}$. Es kostet pro Ladungsträgerpaar die Energie $\frac{2}{3}\frac{\sigma F}{n}$, um ein Paar an die Oberfläche zu bringen, wobei σ die Oberflächenspannung ist (siehe auch Aufgabe 10.1). Das Austrittspotenzial $\phi(n)$ aus dem Tropfen ist daher dichteabhängig:

$$\phi(n) = \phi_\infty - \frac{2}{3}\sigma 4\pi \left(\frac{3}{4\pi\rho}\right)^{\frac{2}{3}} n^{-\frac{1}{3}} = \phi_\infty - b n^{-\frac{1}{3}}\sigma . \tag{24.8}$$

Dabei ist ϕ_∞ die Austrittsarbeit, die man für $n \to \infty$ erhält. Für sehr kleine Cluster ist also die Potenzialschwelle für einen Austritt stark erniedrigt, daher verdampfen sehr kleine Cluster wieder sehr schnell. Zur gesamten Verlustrate trägt auch noch eine Rate der strahlenden und nichtstrahlenden Rekombination im Tropfen bei mit einer Lebensdauer τ. Insgesamt ist

$$l_n = \frac{n}{\tau} + a n^{\frac{2}{3}} e^{-\frac{\phi(n)}{kT}} . \tag{24.9}$$

Die Wachstumsrate ist proportional zu dem auf die Oberfläche des Tropfens einfallenden Strom einzelner, in der Gasphase gebundener Elektron-Loch-Paare. Diese gebundenen Paare heißen Exzitonen, da sie eine elementare elektronische Anregung im Halbleiter sind. Die Wachstumsrate ist damit

$$g_n = c n^{\frac{2}{3}} n_x \ , \tag{24.10}$$

wobei n_x die Konzentration der Monomere (hier Exzitonen) ist, die durch optische Anregung erzeugt wird.

24.3 Stationäre Lösung

Bei vorgegebener Exzitonenkonzentration können wir eine stationäre Clusterverteilung f_n berechnen. Aus der Bedingung des detaillierten Gleichgewichts $J_n = 0$ folgt

$$(g_n - l_n) f_n = \frac{1}{2} \frac{\partial}{\partial n} (g_n + l_n) f_n \ , \tag{24.11}$$

oder

$$\int \frac{df_n}{f_n} = \int dn \frac{(g_n - l_n) - \frac{1}{2}(g'_n + l'_n)}{\frac{1}{2}(g_n + l_n)} \ . \tag{24.12}$$

Die Integration liefert

$$f_n = f_0 e^{V(n, n_x)} \tag{24.13}$$

mit

$$V(n, n_x) = 2 \int_1^n dn \frac{g_n - l_n}{g_n + l_n} - \ln \left(\frac{g_n + l_n}{g_1 + l_1} \right) \ . \tag{24.14}$$

Das Potenzial steigt zunächst an, weil die Bildung kleiner Cluster viel Oberflächenenergie erfordert, so dass sie gleich wieder verdampfen. Die kritische Größe n_c ist ungefähr dann erreicht, wenn die Wachstumsrate und die Verdampfungsrate einander gleich sind

$$a n_c^{\frac{2}{3}} e^{-\frac{\phi(n_c)}{kT}} = c n_c^{\frac{2}{3}} n_x \ . \tag{24.15}$$

Bei n_c ist also ein Maximum des Ginzburg-Landau-Potenzials. Die stabile Tropfengröße n_m, die durch das Minimum des Ginzburg-Landau-Potenzials gegeben ist, ist durch die Kompensation zwischen Wachstumsrate und Rekombinationsrate bestimmt

$$cn_m^{\frac{2}{3}}n_x = \frac{n_m}{\tau} \ . \tag{24.16}$$

Diese Situation, die in Abbildung 24.1 dargestellt ist, liegt vor, wenn die Lebensdauer genügend groß ist, wie in den indirekten Halbleitern wie zum Beispiel Germanium und Silizium, in denen eine strahlende Elektron-Loch-Rekombination nur unter Beteiligung von Phononen möglich ist. Wegen dieser Lichtemission lassen sich die Plasmatröpfchen direkt als kleine strahlende Objekte unter einer Mikroskopoptik beobachten. In Halbleitern mit direkter optischer Elektron-Loch-Rekombination ist die Lebensdauer so klein, dass die Rekombinationsrate immer über die Verdampfungsrate dominiert, so dass sich die Phasentrennung in Form von stabilen Tröpfchen nicht mehr ausbilden kann. Unter diesen Bedingungen wird der Phasenübergang von der exzitonischen Phase zur Plasmaphase kontinuierlich. Löst man die zeitabhängigen Master-Gleichungen numerisch, so sieht man, dass die kurze Lebensdauer verhindert, dass sich Tröpfchen bilden, deren Teilchenzahl größer als die kritische ist.

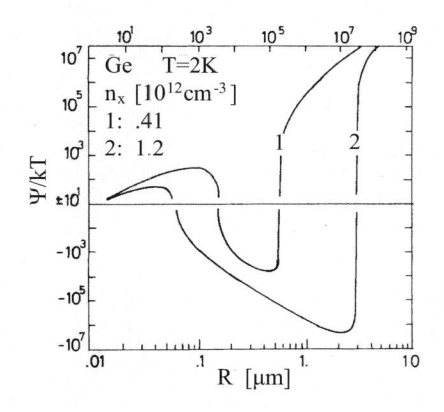

Abb. 24.1. Ginzburg-Landau-Potenzial für Elektron-Loch-Tröpfchen-Nukleation als Funktion der Zahl der Paare im Tröpfchen

24.4 Aufgaben

24.1. Das Ginzburg-Landau-Potenzial der Nukleation

Diskutieren Sie die Extremwerte des Ginzburg-Landau-Potenzials als Funktion der Parameter des Nukleationsmodells.

a) Bestimmen Sie die kritische Tröpfchengröße n_c nach (24.15).
b) Bestimmen Sie die stabile Tröpfchengröße n_m nach (24.16).

25 Transportgleichungen

25.1 Erhaltungsgrößen und ihre Bewegungsgleichungen

Wir kommen nun wieder zur Boltzmann-Gleichung zurück und wollen zeigen, wie aus der Boltzmann-Gleichung unter den Bedingungen des lokalen Gleichgewichts die Hydrodynamik abgeleitet werden kann. Dieser Bereich, in dem das System durch die Stöße schon lokal - aber noch nicht global - thermisches Gleichgewicht erreicht hat, stellt einen wichtigen Teilbereich der Statistik des Nichtgleichgewichts dar. Die Annäherung der Parameter der lokalen Gleichgewichtsverteilung (siehe Abschnitt 20.2) an das totale Gleichgewicht werden sich als langsame Prozesse herausstellen.

Ausgangspunkt für diese Überlegungen sind die Transportgleichungen der fünf Erhaltungsgrößen $F_i(\boldsymbol{v}) = 1$, $\boldsymbol{v}$, ϵ_v des Boltzmannschen Stoßintegrals. Diese Gleichungen beschreiben die zeitlichen und räumlichen Veränderungen der fünf Erhaltungsgrößen. Wir werden im Folgenden statt Impulsen Geschwindigkeiten als Variable verwenden $\boldsymbol{v} = \frac{\boldsymbol{p}}{m}$. Wir ändern, wie in der Hydrodynamik üblich, unsere Normierung der Verteilungsfunktion auf

$$n(\boldsymbol{r},t) = \int d^3v\, f(\boldsymbol{r},\boldsymbol{v},t)\,, \qquad (25.1)$$

wobei $n(\boldsymbol{r},t)$ die Teilchendichte ist. Multiplizieren wir die Boltzmann-Gleichung (20.1) mit $F_j(\boldsymbol{v})$, so gilt wegen

$$\int d^3v\, F_i(\boldsymbol{v}) \frac{\partial f(\boldsymbol{r},\boldsymbol{v},t)}{\partial t}\bigg|_{\text{Stoß}} = 0 \qquad (25.2)$$

die folgende Transportgleichung mit der äußeren Kraft $\boldsymbol{K} = -\nabla_r V$

$$\int d^3v F_j(v)\left(\frac{\partial}{\partial t}+v\cdot\nabla_r+\frac{1}{m}K\cdot\nabla_v\right)f(r,v,t)=0 \quad (25.3)$$

Transportgleichung

1. Teilchenzahlerhaltung ($F_0 = 1$)

Für die Teilchendichte $n(r,t)$ erhalten wir mit $F_0 = 1$ aus (25.3) die Kontinuitätsgleichung

$$\frac{\partial}{\partial t}n(r,t)+\nabla\cdot j(r,t)=0 \quad (25.4)$$

Kontinuitätsgleichung

Dabei ist $j(r,t)$ die Teilchenstromdichte

$$j(r,t)=\int d^3v\, v f(r,v,t)=n(r,t)u(r,t)\ . \quad (25.5)$$

Gleichung (25.5) definiert die mittlere Strömungsgeschwindigkeit u, die auch Driftgeschwindigkeit genannt wird. Viele Flüssigkeiten können in guter Näherung als inkompressibel behandelt werden, das heißt ihre Dichte ist in dieser Näherung konstant: $\dot{n}=0$, $\nabla n=0$. Aus der Kontinuitätsgleichung folgt dann für diese inkompressiblen Flüssigkeiten

$$\sum_i \frac{\partial u_i}{\partial x_i}=0\ . \quad (25.6)$$

2. Impulserhaltung ($F_i = v_i$, $i = 1, 2, 3$)

Für die Teilchenstromdichte finden wir aus (25.3) mit $F_i = v_i$ die Gleichung

$$\frac{\partial}{\partial t}j_i+\sum_l\frac{\partial}{\partial x_l}\int d^3v\, v_l v_i f+\frac{1}{m}\sum_l K_l\int d^3v\, v_i\frac{\partial}{\partial v_l}f=0\ . \quad (25.7)$$

Aus dem letzten Term erhalten wir durch partielle Integration $-\frac{1}{m}K_i n$ und damit

25.1 Erhaltungsgrößen und ihre Bewegungsgleichungen

$$m\frac{\partial}{\partial t}j_i(\boldsymbol{r},t) + \sum_l \frac{\partial}{\partial x_l}\Pi_{l,i}(\boldsymbol{r},t) = K_i(\boldsymbol{r},t)n(\boldsymbol{r},t) \ . \qquad (25.8)$$

$\Pi_{l,i}$ ist der symmetrische Spannungstensor

$$\Pi_{l,i}(\boldsymbol{r},t) = m \int d^3v \ v_l v_i \ f(\boldsymbol{r},\boldsymbol{v},t) \ . \qquad (25.9)$$

Wir führen nun neben der mittleren Strömungsgeschwindigkeit (25.5) die Relativgeschwindigkeit $\boldsymbol{c}$ ein und bilden

$$v_l = (v_l - u_l) + u_l = c_l + u_l \ , \qquad (25.10)$$

wobei nach (25.5) $nu_l = j_l$ die mittlere Teilchenstromdichte ist. Für die Relativgeschwindigkeit, die also ein Maß für die thermische Bewegung der Teilchen im mitbewegten Koordinatensystem ist, gilt

$$\int d^3v \boldsymbol{c} f(\boldsymbol{r},\boldsymbol{v},t) = 0 \ . \qquad (25.11)$$

Damit wird der Spannungstensor $\Pi_{i,j}$

$$\Pi_{i,j}(\boldsymbol{r},t) = m \int d^3v \ v_i v_j \ f = mnu_i u_j + m \int d^3v \ c_i c_j \ f(\boldsymbol{r},\boldsymbol{v},t) \ . \qquad (25.12)$$

Der Spannungstensor zerfällt also in einen rein kinetischen Anteil, eben den Tensor, der mit dem Vektor u_i gebildet werden kann, und einen zweiten intrinsischen Anteil

$$\boldsymbol{\Pi_{i,j} = mnu_i u_j + P_{i,j}} \qquad (25.13)$$

Spannungstensor

Den intrinsischen Anteil, der mit der thermischen Relativbewegung der Teilchen verknüpft ist, nennen wir den Drucktensor

$$P_{i,j}(\boldsymbol{r},t) = m \int d^3v c_i c_j f(\boldsymbol{r},\boldsymbol{v},t) \ . \qquad (25.14)$$

Es folgt

$$m\frac{\partial}{\partial t}j_i + \sum_j \frac{\partial}{\partial x_j}(mnu_j u_i + P_{j,i}) = K_i n \qquad (25.15)$$

Impulserhaltung

3. Energieerhaltung ($F_4 = \frac{1}{2}mv^2$)
Die Transportgleichung (25.3) ist jetzt mit $F_4 = \frac{1}{2}mv^2$

$$\frac{\partial}{\partial t}\int d^3v \frac{1}{2}mv^2 f \qquad (25.16)$$

$$+\sum_{i,l}\frac{\partial}{\partial x_l}\int d^3v v_l \frac{1}{2}mv_i^2 f + \frac{1}{m}\sum_{i,l} K_l \int d^3v \frac{1}{2}mv_i^2 \frac{\partial}{\partial v_l} f = 0 \, .$$

Mit $v_l = c_l + u_l$ und $u^2 = \sum u_l^2$ wird die mittlere Dichte der kinetischen Energie

$$ne = n(\frac{1}{2}mu^2) + \int d^3v \frac{1}{2}mc^2 f = n(\frac{1}{2}mu^2 + \bar{\epsilon}) \, , \qquad (25.17)$$

wobei $\bar{\epsilon}(\boldsymbol{r},t)$ die mittlere thermische Energie pro Teilchen ist. Für das Integral im zweiten Term von (25.16) gilt

$$\tfrac{1}{2}m\sum_i \int d^3v (c_l + u_l)(c_i^2 + 2c_i u_i + u_i^2)f = u_l n\left(\frac{1}{2}mu^2 + \bar{\epsilon}\right)$$

$$+ mu_l \sum_i u_i \int d^3v c_i f + \frac{1}{2}mu^2 \int d^3v c_l f$$

$$+ \frac{1}{2}m \int d^3v \sum_i c_l c_i^2 f + m\sum_i u_i \int d^3v c_i c_l f$$

$$= u_l n\left(\frac{1}{2}mu^2 + \bar{\epsilon}\right) + \sum_i u_i P_{i,l} + q_l \, . \qquad (25.18)$$

Die Terme $\propto \int d^3v \boldsymbol{c} f$ verschwinden wegen (25.11). Die Wärmestromdichte q_l ist

25.1 Erhaltungsgrößen und ihre Bewegungsgleichungen

$$q_l(r,t) = \frac{1}{2}m \int d^3v\, c_l c^2 f(r,v,t) \qquad (25.19)$$

Wärmestromdichte

Mit einer partiellen Integration im dritten Term von (25.16) bekommt man schließlich die Erhaltungsgleichung für die mittlere Energiedichte $e(r,t)$

$$\frac{\partial}{\partial t}(ne) + \sum_j \frac{\partial}{\partial x_j}\left(nu_j e + \sum_i u_i P_{i,j} + q_j\right) = \sum_l j_l K_l \qquad (25.20)$$

Energieerhaltung

Es ist zweckmäßig, die Gleichungen (25.15) und (25.20) als Differenzialgleichungen für die Größen $\boldsymbol{u}$ und $\bar{\epsilon}$ zu schreiben. Mit $j_i = nu_i$ folgt:

$$\frac{\partial}{\partial t}j_i = \dot{n}u_i + n\dot{u}_i = n\dot{u}_i - u_i\sum_l \frac{\partial}{\partial x_l}(nu_l)\ . \qquad (25.21)$$

Damit wird Gleichung (25.15):

$$mn\frac{\partial}{\partial t}u_i - mu_i\sum_l\frac{\partial}{\partial x_l}(nu_l) + \sum_l\frac{\partial}{\partial x_l}(mu_i nu_l)$$
$$= -\sum_l\frac{\partial}{\partial x_l}P_{l,i} + K_i n \qquad (25.22)$$

oder

$$mn\left(\frac{\partial}{\partial t} + \sum_l u_l\frac{\partial}{\partial x_l}\right)u_i = -\sum_l\frac{\partial}{\partial x_l}P_{l,i} + K_i n\ . \qquad (25.23)$$

Im hydrodynamischen Grenzfall, in dem lokal ein thermisches Gleichgewicht vorliegt, ergibt diese Gleichung mit einem diagonalen Drucktensor $P_{l,i} = \delta_{l,i}p$ gerade die Euler-Gleichung

$$mn\left(\frac{\partial}{\partial t}+\sum_l u_l\frac{\partial}{\partial x_l}\right)u_i = -\frac{\partial}{\partial x_i}p + K_i n \qquad (25.24)$$

Euler-Gleichung

beziehungsweise später mit Reibung die Navier-Stokes-Gleichung. Die Ableitung $\frac{\partial}{\partial t}+\sum_l u_l\frac{\partial}{\partial x_l}$ gilt für die zeitliche Änderung in dem mit der Geschwindigkeit $\boldsymbol{u}$ mitbewegten System. Im mitbewegten Koordinatensystem ist $x_i = u_i t + x'_i$ und

$$\frac{d}{dt} \to \frac{\partial}{\partial t} + \sum_i \frac{\partial x_i}{\partial t}\frac{\partial}{\partial x_i} = \frac{\partial}{\partial t} + \sum_i u_i\frac{\partial}{\partial x_i}\ . \qquad (25.25)$$

Diese mitbewegte Ableitung ergibt aber eine folgenreiche Nichtlinearität in der Euler-Gleichung (25.24), nämlich den Term $(\boldsymbol{u}\cdot\nabla)\boldsymbol{u}$, der zum Auftreten von Turbulenz führt.

Aus Gleichung (25.20) folgt für die mittlere Energie pro Teilchen mit (25.17)

$$\dot{n}e + mn\sum_i u_i\dot{u}_i + n\dot{\bar{\epsilon}} = n\dot{\bar{\epsilon}} - \left(\frac{1}{2}mu^2 + \bar{\epsilon}\right)\sum_j \frac{\partial nu_j}{\partial x_j} \qquad (25.26)$$

$$- mn\sum_{i,j} u_i u_j\frac{\partial u_i}{\partial x_j} - \sum_{i,j} u_i\frac{\partial P_{j,i}}{\partial x_j} + \sum_i u_i K_i n$$

$$= -\sum_j \frac{\partial}{\partial x_j}\left(nu_j(\frac{1}{2}mu^2 + \bar{\epsilon}) + \sum_{i,j} u_i P_{i,j} + \sum_j q_j\right) + \sum_j u_j n K_j$$

oder

$$n\left(\frac{\partial}{\partial t} + \sum_j u_j\frac{\partial}{\partial x_j}\right)\bar{\epsilon} + \sum_j \frac{\partial}{\partial x_j}q_j = -\sum_{i,j} P_{j,i}\frac{\partial}{\partial x_j}u_i\ . \qquad (25.27)$$

Im hydrodynamischen Grenzfall ergibt das die Wärmeleitungsgleichung.

Natürlich sind die fünf Transportgleichungen erst geschlossen, wenn wir noch den Drucktensor, die mittlere Energie und den Wärmestrom angeben können. Falls lokales Gleichgewicht herrscht, kann man die Beziehungen der Gleichgewichtsthermodynamik verwenden, um diese Größen festzulegen. Wie schon in den Kapiteln 18 und 19 betrachten wir ein zeitlich periodisches äußeres Potenzial, das mit einer Frequenz ω variiert. Damit immer lokales Gleichgewicht herrscht, müssen in einer Periode viele Stöße stattfinden, das heißt es muss gelten $\omega \ll \frac{1}{\tau}$ oder

$$\omega\tau \ll 1 \quad (25.28)$$

Erhaltungssätze + Thermodynamik → Hydrodynamik

Hydrodynamisches Regime

Im Gegensatz zum hydrodynamischen Regime liegt für $\omega\tau \gg 1$ das stoßfreie Regime vor. Hier werden die Stöße unwesentlich, wir können die Boltzmann-Gleichung ohne Stoßterm anwenden, wie wir das schon in den Kapiteln 17, 18 und 19 getan haben. Als Beispiele für solche Phänomene haben wir den nullten Schall und Plasmaschwingungen kennengelernt.

Im Zwischenbereich $\omega\tau \simeq 1$ muss die volle Boltzmann-Gleichung behandelt werden.

25.2 Aufgaben

25.1. Erhaltung der Wirbel

Zeigen Sie, dass die Rotation entlang einer Stromlinie durch die Euler-Gleichung (25.24) ohne äußere Kraft erhalten wird.

a) Verwenden Sie die Komponentendarstellung des Vektorprodukts

$$\boldsymbol{a} \times \boldsymbol{b} = \sum_{i,j,k} \boldsymbol{e}_i \epsilon_{ijk} a_j b_k \;, \quad (25.29)$$

wobei $\boldsymbol{e}_i$ ein Einheitsvektor ist und ϵ_{ijk} der schiefsymmetrische Einheitstensor dritter Stufe. Es gilt

$$\epsilon_{ijk} = \begin{cases} 1 & \text{falls } \{i,j,k\} = \{1,2,3\} \text{ oder zykl. Permutationen} \\ 0 & \text{falls zwei Indizes gleich sind .} \end{cases}$$
(25.30)

Die i-te Komponente der Rotation ist damit

$$(\text{rot } \boldsymbol{u})_i = (\nabla \times \boldsymbol{u})_i = \sum_{j,k} \epsilon_{ijk} \frac{\partial}{\partial x_j} u_k \ . \qquad (25.31)$$

Zeigen Sie, dass rot grad $\phi = 0$ und dass div rot $\boldsymbol{u} = 0$.

b) Teilen Sie die Euler-Gleichung durch die Massendichte $\rho = mn$ und stellen Sie den Term $\frac{1}{\rho}\nabla p$ als Gradienten dar, indem Sie ausnützen, dass im lokalen Gleichgewicht die Dichte bei fester Temperatur eine Funktion des Druckes ist. Entlang einer Stromlinie ist die zeitliche Änderung durch die mitgeführte Ableitung $\frac{d}{dt}$ gegeben. Zeigen Sie dann, dass

$$\frac{d}{dt} \text{rot } \boldsymbol{u} = 0 \ . \qquad (25.32)$$

26 Reversible Hydrodynamik

26.1 Allgemeine Formulierung

Die allgemeinen hydrodynamischen Gleichungen erhält man, wenn man gar nicht versucht, mit bestimmten lokalen Gleichgewichtsverteilungen die in den Transportgleichungen auftretenden Größen wie Druck, mittlere thermische Energie und mittleren Wärmestrom direkt zu berechnen, sondern nur von der Gültigkeit der thermodynamischen Identitäten und den Erhaltungsgleichungen (25.4), (25.23) und (25.27) ausgeht. Im isotropen Medium muss der Drucktensor diagonal sein, also

$$P_{i,j} = \delta_{i,j} p , \qquad (26.1)$$

wobei p der Druck ist. Für die Gesamtenergie gilt

$$E = \int n\overline{\epsilon}(s,\overline{v}) d^3v \qquad (26.2)$$

mit

$$d\overline{\epsilon} = T d\overline{s} - p d\overline{v} = T d\overline{s} + \frac{p}{n^2} dn , \qquad (26.3)$$

wobei $\overline{v} = \frac{1}{n}$. Aus (26.3) erhalten wir

$$\begin{aligned}
\Big(\frac{\partial}{\partial t} &+ \sum_l u_l \frac{\partial}{\partial x_l}\Big)\overline{\epsilon} \\
&= T\left(\frac{\partial}{\partial t} + \sum_l u_l \frac{\partial}{\partial x_l}\right)\overline{s} + \frac{p}{n^2}\left(\frac{\partial}{\partial t} + \sum_l u_l \frac{\partial}{\partial x_l}\right)n \\
&= T\left(\frac{\partial}{\partial t} + \sum_l u_l \frac{\partial}{\partial x_l}\right)\overline{s} - \frac{p}{n}\sum_l \frac{\partial u_l}{\partial x_l} .
\end{aligned} \qquad (26.4)$$

Da in räumlich homogenen Systemen der Wärmestrom (25.19) verschwindet, wird (25.27)

$$\left(\frac{\partial}{\partial t} + \sum_l u_l \frac{\partial}{\partial x_l}\right)\bar{\epsilon} = -\frac{p}{n}\sum_l \frac{\partial u_l}{\partial x_l} . \qquad (26.5)$$

Ein Vergleich von (26.4) und (26.5) zeigt, dass auch die Entropie einer Erhaltungsgleichung genügt:

$$T\left(\frac{\partial}{\partial t} + \sum_l u_l \frac{\partial}{\partial x_l}\right)\bar{s} = 0 \qquad (26.6)$$

Entropiegleichung

Längs einer Stromlinie ist die mittlere Entropie pro Teilchen konstant, da wir bis jetzt ja noch keine dissipativen Prozesse berücksichtigt haben.

Wir wollen nun unter Verwendung der fünf Erhaltungssätze und der thermodynamischen Relationen allgemeine hydrodynamische Gleichungen für die Dichten der Teilchenzahl, des Stroms und der Energie ableiten. Dazu vereinfachen wir die Schreibweise durch die folgende kompakte Notation

$$\frac{\partial}{\partial t} =: \partial_t \qquad (26.7)$$

und

$$\frac{\partial}{\partial x_i} =: \partial_i \qquad (26.8)$$

und verwenden die Summationskonvention

$$\sum_i a_i b_i \to a_i b_i , \qquad (26.9)$$

das heißt über doppelt vorkommende Indizes wird automatisch summiert. Für ein isotropes System ist $E = Ve(s, n, \boldsymbol{j})$. Im Gegensatz zu Kapitel 6 ziehen wir jetzt V und nicht N heraus, alle kleingeschriebenen Größen sind damit bezogen auf eine Volumeneinheit, so schreiben wir zum Beispiel $E = Ve$, $N = Vn$, $\boldsymbol{J} = V\boldsymbol{j}$ etc. Aus der in Kapitel 6 abgeleiteten thermodynamischen Identität

26.1 Allgemeine Formulierung

$$dE = TdS + \mu dN - pdV + mu_i dJ_i \qquad (26.10)$$

folgt

$$dE = TVds + TsdV + V\mu dn + \mu ndV - pdV + mu_i V dj_i + mu_i j_i dV$$
$$= edV + Vde . \qquad (26.11)$$

Wieder müssen die Terme proportional zu dV und die Terme proportional zu V diese Gleichung getrennt befriedigen, da dV und V unabhängig sind. Das führt zu folgender thermodynamischen Identität für die Energiedichte pro Volumen

$$de = Tds + \mu dn + mu_i dj_i \qquad (26.12)$$

und zu der entsprechenden Gibbs-Duhem-Relation

$$e = Ts + \mu n - p + mu_i j_i . \qquad (26.13)$$

Aus (26.12) folgt

$$\partial_t e = T\partial_t s + \mu \partial_t n + mu_i \partial_t j_i \qquad (26.14)$$

oder mit dem Energieerhaltungsgesetz $\partial_t e + \partial_i q_i = 0$, wobei die Wärmestromdichte $\boldsymbol{q}$ zunächst noch unbekannt ist,

$$T\partial_t s = -\partial_i q_i + \mu \partial_i j_i + u_i \partial_i p + mu_l \partial_i (nu_i u_l) . \qquad (26.15)$$

Um q_l zu bestimmen, fordern wir die Gültigkeit der Entropieerhaltung

$$T\partial_t s + T\partial_i (u_i s) = 0 . \qquad (26.16)$$

Aus (26.16) folgt mit der thermodynamischen Relation (26.13)

$$T\partial_t s = -Ts\partial_i u_i - Tu_i \partial_i s = -Ts\partial_i u_i - u_i (\partial_i e - \mu \partial_i n - mu_l \partial_i j_l)$$
$$= -Ts\partial_i u_i - u_i \partial_i e + \mu u_i \partial_i n + mu_i u_l \partial_i j_l , \qquad (26.17)$$

und andererseits folgt aus (26.15)

$$T\partial_t s = -\partial_i q_i + \mu n \partial_i u_i + \mu u_i \partial_i n + u_i \partial_i p + mu_i u_l \partial_i j_l + mu_l j_l \partial_i u_i , \qquad (26.18)$$

also ist die Divergenz des Wärmestroms

$$\partial_i q_i = u_i (\partial_i e + \partial_i p) + (\partial_i u_i)(Ts + \mu n + mu_l j_l) \qquad (26.19)$$

oder mit Hilfe der thermodynamischen Relation (26.12)

$$\partial_i q_i = \partial_i \Big(u_i(e+p) \Big) = \partial_i (u_i h) \ , \tag{26.20}$$

wobei $h = e + p$ die Enthalpiedichte ist. Wir fassen die hydrodynamischen Gleichungen ohne Dissipation noch einmal in der Form von Erhaltungssätzen zusammen:

$$\partial_t n + \partial_i j_i = 0$$
$$m \partial_t j_i + \partial_l \Pi_{l,i} = 0$$
$$\partial_t e + \partial_l q_l = 0 \qquad\qquad \partial_t s + \partial_l (u_l s) = 0$$
$$j_i = n u_i \qquad\qquad \Pi_{i,l} = p \delta_{i,l} + m n u_i u_l$$
$$e = Ts + \mu n - p + m u_i j_i \qquad\qquad q_i = u_i(e+p)$$
$$de = Tds + \mu dn + m u_i d j_i \tag{26.21}$$

Hydrodynamische Gleichungen ohne Dissipation

26.2 Klassisches ideales Gas

Als Beispiel wollen wir direkt die in den Transportgleichungen auftretenden Größen mit der lokalen Gleichgewichtsverteilung eines idealen, klassischen Gases berechnen. In der von uns im Rahmen der Hydrodynamik gewählten Normierung ist

$$f_l(\boldsymbol{r}, \boldsymbol{v}, t) = n(\boldsymbol{r}, t) \left(\frac{m \beta(\boldsymbol{r}, t)}{2\pi} \right)^{\frac{3}{2}} e^{-\beta(\boldsymbol{r},t) \frac{m}{2} \left(\boldsymbol{v} - \boldsymbol{u}(\boldsymbol{r},t)\right)^2} \ . \tag{26.22}$$

Im Folgenden werden wir die Relativgeschwindigkeit $\boldsymbol{c}$ im Bezug auf die Driftgeschwindigkeit $\boldsymbol{u}$,

$$\boldsymbol{c} = \boldsymbol{v} - \boldsymbol{u} \ , \tag{26.23}$$

die in der lokalen Gleichgewichtsverteilung (26.22) auftritt, verwenden. Für den Drucktensor erhalten wir

$$P_{i,j}(\boldsymbol{r},t) = \int d^3v m c_i c_j f_l(\boldsymbol{r},\boldsymbol{v},t) \qquad (26.24)$$

$$= 2\delta_{i,j} \int d^3v \frac{1}{2} m c_i^2 f_l(\boldsymbol{r},\boldsymbol{v},t) = \frac{2}{3}\delta_{i,j} \int d^3v \frac{1}{2} m c^2 f_l$$

$$= \frac{2}{3}\delta_{i,j} n(\boldsymbol{r},t)\bar{\epsilon}(\boldsymbol{r},t) = \delta_{i,j} n(\boldsymbol{r},t) k T(\boldsymbol{r},t) = \delta_{i,j} p(\boldsymbol{r},t) \ .$$

Der lokale Druck genügt also - wie zu erwarten war - dem idealen Gasgesetz $p(\boldsymbol{r},t) = n(\boldsymbol{r},t)kT(\boldsymbol{r},t)$, und die mittlere thermische Energie ist $\bar{\epsilon}(\boldsymbol{r},t) = \frac{3}{2}kT(\boldsymbol{r},t)$. Der Wärmestrom verschwindet

$$q_i(\boldsymbol{r},t) = \int d^3v c_i \frac{1}{2} m c^2 f_l = 0 \ . \qquad (26.25)$$

Die hydrodynamischen Gleichungen für ein ideales Gas nehmen damit folgende Gestalt an:

1. Kontinuitätsgleichung

$$\partial_t n(\boldsymbol{r},t) + \partial_l \big(n(\boldsymbol{r},t) u_l(\boldsymbol{r},t) \big) = 0 \ , \qquad (26.26)$$

2. Euler-Gleichung

$$m n(\boldsymbol{r},t) \big(\partial_t + u_l(\boldsymbol{r},t) \partial_l \big) u_i(\boldsymbol{r},t) = -\partial_i p(\boldsymbol{r},t) + K_i(\boldsymbol{r},t) n(\boldsymbol{r},t) \ . \qquad (26.27)$$

3. Energiegleichung
Für die Energie-Gleichung (25.27) folgt:

$$n \big(\partial_t + u_l \partial_l \big) \bar{\epsilon} = -p \partial_i u_i \qquad (26.28)$$

oder mit $\bar{\epsilon} = \frac{3}{2}kT$ und $p = nkT$

$$\big(\partial_t + u_i \partial_i \big) T + \frac{2}{3} T \partial_i u_i = 0 \qquad (26.29)$$

Temperatur-Gleichung

Es gilt ferner nach (25.4)

$$\partial_i u_i = -\frac{1}{n} \big(\partial_t + u_i \partial_i \big) n = -\big(\partial_t + u_i \partial_i \big) \ln n \ . \qquad (26.30)$$

Die Temperaturgleichung (26.29) nimmt also folgende Gestalt an

$$(\partial_t + u_l\partial_l)T - \frac{2}{3}T(\partial_t + u_l\partial_l)\ln n = 0 \qquad (26.31)$$

oder

$$(\partial_t + u_l\partial_l)T + T(\partial_t + u_l\partial_l)\ln(n^{-\frac{2}{3}}) = 0 \ . \qquad (26.32)$$

Diese Gleichung lässt sich schließlich zusammenfassen als

$$(\partial_t + u_l\partial_l)\ln(Tn^{-\frac{2}{3}}) = 0. \qquad (26.33)$$

Auf einer Stromlinie ist die zeitliche Änderung also adiabatisch

$$Tn^{-\frac{2}{3}} = const. \qquad (26.34)$$

Das ist gerade die adiabatische Zustandsgleichung 7.24 des idealen dreidimensionalen Gases mit $\gamma(3) - 1 = \frac{5}{3} - 1 = \frac{2}{3}$. Gleichung (26.33) ist also wieder eine Formulierung der Entropieerhaltung im Rahmen der reversiblen Hydrodynamik.

26.3 Aufgaben

26.1. Hydrodynamische Eigenmoden

a) Bestimmen Sie die Schallwellendispersion $\omega = \omega(k)$ aus den Erhaltungssätzen (26.21) der Teilchendichte und der Stromdichte unter der Annahme, dass der Prozess adiabatisch erfolgt.
b) Berechnen Sie die Schallgeschwindigkeit für ein ideales Gas. Gehen Sie dazu aus von der adiabatischen Zustandsgleichung (7.24) $pV^{\frac{5}{3}} = const$.
c) Zeigen Sie, dass die Schallwelle longitudinal ist.

27 Hydrodynamik und Dissipation

27.1 Phänomenologische Theorie der dissipativen Terme

Die allgemeine Formulierung der hydrodynamischen Gleichungen im letzten Kapitel erlaubt uns jetzt die phänomenologische Einführung der dissipativen Terme. Die darin auftretenden Koeffizienten muss man dann mit Hilfe der Boltzmann-Gleichung berechnen. Wir fügen sowohl dem Spannungstensor wie dem Wärmestrom einen dissipativen Zusatz bei

$$\Pi_{i,j} \to \Pi_{i,j} + \tau_{i,j} \quad \text{und} \quad q_i \to q_i + \nu_i \ . \tag{27.1}$$

Die unbekannten Größen $\tau_{i,j}$ und ν_i legen wir aus der Forderung fest, dass die Entropieproduktion positiv ist. Aus der thermodynamischen Relation folgt

$$\partial_t e = T\partial_t s + \mu \partial_t n + m u_i \partial_t j_i \ . \tag{27.2}$$

Mit der Kontinuitätsgleichung und der Stromgleichung entsteht

$$\partial_t e = T\partial_t s - \mu \partial_i j_i - u_i \Big(\partial_l (m n u_i u_l) + \partial_i p + \partial_l \tau_{i,l} \Big) \ , \tag{27.3}$$

dabei sind die ersten zwei Terme in der Klammer gerade die Ableitung vom Spannungstensor, $\partial_l \Pi_{i,l}$. Daraus erhält man

$$\partial_t e + \partial_i \big(q_i + u_l \tau_{i,l} \big) = T\partial_t s - \mu n \partial_i u_i - \mu u_i \partial_i n \tag{27.4}$$
$$+ \partial_i q_i - m u_i u_l \partial_i j_l - m u_l j_l \partial_i u_i - u_i \partial_i p + \tau_{i,l} \partial_i u_l \ .$$

Nach den gleichen Rechnungen wie am Ende des Kapitels 26 erhalten wir

$$\partial_t e + \partial_i \big(q_i + u_l \tau_{l,i} \big) = T\Big(\partial_t s + \partial_i (u_i s) \Big) + \tau_{i,l} \partial_i u_l \ . \tag{27.5}$$

Wir addieren auf beiden Seiten von (27.5) die Divergenz eines unbekannten dissipativen Wärmestroms μ_i. Auf der rechten Seite bilden wir daraus die Divergenz einer Entropiestromdichte $\frac{\mu_i}{T}$ und einen Korrekturterm:

$$\partial_t e + \partial_i \big(q_i + \mu_i + u_l \tau_{l,i}\big) = T\Big(\partial_t s + \partial_i \big(u_i s + \frac{\mu_i}{T}\big)\Big) + \tau_{i,l} \partial_i u_l + \frac{\mu_i}{T} \partial_i T \ . \tag{27.6}$$

Die linke Seite muss aber gleich $\partial_t e + \partial_i (q_i + \nu_i) = 0$ sein mit $\nu_i = \mu_i + u_l \tau_{l,i}$. Damit erhalten wir

$$T\Big(\partial_t s + \partial_i \big(u_i s + \frac{\mu_i}{T}\big)\Big) = -\tau_{i,l} \partial_i u_l - \frac{\mu_i}{T} \partial_i T \geq 0 \ . \tag{27.7}$$

Auf der rechten Seite steht die Entropieproduktion aufgrund der dissipativen Prozesse. Da die Entropie zunimmt, finden wir

$$-\tau_{i,l} \partial_i u_l - \frac{\mu_i}{T} \partial_i T \geq 0 \ . \tag{27.8}$$

Diese Form wird dann positiv, wenn $\tau_{i,l} \propto -\partial_i u_l$ und $\mu_i \propto -\partial_i T$ mit jeweils positiven Proportionalitätskonstanten. Für den dissipativen Wärmestrom führen wir die Wärmeleitfähigkeit κ als Proportionalitätskonstante ein

$$\boldsymbol{\mu_i = -\kappa \partial_i T} \tag{27.9}$$
Dissipativer Wärmestrom

Das ist ein dissipativer Wärmestrom, da er anders als der reversible Wärmestrom (26.20) $\boldsymbol{q} = \boldsymbol{u}h$ unter der Zeitinversion $t \to -t$ das Vorzeichen nicht wechselt.

Der reversible Spannungstensor wechselt unter Zeitinversion das Vorzeichen nicht, wohl aber der irreversible Teil $\tau_{i,l} \propto -\partial_i u_l$. Da der Spannungstensor symmetrisch sein muss, machen wir den Ansatz $\tau_{i,l} \propto -\big(\partial_i u_l + \partial_l u_i\big)$. Den Tensor $\tau_{i,l}$ spalten wir auf in $\tau_{i,l} = \tau_{i,l}^K + \tau_{i,l}^S$. Der erste Anteil ist diagonal

$$\tau_{i,l}^K = -\xi \delta_{i,l} \partial_k u_k \ . \tag{27.10}$$

Da die Divergenz der Driftgeschwindigkeit über die Kontinuitätsgleichung mit Dichteänderungen verknüpft ist, nennt man ξ die

Kompressions- oder Volumenviskosität. Der zweite Teil wird so gebildet, dass seine Spur verschwindet:

$$\tau_{i,l}^S = -\eta\left(\partial_i u_l + \partial_l u_i - \frac{2}{3}\delta_{i,l}\partial_k u_k\right). \qquad (27.11)$$

Er ist mit einer Scherdeformation verknüpft, man nennt daher η die Scherviskosität. Insgesamt bekommt man also

$$\tau_{i,l} = -\eta\left(\partial_i u_l + \partial_l u_i - \frac{2}{3}\delta_{i,l}\partial_k u_k\right) - \xi\delta_{i,l}\partial_k u_k \qquad (27.12)$$

Spannungstensor der Viskosität

Die resultierenden Gleichungen der dissipativen Hydrodynamik sind

$$\partial_t n + \partial_i j_i = 0 \qquad (27.13)$$

$$\partial_t m j_i + \partial_l \Pi_{l,i} = \qquad (27.14)$$

$$\partial_l \left\{ \eta\left(\partial_i u_l + \partial_l u_i - \frac{2}{3}\delta_{i,l}\partial_k u_k\right) + \xi\delta_{i,l}\partial_k u_k \right\}$$

$$\partial_t e + \partial_l q_l = \qquad (27.15)$$

$$\partial_l \left\{ \kappa \partial_l T + u_i \eta\left(\partial_i u_l + \partial_l u_i - \frac{2}{3}\delta_{i,l}\partial_k u_k\right) + \xi u_l \partial_k u_k \right\}$$

$$T\,\partial_t s + T\partial_l\left(u_l s - \frac{\kappa}{T}\partial_l T\right) = \qquad (27.16)$$

$$\frac{\kappa}{T}(\partial_i T)^2 + \xi(\partial_k u_k)^2 + \frac{1}{2}\eta\left(\partial_i u_l + \partial_l u_i - \frac{2}{3}\delta_{i,l}\partial_k u_k\right)^2$$

Hydrodynamische Gleichungen mit Dissipation

Man sieht, dass die Entropieproduktionsrate in der Tat, wie in (27.8) gefordert, positiv ist. Aus den ersten beiden Gleichungen erhält man die Navier-Stokes-Gleichung:

$$nm\Big(\partial_t + u_l\partial_l\Big)u_i \tag{27.17}$$
$$= -\partial_i p + \partial_l\Big\{\eta\Big(\partial_i u_l + \partial_l u_i - \frac{2}{3}\delta_{i,l}\partial_k u_k\Big) + \xi\delta_{l,i}\partial_k u_k\Big\}$$

Navier-Stokes-Gleichung

Für inkompressible Flüssigkeiten ist nach (25.6) $\partial_i u_i = 0$, so dass nur die Scherviskosität η übrig bleibt. Sie ist in Flüssigkeiten die dominante Viskosität. Zum Schluss bilden wir noch das Verhältnis der Größenordnungen des nichtlinearen Ableitungsterms $nm\frac{u^2}{L}$, wobei L eine charakteristische Länge quer zur Strömungsrichtung ist, und des Viskositätsterms $\eta\frac{u}{L^2}$. Wir erhalten die sogenannte Reynolds-Zahl $R = \frac{nmuL}{\eta}$. Führen wir, wie in der Literatur üblich, die durch die Massendichte geteilte Viskosität ein,

$$\nu = \frac{\eta}{nm}, \tag{27.18}$$

so entsteht

$$R = \frac{uL}{\nu} \tag{27.19}$$

Reynolds-Zahl

Wenn die Nichtlinearität im Vergleich zum Viskositätsterm groß genug ist, geht die glatte, laminare Strömung in eine komplex verwirbelte, turbulente Strömung über. Erfahrungsgemäß setzt die Turbulenz bei Reynoldszahlen von 1500 bis 2000 ein.

27.2 Aufgaben

27.1. Strömung in einem Rohr

Gegeben sei ein zylindrisches Rohr mit Radius R, das von einer zähen Flüssigkeit durchströmt wird. Wegen der Reibung verschwindet die Strömungsgeschwindigkeit $\boldsymbol{u}(r,t) = (0, 0, v(r,t))$ am Rand des Rohres. Wir betrachten die stationäre, also zeitunabhängige, Strömung einer inkompressiblen Flüssigkeit durch das Rohr. Es ist dabei zu erwarten, dass die Strömungsgeschwindigkeit nur vom Abstand zur Rohrachse abhängt. Berechnen Sie das Strömungsprofil $v(r)$ der Flüssigkeit.

Die Navier-Stokes-Gleichung verknüpft hier die z-Komponente der Geschwindigkeit v_z mit dem Druck $p(z)$. Beide Seiten der Differenzialgleichung enthalten Funktionen von verschiedenen Variablen und müssen daher gleich einer Konstanten sein, die durch die Druckdifferenz im Rohr

$$\Delta p = p(z=0) - p(z=\ell) \qquad (27.20)$$

ausgedrückt werden kann.

28 Dissipative Koeffizienten

28.1 Berechnung aus dem Boltzmann-Stoßterm

Zur Berechnung der dissipativen Koeffizienten müssen wir jetzt mit der Boltzmann-Gleichung die Abweichungen von der Gleichgewichtsverteilung berechnen, die durch Gradienten in der Temperatur oder im Strömungsfeld hervorgerufen werden. Der Einfachheit halber greifen wir auf eine Stoßzeitnäherung für das linearisierte Boltzmannsche Stoßintegral zurück, indem wir im Stoßterm alle höheren Eigenfrequenzen durch eine einzige effektive Frequenz $\frac{1}{\tau}$ ersetzen. Wie besprochen, muss man dafür sorgen, dass weiterhin die fünf Erhaltungssätze gelten. Außerdem wollen wir im Folgenden ein klassisches, nichtentartetes Gas betrachten, in dem also stets $1 \gg f_v$ gilt. Mit den fünf Eigenfunktionen ϕ_i mit Eigenwert Null ist die erhaltende Stoßzeitnäherung

$$\mathcal{L}\phi \simeq \frac{1}{\tau}\left(\phi - \sum_{i=0}^{4} \phi_i <\phi_i|\phi>\right), \qquad (28.1)$$

wobei τ eine mittlere Relaxationszeit ist, die etwa die Zeit zwischen zwei Stößen angibt. Wie gezeigt führt diese Bedingung auf eine Relaxation gegen die lokale Gleichgewichtsverteilung f_l, die den Erhaltungsgrößen entspricht:

$$\int d^3v F_i(\boldsymbol{v}) \frac{f(\boldsymbol{v},\boldsymbol{r},t) - f_l(\boldsymbol{v},\boldsymbol{r},t)}{\tau} = 0. \qquad (28.2)$$

Diese lokale (nicht die totale!) Gleichgewichtsverteilung ist für ein ideales klassisches Gas

$$f_l(\boldsymbol{v},\boldsymbol{r},t) = n(\boldsymbol{r},t)\left(\frac{m\beta(\boldsymbol{r},t)}{2\pi}\right)^{\frac{3}{2}} e^{-\beta(\boldsymbol{r},t)\frac{m}{2}(\boldsymbol{v}-\boldsymbol{u}(\boldsymbol{r},t))^2}. \qquad (28.3)$$

Dabei müssen $n(\boldsymbol{r},t)$, $\beta(\boldsymbol{r},t)$ und $\boldsymbol{u}(\boldsymbol{r},t)$ so gewählt werden, dass das Integral verschwindet. Für τ wählen wir die Zeit, die zwischen zwei Stößen vergeht

$$\frac{n_0}{\tau} = \int d^3v\, d^3v_1\, d^3v'\, d^3v'_1\, w(\boldsymbol{v},\boldsymbol{v}_1;\boldsymbol{v}',\boldsymbol{v}'_1) f_0(v) f_0(v_1) \,, \qquad (28.4)$$

da die Endzustände im verdünnten klassischen Gas immer als frei betrachtet werden können. Wir wollen nun näherungsweise die Wärmeleitfähigkeit κ, die Scherviskosität η und die elektrische Leitfähigkeit σ aus der Boltzmann-Gleichung mit Stoßzeitnäherung für ein klassisches Gas berechnen:

1. Wärmeleitfähigkeit

Für die Berechnung der Wärmeleitfähigkeit κ müssen wir die durch ein Temperaturgefälle in z-Richtung gestörte lokale Gleichgewichtsverteilung im Rahmen der Stoßzeitnäherung ermitteln. Aus der Definition (27.9) des dissipativen Wärmestromes folgt

$$\kappa = -\frac{\mu_3 3}{\partial_3 T} = -\frac{1}{\partial_3 T}\int d^3 v\, v_3 \frac{1}{2} m v^2 (f - f_l) \,. \qquad (28.5)$$

Es trägt also nur die durch den Temperaturgradienten hervorgerufene Abweichung der Verteilung von einer homogenen lokalen Gleichgewichtsverteilung zum dissipativen Wärmestrom bei. Wir müssen diese Abweichung der Verteilungsfunktion f von der lokalen Verteilungsfunktion f_l berechnen in Anwesenheit eines Temperaturgefälles in x_3-Richtung. Die vereinfachte Boltzmann-Gleichung ist

$$(\partial_t + v_3 \partial_3) f = -\frac{1}{\tau}(f - f_l) \,. \qquad (28.6)$$

Diese Gleichung vereinfachen wir dadurch, dass wir auf der linken Seite $f \simeq f_l$ setzen. Im stationären Fall erhalten wir dann

$$f - f_l = -\tau v_3 \partial_3 f_l \,. \qquad (28.7)$$

Nun ist

$$\partial_3 f_l = (\partial_T f_0)\partial_3 T + (\partial_n f_0)\partial_3 n \,, \qquad (28.8)$$

wobei f_0 die isotrope Gleichgewichtsverteilung ist

$$f_0 = n_0 \left(\frac{m\beta_0}{2\pi}\right)^{\frac{3}{2}} e^{-\beta_0 \frac{mv^2}{2}} \,. \qquad (28.9)$$

28.1 Berechnung aus dem Boltzmann-Stoßterm

Da aber der Druck in x_3-Richtung konstant sein soll, gilt

$$\partial_3 p = \partial_3(nkT) = kT_0\partial_3 n + kn_0\partial_3 T = 0 \ . \qquad (28.10)$$

Die Ableitung nach der Dichte lässt sich also auch ausdrücken durch die Ableitung nach der Temperatur

$$\partial_3 f_l = \left(\partial_T f_0 - (\partial_n f_0)\frac{n_0}{T_0}\right)\partial_3 T \ . \qquad (28.11)$$

Mit (28.9) findet man für die Ableitung nach T

$$\frac{1}{n_0}\partial_T f_0 = \left(-\frac{3}{2T_0} + \frac{mv^2}{2kT_0^2}\right)\left(\frac{m\beta_0}{2\pi}\right)^{\frac{3}{2}} e^{-\frac{\beta_0 mv^2}{2}} \qquad (28.12)$$

und für die Ableitung nach n

$$\partial_n f_0 = \frac{f_0}{n_0} \ . \qquad (28.13)$$

Nach (28.11) erhalten wir damit für die Ableitung der lokalen Gleichgewichtsverteilung nach x_3

$$\partial_3 f_l = \left(-\frac{5}{2} + \frac{1}{2}mv^2\beta_0\right) f_0 \frac{\partial_3 T}{T_0} \ . \qquad (28.14)$$

Für die Änderung der Verteilung finden wir mit (28.7), also $(f - f_l)/\tau = -v_3\partial_3 f_l$, und (28.14)

$$f - f_l = \frac{\tau}{T_0}v_3\left(\frac{5}{2} - \frac{1}{2}mv^2\beta_0\right) f_0 \partial_3 T \ . \qquad (28.15)$$

Für die Wärmeleitfähigkeit (28.5) ergibt sich

$$\kappa = -\tau \int d^3v\, v_3^2 \frac{mv^2}{2T_0}\left(\frac{5}{2} - \frac{1}{2}mv^2\beta_0\right) f_0$$

$$= -\frac{1}{3}k\tau \int d^3v\, v^2 \frac{1}{2}mv^2\beta_0 \left(\frac{5}{2} - \frac{1}{2}mv^2\beta_0\right) f_0 \ . \qquad (28.16)$$

Mit (28.9) und $x^2 = \frac{1}{2}mv^2\beta_0$ wird κ

$$\kappa = -\frac{1}{3\pi^{\frac{3}{2}}}\frac{2}{m\beta_0}n_0 k\tau 4\pi \int_0^\infty dx\, x^6 \left(\frac{5}{2} - x^2\right) e^{-x^2} \ . \qquad (28.17)$$

Mit den Integralen

$$\int_0^\infty dx\, x^6 e^{-x^2} = \frac{15\pi^{\frac{1}{2}}}{16} \quad \text{und} \quad \int_0^\infty dx\, x^8 e^{-x^2} = \frac{105\pi^{\frac{1}{2}}}{32} \quad (28.18)$$

erhalten wir

$$\kappa = \frac{5}{2}\frac{n_0}{m} k^2 T_0 \tau = \frac{5}{2} n_0 k \frac{3kT_0}{m} \frac{\tau}{3} \; . \quad (28.19)$$

Da für ein ideales Gas $\frac{5}{2}n_0 k = c_p$ und $\frac{1}{2}mv_{th}^2 = \frac{3}{2}kT_0$, gilt mit der mittleren freien Weglänge $\lambda_{th} = v_{th}\tau$

$$\kappa = \frac{1}{3} c_p v_{th} \lambda_{th} \quad (28.20)$$

Wärmeleitfähigkeit

Die Wärmeleitfähigkeit ist also proportional zur spezifischen Wärme bei konstantem Druck, ebenso zur thermischen Geschwindigkeit und zur mittleren freien Weglänge.

2. Scherviskosität

Die Scherviskosität η haben wir aus dem dissipativen Anteil (27.11) des Spannungstensors zu berechnen. Wir gehen aus vom Strömungsprofil $u_1(x_3)$, so dass nur $\partial_3 u_1 \neq 0$. Damit wird die Ableitung der lokalen Gleichgewichtsverteilung mit einer Strömung in x_1-Richtung nach x_3

$$\partial_3 f_l = \partial_{u_1} f_0 \partial_3 u_1 = \beta_0 m (v_1 - u_1) f_0 \partial_3 u_1 \; . \quad (28.21)$$

wobei f_0 die Gleichgewichtsverteilung in Anwesenheit einer Strömung ist

$$f_0 = n_0 \left(\frac{m\beta_0}{2\pi}\right)^{\frac{3}{2}} e^{-\beta_0 \frac{1}{2}mc^2} \; . \quad (28.22)$$

Die stationäre Boltzmann-Gleichung ist dann

$$f - f_l = -\tau m v_3 \beta_0 (v_1 - u_1) f_0 \partial_3 u_1 \; . \quad (28.23)$$

Damit erhalten wir mit der Relativgeschwindigkeit $\boldsymbol{c} = \boldsymbol{v} - \boldsymbol{u}$ nach (27.11)

$$\eta = -\frac{\tau_{3,1}}{\partial_3 u_1} \tag{28.24}$$

$$= -\frac{m}{\partial_3 u_1} \int d^3 v\, c_3 c_1 (f - f_l) = m^2 \tau \beta_0 \int d^3 v\, c_3 (c_3 + u_3) c_1^2 f_0 ,$$

oder

$$\eta = m^2 \tau \beta_0 \int d^3 c\, c_1^2 c_3^2 f_0(c) . \tag{28.25}$$

In kartesischen Koordinaten erhalten wir

$$\eta = m^2 \tau \beta_0 n_0 \left(\frac{m\beta_0}{2\pi}\right)^{\frac{3}{2}} \int dc_1 c_1^2 e^{-\beta_0 \frac{mc_1^2}{2}} \tag{28.26}$$

$$\times \int dc_2 e^{-\beta_0 \frac{1}{2} mc_2^2} \int dc_3 c_3^2 e^{-\beta_0 \frac{mc_3^2}{2}} .$$

Die Integrale liefern die Scherviskosität η als

$$\eta = m^2 \beta_0 n_0 \tau \left(\frac{v_{th}^2}{3}\right)^2 = \frac{m v_{th}^2}{2} \frac{2}{3kT_0} \frac{1}{3} m v_{th} n_0 v_{th} \tau . \tag{28.27}$$

Die ersten Faktoren kompensieren sich. Mit der freien Weglänge $\lambda_{th} = v_{th} \tau$ erhält man schließlich

$$\eta = \frac{1}{3} n_0 m v_{th} \lambda_{th} \tag{28.28}$$

Scherviskosität

Die durch die Massendichte geteilte Viskosität ν (siehe (27.18)) ist damit $\nu = \frac{1}{3} v_{th} \lambda_{th}$.

3. Elektrische Leitfähigkeit

Nach demselben Verfahren, mit dem wir die dissipativen Koeffizienten der Hydrodynamik berechnet haben, können wir die elektrische Leitfähigkeit σ als dissipativen Koeffizienten der Elektrodynamik berechnen. Diese endliche Leitfähigkeit, zum Beispiel im Gas der freien Elektronen eines dotierten Halbleiters, kann durch die Elektron-Phonon-Streuung bedingt sein. Die Relaxationszeit τ ist also durch diesen Streuprozess bestimmt. Die statische elektrische Leitfähigkeit σ wird eingeführt durch die Beziehung

$$j = \sigma E \qquad (28.29)$$

zwischen der elektrischen Stromdichte j und dem elektrischen Feld E. Die endliche Stromdichte ist wieder durch eine feldinduzierte Abweichung von der homogenen lokalen Verteilung bedingt

$$j_3 = e \int d^3v\, v_3 \big(f(\boldsymbol{v}) - f_l(v)\big) \; . \qquad (28.30)$$

Die stationäre Boltzmann-Gleichung in der Stoßzeitnäherung ist

$$\frac{eE_3}{m}\partial_{v_3} f = -\frac{1}{\tau}\big(f(\boldsymbol{v}) - f_l(v)\big) \qquad (28.31)$$

oder

$$f - f_l = -\tau \frac{eE_3}{m}\partial_{v_3} f_l = \tau \beta_0 v_3 f_0 e E_3 \; . \qquad (28.32)$$

Damit wird die Leitfähigkeit

$$\sigma = \frac{j_3}{E_3} = \frac{2e}{m}\tau\beta_0 \int d^3v\, \frac{mv_3^2}{2} f_0(v) \qquad (28.33)$$

oder

$$\boldsymbol{\sigma = \frac{e}{m} n_0 \tau} \qquad (28.34)$$

Elektrische Leitfähigkeit

Sowohl die thermische wie elektrische Leitfähigkeit als auch die Scherviskosität wachsen mit zunehmender Relaxationszeit τ, also abnehmender Streuhäufigkeit, linear an.

28.2 Aufgaben

28.1. Dispersion und Absorption von Schallwellen

a) Berechnen Sie aus der Navier-Stokes-Gleichung und der Kontinuitätsgleichung die Wellengleichung von Stokes für gedämpfte, longitudinale Schallwellen:

$$\left(\partial_t^2 - c_s^2 \partial_x^2 - \frac{4\eta}{3n_0 m}\partial_x^2 \partial_t\right) u_x = 0 \ . \tag{28.35}$$

b) Verwenden Sie den Ansatz

$$k = \frac{\omega}{c(\omega)} + i\frac{\alpha(\omega)}{2} \ , \tag{28.36}$$

um die Schallgeschwindigkeit $c(\omega)$ und die Absorption $\alpha(\omega)$ zu berechnen.

29 Chapman-Enskog-Verfahren

Wir wollen nun zum Abschluss eine Methode zur Lösung der linearisierten Boltzmann-Gleichung besprechen, die es erlaubt, über die einfache Stoßzeitnäherung hinauszugehen. Die Lösung der Boltzmann-Gleichung erfordert die Angabe von Anfangs- und Randbedingungen. Im hydrodynamischen Bereich kann man statt dessen $n(\boldsymbol{r},t)$, $\boldsymbol{u}(\boldsymbol{r},t)$ und $T(\boldsymbol{r},t)$ vorgeben und $f(\boldsymbol{r},\boldsymbol{v},t)$ berechnen. Nach Chapman und Enskog wird dieses Programm iterativ durchgeführt, indem man die lokale Gleichgewichtsverteilung $f_l(\boldsymbol{r},\boldsymbol{v},t)$ als nullte Näherung benutzt. Über die Transportgleichung erhält man zugleich auf jeder Stufe der Näherung die zugehörigen hydrodynamischen Gleichungen.

Wir werden uns auch hier auf ein nichtentartetes klassisches Gas beschränken. In diesem Fall gilt für die normierte Abweichung $\phi f_0 = \delta f$, sie genügt - wie schon im Kapitel 21 besprochen - folgender linearisierten Boltzmann-Gleichung

$$(\partial_t + \boldsymbol{v} \cdot \nabla_r)\phi - \beta_0 \boldsymbol{v} \cdot \boldsymbol{K} = -\mathcal{L}\phi \ . \tag{29.1}$$

Wir zerlegen die normierte Auslenkung in die Projektion von ϕ auf die fünf Eigenfunktionen ϕ_i mit Eigenwert Null und einen zunächst unbekannten Rest φ_r:

$$\phi = \varphi_0 + \varphi_r, \text{ wobei } \varphi_0 = \sum_{i=0}^{4} <\phi|\phi_i> \phi_i = \sum_{i=0}^{4} F_i(\boldsymbol{r},t)\phi_i(v) \ . \tag{29.2}$$

Für ein klassisches Gas vereinfacht sich das Skalarprodukt zu

$$<\psi|\phi> = \int d^3v f_0(v)\psi(\boldsymbol{v})\phi(\boldsymbol{v}) \ . \tag{29.3}$$

Daher ist

$$<\phi|\phi_i> = \int d^3v\, \delta f(\mathbf{r}, \mathbf{v}, t)\phi_i(\mathbf{v}) = F_i(\mathbf{r}, t) \ . \tag{29.4}$$

Für $F_0(\mathbf{r}, t)$ ergibt sich mit $\phi_0(v) = n_0^{-\frac{1}{2}}$

$$F_0 = \int d^3v \bigl(f(\mathbf{r}, \mathbf{v}, t) - f_0(v)\bigr) n_0^{-\frac{1}{2}} = n_0^{-\frac{1}{2}} \bigl(n(\mathbf{r}, t) - n_0\bigr) \ . \tag{29.5}$$

Für $F_i(\mathbf{r}, t)$ mit $i = 1, 2, 3$ ergibt sich mit $\phi_i(v) = \left(\frac{n_0}{m\beta_0}\right)^{-\frac{1}{2}} v_i$

$$F_i = \int d^3v\, \delta f(\mathbf{r}, \mathbf{v}, t) \left(\frac{m\beta_0}{n_0}\right)^{\frac{1}{2}} v_i = \left(\frac{m\beta_0}{n_0}\right)^{\frac{1}{2}} n(\mathbf{r}, t) u_i(\mathbf{r}, t) \ . \tag{29.6}$$

Für $F_4(\mathbf{r}, t)$ erhalten wir mit $\phi_4(v) = \left(\frac{2}{3n_0}\right)^{\frac{1}{2}} \left(\beta_0 \frac{1}{2}mv^2 - \frac{3}{2}\right)$ schließlich

$$\begin{aligned}F_4(\mathbf{r}, t) &= \int d^3v\, \delta f(\mathbf{r}, v, t) \left(\frac{2}{3n_0}\right)^{\frac{1}{2}} \left(\frac{\beta_0 mv^2}{2} - \frac{3}{2}\right) \\ &= \left(\frac{3}{2n_0}\right)^{\frac{1}{2}} n(\mathbf{r}, t) \frac{T(\mathbf{r}, t) - T_0}{T_0} \ .\end{aligned} \tag{29.7}$$

Damit ist also φ_0

$$\varphi_0 = \frac{\delta n(\mathbf{r}, t)}{n_0} + \frac{n(\mathbf{r}, t)}{n_0}\frac{m\mathbf{v}\cdot\mathbf{u}(\mathbf{r}, t)}{kT_0} + \frac{n(\mathbf{r}, t)}{n_0}\frac{\delta T(\mathbf{r}, t)}{T_0}\left(\frac{\beta_0 mv^2}{2} - \frac{3}{2}\right) \ . \tag{29.8}$$

Andererseits ist die lokale Gleichgewichtsfunktion ϕ_l in linearer Näherung

$$\phi_l = \frac{f_l - f_0}{f_0} = \frac{\delta n(\mathbf{r}, t)}{n_0} + \frac{m\mathbf{v}\cdot\mathbf{u}(\mathbf{r}, t)}{kT_0} + \frac{\delta T(\mathbf{r}, t)}{T_0}\left(\frac{\beta_0 mv^2}{2} - \frac{3}{2}\right) \ . \tag{29.9}$$

Das ist aber die linearisierte Form von φ_0, das heißt $\mathcal{L}\varphi_0 = 0$. Setzen wir $\phi = \varphi_0 + \varphi_r$ in die Boltzmann-Gleichung ein, so entsteht

$$\bigl(\partial_t + \mathbf{v}\cdot\nabla_r\bigr)\varphi_0 + \bigl(\partial_t + \mathbf{v}\cdot\nabla_r + \mathcal{L}\bigr)\varphi_r - \beta\mathbf{v}\cdot\mathbf{K} = 0 \ . \tag{29.10}$$

29.1 Chapman-Enskog-Entwicklung

Bei hinreichend kleinen räumlichen und zeitlichen Änderungen und einer genügend kleinen Störung kann man nun eine störungstheoretische Entwicklung vornehmen. Dabei nehmen wir an, dass wir im hydrodynamischen Limes $\omega\tau \ll 1$ sind, dass also die zeitlichen Änderungen innerhalb einer Stoßzeit sehr klein sind. Außerdem sollen die räumlichen Änderungen klein innerhalb einer freien Weglänge sein, $\frac{\lambda_{th}}{d} = Kn \ll 1$, wobei d eine für die räumlichen Änderungen der Verteilung charakteristische Länge ist und $\lambda_{th} = v_{th}\tau$. Man nennt Kn die Knudsen-Zahl. Mit dem Kleinheitsparameter λ ist unter diesen Bedingungen

$$\Big(\lambda\big(\partial_t + \boldsymbol{v}\cdot\nabla_r\big) + \mathcal{L}\Big)\varphi_r = -\lambda\big(\partial_t + \boldsymbol{v}\cdot\nabla_r\big)\varphi_0 + \lambda\beta\boldsymbol{v}\cdot\boldsymbol{K} \ . \quad (29.11)$$

Dann löst man diese Gleichung mit dem Ansatz

$$\varphi_r = \sum_{n=1}^{\infty} \lambda^n \varphi_r^{(n)} \ . \quad (29.12)$$

Wir wollen uns hier mit der niedersten Näherung, das heißt mit der Ordnung λ, zufrieden geben:

$$\mathcal{L}\varphi_r^{(1)} = -\big(\partial_t + \boldsymbol{v}\cdot\nabla_r\big)\varphi_0 + \beta\boldsymbol{v}\cdot\boldsymbol{K} \ . \quad (29.13)$$

Multiplizieren wir diese Gleichung von links mit $<\phi_i|$, so entsteht auf der linken Seite:

$$<\phi_i \mid \mathcal{L}\varphi_r^{(1)}> = <\mathcal{L}\phi_i \mid \varphi_r^{(1)}> = 0 \ . \quad (29.14)$$

Damit erhalten wir als Integrabilitätsbedingungen für die Integralgleichung (29.13)

$$<\phi_i|(\partial_t + \boldsymbol{v}\cdot\nabla)\varphi_0> - \beta\boldsymbol{K}\cdot<\phi_i|\boldsymbol{v}> = 0, \quad i = 0,\ldots,4 \ . \quad (29.15)$$

Diese fünf Gleichungen sind die Integrabilitätsbedingungen für die inhomogene Integralgleichung. In linearisierter Form sind dies gerade die hydrodynamischen Gleichungen ohne Dissipation (mit $p = nkT$)

$$\partial_t n = -n_0 \partial_i u_i \, ,$$
$$m n_0 \partial_t u_i = -\partial_i p + n_0 K_i \, ,$$
$$\partial_t T = -\frac{2}{3} T_0 \partial_i u_i \qquad (29.16)$$

Linearisierte hydrodynamische Gleichungen ohne Dissipation

Mit diesen Gleichungen eliminieren wir die Zeitableitungen $\partial_t \varphi_0$ auf der rechten Seite von (29.13) und erhalten

$$-\mathcal{L}\varphi_r^{(1)} = \frac{\partial_i T(\boldsymbol{r},t)}{T_0} v_i \left(\frac{\beta_0 m v^2}{2} - \frac{5}{2}\right) + \beta_0 m \partial_i u_j(\boldsymbol{r},t)\left(v_i v_j - \frac{\delta_{i,j}}{3} v^2\right) . \qquad (29.17)$$

Damit muss $\varphi_r^{(1)}$ folgende Struktur haben

$$-\varphi_r^{(1)} = \frac{\partial_i T(\boldsymbol{r},t)}{T_0} \chi_i + \beta_0 m \partial_i u_j \chi_{i,j} \, . \qquad (29.18)$$

Die beiden Anteile χ_i und $\chi_{i,j}$ genügen folgenden Gleichungen:

$$\mathcal{L}\chi_i = \left(\beta_0 \frac{1}{2} m v^2 - \frac{5}{2}\right) v_i \qquad (29.19)$$

und

$$\mathcal{L}\chi_{i,j} = \left(v_i v_j - \frac{1}{3} \delta_{i,j} v^2\right) \, . \qquad (29.20)$$

Wegen der Drehinvarianz von $\mathcal{L}$ muss sein

$$\chi_i = A(v) v_i \quad \text{und} \quad \chi_{i,j} = B(v)\left(v_i v_j - \frac{1}{3}\delta_{i,j} v^2\right) \, . \qquad (29.21)$$

Damit ist

$$\varphi_r^{(1)} = -\frac{\partial_i T}{T_0} A(v) v_i - \partial_i u_j m \beta_0 B(v) \left(v_i v_j - \frac{1}{3} \delta_{i,j} v^2\right) \, . \qquad (29.22)$$

29.2 Dissipative Koeffizienten

Greifen wir auf die Definition des dissipativen Spannungstensors und des Wärmestroms q_i zurück, so erhalten wir

$$\tau_{i,j} = m \int d^3v v_i v_j (f - f_l) = m <v_i v_j | \varphi_r>$$

$$= -m^2 \beta_0 \partial_k u_l \int d^3 v f_0(v) v_i v_j \left(v_k v_l - \frac{1}{3}\delta_{k,l}v^2\right) B(v)$$

$$= -\eta \left(\partial_i u_j + \partial_j u_i - \frac{2}{3}\delta_{i,j}\partial_l u_l\right) . \qquad (29.23)$$

Speziell gilt $\tau_{1,3} = -\eta \partial_3 u_1$ mit $\boldsymbol{u} = \bigl(u_1(x_3),\, 0,\, 0\bigr)$, also

$$\eta = m^2 \beta_0 \int d^3 v f_0(v) v_1^2 v_3^2 B(v) , \qquad (29.24)$$

oder wie man in Polarkoordinaten (siehe Aufgabe 29.2) zeigt

$$\boldsymbol{\eta = \frac{m^2 \beta_0}{15} \int d^3 v f_0(v) v^4 B(v)} \qquad (29.25)$$

Scherviskosität

Durch einen Vergleich mit der entsprechenden Stoßzeitnäherung (28.27) sieht man, dass dort einfach die Funktion $B(v)$ durch die Stoßzeit τ ersetzt wurde.

Der dissipative Wärmestrom ist

$$q_i = \int d^3 v_i \frac{1}{2} m v^2 (f - f_l) = <v_i \frac{1}{2}mv^2 | \varphi_r>$$

$$= -\frac{\partial_j T}{T_0} \int d^3 v f_0(v) \frac{1}{2} m v^2 v_j v_i A(v) = -\kappa \partial_i T , \qquad (29.26)$$

also

$$\kappa = \frac{m}{6T_0} \int d^3v f_0(v) v^4 A(v) \qquad (29.27)$$

Wärmeleitfähigkeit

Ein Vergleich dieses Ergebnisses mit dem der Stoßzeitnäherung (28.19) zeigt, dass dort ebenfalls die Funktion $A(v)$ durch die Stoßzeit ersetzt wurde.

29.3 Variationsprinzip

Schließlich lassen sich die beiden noch unbekannten Funktionen $A(v)$ und $B(v)$ aus einem Variationsprinzip bestimmen. Dazu schreiben wir die Integralgleichungen

$$\mathcal{L}\chi = \psi \qquad (29.28)$$

mit

$$\psi = v_1 v_3, \quad \text{und} \quad \psi = v_3 \left(\beta_0 \frac{1}{2} m v^2 - \frac{5}{2}\right) . \qquad (29.29)$$

Dann ist

$$\eta = \beta_0 m^2 <\chi \mid \psi> \quad \text{und} \quad \kappa = k <\chi \mid \psi + \frac{5}{2} v_3> . \qquad (29.30)$$

Betrachtet man nun das Funktional

$$F[\tilde{\chi}] = 2 <\tilde{\chi} \mid \psi> - <\tilde{\chi}\mid \mathcal{L}\mid \tilde{\chi}> \qquad (29.31)$$

mit $\tilde{\chi} = \chi + \delta\chi$, so ist

$$\begin{aligned}F[\tilde{\chi}] &= 2<\chi|\psi> - <\chi|\mathcal{L}|\chi> + 2<\delta\chi|(\psi - \mathcal{L}\chi)> - <\delta\chi|\mathcal{L}|\delta\chi>\\ &= 2<\chi|\psi> - <\chi|\mathcal{L}|\chi> \quad + \quad 0 \quad - \quad <\delta\chi|\mathcal{L}|\delta\chi>\\ &= F[\chi] - \qquad <\delta\chi|\mathcal{L}|\delta\chi> .\end{aligned} \qquad (29.32)$$

Da man von $F[\chi]$ nach (29.32) etwas Positives abzieht, um $F[\tilde{\chi}]$ zu bekommen, gilt die Ungleichung

$$F[\tilde{\chi}] \leq F[\chi] . \qquad (29.33)$$

29.3 Variationsprinzip

Das Funktional F ist für die exakte Lösung der Integralgleichung ein Maximum. Wählt man mit dem Variationsparameter ζ die Funktion $\tilde{\chi} = \zeta\psi$ (dies wäre exakt, wenn ψ Eigenfunktion zu $\mathcal{L}$ wäre), so folgt

$$\frac{\partial}{\partial \zeta}\left(2\zeta <\psi|\psi> -\zeta^2 <\psi|\mathcal{L}|\psi>\right) = 2<\psi|\psi> -2\zeta<\psi|\mathcal{L}|\psi> = 0 \tag{29.34}$$

oder

$$\zeta_{max} = \frac{<\psi|\psi>}{<\psi|\mathcal{L}|\psi>} \ . \tag{29.35}$$

Dann ist $\tilde{\chi} \simeq \zeta_{max}\psi$. Damit erhalten wir folgende Transportkoeffizienten

$$\eta = \beta_0 m^2 \frac{|<\psi|\psi>|^2}{<\psi|\mathcal{L}|\psi>} \quad \text{mit} \quad \psi = v_1 v_3 \ , \tag{29.36}$$

$$\kappa = k \frac{|<\psi|\psi>|^2}{<\psi|\mathcal{L}|\psi>} \quad \text{mit} \quad \psi = v_3\left(\frac{\beta_0 m v^2}{2} - \frac{5}{2}\right) \tag{29.37}$$

Transportkoeffizienten

Auch diese Ergebnisse lassen sich wieder in der Form einer Stoßzeitnäherung schreiben mit der effektiven Stoßzeit

$$\tau_{eff} = \frac{<\psi|\psi>}{<\psi|\mathcal{L}|\psi>} \ . \tag{29.38}$$

Diese effektive Stoßzeit ist jetzt aber im Allgemeinen für η und κ verschieden.

Die Auswertung der Integrale für ein Lennard-Jones-Potenzial ergibt gute Übereinstimmung mit Experimenten an Edelgasen für die Viskosität $\eta(T)$ und die Wärmeleitfähigkeit $\kappa(T)$ im hydrodynamischen Bereich. Treibt man die Berechnung von φ_r (siehe Gleichung (29.11)) in die nächsthöhere Ordnung, so ergeben sich auch verbesserte hydrodynamische Gleichungen. Statt der Navier-Stokes-Gleichung und der Wärmeleitungsgleichung erhält man in zweiter Näherung die sogenannten Burnett-Gleichungen und in dritter Näherung schließlich Super-Burnett-Gleichungen. Die stets verbesserten Näherungen entsprechen einer Entwicklung der Transportkoeffizienten nach wachsenden Potenzen von $\omega\tau$. Diese höheren Näherungen sind dann wichtig, wenn nicht mehr $\omega\tau \ll 1$ gilt. Allerdings sind diese Gleichungen so komplex, dass über ihre Bedeutung relativ wenig bekannt ist.

29.4 Aufgaben

29.1. Integrabilitätsbedingungen

Zeigen Sie explizit mit (29.8) und den fünf Eigenfunktionen des Stoßoperators ϕ_i, dass aus (29.15) die hydrodynamischen Gleichungen (29.16) folgen.

29.2. Integrationen für Scherviskosität

Zeigen Sie in Polarkoordinaten, dass aus (29.24) der Ausdruck (29.25) folgt.

A Erzeugungs- und Vernichtungsoperatoren für Fermionen

A.1 Symmetrie des Vielteilchenzustands

Im Anhang wollen wir eine kurze Einführung in die Behandlung von Vielteilchensystemen mit der Methode der Erzeugungs- und Vernichtungsoperatoren geben. Als wichtiges Beispiel wollen wir N Elektronen behandeln. Die stationäre Schrödinger-Gleichung für die Vielteilchenwellenfunktion $\psi(x_1, x_2, \cdots, x_N)$ ist (wir schreiben die Vektornotation der Teilchnenkoordinaten zur Vereinfachung nicht aus):

$$\left(\sum_{i=1}^{N}\left(-\frac{\hbar^2 \nabla_i^2}{2m} + V(x_i)\right) + V(x_1, x_2, \cdots, x_N)\right)\psi(x_1, x_2, \cdots, x_N)$$
$$= E\psi(x_1, x_2, \cdots, x_N) \ . \qquad (A.1)$$

Das Potenzial $V(x_i)$ ist ein Einteilchenpotenzial, während die Funktion $V(x_1, x_2, \cdots, x_N)$ zunächst noch ein ganz allgemeines Wechselwirkungspotenzial ist. Betrachten wir nur Paarwechselwirkungen der Teilchen untereinander, so ist

$$V(x_1, x_2, \cdots, x_N) = \frac{1}{2}\sum_{i \neq j} V(x_i - x_j) \ , \qquad (A.2)$$

wobei $V(x_i - x_j)$ für ein Elektronensystem zum Beispiel die Coulomb-Wechselwirkung zwischen dem i−ten und j-ten Elektron ist. Um eine handhabbare Darstellung der Vielteilchenwellenfunktion zu erhalten, kann man sie sich nach Produktzuständen von Einteilcheneigenfunktionen entwickelt denken. Ein solcher Produktzustand hat die Form

$$\psi(x_1, x_2, \cdots, x_N) = \psi_{n_1}(x_1)\psi_{n_2}(x_2)\cdots\psi_{n_N}(x_N) \ . \qquad (A.3)$$

Hier sind $\psi_{n_i}(x_i)$ Eigenfunktionen des i-ten Teilchens mit der Quantenzahl n_i

$$\left(-\frac{\hbar^2 \nabla_i^2}{2m} + V(x_i)\right) \psi_{n_i}(x_i) = E_{n_i} \psi_{n_i}(x_i) \ . \tag{A.4}$$

Der Vielteilchen-Hamilton-Operator von N identischen Teilchen (siehe A.1) ändert sich nicht unter der Vertauschung zweier beliebiger Teilchenkoordinaten. Man kann eine solche Vertauschung mit einem Permutationsoperator P darstellen. Zum Beispiel gilt für eine Funktion $f(x_1, x_2)$, die sich unter einer Permutation nicht ändert, $P_{1,2} f(x_1, x_2) = f(x_2, x_1) = f(x_1, x_2)$. Für den Hamilton-Operator, der ja noch auf eine Wellenfunktion angewandt wird, gilt die Operatorrelation

$$\text{PH} = \text{HP} \quad \text{oder} \quad [\text{P}, \text{H}] := \text{PH} - \text{HP} = 0 \ . \tag{A.5}$$

Wir sagen kurz: H vertauscht mit P. Ein allgemeiner Satz der Quantenmechanik sagt aber, dass die Eigenfunktionen von zwei vertauschbaren Operatoren stets so gewählt werden können, dass sie gleichzeitig Eigenfunktionen von beiden Operatoren sind. Die Eigenfunktionen eines Vielteilchen-Hamilton-Operators sind also gleichzeitig Eigenfunktionen des Permutationsoperators P. Wir illustrieren das für zwei Teilchen

$$P_{1,2} \psi(x_1, x_2) = \lambda \psi(x_1, x_2) \ . \tag{A.6}$$

Wenden wir den Operator zweimal an, so entsteht wieder die ursprüngliche Funktion:

$$P_{1,2}^2 \psi(x_1, x_2) = \psi(x_1, x_2) = \lambda^2 \psi(x_1, x_2) \ . \tag{A.7}$$

Also ist der Eigenwert $\lambda = \pm 1$. Mit $+1$ sind die Wellenfunktionen symmetrisch in Bezug auf die Permutation zweier Teilchenkoordinaten, mit -1 sind sie antisymmetrisch: $P_{1,2} \psi(x_1, x_2) = \psi(x_2, x_1) = -\psi(x_1, x_2)$. Es zeigt sich, dass Systeme von Teilchen mit ganzzahligem Spin (in Einheiten von $\hbar$), Bosonen genannt, symmetrische Vielteilchenwellenfunktionen besitzen, während Systeme von Teilchen mit halbzahligem Spin, also Fermionen, durch antisymmetrische Funktionen beschrieben werden. Für ein System identischer Fermionen muss also der Produktzustand (A.3)

A.1 Symmetrie des Vielteilchenzustands

antisymmetrisiert werden. Man überzeugt sich leicht, dass es für 3 Teilchen 3! Permutationen der Koordinaten gibt. Für N Teilchen gibt es $N!$ Permutationen. Daher bilden wir eine antisymmetrische Produktfunktion wie folgt

$$\psi_A = \frac{1}{\sqrt{N!}} \sum_{\nu=1}^{N!} (-1)^\nu P_\nu \psi_{n_1}(x_1)\psi_{n_2}(x_2) \cdots \psi_{n_N}(x_N)$$
$$=: \sqrt{N!} A \psi_{n_1}(x_1)\psi_{n_2}(x_2) \cdots \psi_{n_N}(x_N) \ , \quad (A.8)$$

wobei A der Antisymmetrisierungsoperator ist:

$$A = \frac{1}{N!} \sum_{1}^{N!} (-1)^\nu P_\nu \ . \quad (A.9)$$

Für drei Teilchen erhält man zum Beispiel explizit

$$\psi_A = \frac{1}{\sqrt{3!}} \Big(+\psi_{n_1}(x_1) \Big(\psi_{n_2}(x_2)\psi_{n_3}(x_3) - \psi_{n_2}(x_3)\psi_{n_3}(x_2) \Big)$$
$$- \psi_{n_1}(x_2) \Big(\psi_{n_2}(x_1)\psi_{n_3}(x_3) - \psi_{n_2}(x_3)\psi_{n_3}(x_1) \Big)$$
$$+ \psi_{n_1}(x_3) \Big(\psi_{n_2}(x_1)\psi_{n_3}(x_2) - \psi_{n_2}(x_2)\psi_{n_3}(x_1) \Big) \Big) \ . \quad (A.10)$$

Das lässt sich gerade als eine Slater-Determinante schreiben

$$\psi_A = \frac{1}{\sqrt{3!}} \begin{vmatrix} \psi_{n_1}(x_1) & \psi_{n_1}(x_2) & \psi_{n_1}(x_3) \\ \psi_{n_2}(x_1) & \psi_{n_2}(x_2) & \psi_{n_2}(x_3) \\ \psi_{n_3}(x_1) & \psi_{n_3}(x_2) & \psi_{n_3}(x_3) \end{vmatrix} \ . \quad (A.11)$$

Etwas eleganter lässt sich der Apparat der Vielteilchentheorie darstellen, wenn man zur Dirac-Vektordarstellung übergeht. Ein Einteilchenzustand n_i wird durch einen Einheitsvektor in einem unendlichdimensionalen Vektorraum, dem Hilbert-Raum, dargestellt. Wir bezeichnen den Vektor als $|n_i>$ und definieren das Skalarprodukt als $<n_j|n_i> = \delta_{i,j}$, wobei $<n_i|$ der zu $|n_i>$ adjungierte Vektor ist. Mit Dirac nennen wir $<n_i|$ einen Bra-Vektor und $|n_i>$ einen Ket-Vektor. Das Skalarprodukt ist dann gerade ein „bracket", also eine Klammer. Jeder Zustand, der durch einen beliebigen Dirac-Vektor $|\alpha>$ dargestellt ist, lässt sich nun nach den Einheitsvektoren $|n_i>$ entwickeln: $|\alpha> = \sum_i \alpha_i |n_i>$, wobei $\alpha_i = <n_i|\alpha>$ eine komplexe Zahl ist. Die Vollständigkeit der Vektoren ist gegeben durch $\sum_i |n_i><n_i| = 1$. Die Schrödinger-Wellenfunktion ist nun nur eine spezielle Darstellung des Zustands $|n_i>$, nämlich seine Ortsraumdarstellung: $\psi_{n_i}(x) = <x|n_i>$. Statt mit den expliziten Wellenfunktionen zu arbeiten, kann man daher häufig mit den abstrakten Zustandsvektoren $|n_i>$ arbeiten und dann, falls gewünscht, die Orstraumdarstellung zu jedem Zeitpunkt durch Multiplikation des Zustandes mit dem Bra-Vektor $<x|$ gewinnen.

Wir gehen nun zur Hilbert-Raum-Darstellung unserer Vielteilchenzustände über.

$$|1k_1, 2k_2, \cdots, Nk_N> = |1k_1>|2k_2> \cdots |Nk_N> . \qquad (A.12)$$

Dabei bedeutet $|1k_1>$, dass Teilchen 1 im Zustand k_1 ist etc. Mit Hilfe des Antisymmetrisierungsoperators A (A.9) machen wir aus dem Produktzustand einen antisymmetrisierten Vektor.

$$|k_1, k_2, \cdots, k_N>_A = B_N A |1k_1, \cdots, Nk_N> . \qquad (A.13)$$

Wichtig ist, dass der Antisymmetrisierungsoperator A ein Projektionsoperator ist, das heißt es gilt:

$$A^2 = A \quad \text{und} \quad A^\dagger = A. \qquad (A.14)$$

Um das zu sehen, bilden wir zunächst

$$P_{\nu'} A = \frac{1}{N!} \sum_\nu (-1)^\nu P_{\nu'} P_\nu = \frac{1}{N!} \sum_\nu (-1)^\nu P_{\nu'+\nu} = (-1)^{\nu'} A . \qquad (A.15)$$

Dann gilt also

$$A^2 = \frac{1}{N!} \sum (-1)^\nu P_\nu A = \frac{1}{N!} \sum_1^{N!} A = A . \qquad (A.16)$$

Der antisymmetrisierte Produktzustand soll normiert sein:

$$\begin{aligned}
1 &= B_N^2 <A1k_1, \cdots, Nk_N | A1k_1, \cdots, Nk_N> \\
&= B_N^2 <1k_1, \cdots, Nk_N | A^2 | 1k_1, \cdots, Nk_N> \\
&= B_N^2 <1k_1, \cdots, Nk_N | \frac{1}{N!} \sum (-1)^\nu P_\nu | 1k_1, \cdots, Nk_N> \\
&= \frac{B_N^2}{N!} = 1 , \quad \text{also} \quad B_N = \sqrt{N!} .
\end{aligned} \qquad (A.17)$$

A.1 Symmetrie des Vielteilchenzustands

Wir können nun beliebige Fermionenzustände nach diesen antisymmetrischen Basisvektoren entwickeln. Ein beliebiger Zustand $|\alpha>$ wird zuerst nach den Produktvektoren entwickelt. Mit der Vollständigkeitsrelation der Produktzustands-Hilbert-Raum-Vektoren wird

$$|\alpha> = \sum_{k_i} |1k_1, 2k_2, \cdots, Nk_N><1k_1, 2k_2, \cdots, Nk_N|\alpha> \ . \tag{A.18}$$

Wählt man für $|\alpha>$ einen antisymmetrischen Zustand $A|\alpha> = |\alpha>_A$, so gilt:

$$\begin{aligned} A|\alpha> &= \sum |1k_1, \cdots, Nk_N><1k_1, \cdots, Nk_N|A\alpha> \\ &= \sum |1k_1, \cdots, Nk_N><1k_1, \cdots, Nk_N|A^2\alpha> \\ &= \sum |1k_1, \cdots, Nk_N><Ak_1, \cdots, Nk_N|A\alpha> \ .\end{aligned} \tag{A.19}$$

Multiplizieren wir diese Gleichung von links mit A, so wird

$$A^2|\alpha> = A|\alpha> = \sum A|1k_1, \cdots, Nk_N><A1k_1, \cdots, Nk_N|A\alpha> \tag{A.20}$$

oder mit (A.17) und (A.18)

$$|\alpha>_A = \frac{1}{N!} \sum |k_1, \cdots, k_N>_A \ _A<k_1, \cdots, k_N|\alpha>_A \ . \tag{A.21}$$

Wir erhalten die Vollständigkeitsrelation im Raum der antisymmetrisierten Vielteilchenvektoren

$$1 = \frac{1}{N!} \sum |k_1, k_2, \cdots, k_N>_A \ _A<k_1, k_2, \cdots, k_N|$$
(A.22)

**Vollständigkeitsrelation
der antisymmetrisierten Zustände**

A.2 Fock-Raum

Von der Einschränkung, einen Zustand mit genau N Teilchen zu haben, kann man sich lösen, indem man einen größeren Vektorraum aus Zuständen mit $0, 1, 2, 3, \cdots \infty$ Teilchen, nämlich den Fock-Raum, aufbaut. Dabei sollen die Basisvektoren zu verschiedenen Teilchenzahlen aufeinander senkrecht stehen

$$|0>, \quad |k_1>, \quad |k_1, k_2>_A, \quad |k_1, k_2, k_3>_A, \quad \cdots \qquad (A.23)$$

mit zum Beispiel

$$<0|k_1> = 0, \quad <k_1'|k_1, k_2>_A = 0, \quad \cdots . \qquad (A.24)$$

Dann gilt für einen Zustand mit beliebiger Teilchenzahl

$$|\alpha>_A = |0><0|\alpha>_A + \sum_{k_1} |k_1><k_1|\alpha>_A \qquad (A.25)$$

$$+ \frac{1}{2!} \sum_{k_1, k_2} |k_1, k_2>_{A\ A}<k_1, k_2|\alpha>_A + \cdots .$$

Wir verknüpfen die Zustände zu verschiedenen Teilchenzahlen durch Einführen von Erzeugungsoperatoren für Fermionen

$$|k> = a_k^\dagger |0> \quad \text{oder} \quad |k_1, k_2>_A = a_{k_1}^\dagger a_{k_2}^\dagger |0> = a_{k_1}^\dagger |k_2> . \qquad (A.26)$$

Der Operator $a_k^\dagger$ erzeugt also ein Fermion im Zustand k. Aus der Antisymmetrie der Zustände folgt sofort:

$$a_{k_1}^\dagger a_{k_2}^\dagger = -a_{k_2}^\dagger a_{k_1}^\dagger \quad \text{oder} \quad [a_{k_1}^\dagger, a_{k_2}^\dagger]_+ := a_{k_1}^\dagger a_{k_2}^\dagger + a_{k_2}^\dagger a_{k_1}^\dagger = 0 . \qquad (A.27)$$

Es ist insbesondere $(a_k^\dagger)^2 = 0$, das heißt man kann keine zwei Teilchen im selben Zustand erzeugen (Pauli-Prinzip). Man nennt $[a, a]_+$ den Antikommutator. Wir gehen nun von der Vollständigkeitsrelation

$$1 = |0><0| + \sum_{k_1} |k_1><k_1| + \frac{1}{2!} \sum_{k_1, k_2} |k_1, k_2>_{A\ A}<k_1, k_2| + \cdots \qquad (A.28)$$

aus und multiplizieren diese Beziehung von links mit dem Erzeugungsoperator $a_k^\dagger$. Dabei entsteht

$$a_k^\dagger = |k\rangle\langle 0| + \sum_{k_1} |k,k_1\rangle_A \langle k_1| \qquad (A.29)$$

$$+ \frac{1}{2!} \sum_{k_1,k_2} |k,k_1,k_2\rangle_A \,_A\langle k_1,k_2| + \cdots$$

Erzeugungsoperator

Den Vernichtungsoperator erhalten wir dann als das Adjungierte von $a_k^\dagger$

$$a_k = |0\rangle\langle k| + \sum_{k_1} |k_1\rangle \,_A\langle k,k_1|$$

$$+ \frac{1}{2!} \sum_{k_1,k_2} |k_1,k_2\rangle_A \,_A\langle k,k_1,k_2| + \cdots . \qquad (A.30)$$

Daraus folgt zum Beispiel

$$a_k|0\rangle = 0, \quad a_k|k'\rangle = \delta_{k,k'}|0\rangle, \qquad (A.31)$$

$$a_k|k_1,k_2\rangle_A = \sum_{k'} |k'\rangle \left(\delta_{k,k_1}\delta_{k',k_2} - \delta_{k,k_2}\delta_{k',k_1} \right)$$

$$= |k_2\rangle \delta_{k,k_1} - |k_1\rangle \delta_{k,k_2} . \qquad (A.32)$$

Aus den Darstellungen (A.29) und (A.30) der Erzeugungs- und Vernichtungsoperatoren sieht man, dass

$$a_k a_{k'}^\dagger = |0\rangle\langle k|k'\rangle\langle 0| \qquad (A.33)$$

$$+ \sum_{k_1,k_2} |k_1\rangle \,_A\langle k,k_1|k',k_2\rangle_A \langle k_2| + \cdots$$

$$= \delta_{k,k'}|0\rangle\langle 0| + \sum_{k_1,k_2} \left(\delta_{k,k'}\delta_{k_1,k_2} - \delta_{k,k_2}\delta_{k',k_1} \right) |k_1\rangle\langle k_2| + \cdots .$$

Die Auswertung der Matrixelemente folgt direkt aus der Definitionsgleichung (A.13) der antisymmetrischen Zustände. Damit ergibt sich

288 A Erzeugungs- und Vernichtungsoperatoren für Fermionen

$$a_k a_{k'}^\dagger = \delta_{k,k'}|0><0| + \delta_{k,k'}\sum_{k_1}|k_1><k_1| + \cdots - |k'><k| - \cdots$$

$$= \delta_{k,k'} 1 - |k'><k| - \cdots ,\tag{A.34}$$

wobei wir die Vollständigkeitsrelation (A.28) benutzt haben. Andererseits gilt:

$$a_{k'}^\dagger a_k = |k'><0|0><k| + \sum_{k_1}|k',k_1'>_A <k_1'|k_1>_A <k,k_1| + \cdots$$

$$= |k'><k| + \sum_{k_1}|k',k_1>_{A\ A}<k,k_1| + \cdots \tag{A.35}$$

Durch Addition von $a_k a_{k'}^\dagger$ und $a_{k'}^\dagger a_k$ erhalten wir

$$[a_k, a_{k'}^\dagger]_+ := a_k a_{k'}^\dagger + a_{k'}^\dagger a_k = \delta_{k,k'} 1 ,\tag{A.36}$$

die Antivertauschungsrelation für Fermi-Operatoren. Insgesamt gelten also folgende Vertauschungsrelationen für die Fermionen (der Einheitsoperator wird üblicherweise nicht ausgeschrieben):

$$\left[a_k,\ a_{k'}^\dagger\right]_+ = \delta_{k,k'} \quad \left[a_k^\dagger,\ a_{k'}^\dagger\right]_+ = 0, \quad \left[a_k,\ a_{k'}\right]_+ = 0 \tag{A.37}$$

Fermionen-Vertauschungsrelationen

Man sagt kurz, Fermioperatoren antikommutieren. Aus dem Pauli-Ausschließungsprinzip folgt, dass die Eigenwerte n_k des Anzahloperators $a_k^\dagger a_k$ nur die Werte 0 oder 1 haben können. Eine entsprechende Ableitung für Systeme von identischen Bosonen, die durch symmetrisierte Zustände beschrieben werden, liefert

$$\left[b_k,\ b_{k'}^\dagger\right]_- = \delta_{k,k'}, \quad \left[b_k^\dagger,\ b_{k'}^\dagger\right]_- = 0, \quad \left[b_k,\ b_{k'}\right]_- = 0 \tag{A.38}$$

Bosonen-Vertauschungsrelationen

Man nennt $[b_k, b_{k'}^\dagger]_- := b_k b_{k'}^\dagger - b_{k'}^\dagger b_k$ den Kommutator der Bosonen-Operatoren. Die Besetzungszahlen eines Quantenzustands können alle nicht negativen ganzen Zahlen annehmen $n_k = 0, 1, 2, \ldots$. Man kann nun auch leicht Erzeugungsoperatoren $\psi_s^\dagger(x)$ und Vernichtungsoperatoren $\psi_s(x)$ für Teilchen an einem bestimmten Ort x und in einem bestimmten Spinzustand s einführen:

$$\psi_s^\dagger(x) = |x,s><0| + \sum_{x_1, s_1} |x, s; x_1, s_1 >_A < x_1, s_1| + \cdots \quad (A.39)$$

mit

$$\left[\psi_s(x), \psi_{s'}^\dagger(x')\right]_+ = \delta_{s,s'} \delta(x - x') . \quad (A.40)$$

Die Verbindung zwischen den Erzeugungsoperatoren eines Fermions in einem bestimmten Quantenzustand k, also $a_k^\dagger$, und an einem bestimmten Ort x mit einem Spin s, $\psi_s^\dagger(x)$, findet man durch folgende Relationen:

$$|x,s> = \sum_k |k><k|x,s> = \sum_k |k> \phi_k^*(x,s) , \quad (A.41)$$

wobei $\phi_k^*(x,s) = <k|x,s>$ das Konjugiert-Komplexe der Schrödinger-Wellenfunktion ist. Für Zweiteilchenzustände ist

$$| x_1, s_1; x_2, s_2 >_A = \sqrt{2} A |x_1, s_1; x_2, s_2 >$$
$$= \sqrt{2} \sum_{k_1, k_2} A|k_1, k_2 >< k_1|x_1, s_1 >< k_2|x_2, s_2 >$$
$$= A \sum_{k_1, k_2} |k_1, k_2 >_A < k_1|x_1, s_1 >< k_2|x_2, s_2 >$$
$$= \sum_{k_1, k_2} |k_1, k_2 >_A \phi_{k_1}^*(1) \phi_{k_2}^*(2) . \quad (A.42)$$

Wir haben der Kürze halber das Koordinatenpaar nur mit dem Index bezeichnet: $x_1, s_1 = 1$. Eingesetzt in die Definition $\psi_s^\dagger(x)$ ergibt sich:

$$\psi_s^\dagger(x) = \sum_k |k><0|\phi_k^*(x,s) \quad (A.43)$$
$$+ \sum_{k_1, k_2, k_3} |k_1, k_2 >_A < k_3|\phi_{k_1}^*(x,s) \sum_{s_1} \int dx_1 \phi_{k_2}^*(1) \phi_{k_3}(1) + \cdots .$$

Das Integral liefert die Orthonormierung δ_{k_2,k_3}. Damit wird

$$\psi_s^\dagger(x) = \sum_k \Big[|k><0| + \sum_{k_1} |k,k_1>_A<k_1| + \cdots \Big] \phi_k^*(x,s) \ , \quad \text{(A.44)}$$

also

$$\psi_s^\dagger(x) = \sum_k a_k^\dagger \phi_k^*(x,s) \quad \text{(A.45)}$$

und

$$\psi_s(x) = \sum_k a_k \phi_k(x,s) \ . \quad \text{(A.46)}$$

Man kann also die Erzeugungs- und Vernichtungsoperatoren nach vollständigen Einteilchenfunktionensätzen entwickeln. Die Umkehrrelation ist dann:

$$a_k = \sum_s \int dx \, \psi_s(x) \phi_k^*(x,s) \ . \quad \text{(A.47)}$$

Ein Vielteilchenproblem wird durch den Hamilton-Operator

$$H = \sum_l H_l^0 + \frac{1}{2} \sum_{k,l} W_{k,l} \quad \text{(A.48)}$$

beschrieben. Dabei ist im ersten Term H_l^0 ein Einteilchenoperator; $W_{k,l}$ ist ein Wechselwirkungsoperator zwischen dem k-ten und l-ten Teilchen, also ein Zweiteilchenoperator. Wir werden nun solche Ein- und Zweiteilchenoperatoren nach Erzeugungs- und Vernichtungsoperatoren entwickeln. Dazu bilden wir mit Produktzuständen

$$\sum_l H_l^0 = \sum_{l,\{k_i\},\{k_i'\}} |1k_1,\cdots,Nk_N> \quad \text{(A.49)}$$
$$\times <1k_1,\cdots,Nk_N|H_l^0|1k_1',\cdots,Nk_N'><1k_1',\cdots,Nk_N'| \ .$$

Handelt es sich um ein Fermionen-System, so wenden wir diese Operatoren nur auf antisymmetrisierte Zustände an. In diesen Unterräumen gilt

$$A H_l^0 A = H_l^0 \ . \quad \text{(A.50)}$$

Wir erhalten damit zum Beispiel

$$\sum H_l^0 = A\left(\sum_l H_l^0\right) A = \sum_{l,\{k_i\},\{k_i'\}} B_N^{-2} |k_1,\cdots,k_N>_A \quad (A.51)$$
$$\times <1k_1,\cdots,Nk_N|H_l^0|1k_1',\cdots,Nk_N'>_A <k',\cdots,k_N'| \ .$$

Das Matrixelement ist

$$<1k_1,\cdots,Nk_N|\sum H_l^0|1k_1',\cdots,Nk_N'> \quad (A.52)$$
$$= <1k_1|H_1^0|1k_1'> \delta_{k_2,k_2'}\cdots\delta_{k_N,k_N'}$$
$$+ \delta_{k_1,k_1'} <2k_2|H_2^0|2k_2'> \cdots\delta_{k_N,k_N'} + \cdots \ .$$

Mit
$$<ik_i|H_i^0|ik_i'> = H_{k_i,k_i'}^0 \quad (A.53)$$

wird

$$\sum_l H_l^0 = \frac{1}{N!}\sum \Big[|k_1,k_2,\cdots,k_N>_A H_{k_1,k_1'}^0 {}_A<k_1',k_2,\cdots,k_N|$$
$$+ |k_1,k_2,\cdots,k_N>_A H_{k_2,k_2'}^0 {}_A<k_1,k_2',\cdots,k_N| + \cdots \Big] \ . \quad (A.54)$$

Nennen wir im zweiten Term $k_2 \leftrightarrow k_1$ und $k_2' \leftrightarrow k_1'$, so wird das Matrixelement wie im ersten Term $H_{k_1,k_1'}^0$. Für die Zustandsvektoren gilt:

$$|k_2,k_1,k_3,\cdots,k_N>_A = -|k_1,k_2,k_3,\cdots,k_N>_A \ . \quad (A.55)$$

Damit werden alle N Beiträge der H_l^0 gleich:

$$\sum H_l^0 = \frac{1}{(N-1)!}\sum |k_1,k_2,\cdots,k_N>_A H_{k_1,k_1'}^0 {}_A<k_1',k_2,\cdots,k_N|$$
$$= \frac{1}{(N-1)!}\sum a_{k_1}^\dagger |k_2,\cdots,k_N>_A H_{k_1,k_1'}^0 {}_A<k_2,\cdots,k_N|a_{k_1'} .$$
$$(A.56)$$

Mit
$$\frac{1}{(N-1)!}\sum |k_2,\cdots,k_N>_A {}_A<k_2,\cdots,k_N| = 1 \quad (A.57)$$

finden wir schließlich

A Erzeugungs- und Vernichtungsoperatoren für Fermionen

$$\sum_l H_l^0 = \sum_{k,k'} a_k^\dagger H_{k,k'}^0 a_{k'} \ . \tag{A.58}$$

Für den Wechselwirkungsoperator finden wir

$$\frac{1}{2}\sum_{k,l} W_{k,l} = \frac{1}{2} \sum_{k_1,k_2,k_1',k_2'} a_{k_1}^\dagger a_{k_2}^\dagger <1k_1,2k_2|W_{1,2}|1k_1',2k_2'> a_{k_2'} a_{k_1'} \ . \tag{A.59}$$

Damit ist der Gesamt-Hamilton-Operator gegeben durch

$$H = \sum_{k,k'} a_k^\dagger H_{k,k'}^0 a_{k'} \tag{A.60}$$
$$+ \frac{1}{2} \sum_{k_i,k_i'} a_{k_1}^\dagger a_{k_2}^\dagger <1k_1,2k_2|W_{1,2}|1k_1',2k_2'> a_{k_2'} a_{k_1'}$$

Hamilton-Operator für wechselwirkende Fermionen

A.3 Beispiele: Verschiedene Hamilton-Operatoren

A.3.1 Ortsraumdarstellung des Hamilton-Operators eines Elektronensystems

Der Einteilchenoperator eines Elektrons in der Ortsraumdarstellung sei

$$H^0 = \frac{p^2}{2m} + V(x) \ . \tag{A.61}$$

Wählen wir die Orts-Spin-Darstellung

$$<x,s|H|x',s'> = \delta_{s,s'}\delta(x-x')\left(-\frac{\hbar^2\Delta}{2m} + V(x)\right) \ , \tag{A.62}$$

dann wird

$$\sum_l H_l^0 = \sum_s \int d^3x \psi_s^\dagger(x)\left(-\frac{\hbar^2\Delta}{2m} + V(x)\right)\psi_s(x) \ . \tag{A.63}$$

Wir sehen, dass dieser Operator dem Erwartungswert des Einteilchen-Hamilton-Operators gleicht, wenn man die Wellenfunktionen durch entsprechende Erzeugungs- und Vernichtungsoperatoren ersetzt. Diese Ersetzung wird auch etwas unglücklich als zweite Quantisierung bezeichnet. Dieser Name stammt daher, dass man das Ergebnis (A.63) auch erhält, wenn man die Einteilchen-Schrödinger-Gleichung als klassische Wellengleichung auffasst und einer Feldquantisierung unterwirft.

Die Wechselwirkung zwischen den Elektronen sei

$$W(x_1, x_2) = \frac{e^2}{|x_1 - x_2|} \ . \tag{A.64}$$

In der Ortsraumdarstellung ist die Wechselwirkung diagonal

$$< 1x_1 s_1, 2x_2 s_2 | \frac{e^2}{|x_1 - x_2|} | 1x_1' s_1', 2x'_2 s'_2 >$$
$$= \frac{e^2}{|x_1 - x_2|} \delta_{s_1, s_1'} \delta_{s_2, s_2'} \delta(x_1 - x_1') \delta(x_2' - x_2) \tag{A.65}$$

und

$$\frac{1}{2} \sum_{k,l} W_{k,l} = \frac{1}{2} \sum_{s,s'} \int d^3x \int d^3x' \psi_s^\dagger(x) \psi_{s'}^\dagger(x') \frac{e^2}{|x_1 - x_2|} \psi_{s'}(x') \psi_s(x) \ . \tag{A.66}$$

Man beachte die symmetrische Anordnung der Operatoren. Damit ist der Vielteilchen-Hamilton-Operator:

$$\mathbf{H} = \sum_s \int d^3x \psi_s^\dagger(x) \left(-\frac{\hbar^2 \Delta}{2m} + V(x) \right) \psi_s(x) \tag{A.67}$$
$$+ \frac{1}{2} \sum_{s,s'} \int d^3x \int d^3x' \psi_s^\dagger(x) \psi_{s'}^\dagger(x') \frac{e^2}{|x - x'|} \psi_{s'}(x') \psi_s(x)$$

Elektron-Hamilton-Operator in Ortsraumdarstellung

Wählen wir als Einteilchenoperator speziell die 1, so erhalten wir den Anzahloperator

A Erzeugungs- und Vernichtungsoperatoren für Fermionen

$$N = \sum_{k=1}^{N} 1 = \sum_{s} \int d^3x \psi_s^\dagger(x) \psi_s(x) , \qquad (A.68)$$

und für den Operator des Gesamtimpulses findet man:

$$P_j = \sum_{k=1}^{N} p_k = \sum_{s} \int d^3x \psi_s^\dagger(x) \frac{\hbar}{i} \nabla_j \psi_s(x) , \qquad (A.69)$$

wobei wir verwendet haben, dass

$$<x,s|p_j|x',s'> = -\frac{\hbar}{i}\delta_{s,s'}\nabla_{x',j}\delta(x-x') . \qquad (A.70)$$

A.3.2 Impulsraumdarstellung des Hamilton-Operators eines Elektronensystems

Wählen wir statt der Orts- die Impulsdarstellung, so finden wir

$$<k,s|H^0|k',s'> = \delta_{s,s'}\left(\delta_{k,k'}\frac{\hbar^2 k^2}{2m} + V_{k,k'}\right) \qquad (A.71)$$

und damit

$$\sum H_l^0 = \sum_{s,k,k'} a_{k,s}^\dagger \left(\delta_{k,k'}\frac{\hbar^2 k^2}{2m} + V_{k,k'}\right) a_{k',s} . \qquad (A.72)$$

Die Wechselwirkung

$$<1k_1,s_1,2k_2,s_2|\frac{e^2}{|x-x'|}|1k_1',s_1',2k_2',s_2'> \qquad (A.73)$$

lässt sich auch schreiben als

$$<1k_1,2k_2|\frac{e^2}{|x-x'|}|1k_1',2k_2'><1s_1|1s_1'><2s_2|2s_2'> . \qquad (A.74)$$

Wir schieben nun vor und hinter der Coulomb-Wechselwirkung die Vollständigkeitsrelation $\int d^3x |1x><1x|$ für Teilchen 1 und 2 ein

$$\int d^3x \int d^3x' <1k_1|1x><2k_2|2x'> \frac{e^2}{|x-x'|}$$
$$\times <1x|1k_1'><2x'|2k_2'>\delta_{s_1,s_1'}\delta_{s_2,s_2'} . \qquad (A.75)$$

Die Skalarprodukte $<x|k>$ sind die Ortsraumdarstellungen von Eigenzuständen des Impulses. Das sind gerade ebene Wellen $<x|k> = \frac{1}{\sqrt{V}} e^{ikx}$. Damit erhält man

$$\begin{aligned}
&= \delta_{s_1,s_1'} \delta_{s_2,s_2'} \frac{1}{V^2} \int d^3x \int d^3x' e^{-ik_1 x} e^{-ik_2 x'} \frac{e^2}{|x-x'|} e^{ik_1' x} e^{ik_2' x'} \\
&= \delta_{s_1,s_1'} \delta_{s_2,s_2'} \frac{1}{V^2} \int d^3x \int d^3x' e^{-i(k_1-k_1')x} \frac{e^2}{|x-x'|} e^{-i(k_2-k_2')x'} .
\end{aligned}$$
(A.76)

Wir führen nun die Fourier-Transformierte von $1/x$ ein:

$$\begin{aligned}
&\lim_{\kappa \to 0} \frac{1}{V} \int d^3x \frac{e^{-\kappa r}}{r} e^{iqr \cos \theta} \\
&= \lim_{\kappa \to 0} \frac{2\pi}{V} \int_0^\infty r dr \int_{-1}^{+1} d\cos\theta \, e^{-\kappa r} e^{iqr\cos\theta} \\
&= \lim_{\kappa \to 0} \frac{2\pi}{V} \int_0^\infty r dr \frac{e^{iqr} - e^{-iqr}}{iqr} e^{-\kappa r} \\
&= -\frac{2\pi}{V} \lim_{\kappa \to 0} \left(\frac{1}{iq-\kappa} - \frac{1}{-iq-\kappa} \right) \frac{1}{iq} = \frac{4\pi}{V} \frac{1}{q^2} , \quad \text{(A.77)}
\end{aligned}$$

also

$$\frac{e^2}{x} = \sum_q e^{-iqx} \frac{1}{V} \frac{4\pi e^2}{q^2} . \tag{A.78}$$

Damit wird das Matrixelement der Coulomb-Wechselwirkung

$$\delta_{s_1,s_1'} \delta_{s_2,s_2'} \sum_q \frac{4\pi e^2}{V q^2} \delta_{k_1, k_1'-q} \delta_{k_2, k_2'+q} . \tag{A.79}$$

Der gesamte Wechselwirkungsoperator wird damit

$$\frac{1}{2} \sum W_{k,l} = \frac{1}{2} \sum_{s,s',k,k',q} a^\dagger_{k-q,s} a^\dagger_{k'+q,s'} \frac{4\pi e^2}{V q^2} a_{k',s'} a_{k,s} . \tag{A.80}$$

Diese Wechselwirkung wird also beschrieben durch die Vernichtung der beiden einlaufenden Teilchen mit den Impulsen k und k' und der nachfolgenden Erzeugung der beiden gestreuten Teilchen mit den Impulsen $k-q$ und $k'+q$. Der Gesamt-Hamilton-Operator eines Elektronensystems in der Impulsraumdarstellung ist damit

$$H = \sum_{s,k,k'} a^\dagger_{k,s} \left(\delta_{k,k'} \frac{\hbar^2 k^2}{2m} + V_{k,k'} \right) a_{k',s} \quad (A.81)$$

$$+ \frac{1}{2} \sum_{s,s',k,k',q} a^\dagger_{k-q,s} a^\dagger_{k'+q,s'} \frac{4\pi e^2}{V q^2} a_{k',s'} a_{k,s}$$

Elektron-Hamilton-Operator in Impulsraumdarstellg.

Der Gesamtimpuls vor und nach dem Stoß bleibt erhalten. Zwischen beiden Teilchen wurde der Impuls q übertragen. Für den Operator des Gesamtimpulses und der Gesamtteilchenzahl gilt:

$$N = \sum_{s,k} a^\dagger_{k,s} a_{k,s} \quad (A.82)$$

und

$$P_j = \sum_{s,k} a^\dagger_{k,s} \hbar k_j a_{k,s} \ . \quad (A.83)$$

Die Technik der Erzeugungs- und Vernichtungsoperatoren erleichtert die Behandlung von Vielteilchenproblemen auf jeden Fall wesentlich.

Um ein klassisches Feld, wie etwa das Maxwellsche elektromagnetische Feld oder das Feld von elastischen Wellen in einem Festkörper, zu quantisieren, bringt man zunächst die entsprechenden Feldgleichungen in eine Lagrange-Hamilton-Formulierung. Die Feldvariable und ihre kanonische Impulsvariable werden dann als Operatoren betrachtet, die den Vertauschungsrelationen für Bosonen genügen sollen. Auf diese Weise wird aus der Hamilton-Funktion der Hamilton-Operator des Feldes. In der halbklassischen Form des Wechselwirkungsoperators der Elektronen mit dem Feld wird in ähnlicher Weise das klassische Feld durch den Feldoperator ersetzt. Mit dieser Methode erhält man dann den Hamilton-Operator in zweiter Quantisierung für ein Elektronensystem in Wechselwirkung mit einem quantisierten Feld, also etwa den Photonen oder Phononen.

L Lösungen

Aufgaben aus Kapitel 1

1.1 Winkel- und Wirkungsvariable des harmonischen Oszillators

a) Aus (1.34) folgt mit (1.33)

$$p = m\omega q \cot Q, \quad P = \frac{m\omega q^2}{2\sin^2 Q}, \tag{L.1}$$

oder

$$q = \sqrt{\frac{2P}{m\omega}} \sin Q, \quad p = \sqrt{2m\omega P} \cos Q. \tag{L.2}$$

Eingesetzt in die alte Hamilton-Funktion $H(q,p)$ findet man

$$H(q,p) = \frac{2m\omega P}{2m} \cos^2 Q + \frac{m\omega^2 2P}{2m\omega} \sin^2 Q = \omega P = K(Q,P). \tag{L.3}$$

b) Die kanonischen Gleichungen in den neuen Variablen sind

$$\frac{dQ}{dt} = \frac{\partial K}{\partial P}, \quad \frac{dP}{dt} = -\frac{\partial K}{\partial Q}, \tag{L.4}$$

also folgt mit (L.3)

$$\frac{dQ}{dt} = \omega, \quad \frac{dP}{dt} = 0. \tag{L.5}$$

Die Lösungen dieser Gleichungen sind mit $K(Q,P) = E$

$$Q(t) = \omega t + \phi_0, \quad P(t) = P_0 = \frac{E}{\omega}. \tag{L.6}$$

Mit (L.2) erhält man

$$q(t) = \sqrt{\frac{2E}{m\omega^2}} \sin(\omega t + \phi_0) \tag{L.7}$$

und

$$p(t) = \sqrt{2mE} \cos(\omega t + \phi_0) \,. \tag{L.8}$$

Das sind die Lösungen des harmonischen Oszillators. Die Amplituden $q_0 = x_0$ und p_0 sind ausgedrückt durch die Energie des Oszillators. Da sich die Energie beim harmonischen Oszillator zu gleichen Teilen auf die mittlere kinetische und potenzielle Energie verteilt, gilt $<x^2(t)> = x_0^2/2$ und $<p^2(t)> = p_0^2/2$ sowie $m\omega^2 x_0^2/4 = E/2$ und $p_0^2/(4m) = E/2$, woraus die Amplituden folgen. Die Phase ϕ_0 legt die anfänglichen Werte von $x(t_0)$ und $p(t_0)$ fest.

1.2 Quantenmechanischer harmonischer Oszillator

a) Mit den Transformationen $x = x_0 \zeta$ und $E = E_0 e$ erhält man aus der Schrödinger-Gleichung des harmonischen Oszillators

$$\left[-\frac{\hbar^2}{2mx_0^2} \frac{d^2}{d\zeta^2} + \frac{1}{2} m\omega^2 x_0^2 \zeta^2 - E_0 e \right] \phi = 0 \,. \tag{L.9}$$

Wenn $\frac{\hbar^2}{2mx_0^2} = \frac{1}{2} m\omega^2 x_0^2 = E_0$, also $x_0 = \sqrt{\frac{\hbar}{m\omega}}$ und $E_0 = \frac{\hbar\omega}{2}$, so erhält man die dimensionslose Gleichung

$$\left[-\frac{d^2}{d\zeta^2} + \zeta^2 - e \right] \phi = 0 \,. \tag{L.10}$$

x_0 erweist sich gerade als die Amplitude der Nullpunktschwingung. Mit den Erzeugungs- und Vernichtungsoperatoren wird diese Gleichung

$$\left(a^\dagger a + \frac{1}{2} \right) \phi = \frac{e}{2} \phi \,, \tag{L.11}$$

oder mit dimensionsbehafteten Größen

$$\hbar\omega \left(a^\dagger a + \frac{1}{2} \right) \phi = E\phi \,. \tag{L.12}$$

b) Aus den Definitionen (1.36) folgt

$$aa^\dagger = \frac{1}{2}\left(\zeta + \frac{d}{d\zeta}\right)\left(\zeta - \frac{d}{d\zeta}\right)$$
$$= \frac{1}{2}\left(\zeta^2 - \frac{d^2}{d\zeta^2} - \zeta\frac{d}{d\zeta} + \frac{d}{d\zeta}\zeta\right)$$
$$= \frac{1}{2}\left(\zeta^2 - \frac{d^2}{d\zeta^2} + 1\right) . \qquad \text{(L.13)}$$

Für $a^\dagger a$ folgt entsprechend

$$a^\dagger a = \frac{1}{2}\left(\zeta^2 - \frac{d^2}{d\zeta^2} - 1\right) . \qquad \text{(L.14)}$$

Die Differenz der beiden Gleichungen liefert den Kommutator (1.38).

c) Multipliziert man (L.12) von links mit a, so entsteht

$$\hbar\omega a(a^\dagger a)\phi = \left(E - \frac{\hbar\omega}{2}\right)(a\phi) . \qquad \text{(L.15)}$$

Mit dem Kommutator wird

$$\hbar\omega a^\dagger a(a\phi) = \left(E - \frac{3\hbar\omega}{2}\right)(a\phi) . \qquad \text{(L.16)}$$

Die Energie von $a\phi$ ist also gerade um ein Quant $\hbar\omega$ niedriger als diejenige von ϕ. War ϕ der n-te Eigenzustand ϕ_n mit der Energie $E_n = (n + \frac{1}{2})\hbar\omega$, so ist $a\phi_n \propto \phi_{n-1}$. Setzt man $a\phi_n = c_n\phi_{n-1}$, so erhält man aus der Forderung, dass sowohl ϕ_n wie auch ϕ_{n-1} normiert sein müssen, die Konstante $c_n = \sqrt{n}$. Der Beweis für die Wirkungsweise des Erzeugungsoperators $a^\dagger$ läuft analog.

Aufgaben aus Kapitel 2

2.1 Liouville-Gleichung für harmonische Oszillatoren

Mit den kanonischen Variablen $Q_i = \phi_i$ und $P_i = J_i$ und der Hamilton-Funktion

$$K(\{Q_i, P_i\}) \to H(\{\phi_i, J_i\}) = \sum_i \omega_i J_i \qquad (L.17)$$

wird die Liouville-Gleichung

$$\frac{\partial \rho}{\partial t} = \sum_i \left(\frac{\partial H}{\partial \phi_i} \frac{\partial \rho}{\partial J_i} - \frac{\partial H}{\partial J_i} \frac{\partial \rho}{\partial \phi_i} \right) . \qquad (L.18)$$

Da H nicht von den Winkelvariablen ϕ_i abhängt, vereinfacht sich die Liouville-Gleichung zu

$$\frac{\partial \rho}{\partial t} = \sum_i \left(-\omega_i \frac{\partial \rho}{\partial \phi_i} \right) . \qquad (L.19)$$

In der statistischen Mechanik schreibt man die Liouville-Gleichung auch in Operatorform als

$$i \frac{\partial \rho}{\partial t} = L\rho . \qquad (L.20)$$

Dabei ist L der Liouville-Operator

$$L = i \sum_i \left(\frac{\partial H}{\partial q_i} \frac{\partial \rho}{\partial p_i} - \frac{\partial H}{\partial p_i} \frac{\partial \rho}{\partial q_i} \right) . \qquad (L.21)$$

Für das System von harmonischen Oszillatoren ist der Liouville-Operator also

$$L = -i \sum_i \left(\omega_i \frac{\partial}{\partial \phi_i} \right) \qquad (L.22)$$

ein Differenzialoperator, wie wir ihn aus der Quantenmechanik für die z-Komponente des Drehimpulses kennen.

2.2 Wechselwirkungsdarstellung der quantenmechanischen Liouville-Gleichung

Die quantenmechanische Liouville-Gleichung (2.11) lautet

$$\dot{\rho} = -\frac{i}{\hbar}[H, \rho] . \qquad (L.23)$$

Durch Ableiten erhält man für $\tilde{\rho}$ aus (2.36)

$$\frac{d\tilde{\rho}}{dt} = \frac{i}{\hbar}[H_0, \tilde{\rho}] + S^{-1}\frac{d\rho}{dt}S \ . \tag{L.24}$$

Setzen wir die Liouville-Gleichung in den zweiten Term ein, so entsteht

$$\frac{d\tilde{\rho}}{dt} = \frac{i}{\hbar}[H_0, \tilde{\rho}] - \frac{i}{\hbar}S^{-1}[(H_0 + V), \rho]S \ . \tag{L.25}$$

Da S und H_0 vertauschen, heben sich die Kommutatoren mit H_0 heraus. Es bleibt

$$\frac{d\tilde{\rho}}{dt} = -\frac{i}{\hbar}S^{-1}[V, \rho]S \ . \tag{L.26}$$

Setzt man zwischen den Operatoren V und ρ den Einsoperator in der Form $1 = SS^{-1}$ ein, so bekommt man das gesuchte Ergebnis

$$\frac{d\tilde{\rho}}{dt} = -\frac{i}{\hbar}[\tilde{V}(t), \tilde{\rho}(t)] \ , \quad \text{mit} \quad \tilde{V}(t) = S^{-1}(t)VS(t) \ . \tag{L.27}$$

Aufgaben aus Kapitel 3

3.1 Kanonische Zustandssumme des klassischen harmonischen Oszillators

a) Die kanonische Zustandssumme für einen harmonischen Oszillator ist im klassischen Fall

$$Z_1 = \frac{1}{2\pi\hbar}\int_{-\infty}^{+\infty}dq\int_{-\infty}^{+\infty}dp\,e^{-\beta H(q,p)} \tag{L.28}$$

mit der Hamilton-Funktion

$$H(p,q) = \frac{p^2}{2m} + \frac{1}{2}m\omega^2 q^2 \ . \tag{L.29}$$

Die Auswertung führt auf zwei Gauß-Integrale $\int_{-\infty}^{+\infty}dx\,e^{-x^2} = \sqrt{\pi}$

$$\begin{aligned}
Z_1 &= \frac{1}{2\pi\hbar}\int_{-\infty}^{+\infty}dq\,e^{-\beta\frac{1}{2}m\omega^2 q^2}\int_{-\infty}^{+\infty}dp\,e^{-\beta\frac{p^2}{2m}} \\
&= \frac{1}{2\pi\hbar}\sqrt{\frac{2}{\beta m\omega^2}}\int_{-\infty}^{+\infty}dx\,e^{-x^2}\sqrt{\frac{2m}{\beta}}\int_{-\infty}^{+\infty}dx\,e^{-x^2} \\
&= \frac{1}{2\pi\hbar}\frac{2}{\beta\omega}\pi = \frac{kT}{\hbar\omega} \ .
\end{aligned} \tag{L.30}$$

b) Mit einer Transformation auf die Winkel- und Wirkungsvariablen ϕ und J aus der Aufgabe 1.1 wird die Zustandssumme

$$Z_1 = \frac{1}{2\pi\hbar} \int_{-\infty}^{+\infty} dq \int_{-\infty}^{+\infty} dp\, e^{-\beta H(q,p)}$$

$$= \frac{1}{2\pi\hbar} \int_0^{2\pi} d\phi \int_0^{+\infty} dJ \left|\frac{\partial(q,p)}{\partial(\phi,J)}\right| e^{-\beta K(\phi,J)} , \quad (L.31)$$

wobei die Hamilton-Funktion $K(\phi, J) = \omega J$ ist. Die Jacobi-Determinante, die bei der Transformation des Volumenelementes entsteht, ist

$$\left|\frac{\partial(q,p)}{\partial(\phi,J)}\right| = \frac{\partial q}{\partial \phi}\frac{\partial p}{\partial J} - \frac{\partial q}{\partial J}\frac{\partial p}{\partial \phi} . \quad (L.32)$$

Mit den Beziehungen (siehe Aufgabe 1.1)

$$q = \sqrt{\frac{2J}{m\omega}} \sin\phi, \quad p = \sqrt{2m\omega J} \cos\phi \quad (L.33)$$

wird

$$\left|\frac{\partial(q,p)}{\partial(\phi,J)}\right| = \cos^2\phi + \sin^2\phi = 1 . \quad (L.34)$$

Damit wird die Zustandssumme

$$Z_1 = \frac{1}{2\pi\hbar} \int_0^{2\pi} d\phi \int_0^{+\infty} dJ\, e^{-\beta\omega J} = \frac{kT}{\hbar\omega} , \quad (L.35)$$

wie unter a).

3.2 Kanonische Zustandssumme des quantenmechanischen harmonischen Oszillators

a) Die Energien der Eigenzustände des harmonischen Oszillators sind

$$E_n = \left(n + \frac{1}{2}\right)\hbar\omega . \quad (L.36)$$

Damit ist die kanonische Zustandssumme

$$Z_1 = \sum_n e^{-\beta E_n}$$

$$= e^{\frac{-\beta\hbar\omega}{2}} \sum_{n=0}^{\infty} e^{-\beta\hbar\omega n} \ . \qquad (L.37)$$

Die Summe ist gerade die geometrische Reihe. Wir formen noch um und erhalten

$$Z_1 = \frac{e^{\frac{-\beta\hbar\omega}{2}}}{1 - e^{-\beta\hbar\omega}}$$

$$= \frac{1}{2 \sinh\left(\frac{\beta\hbar\omega}{2}\right)} \ . \qquad (L.38)$$

b) Entwickelt man das quantenmechanische Ergebnis für $\beta\hbar\omega \to 0$, dann erhält man mit der Entwicklung $\sinh(x) = x + x^3/3! \cdots$

$$Z_1 \simeq \frac{1}{\beta\hbar\omega(1 + \frac{1}{24}(\beta\hbar\omega)^2)} \simeq \frac{kT}{\hbar\omega}\left(1 - \frac{1}{24}\left(\frac{\hbar\omega}{kT}\right)^2\right) \ . \quad (L.39)$$

Als führenden Term bekommt man also den klassischen Grenzfall.

c) Bei einem System aus N unabhängigen Oszillatoren ist die Zustandssumme gerade das Produkt der Zustandssummen der N unabhängigen Oszillatoren:

$$Z_N = Z_1^N = \left[\frac{1}{2\sinh\left(\frac{\beta\hbar\omega}{2}\right)}\right]^N \ . \qquad (L.40)$$

3.3 Ortsraumdarstellung der kanonischen Dichtematrix für den harmonischen Oszillator

a) Der kanonische statistische Operator ist

$$\rho = \frac{1}{Z} \sum_n |n\rangle e^{-\beta E_n} \langle n| \ , \qquad (L.41)$$

wobei $|n>$ und E_n die Eigenzustände und Energieeigenwerte des harmonischen Oszillators sind. Die Diagonalelemente in der Ortsraumdarstellung sind

$$\rho(x) = \frac{1}{Z}\sum_n <x|n>e^{-\beta E_n}<n|x> . \tag{L.42}$$

$\phi_n(x) = <x|n>$ ist die Ortsraumdarstellung des Zustandes $|n>$, also die Schrödinger-Wellenfunktion des n-ten Zustandes. Damit ist

$$\rho(x) = \frac{1}{Z}\sum_n \phi_n^2(x)e^{-\beta E_n} , \tag{L.43}$$

da die Eigenfunktionen des harmonischen Oszillators reell sind. Differenziert man diesen Ausdruck nach x, so entsteht

$$\frac{d}{dx}\rho(x) = \frac{2}{Z}\sum_n \phi_n(x)\frac{d}{dx}\phi_n(x)e^{-\beta E_n} . \tag{L.44}$$

Mit den Erzeugungs- und Vernichtungsoperatoren

$$\frac{d}{dx} = \frac{1}{x_0\sqrt{2}}\left(a - a^\dagger\right) \quad \text{und} \quad x = \frac{x_0}{\sqrt{2}}\left(a + a^\dagger\right) , \tag{L.45}$$

wobei $x_0 = \sqrt{\frac{\hbar}{m\omega}}$ die Amplitude der Nullpunktsschwingung ist, erhält man

$$\frac{d}{dx}\rho(x) = \frac{2}{Z}\sum_n \phi_n \frac{1}{x_0\sqrt{2}}\left(a - a^\dagger\right)\phi_n e^{-\beta E_n} . \tag{L.46}$$

Da $a\phi_n = \sqrt{n}\phi_{n-1}$ und $a^\dagger \phi_n = \sqrt{n+1}\phi_{n+1}$, wird

$$\frac{d}{dx}\rho(x) = \frac{\sqrt{2}}{Zx_0}\sum_n \phi_n\left(\sqrt{n}\phi_{n-1} - \sqrt{n+1}\phi_{n+1}\right)e^{-\beta E_n} . \tag{L.47}$$

Ersetzen wir im ersten Term $n-1 \to m$ und danach $m \to n$, dann wird mit $E_{n+1} = E_n + \hbar\omega$

$$\frac{d\rho(x)}{dx} = \frac{\sqrt{2}}{Zx_0}\sum_n \left(\sqrt{n+1}\phi_{n+1}\phi_n e^{-\beta\hbar\omega} - \sqrt{n+1}\phi_n\phi_{n+1}\right)e^{-\beta E_n} , \tag{L.48}$$

also insgesamt

$$\frac{d}{dx}\rho(x) = \frac{\sqrt{2}}{Zx_0}\left(e^{-\beta\hbar\omega} - 1\right)\sum_n \sqrt{n+1}\phi_{n+1}\phi_n e^{-\beta E_n} . \quad (L.49)$$

Multipliziert man $\rho(x)$ mit x, so erhält man entsprechend

$$x\rho(x) = \frac{x_0}{\sqrt{2}}\left(e^{-\beta\hbar\omega} + 1\right)\frac{1}{Z}\sum_n \sqrt{n+1}\phi_{n+1}\phi_n e^{-\beta E_n} . \quad (L.50)$$

Durch Vergleich findet man die gesuchte Differenzialgleichung (3.18)

$$\frac{d}{dx}\rho(x) = -\frac{2}{x_0^2}\tanh\frac{\beta\hbar\omega}{2}x\rho(x) . \quad (L.51)$$

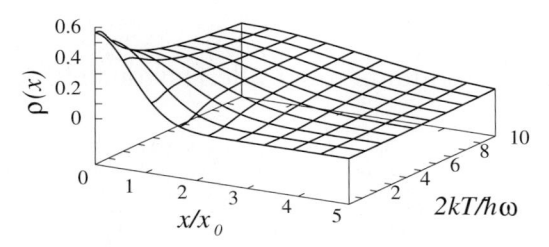

Abb. L.1. Mittlere Aufenthaltswahrscheinlichkeit für einen harmonischen Oszillator bei verschiedenen Temperaturen

b) Durch Trennung der Variablen erhält man sofort die Lösung

$$\rho(x) = Ae^{-\frac{x^2}{x_0^2}\tanh\left(\frac{\beta\hbar\omega}{2}\right)} , \quad (L.52)$$

da $\rho(x \to \pm\infty) = 0$. Da $\rho(x)$ eine Aufenthaltswahrscheinlichkeit darstellt, muss gelten $\int_{-\infty}^{+\infty} dx\rho(x) = 1$, daraus folgt die Normierung $A = \sqrt{\frac{1}{\pi x_0^2}\tanh\frac{\beta\hbar\omega}{2}}$. Abb. L.1 zeigt, wie die mittlere thermische Aufenthaltswahrscheinlichkeit sich mit zunehmender Temperatur immer mehr ausdehnt. Während die quantenmechanische Aufenthaltswahrscheinlichkeit $\phi_n^2(x)$ für große n an den klassischen Umkehrpunkten besonders groß ist, ist für die mittlere thermische Aufenthalswahrscheinlichkeit keine Betonung von Umkehrpunkten mehr zu sehen.

c) Die klassische statistische Verteilung ist

$$\rho(x) = Be^{-\beta V(x)} . \qquad (L.53)$$

Mit dem Potenzial $V(x) = \frac{1}{2}m\omega^2 x^2 = \frac{1}{2}\hbar\omega \frac{x^2}{x_0^2}$ wird die klassische Verteilung

$$\rho(x) = Be^{-\frac{1}{2}\beta\hbar\omega \frac{x^2}{x_0^2}} , \qquad (L.54)$$

geht also als Grenzfall aus der quantenstatistischen Verteilung hervor, wenn $\beta\hbar\omega \ll 1$, da dann $\tanh \frac{\beta\hbar\omega}{2} \simeq \frac{\beta\hbar\omega}{2}$.

Aufgaben aus Kapitel 4

4.1 Eigenschaften der Spur

a) Die Spur ist die Summe über alle Diagonalelemente, also

$$\mathrm{Sp}(AB) = \sum_n \int d^3x\, \phi_n^*(\boldsymbol{x}) AB \phi_n(\boldsymbol{x}) . \qquad (L.55)$$

oder

$$\mathrm{Sp}(AB) = \sum_n \int d^3x\, (A^\dagger \phi_n(\boldsymbol{x}))^* (B\phi_n(\boldsymbol{x})) , \qquad (L.56)$$

wobei $A^\dagger$ der adjungierte Operator ist. Mit der Vollständigkeitsrelation (L.57)

$$\sum_m \phi_m^*(\boldsymbol{x}) \phi_m(\boldsymbol{x}\,') = \delta(\boldsymbol{x} - \boldsymbol{x}\,') \qquad (L.57)$$

erhalten wir

$$\sum_{n,m} \int d^3x \int d^3x'\, (A^\dagger \phi_n(\boldsymbol{x}\,'))^\star \phi_m(\boldsymbol{x}\,') \phi_m^*(\boldsymbol{x}) B\phi_n(\boldsymbol{x})$$
$$= \sum_{n,m} \int d^3x'\, \phi_n^\star(\boldsymbol{x}\,') A\phi_m(\boldsymbol{x}\,') \int d^3x\, \phi_m^\star(\boldsymbol{x}) B\phi_n(\boldsymbol{x}) . \quad (L.58)$$

und schließlich

$$\operatorname{Sp}(AB) = \sum_{n,m} A_{n,m} B_{m,n} = \sum_{n,m} B_{m,n} A_{n,m} = \operatorname{Sp}(BA) \ , \quad \text{(L.59)}$$

wobei $A_{n,m}$ das Matrixelement von A ist

$$A_{n,m} = \int d^3x \phi_n^\star(\boldsymbol{x}) A \phi_m(\boldsymbol{x}) \ . \quad \text{(L.60)}$$

Mit Hilfe von Zustandsvektoren ist die Spur

$$\operatorname{Sp}(AB) = \sum_n <n|AB|n> \ . \quad \text{(L.61)}$$

Die Vollständigkeitsrelation lautet hier

$$\sum_m |\ m><m\ | = 1 \ . \quad \text{(L.62)}$$

Setzt man (L.62) zwischen die Operatoren A und B ein, erhält man

$$\operatorname{Sp}(AB) = \sum_{n,m} <n\ |\ A\ |\ m><m\ |\ B\ |\ n>$$
$$= \sum_{n,m} <m\ |B|\ n><n\ |A|\ m>$$
$$= \operatorname{Sp}(BA) \ . \quad \text{(L.63)}$$

b) Die Zustandsvektoren $\{|\ n>\}$ und $\{|\ m>\}$ seien vollständige Sätze von Eigenzuständen von verschiedenen Operatoren. Wir bilden zuerst die Spur mit dem Satz $\{|\ n>\}$

$$\operatorname{Sp} A = \sum_n <n\ |A|\ n> \ . \quad \text{(L.64)}$$

Wir schieben vor und hinter A die Vollständigkeitsrelation des Satzes $\{|m>\}$ ein

$$\operatorname{Sp} A = \sum_{n,m,m'} <n\ |\ m><m\ |A|\ m'><m'\ |\ n> \ . \quad \text{(L.65)}$$

$<n|m>$ sind komplexe Zahlen, ihre Reihenfolge in (L.65) ist beliebig

$$\mathrm{Sp} A = \sum_{n,m,m'} <m\,|A|\,m'><m'\,|\,n><n\,|\,m> \ . \qquad (\text{L.66})$$

Wir verwenden zuerst die Vollständigkeitsrelation $\sum_n |\,n><n\,| = 1$ und erhalten

$$\mathrm{Sp} A = \sum_{m,m'} <m\,|A|\,m'><m'\,|\,m> \ . \qquad (\text{L.67})$$

Mit der Orthogonalitätsrelation

$$<m'|m> = \delta_{m',m} \qquad (\text{L.68})$$

erhalten wir schließlich die Spur gebildet mit dem Satz $\{|m>\}$

$$\mathrm{Sp} A = \sum_{m} <m\,|A|\,m> \ . \qquad (\text{L.69})$$

c) Die Spur eines Produktes von drei Operatoren ist

$$\mathrm{Sp}(ABC) = \sum_{n} <n\,|ABC|\,n> \ . \qquad (\text{L.70})$$

Unter mehrfacher Verwendung der Vollständigkeitsrelation wird

$$\begin{aligned}
\mathrm{Sp} ABC &= \sum_{n,m,l} <n\,|A|\,m><m\,|B|\,l><l\,|C|\,n> \\
&= \sum_{n,m,l} <l\,|C|\,n><n\,|A|\,m><m\,|B|\,l> \\
&= \mathrm{Sp}(CAB) \ , \qquad (\text{L.71})
\end{aligned}$$

das heißt die Operatoren unter der Spur können zyklisch vertauscht werden.

Aufgaben aus Kapitel 5

5.1 Entropie eines mikrokanonischen Ensembles von Zweiniveausystemen

In Kapitel 2 haben wir die Zahl der Mikrozustände in einem Zweiniveausystem berechnet (2.30) als

$$g(E) = \left(\frac{N}{N_1}\right)^{N_1} \left(\frac{N}{N_2}\right)^{N_2}, \qquad (L.72)$$

wobei $E = \Delta\epsilon N_1$ und $N = N_1 + N_2$, oder

$$\frac{N_1}{N} = \frac{E/N}{\Delta\epsilon}, \qquad \frac{N_2}{N} = \frac{\Delta\epsilon - E/N}{\Delta\epsilon}. \qquad (L.73)$$

Damit wird die Entropie (5.19)

$$S = k \ln g(E) = k\frac{E}{\Delta\epsilon}\ln\left(\frac{N\Delta\epsilon}{E}\right) + k\frac{N\Delta\epsilon - E}{\Delta\epsilon}\ln\left(\frac{N\Delta\epsilon}{N\Delta\epsilon - E}\right).$$
(L.74)

Die Ableitung der Entropie nach der Energie ergibt die inverse Temperatur

$$\frac{\partial S}{\partial E} = \frac{1}{T} = -\frac{k}{\Delta\epsilon}\ln\left(\frac{E}{N\Delta\epsilon - E}\right). \qquad (L.75)$$

Aus diesem Ergebnis erhalten wir durch Exponenzierung

$$E = \frac{N\Delta\epsilon}{e^{\Delta\epsilon\beta} + 1} = N\Delta\epsilon\, n(T) \qquad (L.76)$$

mit

$$n(T) = \frac{1}{e^{\Delta\epsilon\beta} + 1}. \qquad (L.77)$$

Man sieht, dass für kleine Temperaturen die Energie exponentiell klein ist

$$E = N\Delta\epsilon\, e^{-\Delta\epsilon\beta} \quad \text{für} \quad \Delta\epsilon \gg kT, \qquad (L.78)$$

da nur wenige thermische Anregungen $n(T) \simeq e^{-\Delta\epsilon\beta}$ im System sind. Für hohe Temperaturen strebt die Besetzungszahl gegen 1/2. Beide Niveaus sind also gleich besetzt. Man kann selbst mit höchsten Temperaturen keine Inversion (größere Besetzung des oberen Niveaus) erzeugen:

$$E = \frac{1}{2}N\Delta\epsilon \quad \text{für} \quad \Delta\epsilon \ll kT. \qquad (L.79)$$

Durch Einsetzen der temperaturabhängigen Energie in die Entropie erhalten wir

$$S(T,N) = -kN\Big[n(T)\ln n(T) + (1-n(T))\ln(1-n(T))\Big]. \quad (L.80)$$

Da $0 \leq n(T) \leq 1$, ist diese Entropie (siehe Abb. L.2) positiv. Wir sehen, dass die resultierende Entropie die Form hat $S = -Nk \sum w \ln w$, wobei die Wahrscheinlichkeit w sowohl die Besetzungswahrscheinlichkeit des oberen Niveaus ist, also $n(T)$, als auch die Wahrscheinlichkeit dafür, dass das obere Niveau nicht besetzt ist, also $1 - n(T)$. Die Wahrscheinlichkeit $1 - n(T)$ ist hier natürlich auch einfach die Wahrscheinlichkeit dafür, dass das untere Niveau besetzt ist. Wir werden später sehen, dass diese Form der Entropie typisch ist für ein Fermi-System. Wir werden im zweiten Teil des Buchs zeigen, dass diese Form der Gleichgewichtsentropie sogar auf Nichtgleichgewichtssysteme ausgedehnt werden kann. Die Entropie (L.80) verschwindet am abso-

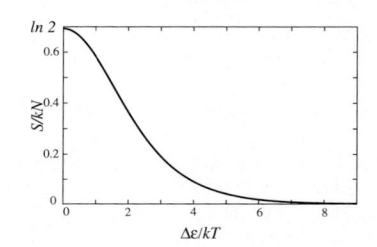

Abb. L.2. Temperaturabhängigkeit der Entropie eines Zweiniveausystems

luten Nullpunkt in Übereinstimmung mit dem Nernstschen Theorem und wächst mit der Temperatur an bis zum Maximalwert $S(T \to \infty, N) = kN \ln 2$, wie in Abb. L.2 dargestellt.

Aufgaben aus Kapitel 6

6.1 Paramagnetische Eigenschaften eines Spinsystems

Die Summe über die Spineinstellung ergibt

$$\Omega = -NkT \left[\ln \left(1 + e^{\frac{1}{2} g_s \mu_B B \beta} \right) + \ln \left(1 + e^{-\frac{1}{2} g_s \mu_B B \beta} \right) \right] . \quad \text{(L.81)}$$

Die Magnetisierung erhält man durch die Ableitung nach dem Magnetfeld B.

$$M = \frac{1}{2} g_s \mu_B N \left(\frac{e^{\frac{1}{2} g_s \mu_B B \beta}}{1 + e^{\frac{1}{2} g_s \mu_B B \beta}} - \frac{e^{-\frac{1}{2} g_s \mu_B B \beta}}{1 + e^{-\frac{1}{2} g_s \mu_B B \beta}} \right) \quad \text{(L.82)}$$

oder

$$M = \frac{1}{2}g_s\mu_B N \left(\frac{e^{\frac{1}{4}g_s\mu_B B\beta} - e^{-\frac{1}{4}g_s\mu_B B\beta}}{e^{\frac{1}{4}g_s\mu_B B\beta} + e^{-\frac{1}{4}g_s\mu_B B\beta}} \right)$$
$$= \frac{1}{2}g_s\mu_B N \tanh\left(\frac{1}{4}g_s\mu_B B\beta\right) . \quad \text{(L.83)}$$

Für $\frac{1}{4}g_s\mu_B B \gg kT$ nimmt die Magnetisierung einen vom Magnetfeld unabhängigen maximalen Wert an $M = \frac{1}{2}g_s\mu_B N$, da dann alle Spins ausgerichtet sind. Für kleine Magnetfelder dagegen ist die Magnetisierung $M \simeq \frac{1}{2}g_s\mu_B N(\frac{1}{4}g_s\mu_B B\beta)$, also proportional zum Magnetfeld B. Dem entsprechend folgt für die Suszeptibilität χ

$$\chi = \frac{1}{8}g_s^2\mu_B^2 N\beta \frac{1}{\cosh^2(\frac{1}{4}g_s\mu_B B\beta)}\bigg|_{B=0} = \frac{1}{8}g_s^2\mu_B^2 N\beta . \quad \text{(L.84)}$$

Die lineare statische Suszeptibilität zeigt also eine $1/T$-Abhängigkeit von der Temperatur. Die Suszeptibilität divergiert also erst bei Annäherung an den absoluten Nullpunkt. Eine solche Divergenz zeigt, dass das System instabil wird und dass unterhalb dieser kritischen Temperatur eine neue geordnete Phase existieren wird. In unserem simplen System findet also bei endlichen Temperaturen keine spontane Ausrichtung aller Spins statt, das System ist stets paramagnetisch.

6.2 Diamagnetische Eigenschaften eines zweidimensionalen Elektronengases

a) Die Einteilchenenergie-Eigenwerte erhält man aus der stationären Schrödinger-Gleichung

$$\frac{1}{2m}\left(\boldsymbol{p} + \frac{e}{c}\boldsymbol{A}\right)^2 \psi(\boldsymbol{r}) = E\psi(\boldsymbol{r}) . \quad \text{(L.85)}$$

Dabei sind die Vektoren von Ort, Impuls und Vektorpotenzial auf die zweidimensionale x-y-Ebene etwa eines Quantentrogs in einem Halbleiter beschränkt. Für das Vektorpotenzial $\boldsymbol{A}$ wählen wir die Landau-Eichung

$$\boldsymbol{A} = xB\boldsymbol{e}_y \ . \qquad (L.86)$$

Die Rotation von $\boldsymbol{A}$ ergibt mit dem Vektorpotenzial (L.86)

$$\boldsymbol{B} = \begin{vmatrix} \boldsymbol{e}_1 & \boldsymbol{e}_2 & \boldsymbol{e}_3 \\ \frac{\partial}{\partial x} & \frac{\partial}{\partial y} & \frac{\partial}{\partial z} \\ 0 & xB & 0 \end{vmatrix} = B\boldsymbol{e}_3 \qquad (L.87)$$

gerade ein magnetisches Feld in z-Richtung, also senkrecht zur Schicht. Damit ist der Hamilton-Operator

$$H = \frac{1}{2m}p^2 + \frac{eB}{mc}xp_y + \frac{e^2B^2}{2mc^2}x^2 \ . \qquad (L.88)$$

Die x- und y-Abhängigkeit der Wellenfunktion lässt sich mit einem Produktansatz trennen:

$$\psi(x,y) = e^{iky}\Phi(x) \ . \qquad (L.89)$$

Für die Wellenfunktion $\Phi(x)$ erhält man die Schrödinger-Gleichung

$$\left(-\frac{\hbar^2}{2m}\frac{\partial^2}{\partial x^2} + \frac{e^2B^2}{2mc^2}(x+x_0)^2\right)\Phi(x) = E\Phi(x) \ . \qquad (L.90)$$

Das ist die Gleichung eines harmonischen Oszillators, dessen Potenzialzentrum um

$$x_0 = \frac{\hbar kc}{eB} \qquad (L.91)$$

k-abhängig verschoben ist. Schreiben wir den Vorfaktor des Potenzialterms als $\frac{1}{2}m\omega^2 = \frac{e^2B^2}{2mc^2}$, so ergibt sich die Oszillatorfrequenz als

$$\omega = \frac{eB}{mc} \ . \qquad (L.92)$$

Die Eigenwerte der Landau-Niveaus sind dann gegeben durch

$$E = \epsilon_n = \left(n+\frac{1}{2}\right)\hbar\omega = \left(n+\frac{1}{2}\right)2\mu_B B \ . \qquad (L.93)$$

b) Den Entartungsgrad der Eigenwerte erhält man aus folgender Überlegung: Da die um x_0 verschobene Wellenfunktion sicherlich noch im zweidimensionalen Gebiet mit der endlichen Fläche $F = L_x L_y$ liegen muss, gilt

$$-\frac{L_x}{2} \leq x_0 \leq \frac{L_x}{2} \;, \tag{L.94}$$

oder

$$-\frac{L_x eB}{2\hbar c} \leq k \leq \frac{L_x eB}{2\hbar c} \;. \tag{L.95}$$

Der Abstand zwischen zwei k-Werten in dem endlichen Gebiet ist aber $\frac{2\pi}{L_y}$. Für jedes Niveau n gibt es also M Impulswerte, die die Bedingung (L.95) befriedigen. Mit $k_{max} = \frac{\pi M}{L_y} = \frac{L_x eB}{2\hbar c}$ finden wir $M = \frac{FeB}{2\pi\hbar c}$. Berücksichtigt man darüber hinaus, dass jedes Niveau noch zweifach spinentartet ist, ergibt sich der Entartungsfaktor g

$$g = 2M = \frac{FeB}{\pi\hbar c} \;. \tag{L.96}$$

c) Die großkanonische Zustandssumme führen wir aus mit den Produktzuständen $|n, k>$:

$$Z = \sum_{N_{n,k}=0,1} \prod_{n,k} <n,k|e^{-\beta(H-\mu N)}|n,k> = \prod_{n,k}\left(1 + e^{-\beta(E_n-\mu)}\right) \;. \tag{L.97}$$

Für das thermodynamische Potenzial $\Omega = -kT \ln Z$ folgt dann

$$\Omega = -kTg \sum_{n=0}^{\infty} f\left(\left(n+\frac{1}{2}\right)\hbar\omega - \mu\right) \tag{L.98}$$

mit der Logarithmusfunktion

$$f(x) = \ln\left(1 + e^{-\beta x}\right) \;. \tag{L.99}$$

Die Summe über k ergibt den Entartungsfaktor g.

d) Mit Hilfe der Euler-Maclaurinschen Formel (6.84) ergibt sich für kleine Werte von $\hbar\omega$

$$\Omega \simeq -\frac{kTg}{\hbar\omega}\int_0^\infty d(\hbar\omega x) f(x\hbar\omega - \mu) - \frac{kTg}{24}\frac{\partial f(x\hbar\omega - \mu)}{\partial x}\bigg|_{x=0} \;. \tag{L.100}$$

Da $g \propto B$ und $\omega \propto B$, ist der Integralterm unabhängig vom Magnetfeld. Wir bezeichnen ihn als $\Omega_0(\mu)$. Der zweite Term liefert

$$\frac{kTg}{24}\beta\hbar\omega\frac{e^{\beta\mu}}{1+e^{\beta\mu}}\,,\qquad (L.101)$$

damit finden wir insgesamt

$$\Omega = \Omega_0(\mu) + \frac{FeB^2\mu_B}{12\pi\hbar c}\frac{1}{1+e^{-\beta\mu}}\,. \qquad (L.102)$$

e) Zweimaliges Ableiten nach B ergibt dann

$$\chi = -\frac{\mu_B^2 mF}{3\pi\hbar^2}\frac{1}{1+e^{-\mu\beta}}\,,\qquad (L.103)$$

den diamagnetischen Anteil der Suszeptibilität. Diese Suszeptibilität ist negativ, das heißt die induzierte Magnetisierung ist antiparallel zum angelegten Feld; wie von der Lenzschen Regel gefordert.

Aufgaben aus Kapitel 7

7.1 Berechnung der Entropie eines mikrokanonischen Systems

Nach (5.19) und (2.24) ist die Entropie für ein mikrokanonisches Ensemble gegeben durch

$$S = k\ln g(E) \quad \text{wobei} \quad g(E) = \frac{1}{N!}\int_{E-\Delta E\leq H\leq E} d^{3N}x \left(\frac{dp}{2\pi\hbar}\right)^{3N}. \qquad (L.104)$$

Die Hamilton-Funktion des idealen Gases ist $H = \sum_1^{3N}\frac{p_i^2}{2m}$. Die Zahl der Zustände in einer Energieschale ΔE ist dann

$$g(E) = \frac{V^N}{(2\pi\hbar)^{3N}N!}\int dp^{3N}\theta\left(\sum\frac{p_i^2}{2m}-(E-\Delta E)\right)\theta\left(E-\sum\frac{p_i^2}{2m}\right)$$

$$= \frac{V^N}{(2\pi\hbar)^{3N}N!}\left(V^{(3N)}(E) - V^{(3N)}(E-\Delta E)\right). \qquad (L.105)$$

$V^{(3N)}(E)$ ist das Volumen einer Kugel im $3N$-dimensionalen Impulsraum, deren Radius P gegeben ist durch $P^2 = \sum_{i=1}^{3N}p_i^2 = 2mE$. Mit der Formel (7.28) erhalten wir

$$g(E) = \frac{V^N}{(2\pi\hbar)^{3N} N!} \frac{(2m\pi)^{\frac{3N}{2}}}{\left(\frac{3N}{2}\right)!} \left(E^{\frac{3N}{2}} - (E - \Delta E)^{\frac{3N}{2}} \right) \quad \text{(L.106)}$$

oder

$$g(E) = \frac{V^N}{(2\pi\hbar)^{3N} N!} \frac{(2mE\pi)^{\frac{3N}{2}}}{\left(\frac{3N}{2}\right)!} \left(1 - \left(1 - \frac{\Delta E}{E}\right)^{\frac{3N}{2}} \right) . \quad \text{(L.107)}$$

Wir untersuchen nun $1 - (1 - x)^M$ mit $x = \frac{\Delta E}{E} \ll 1$ und $M = \frac{3N}{2} \gg 1$, aber $Mx \gg 1$. Unter diesen Bedingungen gilt

$$\begin{aligned}(1 - (1-x)^M) &= 1 - \Big(1 - Mx + \frac{1}{2}M(M-1)x^2 \\ &\quad - \frac{1}{6}M(M-1)(M-2)x^3 + \cdots\Big) \\ &\simeq 1 - \Big(1 - Mx + \frac{1}{2!}M^2 x^2 - \frac{1}{3!}M^3 x^3 + \cdots\Big) \\ &= 1 - e^{-Mx} \simeq 1 \ . \quad \text{(L.108)} \end{aligned}$$

Das Volumen der größeren Kugel ist also auf einer so dünnen Schale konzentriert, dass man nur eine vernachlässigbar kleine Korrektur bekommt, wenn man das Volumen mit dem Radius $\sqrt{E - \Delta E}$ abzieht. Mit dieser Näherung wird dann die Zahl der Zustände

$$g(E) = \frac{V^N}{(2\pi\hbar)^{3N} N!} \frac{(2mE\pi)^{\frac{3N}{2}}}{\left(\frac{3N}{2}\right)!} . \quad \text{(L.109)}$$

Die Entropie wird dann

$$S = k \ln g(E) = Nk \ln\left(V \left(\frac{mE}{2\pi\hbar^2}\right)^{\frac{3}{2}} \right) - k \ln N! - k \ln\left(\frac{3N}{2}\right)! . \quad \text{(L.110)}$$

Mit der Sterling-Formel (2.29) $\ln N! \simeq N \ln(N/e) = N \ln N - N$ erhalten wir

$$S = Nk \left(\frac{3}{2} \ln\left(\frac{mE}{3\pi\hbar^2 N}\right) + \ln\left(\frac{V}{N}\right) + \frac{5}{2} \right)$$

$$S = Nk \left(\frac{3}{2} \ln\left(\frac{mE}{3\pi\hbar^2 N n^{\frac{2}{3}}}\right) + \frac{5}{2} \right) , \quad \text{(L.111)}$$

wobei wir die Teilchendichte $n = N/V$ eingeführt haben. Im Gegensatz zu der aus der kanonischen Verteilung gewonnenen Entropie (7.14) $S = S(T, V, N)$ ist die Entropie (L.111) $S = S(E, V, N)$ eine Funktion der Energie und nicht der Temperatur. Mit der thermodynamischen Beziehung (5.15)

$$\frac{\partial S(E, V, N)}{\partial E} = \frac{1}{T} = \frac{3}{2}Nk\frac{1}{E} , \qquad \text{(L.112)}$$

erhalten wir wieder die thermische Energie des klassischen idealen Gases

$$E = \frac{3}{2}NkT . \qquad \text{(L.113)}$$

Setzen wir diese Beziehung in (L.111) ein, so wird

$$S(T, V, N) = Nk\left(\frac{3}{2}\ln\left(\frac{mkT}{2\pi\hbar^2 n^{\frac{2}{3}}}\right) + \frac{5}{2}\right) , \qquad \text{(L.114)}$$

oder mit der drei-dimensionalen Nullpunktsenergie (7.5) $E_0^{(3)} = \frac{2\pi\hbar^2 n^{\frac{2}{3}}}{m} = E_0$ finden wir

$$S(T, V, N) = \frac{3}{2}Nk\ln\left(\frac{kT}{E_0}\right) + \frac{5}{2}Nk . \qquad \text{(L.115)}$$

Diese Entropie, die wir hier aus der mikrokanonischen Verteilung abgeleitet haben, ist exakt gleich der Entropie (7.14), die wir aus der kanonischen Verteilung abgeleitet haben. Damit ist am Beispiel gezeigt, dass für makroskopische Systeme, also Systeme mit sehr großer Teilchenzahl, die resultierenden thermodynamischen Funktionen für alle Ensembles gleich sind.

7.2 Umformung der Entropie eines idealen Gases

Die Boltzmann-Verteilung ist mit einer Normierungskonstanten A gegeben durch $f_p = Ae^{-\beta e_p}$. Die Normierung finden wir durch

$$N = V\int\left(\frac{dp}{2\pi\hbar}\right)^3 f_p = AV\int\left(\frac{dp}{2\pi\hbar}e^{-\beta\frac{p^2}{2m}}\right)^3 = AV\left(\frac{2mkT}{4\pi\hbar^2}\right)^{\frac{3}{2}} . \qquad \text{(L.116)}$$

Damit ist
$$A = \left(\frac{E_0}{kT}\right)^{\frac{3}{2}} . \qquad \text{(L.117)}$$

Die Entropie ist nach (7.30)
$$S = kN - k\frac{3}{2}\ln\frac{E_0}{kT}V\int\left(\frac{dp}{2\pi\hbar}\right)^3 f_p + k\beta V\int\left(\frac{dp}{2\pi\hbar}\right)^3 e_p f_p .$$
$$\text{(L.118)}$$

Das erste Integral ist auf N normiert, das zweite ergibt die mittlere thermische Energie $\frac{3}{2}NkT$. Damit erhalten wir insgesamt

$$S = \frac{3}{2}Nk\ln\frac{kT}{E_0} + \frac{5}{2}kN . \qquad \text{(L.119)}$$

Aufgaben aus Kapitel 8

8.1 Zur Entropie von idealen Gasen

Im nichtentarteten Grenzfall gilt $f_k \ll 1$. Der zweite Term erfordert etwas Sorgfalt. Er liefert entgegen dem ersten Eindruck einer oberflächlichen Betrachtung einen endlichen Beitrag. Mit der Taylor-Entwicklung

$$\ln(1 \mp f_k) = \mp f_k - \cdots \qquad \text{(L.120)}$$

erhalten wir aus (8.15)

$$S = -k\sum f_k \ln f_k + k\sum f_k = -k\sum f_k \ln f_k + kN . \qquad \text{(L.121)}$$

Dieses Ergebnis haben wir schon in Aufgabe 7.2 kennengelernt.

8.2 Quantenkorrekturen zum klassischen Gas

Im klassischen Grenzfall gilt $e^{\beta\mu} \ll 1$, also erst recht auch $e^{\beta\mu-x} \ll 1$ mit $x \geq 0$. Wir werden daher den Integranden entwickeln. Für die Energie gilt

$$E(T,\mu,V) = kT\, a(V,T) \int_0^\infty dx \frac{x^{\frac{3}{2}}}{e^{x-\beta\mu} \pm 1} \qquad \text{(L.122)}$$

mit dem Vorfaktor

$$a(V,T) = \frac{Vg}{(2\pi)^2}\left(\frac{2mkT}{\hbar^2}\right)^{\frac{3}{2}}. \quad \text{(L.123)}$$

Wir formen um und entwickeln

$$E = kT\, a(V,T) \int_0^\infty dx\, \frac{x^{\frac{3}{2}} e^{\beta\mu-x}}{1 \pm e^{\beta\mu-x}}$$

$$\simeq kT\, a(V,T) \int_0^\infty dx\, x^{\frac{3}{2}} e^{\beta\mu-x}\left(1 \mp e^{\beta\mu-x} + \ldots\right). \text{(L.124)}$$

Der erste Term der Entwicklung gibt den rein klassischen Grenzfall, der zweite Term die erste Quantenkorrektur. Beide Integrale sind durch die Gammafunktion gegeben. Als Ergebnis findet man

$$E \simeq kT\, a(V,T)\, \Gamma\left(\frac{5}{2}\right) e^{\beta\mu}\left(1 \mp \frac{e^{\beta\mu}}{2^{\frac{5}{2}}}\right). \quad \text{(L.125)}$$

Da die Energie als natürliche Variable die Teilchenzahl N hat, drücken wir das chemische Potenzial bzw. den Faktor $e^{\beta\mu}$ durch N aus. Es gilt

$$N = -\frac{\partial J}{\partial \mu}$$

$$= a(V,T) \int_0^\infty dx \frac{\sqrt{x}\, e^{\beta\mu-x}}{1 \pm e^{\beta\mu-x}}$$

$$\simeq a(V,T)\, \Gamma\left(\frac{3}{2}\right) e^{\beta\mu}\left(1 \mp \frac{e^{\beta\mu}}{2^{\frac{3}{2}}}\right). \quad \text{(L.126)}$$

Wir lösen iterativ. In nullter Ordnung erhalten wir

$$e^{\beta\mu(0)} = \frac{N}{a(T,V)\, \Gamma\left(\frac{3}{2}\right)}. \quad \text{(L.127)}$$

Wir setzen

$$e^{2\beta\mu} = \left(\frac{N}{a(T,V)\, \Gamma\left(\frac{3}{2}\right)}\right)^2 \quad \text{(L.128)}$$

und bekommen

$$N = a\left(V,T\right)\Gamma\left(\frac{3}{2}\right)\left(e^{\beta\mu} \pm \frac{1}{2^{\frac{3}{2}}}\left(\frac{N}{a\left(T,V\right)\Gamma\left(\frac{3}{2}\right)}\right)^2\right) \quad \text{(L.129)}$$

und daraus in erster Ordnung

$$e^{\beta\mu(1)} = \frac{N}{a\left(T,V\right)\Gamma\left(\frac{3}{2}\right)}\left(1 \mp \frac{N}{a\left(T,V\right)\Gamma\left(\frac{3}{2}\right)2^{\frac{3}{2}}}\right)$$

$$= \hat{N}\left(1 \pm \frac{\hat{N}}{2^{\frac{3}{2}}}\right). \quad \text{(L.130)}$$

Setzen wir dieses Ergebnis in Gleichung $(L.122)$ ein und nehmen nur Terme bis zur Ordnung $O\left(N^2\right)$ mit, dann erhalten wir schließlich

$$E\left(T,N,V\right) \simeq kT\,a\left(V,T\right)\Gamma\left(\frac{5}{2}\right)\hat{N}\left(1 \pm \frac{\hat{N}}{2^{\frac{5}{2}}}\right)$$

$$= \frac{\Gamma\left(\frac{5}{2}\right)}{\Gamma\left(\frac{3}{2}\right)}kTN\left(1 \pm \frac{\pi^{\frac{3}{2}}}{2g}\frac{N\hbar^3}{V(mkT)^{\frac{3}{2}}}\right)$$

$$= \frac{3}{2}NkT\left(1 \pm \left(\frac{\pi}{mkT}\right)^{\frac{3}{2}}\frac{N\hbar^3}{2gV}\right). \quad \text{(L.131)}$$

Entsprechend finden wir für die Zustandsgleichung

$$pV = kTN\left(1 \pm \left(\frac{\pi}{mkT}\right)^{\frac{3}{2}}\frac{N\hbar^3}{2gV}\right). \quad \text{(L.132)}$$

Die Fermi-Statistik (oberes Vorzeichen) führt zu einer Zunahme des Drucks gegenüber dem klassischen Wert. Die Austauscheffekte bewirken eine zusätzliche effektive Abstoßung zwischen den Teilchen. Im Bose-Fall (unteres Vorzeichen) tritt eine effektive Anziehung der Teilchen und damit eine Druckerniedrigung auf.

Aufgaben aus Kapitel 9

9.1 Freie Energie eines Systems harmonischer Oszillatoren

a) Die Zustandssumme in klassischer Näherung ist für das System von eindimensionalen Oszillatoren mit dem harmonischen Einteilchenpotenzial $W = \frac{1}{2}m\omega^2 x^2$ nach (9.6)

$$Z_{kl} = \left(\frac{mkT}{2\pi\hbar^2}\right)^{\frac{N}{2}} \left(\int dx e^{-\frac{1}{2}m\omega^2\beta x^2}\right)^N . \qquad \text{(L.133)}$$

Dabei haben wir den Term $N!$ ausgelassen, da jedes Teilchen an ein spezielles Zentrum gebunden ist. Das Gauß-Integral des Potenzialterms liefert

$$\left(\frac{2\pi kT}{m\omega^2}\right)^{\frac{N}{2}} . \qquad \text{(L.134)}$$

Die freie Energie in klassischer Näherung $F_{kl} = -kT \ln Z_{kl}$ wird

$$F_{kl} = -kTN \ln \frac{kT}{\hbar\omega} . \qquad \text{(L.135)}$$

b) Der quasiklassische Korrekturterm zur freien Energie ist nach (9.31)

$$\frac{\hbar^2}{24m(kT)^2} N \left<\left(\frac{dW}{dx}\right)^2\right> = \frac{m\hbar^2\omega^4}{24(kT)^2} N <x^2> . \qquad \text{(L.136)}$$

Der mit $e^{-\beta W}$ gebildete Mittelwert von x^2 liefert unter Einschluss des Normierungsintegrals

$$<x^2> = \left(\frac{kT}{m\omega^2}\right) . \qquad \text{(L.137)}$$

Die freie Energie in quasiklassischer Näherung ist damit

$$F_{qkl} = F_{kl} + \frac{NkT}{24}\left(\frac{\hbar\omega}{kT}\right)^2 . \qquad \text{(L.138)}$$

Wir erhalten also zur klassischen freien Energie pro Teilchen bezogen auf kT, also $\frac{F_{kl}}{NkT}$, noch einen quadratischen Korrekturterm in $\frac{\hbar\omega}{kT}$. Dieser Korrekturterm ist im klassischen Hochtemperaturbereich $kT \gg \hbar\omega$ klein.

c) Quantenmechanisch berechnen wir die freie Energie aus der kanonischen Zustandssumme mit den Eigenwerten des harmonischen Oszillators $E_n = \hbar\omega\left(n + \frac{1}{2}\right)$ als

$$Z = \sum_{n=0}^{\infty} e^{-\beta E_n} . \qquad (L.139)$$

Die geometrische Reihe liefert

$$Z = e^{-\frac{1}{2}\hbar\omega\beta} \sum_{n=0}^{\infty} e^{-\beta\hbar\omega n} = e^{-\frac{1}{2}\hbar\omega\beta} \frac{1}{1 - e^{-\hbar\omega\beta}} = \frac{1}{2\sinh\frac{1}{2}\hbar\omega\beta} . \qquad (L.140)$$

Damit ist die quantenstatistisch exakt berechnete freie Energie

$$F = kTN \ln\left(2\sinh(\frac{1}{2}\hbar\omega\beta)\right) . \qquad (L.141)$$

Im Hochtemperaturgrenzfall ist $a = \frac{1}{2}\hbar\omega\beta \ll 1$. Die Entwicklung $e^a - e^{-a} = 2\left(a + \frac{1}{6}a^3 + \cdots\right)$ liefert

$$F = kTN \ln\left(\hbar\omega\beta\left(1 + \frac{1}{24}(\hbar\omega\beta)^2 + \cdots\right)\right) \qquad (L.142)$$

oder

$$F \simeq kTN \ln\frac{\hbar\omega}{kT} + kTN \frac{1}{24}\left(\frac{\hbar\omega}{kT}\right)^2 . \qquad (L.143)$$

Man sieht, dass die Hochtemperaturentwicklung des quantenmechanischen Ergebnisses mit der quasiklassischen Näherung übereinstimmt.

Aufgaben aus Kapitel 10

10.1 Flüssigkeitströpfchen in Dampfphase

Wir gehen aus von der freien Enthalpie G, die mit äußerem Feldterm fq gegeben ist durch:

$$G = E - TS - fq = F - fq , \qquad \text{(L.144)}$$

Wir setzen für die Systemvariable q die Kugeloberfläche F und für das Feld f die Oberflächenspannung σ ein. Für die Dampfphase gilt die Gibbs-Duhem-Relation:

$$F_d = G_d = \mu_d N . \qquad \text{(L.145)}$$

Wenn wir die Gibbs-Duhem-Relation auch näherungsweise für die Flüssigkeit im Tropfen annehmen, gilt für die freie Energie

$$F_{fl} = G_{fl} + \sigma F = \mu_{fl} N + \sigma F . \qquad \text{(L.146)}$$

Die Differenz der freien Energie zwischen der Flüssigkeitsphase und der Dampfphase ist damit

$$\Delta F_{fl-d} = (\mu_{fl} - \mu_d) N + \sigma F . \qquad \text{(L.147)}$$

Wir benötigen nun die Radius-Abhängigkeit der Oberfläche und der Zahl der Teilchen in einem Tropfen. Es gilt:

$$F = 4\pi r^2 \qquad \text{(L.148)}$$

und

$$N = \frac{4\pi}{3 v_{fl}} r^3, \qquad \text{(L.149)}$$

wobei $v_{fl} = V/N$ das Volumen pro Teilchen der Flüssigkeitsphase ist. Damit erhalten wir

$$\Delta F_{fl-d} = \frac{4\pi}{3 v_{fl}} (\mu_{fl} - \mu_d) r^3 + 4\pi \sigma r^2 . \qquad \text{(L.150)}$$

a) Im Falle des ungesättigten Dampfes gilt $\mu_{fl} > \mu_d$. Damit wird $\Delta F_{fl-d} > 0$ für alle Radien, das heißt es findet keine Tröpfchenbildung statt. Selbst wenn im Dampf durch Fluktuationen Tröpfchen entstehen, werden sie sofort wieder zerfallen.

b) Im Falle des gesättigten Dampfes gilt $\mu_{fl} < \mu_d$. Wir diskutieren

$$\Delta F_{fl-d}(r) = -\frac{4\pi}{3v_{fl}}\left(\mu_d - \mu_{fl}\right)r^3 + 4\pi\sigma r^2 \ . \qquad \text{(L.151)}$$

Durch Untersuchung der 1. Ableitung von ΔF_{fl-d} nach r

$$\Delta F'_{fl-d}(r) = -\frac{4\pi}{v_{fl}}\left(\mu_d - \mu_{fl}\right)r^2 + 8\pi\sigma r \qquad \text{(L.152)}$$

finden wir

$$\begin{aligned}\Delta F_{fl-d} \text{ steigend für } & r < r_c \\ \Delta F_{fl-d} \text{ fallend für } & r > r_c.\end{aligned} \qquad \text{(L.153)}$$

Der kritische Radius ist

$$r_c = \frac{2\sigma v_{fl}}{\mu_d - \mu_{fl}} \ . \qquad \text{(L.154)}$$

Damit ein Tröpfchen wachsen kann, das heißt sein Radius r zunehmen kann, muss die freie Energie mit dem Radius abnehmen. Kleine Dichtefluktuationen, also Tröpfchen mit einem Radius $r < r_c$, werden wieder verdunsten, dagegen wird ein durch Fluktuationen entstandener Tropfen mit $r > r_c$ weiter anwachsen. Man sieht, je größer die Differenz der chemischen Potenziale, das heißt je stärker der Dampf übersättigt ist, desto schneller wird der kritische Radius r_c erreicht, oberhalb dem die Nukleation zu wachsenden Tropfen führt.

c) Wir modifizieren die Differenz der freien Energie bei der Tröpfchenbildung mit $\Delta F_E(r)$

$$\Delta F_{fl-d}(r) = \frac{4\pi}{3v_{fl}}\left(\mu_{fl} - \mu_d\right)r^3 + 4\pi\sigma r^2 + \Delta F_E(r) \ , \qquad \text{(L.155)}$$

der Änderung der freien Energie des elektrischen Feldes bei der Tropfenbildung. Diese Änderung erhalten wir aus der Differenz der Energie des Feldes, das von dem im Zentrum des Tropfens eingeschlossenen Ion erzeugt wird, und der Feldenergie des freien Ions.

$$\Delta F_E(r) = \frac{\epsilon}{8\pi} \int_a^r E_i^2 dV + \frac{1}{8\pi} \int_r^\infty E^2 dV - \frac{1}{8\pi} \int_a^\infty E^2 dV$$

$$= \frac{\epsilon}{8\pi} \int_a^r E_i^2 dV - \frac{1}{8\pi} \int_a^r E^2 dV. \qquad (L.156)$$

Mit dem Feld einer Punktladung $E_i = \frac{e}{\epsilon r^2}$, $E = \frac{e}{r^2}$ und $dV = 4\pi r^2 dr$ ergibt sich

$$\Delta F_E(r) = \frac{e^2}{2} \left(1 - \frac{1}{\epsilon}\right) \left(\frac{1}{r} - \frac{1}{a}\right) . \qquad (L.157)$$

Da der Innenradius $a < r$ und die dielektrische Konstante des Tropfen $\epsilon > 1$ ist, gilt immer $\Delta F_E < 0$. Die Gesamtänderung ist damit

$$\Delta F_{fl-d}(r) = \frac{4\pi}{3v_{fl}}(\mu_{fl}-\mu_d)r^3 + 4\pi\sigma r^2 - \frac{e^2}{2}\left(1 - \frac{1}{\epsilon}\right)\left(\frac{1}{a} - \frac{1}{r}\right) . \qquad (L.158)$$

Gleichung (L.158) zeigt, dass $\Delta F_E(r)$ mit zunehmendem Radius r stärker negativ wird, das heißt selbst ein Tropfen mit kleinem Radius wird zu wachsen beginnen und eine Kondensation hervorrufen, im ungesättigten und erst recht im übersättigten Dampf.

Dieser Effekt wird in der Wilsonschen Nebelkammer zur Beobachtung von Spuren schneller geladener Teilchen genutzt. In der Kammer befindet sich schwach übersättigter Dampf. Ein schnelles geladenes Teilchen erzeugt beim Durchflug Ionen, an denen der Dampf kondensiert, so dass die Teilchenspur sichtbar wird.

Aufgaben aus Kapitel 11

11.1 Berechnung des Virialkoeffizienten zweiter Ordnung

Mit dem Modellpotenzial wird der zweite Virialkoeffizient

$$B_{kl}(T) = -\frac{1}{2}\left[V_a(e^{-\beta W_r} - 1) + (V_b - V_a)(e^{\beta W_a} - 1)\right] . \qquad (L.159)$$

Da $W_r \gg kT$ und $W_a \ll kT$, gilt auch

$$B_{kl}(T) \simeq \frac{1}{2}V_a - \frac{1}{2}(V_b - V_a)\beta W_a = b - \frac{a}{kT} \,, \qquad \text{(L.160)}$$

wobei $b = \frac{1}{2}V_a$ das Kovolumen ist und $a = \frac{1}{2}(V_b - V_a)W_a$ in Übereinstimmung mit (11.10).

11.2 Austauschkorrektur zum Virialkoeffizienten

Die mittlere thermische Energie eines idealen Quantengases ist

$$E = g_s \sum_k e_k \frac{1}{e^{\beta(e_k - \mu)} \pm 1} \qquad \text{(L.161)}$$

$$= g_s \sum_k e_k \frac{e^{-\beta(e_k - \mu)}}{1 \pm e^{-\beta(e_k - \mu)}} = g_s \sum_k e_k \frac{ze^{-\beta e_k}}{1 \pm ze^{-\beta e_k}} \,.$$

Entwickeln wir diese Form bis zur Ordnung z^2, so finden wir

$$E \simeq g_s z \sum_k e_k e^{-\beta e_k} \left(1 \mp ze^{-\beta e_k}\right) \qquad \text{(L.162)}$$

$$= zg_s V \rho_0^{(3)} (kT)^{\frac{3}{2}} kT \int_0^\infty dx\, x^{\frac{3}{2}} \left(e^{-x} \mp ze^{-2x}\right) \,.$$

Dabei ist $\rho_0^{(3)}$ die Konstante der dreidimensionalen Zustandsdichte. Wir kürzen ab $a = g_s V \rho_0^{(3)} (kT)^{\frac{3}{2}}$ und erhalten

$$E \simeq zakT \int_0^\infty dx\, x^{\frac{3}{2}} \left(e^{-x} \mp ze^{-2x}\right) = zakT \frac{3\sqrt{\pi}}{4} \left(1 \mp \frac{z\sqrt{2}}{8}\right) \,.$$
(L.163)

Jetzt drücken wir die Fugazität z durch die Teilchenzahl N aus:

$$N \simeq g_s z \sum_k \left(e^{-\beta e_k} \mp ze^{-2\beta e_k}\right) \qquad \text{(L.164)}$$

$$= za \int_0^\infty dx\, \sqrt{x} \left(e^{-x} \mp ze^{-2x}\right) = \frac{za\sqrt{\pi}}{2} \left(1 \mp \frac{z}{2^{\frac{3}{2}}}\right) \,.$$

Durch iterative Lösung finden wir dann $z = z(N)$ bis zur zweiten Ordnung

$$z = \frac{2N}{a\sqrt{\pi}} \pm \frac{N^2 \sqrt{2}}{a^2 \pi} = \hat{N} \pm \frac{\hat{N}^2}{2^{\frac{3}{2}}} \,. \qquad \text{(L.165)}$$

Setzen wir dieses Ergebnis in (L.163) ein, entsteht wieder bis zur zweiten Ordnung in N

$$E = \frac{akT3\sqrt{\pi}}{4}\left(z \mp \frac{z^2}{22^{\frac{3}{2}}}\right) \tag{L.166}$$

$$= \frac{akT3\sqrt{\pi}}{4}\left(\hat{N} \pm \frac{\hat{N}^2}{2^{\frac{3}{2}}} \mp \frac{\hat{N}^2}{22^{\frac{3}{2}}}\right) = \frac{3}{2}NkT\left(1 \pm \frac{\hat{N}}{2^{\frac{5}{2}}}\right).$$

Mit $\hat{N} = \frac{2N}{a\sqrt{\pi}} = \frac{2n}{g_s \rho_0^{(3)} (kT)^{\frac{3}{2}} \sqrt{\pi}}$ finden wir wieder

$$p = nkT(1 \pm B_{Aust} n), \tag{L.167}$$

mit

$$B_{Aust} = \frac{2}{2^{\frac{5}{2}} g_s \rho_0^{(3)} (kT)^{\frac{3}{2}} \sqrt{\pi}}. \tag{L.168}$$

Die Korrektur ist also wieder proportional zu $(\lambda^{(3)})^3 (N/V)$ wie in (11.17).

Aufgaben aus Kapitel 12

12.1 Instabilitätsbereich der Van-der-Waals-Gleichung

a) Die kritischen Größen finden wir aus der Sattelpunktsbedingung $\frac{\partial p}{\partial v} = 0$ und $\frac{\partial^2 p}{\partial v^2} = 0$:

$$\frac{kT_c}{(v_c - b)^2} = \frac{2a}{v_c^3}, \tag{L.169}$$

$$\frac{2kT_c}{(v_c - b)^3} = \frac{6a}{v_c^4}. \tag{L.170}$$

Aus diesen Gleichungen ergibt sich das kritische Volumen $v_c = 3b$, die kritische Temperatur $kT_c = \frac{8a}{27b}$ und aus der Zustandsgleichung schließlich der kritische Druck $p_c = \frac{a}{27b^2}$.

b) Aus den in der Aufgabe genannten Gründen betreiben wir eine Taylor-Entwicklung bis zur dritten Ordnung. Da $\overline{p} = \overline{p}(\overline{V}, \overline{T})$ linear in $\overline{T}$ ist, entfallen alle höheren Ableitungen bezüglich $\overline{T}$. Am kritischen Punkt verschwindet überdies

$$\left[\frac{\partial \overline{p}}{\partial \overline{V}}\right]_{\overline{V}=1} = 0 , \qquad (L.171)$$

so dass nur noch folgende Terme verbleiben:

$$\left(\frac{\partial \overline{p}}{\partial \overline{T}}\right)_{\overline{V}=\overline{T}=1} = \left(\frac{8}{3\overline{V}-1}\right)_{\overline{V}=\overline{T}=1} = 4 \qquad (L.172)$$

$$\left(\frac{\partial^2 \overline{p}}{\partial \overline{V} \partial \overline{T}}\right)_{\overline{V}=\overline{T}=1} = -\left(\frac{24}{(3\overline{V}-1)^2}\right)_{\overline{V}=\overline{T}=1} = -6 \qquad (L.173)$$

$$\left(\frac{\partial^3 \overline{p}}{\partial \overline{V}^3}\right)_{\overline{V}=\overline{T}=1} = 72 \left(\frac{1}{\overline{V}^5} - \frac{18\overline{T}}{(3\overline{V}-1)^4}\right)_{\overline{V}=\overline{T}=1} = -9 \qquad (L.174)$$

$$\left(\frac{\partial^3 \overline{p}}{\partial \overline{V}^2 \partial \overline{T}}\right)_{\overline{V}=\overline{T}=1} = \left(\frac{144}{(3\overline{V}-1)^3}\right)_{\overline{V}=\overline{T}=1} = 18 , \qquad (L.175)$$

wir finden also mit $\overline{p}\left(\overline{V}=1, \overline{T}=1\right) = 1$

$$\overline{p} = 1 + 4\left(\overline{T}-1\right) - \frac{9}{3!}\left(\overline{V}-1\right)^3 \qquad (L.176)$$
$$- \frac{6}{2!}\left(\overline{V}-1\right)\left(\overline{T}-1\right) + \frac{18}{3!}\left(\overline{V}-1\right)^2\left(\overline{T}-1\right) .$$

Ausgedrückt durch die neuen Variablen $p = \overline{p} - 1$, $t = \overline{T} - 1$, $\eta = \overline{V} - 1$ ergibt sich

$$p = 4t - 3\eta t - \frac{3}{2}\eta^3 + 3\eta^2 t . \qquad (L.177)$$

Im Allgemeinen interessiert man sich nur für kleine Temperaturabweichungen ($t \ll 1$), so dass man den letzten Term vernachlässigt

$$p = 4t - 3\eta t - \frac{3}{2}\eta^3 . \qquad (L.178)$$

c) Die Umrandung des Instabilitätsbereiches ($\kappa_T < 0$) ist durch die Bedingung

$$-\frac{\partial p}{\partial \eta} = 0 , \qquad (L.179)$$

bestimmt. Aus (L.178) erhalten wir damit

$$\eta^2 = -\frac{2}{3}t > 0 \quad \text{für} \quad T < T_c \;. \tag{L.180}$$

Löst man (L.180) nach t auf und setzt diesen Ausdruck in (L.178) ein, so ergibt sich in niedrigster Näherung die Randkurve des Instabilitätsbereiches

$$p_i = -6\eta^2 + O\left(\eta^3\right) \;. \tag{L.181}$$

Das ist eine nach unten geöffnete Parabel, die das Koexistenzgebiet einschließt.

Aufgaben aus Kapitel 13

13.1 Ginzburg-Landau-Potenzial für räumlich inhomogene Systeme z.B. Supraleiter in der Nähe der Oberfläche

a) Der erste Term in (13.12) lässt sich folgendermaßen umwandeln:

$$\int d^3r' |\nabla \psi(\boldsymbol{r}')|^2 = \int d^3r' \nabla(\psi^*(\boldsymbol{r}')\nabla \psi(\boldsymbol{r}')) - \int d^3r' \psi^*(\boldsymbol{r}') \Delta \psi(\boldsymbol{r}') \;. \tag{L.182}$$

Das erste Integral liefert nach Gauß ein Oberflächenintegral, das verschwindet, wenn ψ auf der Oberfläche Null ist. Insgesamt wird dann

$$F = \int d^3r' \left(-\frac{\hbar^2}{2m} \psi^*(\boldsymbol{r}') \Delta \psi(\boldsymbol{r}') + A(\frac{T}{T_c} - 1)|\psi(\boldsymbol{r}')|^2 + \frac{B}{2}|\psi(\boldsymbol{r}')|^4\right) . \tag{L.183}$$

Eine Funktionalableitung nach $\psi^*(\boldsymbol{r})$ liefert nun mit der einfachen Regel

$$\frac{\delta \psi(\boldsymbol{r}')}{\delta \psi(\boldsymbol{r})} = \delta^3(\boldsymbol{r}' - \boldsymbol{r}) \tag{L.184}$$

die nichtlineare Schrödinger-Gleichung

$$-\frac{\hbar^2}{2m} \Delta \psi(\boldsymbol{r}) + A(\frac{T}{T_c} - 1)\psi(\boldsymbol{r}) + B\psi(\boldsymbol{r})|\psi(\boldsymbol{r})|^2 = 0 \;. \tag{L.185}$$

Man nennt diese Gleichung die Ginzburg-Landau-Gleichung. Die Lösung für homogene Situationen für $T < T_c$ ist (siehe (13.9))

$$\psi_0 = \sqrt{\frac{A}{B}\frac{T_c - T}{T_c}} . \qquad (L.186)$$

Man sieht wieder, wie der Ordnungsparameter nach dem Gesetz für Molekularfeldtheorien mit der Potenz 1/2 nach Null geht.

b) Setzen wir nun

$$\psi(\boldsymbol{r}) = \psi_0 f(\boldsymbol{r}) , \qquad (L.187)$$

so finden wir

$$-\zeta^2 \Delta f - f + f^3 = 0 , \qquad (L.188)$$

mit der Kohärenzlänge ζ

$$\zeta = \sqrt{\frac{\hbar^2}{2mA}\frac{T_c}{T_c - T}} . \qquad (L.189)$$

Man sieht, dass die Kohärenzlänge bei der Annäherung an T_c divergiert. An der Oberfläche muss nun $f(z=0) = 0$ sein, und tief im Inneren des Supraleiters nimmt der Ordnungsparameter seinen homogenen Wert an $f(z \to \infty) = 1$. Multipliziert man (L.188) mit $f' = df/dz$ und integriert man die Gleichung über z, so entsteht

$$-\zeta^2 f'^2 - f^2 + \frac{1}{2}f^4 = const. \qquad (L.190)$$

Um den Grenzwert 1 von $f(z)$ für große z zu erhalten, muss die Konstante $-1/2$ sein. Damit reduziert sich die Gleichung für f auf

$$\sqrt{2}\zeta \frac{df}{dz} = (1 - f^2) . \qquad (L.191)$$

Durch Separation der Variablen findet man

$$\frac{df}{1 - f^2} = \frac{dz}{\sqrt{2}\zeta} . \qquad (L.192)$$

Durch Integration findet man

$$arctanh(f) = \frac{z}{\sqrt{2}\zeta} \qquad \text{(L.193)}$$

oder

$$f(z) = \tanh\left(\frac{z}{\sqrt{2}\zeta}\right) . \qquad \text{(L.194)}$$

Das Ergebnis zeigt, wie innerhalb einer Kohärenzlänge der Ordnungswert von Null am Rand der Probe bis fast zu seinem homogenen Wert anwächst.

c) Die Kohärenzlänge (L.189) divergiert bei Annäherung an den Phasenübergang bei T_c mit dem kritischen Exponenten $-1/2$. Je nachdem, ob die Kohärenzlänge klein oder groß gegen die Eindringtiefe λ eines Magnetfeldes ist, spricht man von Supraleitern erster oder zweiter Art.

13.2 Ginzburg-Landau-Potenzial für Supraleiter im magnetischen Feld

Das Ginzburg-Landau-Potenzial in Anwesenheit eines elektromagnetischen Feldes ist nach (13.13)

$$F = \int d^3r' \left(\frac{1}{2m} |(-i\hbar\nabla - \frac{2e}{c}\boldsymbol{A})\psi(\boldsymbol{r}')|^2 \right.$$
$$\left. + A\left(\frac{T}{T_c} - 1\right) |\psi(\boldsymbol{r}')|^2 + \frac{B}{2}|\psi(\boldsymbol{r}')|^4 \right) . \qquad \text{(L.195)}$$

a) Wie in Aufgabe 13.1 finden wir die Ginzburg-Landau-Gleichung für den Ordnungsparameter durch Funktionalableitung von (13.13) nach $\psi^*(\boldsymbol{r})$. Falls der Oberflächenterm verschwindet, findet man jetzt

$$\frac{1}{2m}\left(-i\hbar\nabla - \frac{2e}{c}\boldsymbol{A}\right)^2 \psi(\boldsymbol{r}) + A\left(\frac{T}{T_c} - 1\right)\psi(\boldsymbol{r}) + B\psi(\boldsymbol{r})|\psi(\boldsymbol{r})|^2 = 0.$$
$$\text{(L.196)}$$

Das Oberflächenintegral verschwindet, wenn auf der Oberfläche

$$\left(-i\hbar\nabla - \frac{2e}{c}\boldsymbol{A}\right)_n \psi = 0 . \qquad \text{(L.197)}$$

b) In Anwesenheit eines elektromagnetischen Feldes ist die Stromdichte

$$\boldsymbol{j} = -\frac{e\hbar}{im}\left(\psi^+\nabla\psi - (\nabla\psi^*)\psi\right) - \frac{4e^2}{mc}\psi^*\psi\boldsymbol{A} \ . \qquad (L.198)$$

Nehmen wir jetzt an, dass die Kohärenzlänge so klein ist, dass man ψ durch ψ_0 ersetzen kann, vereinfacht sich die Stromdichte zu

$$\boldsymbol{j} = -\frac{4e^2}{mc}\psi_0^2\boldsymbol{A} \ . \qquad (L.199)$$

Nimmt man die Rotation von dieser Gleichung, so entsteht

$$\nabla\times\boldsymbol{j} = -\frac{4e^2}{mc}\psi_0^2\boldsymbol{B} \ . \qquad (L.200)$$

Verwenden wir nun noch die stationäre Maxwell-Gleichung für das Magnetfeld $\boldsymbol{B}$,

$$\nabla\times\boldsymbol{B} = \frac{4\pi}{c}\boldsymbol{j} \ , \qquad (L.201)$$

so finden wir eine Differenzialgleichung für das Magnetfeld allein

$$\nabla\times\nabla\times\boldsymbol{B} = -\frac{16\pi e^2}{mc^2}\psi_0^2\boldsymbol{B} \ . \qquad (L.202)$$

Zeigt das Magnetfeld parallel zur Oberfläche etwa in x-Richtung, so findet man für die Variation des Feldes in z-Richtung aus (L.202)

$$\lambda^2\frac{d^2 B_x}{dz^2} = B_x \qquad (L.203)$$

mit der Lösung

$$B_x(z) = B_z(0)e^{-\frac{z}{\lambda}} \ . \qquad (L.204)$$

Die charakteristische Länge λ ergibt die Eindringtiefe. Diese Eindringtiefe ist nach (L.202) mit (L.186)

$$\lambda = \lambda_0\sqrt{\frac{T_c}{T_c - T}} \ . \qquad (L.205)$$

Dabei ist $\lambda_0 = \sqrt{\frac{mc^2 B}{16\pi e^2 A}}$. Wie die Kohärenzlänge divergiert auch die Eindringtiefe bei Annäherung an T_c. Das Verhältnis der Kohärenzlänge ζ zur Eindringtiefe λ nennt man die Ginzburg-Zahl κ

$$\kappa = \frac{\zeta}{\lambda} \ . \qquad (L.206)$$

Falls, wie hier angenommen, $\kappa \leq 1$ ist, spricht man von einem Supraleiter vom Typ I. Falls $\kappa \geq 1$ ist, spricht man von einem Supraleiter vom Typ II, in den das Magnetfeld in Form von Wirbelschläuchen eindringen kann.

Aufgaben aus Kapitel 14

14.1 Magnetische Suszeptibilität eines 2d-Elektronengases

a) Der ungestörte Hamilton-Operators eines idealen Elektronengases ist

$$H_0 = \sum_{k,\sigma=\pm 1} \epsilon_k a_{k,\sigma}^\dagger a_{k,\sigma} \qquad (L.207)$$

Die Störung besteht in der Kopplung zwischen der Magnetisierung m des Gesamtspins und dem externen Magnetfeld B

$$H_w = mB = \mu_B \sum_{k,\sigma=\pm 1} \sigma a_{k,\sigma}^\dagger a_{k,\sigma} B \ . \qquad (L.208)$$

Folglich lässt sich die Magnetisierung als Systemvariable q auffassen. Für die magnetische Suszeptibilität erhält man dann

$$\chi_T = \int_0^\beta d\tau < m(\tau)\, m(0) > \ . \qquad (L.209)$$

Die Temperaturabhängigkeit der Magnetisierung in der Wechselwirkungsdarstellung ergibt sich aus derjenigen der einzelnen Operatoren a

$$a_{k,\sigma}^\dagger(\tau) = e^{\tau \epsilon_k} a_{k,\sigma}^\dagger \qquad a_{k,\sigma}(\tau) = e^{-\tau \epsilon_k} a_{k,\sigma}. \qquad (L.210)$$

Wie man sieht, ist der Teilchenzahloperator $a_k^\dagger a_k$ temperaturunabhängig. Damit folgt für die Suszeptibilität

$$\chi_T = \mu_B^2 \beta \sum_{kk'\sigma\sigma'} < a_{k,\sigma}^\dagger a_{k,\sigma} a_{k',\sigma'}^\dagger a_{k',\sigma'} > \sigma\sigma' \ . \qquad (L.211)$$

Bei der Auswertung des Erwartungswertes muss der Term $k = k'$ getrennt betrachtet werden, da für Fermionen $n_k^2 = n_k$ mit $k \to \{k, \sigma\}$, das heißt

$$<n_k n_{k'}> = \delta_{k,k'} <n_k> + (1 - \delta_{k,k'}) <n_k n_{k'}> \sigma\sigma'$$
$$= \delta_{k,k'} f_k + (1 - \delta_{k,k'}) f_k f_{k'} \sigma\sigma', \qquad (L.212)$$

wobei f_k die Fermi-Verteilung bezeichnet und der Index k der Kürze halber den Spinindex mit einschließt. Somit ergibt sich für die Suszeptibilität

$$\chi_T = \beta \mu_B^2 \sum_k f_k (1 - f_k) \qquad (L.213)$$

b) Da $N = \sum_k f_k$, ist

$$\frac{\partial N}{\partial \mu} = \sum_k \left(\frac{1}{e^{\beta(\epsilon_k - \mu)} + 1}\right)^2 \beta e^{\beta(\epsilon_k - \mu)} = \beta \sum_k f_k(1 - f_k) \,. \qquad (L.214)$$

Damit wird die Suszeptibilität

$$\chi = \mu_B^2 \frac{\partial N}{\partial \mu} \,. \qquad (L.215)$$

Nun verwendet man noch die analytische Beziehung (8.51) zwischen dem chemischen Potenzial und der Teilchenzahl eines 2d-Fermi-Gases

$$\mu = kT \ln\left(e^{\beta E_0 / 2} - 1\right) \,, \qquad (L.216)$$

wobei $E_0 = 4\pi \frac{\hbar^2 N}{2mF}$ die 2d-Nullpunktsenergie ist. Löst man nach N auf, so wird

$$N = \frac{mF}{\pi \hbar^2 \beta} \ln(e^{\beta \mu} + 1) \,. \qquad (L.217)$$

Damit erhalten wir schließlich die Suszeptibilität in der Form

$$\chi_T = \frac{F \mu_B^2 m}{\pi \hbar^2} \frac{1}{1 + e^{-\beta \mu}} \,. \qquad (L.218)$$

Dieses Resultat haben wir schon in Aufgabe 6.2 abgeleitet.

Aufgaben aus Kapitel 15

15.1 Bogoljubov-Variationsverfahren für anharmonischen Oszillator

Der Hamilton-Operator des anharmonischen Oszillators ist in reduzierten Einheiten

$$H = \frac{1}{2}\left(-\frac{d^2}{dx^2} + x^2 + \lambda x^4\right) \qquad (L.219)$$

und der des harmonischen Oszillators

$$H_t = \frac{1}{2}\left(-\frac{d^2}{dx^2} + \omega^2 x^2\right) \ . \qquad (L.220)$$

a) Der Test-Hamilton-Operator ist

$$H_t = \omega\left(a^\dagger a + \frac{1}{2}\right) \ . \qquad (L.221)$$

Die Differenz $H - H_t$ ist

$$H - H_t = \frac{1}{2}\Big((1-\omega^2)\,x^2 + \lambda x^4\Big) \ . \qquad (L.222)$$

Mit der Variablen $\xi = \sqrt{\omega}\,x$ wird

$$H - H_t = \frac{1}{2\omega}\left(1 - \omega^2\right)\xi^2 + \frac{\lambda}{2\omega^2}\xi^4 \ . \qquad (L.223)$$

Nun drücken wir ξ durch die Erzeugungs- und Vernichtungsoperatoren aus

$$\xi = \frac{1}{\sqrt{2}}\left(a^\dagger + a\right) \ . \qquad (L.224)$$

Unter Verwendung der Kommutatorrelation $[a, a^\dagger] = 1$ ergibt sich

$$\xi^2 = \frac{1}{2}\left(a^{\dagger 2} + a^2 + 2a^\dagger a + 1\right) \qquad (L.225)$$

und

$$\xi^4 = \frac{1}{4}\left(a^{\dagger 4} + 4a^{\dagger 3}a + 6a^{\dagger 2}a^2 + 6a^2 + 4a^\dagger a^3 + a^4 + 12a^\dagger a + 3\right) \ . \qquad (L.226)$$

Wir setzen (L.225) und (L.226) in (L.223) ein und finden $H - H_t$ ausgedrückt durch a und $a^\dagger$

$$H - H_t = \frac{1}{4\omega}\left(1 - \omega^2\right)\left(a^{\dagger 2} + a^2 + 2a^\dagger a + 1\right)$$
$$+ \frac{\lambda}{8\omega^2}\Big(a^{\dagger 4} + 4a^{\dagger 3}a + 6a^{\dagger 2}a^2 + 6a^{\dagger 2} + 12a^\dagger a$$
$$+ 4a^\dagger a^3 + 6a^2 + a^4 + 3\Big) . \qquad \text{(L.227)}$$

b) Die freie Energie des Testoperators ist

$$F_t = -kT \ln \operatorname{Sp} e^{-\beta H_t} . \qquad \text{(L.228)}$$

Die Spur bilden wir mit den Eigenfunktionen von H_t. Die Auswertung ergibt

$$\operatorname{Sp} e^{-\beta H_t} = \sum_{n=0}^{\infty} \left\langle n \left| e^{-\beta\omega\left(a^\dagger a + \frac{1}{2}\right)} \right| n \right\rangle$$
$$= e^{-\frac{\beta\omega}{2}} \sum_{n=0}^{\infty} e^{-\beta\omega n}$$
$$= e^{-\frac{\beta\omega}{2}} S(\beta\omega) , \qquad \text{(L.229)}$$

wobei S als geometrische Reihe gegeben ist durch

$$S(\beta\omega) = \frac{1}{1 - e^{-\beta\omega}} . \qquad \text{(L.230)}$$

Damit gilt

$$F_t = \frac{\omega}{2} + \frac{1}{\beta} \ln\left(1 - e^{-\beta\omega}\right) . \qquad \text{(L.231)}$$

c) Die Mittelung von

$$W(n) = \langle H - H_t \rangle_t \qquad \text{(L.232)}$$

ist leicht mit dem in a) berechneten Ausdruck für $H - H_t$ (L.227) durchzuführen. Alle nichtdiagonalen Terme verschwinden und es bleibt

$$W(n) = \frac{\lambda}{4}\left(\frac{1}{\omega} - \omega\right)\left(2\langle a^\dagger a\rangle_t + 1\right)$$
$$+ \frac{\lambda}{8\omega^2}\left(6\langle a^\dagger a^\dagger aa\rangle_t + 12\langle a^\dagger a\rangle_t + 3\right) . \quad \text{(L.233)}$$

Mit dem gemittelten Teilchenzahloperator

$$\langle n\rangle_t = \frac{1}{e^{\beta\omega} - 1} = n(\omega, T) \qquad (L.234)$$

und der Beziehung (15.53) finden wir

$$W(n) = \frac{1}{4\omega}\left(1 - \omega^2\right)\left(2n(\omega, T) + 1\right)$$
$$+ \frac{3\lambda}{8\omega^2}\left(2n(\omega, T) + 1\right)^2. \qquad (L.235)$$

Beweis von (15.53)
Mit $b = \beta\omega$ ist die geometrische Summe (L.230)

$$S(b) = \sum_{n=0}^{\infty} e^{-bn} = \frac{1}{1 - e^{-b}}. \qquad (L.236)$$

Die erste Ableitung nach b ergibt

$$S'(b) = -\sum_{n=0}^{\infty} n e^{-bn} = -\frac{e^{-b}}{(1 - e^{-b})^2}. \qquad (L.237)$$

Der Teilchenzahlerwartungswert ist dann

$$<n>_t = n(\omega, T) = \frac{\sum_{n=0}^{\infty} n e^{-bn}}{\sum_{n=0}^{\infty} e^{-bn}}$$
$$= -\frac{S'(b)}{S(b)} = \frac{e^{-b}}{(1 - e^{-b})} = \frac{1}{e^b - 1}, \qquad (L.238)$$

wie schon oben benützt.
Die zweite Ableitung liefert

$$S''(b) = \sum_{n=0}^{\infty} n^2 e^{-bn} = \frac{e^{-b}}{(1 - e^{-b})^2} + \frac{2e^{-2b}}{(1 - e^{-b})^3}. \qquad (L.239)$$

Damit ist

$$\frac{S''(b)}{S(b)} = <n^2>_t = n(\omega, T) + 2n^2(\omega, T). \qquad (L.240)$$

Damit wird

$$<a^\dagger a^\dagger a a>_t = <a^\dagger\left(aa^\dagger - 1\right)a>_t = <n^2>_t - <n>_t = 2n^2(\omega, T). \qquad (L.241)$$

d) Die zu variierende freie Energie $\tilde{F}$ ist durch

$$\tilde{F} = F_t + \langle H - H_t \rangle_t = F_t + W(n) \qquad (L.242)$$

gegeben. Wir drücken (L.231) durch die Verteilungsfunktion aus und setzen $W(n)$ nach (L.235 ein und finden

$$\begin{aligned}\tilde{F} &= \frac{\omega}{2} - \frac{1}{\beta}\beta\omega - \frac{1}{\beta}\ln n + \frac{1}{4\omega}(2n+1) - \frac{\omega}{4}(2n+1)\\&\quad + \frac{3\lambda}{8\omega^2}(2n+1)^2\\&= -\frac{1}{\beta}\ln n - \frac{\omega}{2}\left(n + \frac{3}{2}\right) + \frac{1}{2\omega}\left(n + \frac{1}{2}\right)\\&\quad + \frac{3\lambda}{8\omega^2}(2n+1)^2 \ . \end{aligned} \qquad (L.243)$$

Die Ableitung nach ω - unter Berücksichtigung der Produktregel mit $n = n(\omega, T)$ - führt auf

$$\begin{aligned}\frac{\partial \tilde{F}}{\partial \omega} &= -\frac{1}{\beta}\frac{n'}{n} - \frac{1}{2}\left(n + \frac{3}{2}\right) - \frac{\omega n'}{2} - \frac{1}{2\omega^2}\left(n + \frac{1}{2}\right)\\&\quad + \frac{n'}{2\omega} - \frac{3\lambda}{4\omega^3}(2n+1)^2 + \frac{3\lambda n'}{2\omega^2}(2n+1) \ . \end{aligned} \qquad (L.244)$$

Es gilt:

$$\begin{aligned}n' &= -\beta \frac{e^{\beta\omega}}{(e^{\beta\omega}-1)^2}\\&= -\beta\left(\frac{1}{e^{\beta\omega}-1} + \left(\frac{1}{e^{\beta\omega}-1}\right)^2\right)\\&= -\beta n(n+1) \ . \end{aligned} \qquad (L.245)$$

Damit erhalten wir

$$\begin{aligned}\frac{\partial \tilde{F}}{\partial \omega} &= \frac{1}{4}\left(1 - \frac{1}{\omega^2}\right)(2n+1)\\&\quad - \frac{3\lambda}{4\omega^3}(2n+1)^2 - \frac{3\lambda\beta}{2\omega^2}n(n+1)(2n+1)\\&\quad + \frac{\omega\beta}{2}\left(1 - \frac{1}{\omega^2}\right)n(n+1)\end{aligned}$$

$$= \frac{1}{4}(2n+1)\left(1 - \frac{1}{\omega^2} - \frac{3\lambda}{\omega^3}(2n+1)\right)$$
$$+ \frac{\beta\omega}{2}n(n+1)\left(1 - \frac{1}{\omega^2} - \frac{3\lambda}{\omega^3}(2n+1)\right) \quad \text{(L.246)}$$

und schließlich

$$\frac{\partial \tilde{F}}{\partial \omega} = \left(\frac{1}{4}(2n+1) + \frac{\beta\omega}{2}n(n+1)\right)\left(1 - \frac{1}{\omega^2} - \frac{3\lambda}{\omega^3}(2n+1)\right). \quad \text{(L.247)}$$

Für den Variationsparameter $\tilde{\omega}$ muss dieser Ausdruck verschwinden. Die erste Klammer ist immer positiv, daher muss gelten:

$$3\lambda(2n(\tilde{\omega},T)+1) = \tilde{\omega}(\tilde{\omega}^2 - 1). \quad \text{(L.248)}$$

Dies ist eine transzendente Bestimmungsgleichung für $\tilde{\omega}$.

e) Für $T = 0$ ist $n(\tilde{\omega}, T) = 0$. Gleichung (L.248) vereinfacht sich daher erheblich. Wir erhalten

$$f(\omega) = \omega^2 - 1 = \frac{3\lambda}{\omega} \quad \text{(L.249)}$$

und können $\tilde{\omega}$ graphisch über den Schnittpunkt der Kurven $f(\omega) = \omega^2 - 1$ und $f(\omega) = \frac{3\lambda}{\omega}$ bestimmen, wie in Abb. L.3 gezeigt. Für $\lambda \to 0$ geht $\tilde{\omega} \to 1$ und wir reproduzieren den harmonischen Oszillator.

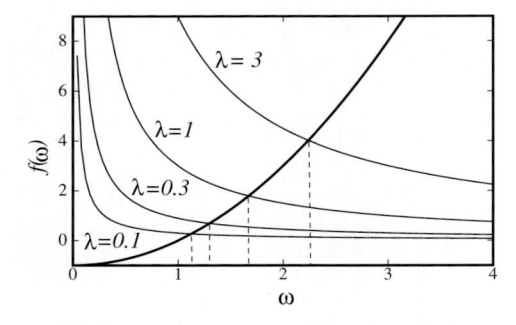

Abb. L.3. Graphische Bestimmung des Variationsparameters ω

Für kleine λ erhält man mit dem Ansatz $\tilde{\omega} = 1 + \delta$

$$\frac{3\lambda}{1+\delta} \simeq 2\delta , \qquad (L.250)$$

oder

$$\delta \simeq \frac{3\lambda}{2} . \qquad (L.251)$$

Für große λ findet man

$$\tilde{\omega} \to (3\lambda)^{\frac{1}{3}} . \qquad (L.252)$$

Ein harmonischer Oszillator mit dieser Frequenz beschreibt also die freie Energie eines Oszlillators mit der Anharmonizitätsstärke λ am besten.

Aufgaben aus Kapitel 16

16.1 Master-Gleichung für Generation und Rekombination

a) Die Master-Gleichung für einen Poisson-Prozess ist

$$\frac{d\rho_n}{dt} = -g\rho_n + g\rho_{n-1} \qquad (L.253)$$

mit $n \geq 0$. Beginnen wir mit $n = 0$, so ist mit $\tau = gt$

$$\frac{d\rho_0}{d\tau} = -\rho_0 , \qquad (L.254)$$

mit der Lösung $\rho_0(\tau) = \rho_0(0)e^{-\tau} = e^{-\tau}$. Die Gleichung mit $n = 1$ liefert dann

$$\frac{d\rho_1}{d\tau} = -\rho_1 + e^{-\tau} . \qquad (L.255)$$

Wir machen den Ansatz $\rho_1(\tau) = q_1(\tau)e^{-\tau}$ und erhalten

$$\frac{dq_1}{d\tau} = 1 . \qquad (L.256)$$

Da $q_1(0) = 0$, erhalten wir die Lösung $q_1(\tau) = \tau$ und damit

$$\rho_1(\tau) = \tau e^{-\tau} . \qquad (L.257)$$

Entsprechend liefert $n = 2$

$$\frac{d\rho_2}{d\tau} = -\rho_2 + \tau e^{-\tau} . \qquad \text{(L.258)}$$

Mit $\rho_2(\tau) = q_2(\tau)e^{-\tau}$ finden wir $q_2(\tau) = \frac{\tau^2}{2}$, also

$$\rho_2(\tau) = \frac{\tau^2}{2} e^{-\tau} . \qquad \text{(L.259)}$$

Das allgemeine Bildungsgesetz ist damit

$$\rho_n(\tau) = \frac{\tau^n}{n!} e^{-\tau} . \qquad \text{(L.260)}$$

Das ist gerade die Poisson-Verteilung. Man sieht sofort, dass $\sum_n \rho_n(\tau) = 1$. Das Maximum der Poisson-Verteilung in Bezug auf die Zeit ist

$$\frac{d\rho_n}{d\tau} = \left(\frac{\tau^{n-1}}{(n-1)!} - \frac{\tau^n}{n!} \right) e^{-\tau} = 0 . \qquad \text{(L.261)}$$

Also erreicht die Wahrscheinlichkeitsverteilung $\rho_n(\tau)$ nach der Zeit $\tau_{max} = n$ oder $t_{max} = \frac{n}{g}$ ihr Maximum.

b) Die Master-Gleichung für ein Populationsmodell ist

$$\frac{d\rho_n}{dt} = -(g+r)n\rho_n + g(n-1)\rho_{n-1} + r(n+1)\rho_{n+1} . \qquad \text{(L.262)}$$

Mit der Green-Funktion $G_{n,m}(t)$, die der inhomogenen Gleichung

$$\left(\frac{d}{dt} + (g+r)n\delta_{n,m} - g(n-1)\delta_{m,n-1} - r(n+1)\delta_{m,n+1} \right) G_{n,m} = \delta_{n,m} \qquad \text{(L.263)}$$

genügt, zeigt man durch Einsetzen von
$\rho_n(t) = \sum_m G_{n,m}(t)\rho_m(t=0)$ in die Master-Gleichung, dass der Ansatz die Gleichung befriedigt.
Eine Laplace-Transformation von $G_{n,m}(s) = \int_0^\infty dt\, e^{-st} G_{n,m}(t)$ führt zu

$$\left(-s + (g+r)n\delta_{n,m} + g(n-1)\delta_{m,n-1} + r(n+1)\delta_{m,n+1} \right) G_{n,m} = \delta_{n,m} . \qquad \text{(L.264)}$$

Diesen Satz inhomogener algebraischer Gleichungen kann man iterativ in Form eines Kettenbruchs lösen.

c) Die Master-Gleichung für das Hüpfmodell entsteht aus (16.41) mit den konstanten Raten $G(n) = w$ und $R(n) = w$, die für Generation und Rekombination gleich groß sind.

Aufgaben aus Kapitel 17

17.1 Kinetische Gleichung mit elektrischem Feld

Die Bewegungsgleichung des Feldoperators ist in Anwesenheit eines elektromagnetischen Feldes

$$i\hbar \frac{\partial \psi(\boldsymbol{r})}{\partial t} = \left(\frac{1}{2m} \left(-i\hbar \boldsymbol{\nabla} - \frac{e}{c} \boldsymbol{A}(\boldsymbol{r},t) \right)^2 + e\phi(\boldsymbol{r},t) \right) \psi(\boldsymbol{r}) \,. \tag{L.265}$$

a) Für die Dichtematrix erhalten wir mit skalarer Eichung

$$\left(i\hbar \frac{\partial}{\partial t} + \frac{\hbar^2}{2m} (\boldsymbol{\nabla}_r \cdot \boldsymbol{\nabla}_{r'}) \right) \rho(\boldsymbol{r},\boldsymbol{r}',t) \tag{L.266}$$

$$- \left(e \left\{ \phi\left(\boldsymbol{r} + \frac{\boldsymbol{r}'}{2}, t\right) - \phi\left(\boldsymbol{r} - \frac{\boldsymbol{r}'}{2}, t\right) \right\} \right) \rho(\boldsymbol{r},\boldsymbol{r}',t) = 0 \,.$$

Der letzte Term wird $e\boldsymbol{r}' \cdot \boldsymbol{E}$. Für die Verteilungsfunktion folgt dann

$$\frac{\partial}{\partial t} f(\boldsymbol{r},\boldsymbol{p},t) + \frac{1}{m} \boldsymbol{p} \cdot \boldsymbol{\nabla}_r f(\boldsymbol{r},\boldsymbol{p},t) + e\boldsymbol{E} \cdot \boldsymbol{\nabla}_p f(\boldsymbol{r},\boldsymbol{p},t) = 0 \,. \tag{L.267}$$

b) In der vektoriellen Eichung erhalten wir für die Dichtematrix

$$\left(i\hbar \frac{\partial}{\partial t} + \frac{\hbar^2}{m} (\boldsymbol{\nabla}_r \cdot \boldsymbol{\nabla}_{r'}) + i\frac{\hbar}{m} e\boldsymbol{E} t \boldsymbol{\nabla}_r \right) \rho(\boldsymbol{r},\boldsymbol{r}',t) = 0 \,. \tag{L.268}$$

Für die Verteilungsfunktion folgt dann

$$\frac{\partial}{\partial t} f(\boldsymbol{r},\boldsymbol{p},t) + \frac{1}{m} \left(\boldsymbol{p} + e\boldsymbol{E} t \right) \cdot \boldsymbol{\nabla}_r f(\boldsymbol{r},\boldsymbol{p},t) = 0 \,. \tag{L.269}$$

c) Verwendet man in (L.269) einen zeitabhängigen Impuls

$$\boldsymbol{p}(t) = \boldsymbol{p} + e\boldsymbol{E} t \,, \tag{L.270}$$

und drückt die Verteilungsfunktion aus als $f(\boldsymbol{r}, \boldsymbol{p}(t), t)$, so entsteht aus (L.269)

$$\frac{\partial}{\partial t} f(\boldsymbol{r}, \boldsymbol{p}(t), t) \qquad (\text{L.271})$$
$$+ \frac{1}{m} \boldsymbol{p}(t) \cdot \boldsymbol{\nabla}_r f(\boldsymbol{r}, \boldsymbol{p}, t) + \frac{d\boldsymbol{p}(t)}{dt} \cdot \boldsymbol{\nabla}_{p(t)} f(\boldsymbol{r}, \boldsymbol{p}(t), t) = 0 \ .$$

Setzt man in diese Gleichung die aus (L.270) folgende Newton-Gleichung ein, so entsteht aus (L.271) gerade die kinetische Gleichung (L.267) mit $\boldsymbol{p}(t) \to \boldsymbol{p}$.

Aufgaben aus Kapitel 18

18.1 Lindhard-Formel

a) Aus der Suszeptibilität (18.12) folgt die Lindhardsche dielektrische Funktion

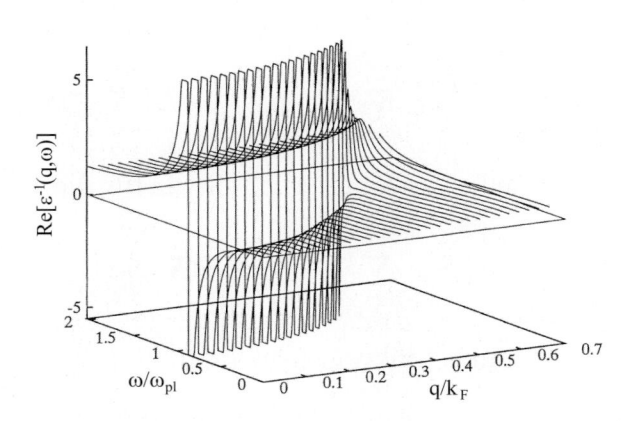

$$\epsilon(\boldsymbol{k}, \omega) = 1 - V_k \sum_{\boldsymbol{k}'} \frac{f_{|\boldsymbol{k}' - \boldsymbol{k}|} - f_{\boldsymbol{k}'}}{\hbar(\omega + \epsilon_{|\boldsymbol{k}' - \boldsymbol{k}|} - \epsilon_{\boldsymbol{k}'} + i\eta)} \ . \qquad (\text{L.272})$$

Abb. L.4. Frequenz- und Wellenzahlabhängigkeit des Realteils der inversen dielektrischen Funktion

Wir entwickeln Zähler und Nenner nach kleinen Wellenzahlen k:

$$f_{|\boldsymbol{k}'-\boldsymbol{k}|} = f_{k'} - \sum_i k_i \frac{\partial f_{k'}}{\partial k'_i} \;. \tag{L.273}$$

Bis zur ersten Ordnung in k wird der Nenner $\hbar(\omega+i\eta) - \sum_i \frac{\hbar^2 k'_i k_i}{m}$, also wird die dielektrische Funktion

$$\epsilon(\boldsymbol{k}\to\boldsymbol{0},\omega) = 1 + V_k \sum_{\boldsymbol{k}'} \frac{\sum_i k_i \frac{\partial f_{k'}}{\partial k'_i}}{\hbar(\omega+i\eta)} \left(1 + \sum_j \frac{\hbar^2 k'_j k_j}{m\hbar(\omega+i\eta)}\right) \;. \tag{L.274}$$

Der Term proportional zu k_i gibt ein verschwindendes Oberflächenintegral. Für den Term proportional zu $k_i k_j$ liefert eine partielle Integration

$$\epsilon(\boldsymbol{k}\to\boldsymbol{0},\omega) = 1 - V_k \sum_{\boldsymbol{k}'}\sum_{i,j} \frac{k_i k_j f_{k'} \delta_{i,j}}{m(\omega+i\eta)^2} = 1 - \frac{4\pi e^2 n}{m}\frac{1}{(\omega+i\eta)^2} \;. \tag{L.275}$$

Man nennt die Form

$$\epsilon(0,\omega) = 1 - \frac{\omega_{pl}^2}{(\omega+i\eta)^2} \tag{L.276}$$

die Drude-Formel. Die obige Abbildung zeigt die inverse dielektrische Funktion bei verschwindender Wellenzahl und kleinen Frequenzen dieses Drude-Verhalten in der Form $\epsilon(0,\omega)^{-1} = \omega^2/(\omega^2-\omega_{pl}^2)$.

b) Im statischen Grenzfall gilt

$$\epsilon(\boldsymbol{k},0) = 1 + V_k \sum_{\boldsymbol{k}'} \frac{\sum_i k_i \partial f_{k'}/\partial k'_i}{\sum_i \hbar^2 k_i k'_i / m} \;. \tag{L.277}$$

Nun ist

$$\sum_i k_i \frac{\partial f_{k'}}{\partial k'_i} = \sum_i k_i \frac{\partial f_{k'}}{\partial \mu} \frac{\hbar^2 k'_i}{m} \;. \tag{L.278}$$

Damit wird

$$\epsilon(\boldsymbol{k},0) = 1 + V_k \frac{\partial}{\partial \mu} \sum_{k'} f_{k'} \tag{L.279}$$

oder

$$\epsilon(\boldsymbol{k},0) = 1 + \frac{\kappa^2}{k^2} \;, \tag{L.280}$$

wobei

$$\kappa = \sqrt{4\pi e^2 \frac{\partial n}{\partial \mu}} \qquad (L.281)$$

die Abschirmwellenzahl ist. Das statisch abgeschirmte Coulomb-Potenzial wird mit (18.21) und (18.24)

$$V_s(k) = \frac{V_k}{\epsilon(k,0)} = \frac{4\pi e^2}{(k^2 + \kappa^2)V} \ . \qquad (L.282)$$

Auch dieser statische Grenzfall ist in der obigen Abbildung als $\epsilon(k,0)^{-1} = k^2/(k^2+\kappa^2)$ bei der Frequenz $\omega = 0$ zu sehen. Man sieht in dieser Abbildung aber auch, dass bei endlichen Frequenzen ein stark dynamisches Verhalten der Abschirmung vorliegt. Das zeigt sich insbesondere in einer Resonanz bei der Plasmafrequenz.

c) Für eine nichtentartete Boltzmann-Verteilung gilt

$$n = n_0 e^{\beta \mu} \ , \qquad (L.283)$$

also

$$\frac{\partial n}{\partial \mu} = n_0 \beta e^{\beta \mu} = \frac{n}{kT} \ . \qquad (L.284)$$

Die Debye-Abschirmwellenzahl ist damit

$$\kappa = \sqrt{\frac{4\pi e^2 n}{kT}} \ . \qquad (L.285)$$

d) Für eine entartete Fermi-Verteilung gilt

$$n = \int_0^\mu d e \rho_0^{(3d)} e^{\frac{1}{2}} = \frac{2}{3} \rho_0^{(3d)} \mu^{\frac{3}{2}} \qquad (L.286)$$

mit $\rho_0^{(3d)} = \frac{1}{2\pi^2}\left(\frac{2m}{\hbar^2}\right)^{\frac{3}{2}}$ und der Fermi-Energie $\mu = \frac{\hbar^2 k_F^2}{2m}$ und $n = \frac{1}{3\pi^2} k_F^3$. Damit ist

$$\frac{\partial n}{\partial \mu} = \rho_0^{(3d)} \mu^{\frac{1}{2}} = \frac{3}{2}\frac{n}{\mu} \ . \qquad (L.287)$$

Das ergibt die Thomas-Fermi-Abschirmwellenzahl

$$\kappa^2 = \frac{6\pi e^2 n}{\mu} = 6\pi e^2 \left(\frac{2\rho_0^{(3d)}}{3}\right)^{\frac{2}{3}} n^{\frac{1}{3}} = \frac{4e^2 m k_F}{\pi \hbar^2} \ . \qquad (L.288)$$

Aufgaben aus Kapitel 19

19.1 Plasmadispersion eines quasi-zweidimensionalen Elektronengases

a) Die 2d-Fourier-Transformierte des Coulomb-Potenzials ist

$$V_k = \int \frac{d^2 r}{F} V(r) e^{i\boldsymbol{k}\cdot\boldsymbol{r}} \ . \qquad (\text{L.289})$$

Dabei ist F die Fläche der Schicht. In Polarkoordinaten wird

$$V_k = \frac{e^2}{\epsilon_0 F} \int_0^\infty dr \int_0^{2\pi} d\phi\, e^{ikr\cos\phi} \ . \qquad (\text{L.290})$$

Das Winkelintegral liefert eine Bessel-Funktion der ersten Art von nullter Ordnung $J_0(kr)$:

$$V_k = \frac{2\pi e^2}{k\epsilon_0 F} \int_0^\infty d(kr) J_0(kr) \ . \qquad (\text{L.291})$$

Für die Bessel-Funktion J_0 gilt $\int_0^\infty dx\, J_0(x) = 1$. Damit ist die 2d-Fourier-Transformierte des Coulomb-Potenzials

$$V_k = \frac{2\pi e^2}{k\epsilon_0 F} \ . \qquad (\text{L.292})$$

Statt einer k^{-2}-Abhängigkeit wie in 3D, hat man in 2D nur eine k^{-1}-Abhängigkeit.

b) Die Eigenmoden-Gleichung ist

$$1 = -V(k) \chi^0_{n,n}(\boldsymbol{k}, \omega) \ . \qquad (\text{L.293})$$

Für die Suszeptibilität gehen wir aus von der Form

$$\chi^0_{n,n}(\boldsymbol{k}, \omega) = \sum_{\boldsymbol{k}'} \frac{\sum_i k_i \frac{\partial f}{\partial k'_i}}{\hbar \omega - \frac{\sum_j \hbar^2 k'_j k_j}{m}} \ . \qquad (\text{L.294})$$

Entwickeln wir den Nenner, so entsteht der nichtverschwindende Term

$$\chi^0_{n,n}(\boldsymbol{k}, \omega) = \frac{1}{m\omega^2} \sum_{\boldsymbol{k}'} \sum_{i,j} k_i k_j k'_j \frac{\partial f}{\partial k'_i} \ . \qquad (\text{L.295})$$

Eine partielle Integration liefert

$$\chi^0_{n,n}(\boldsymbol{k},\omega) = -\frac{1}{m\omega^2}\sum_{\boldsymbol{k}'}\sum_{i,j}k_i k_j \delta_{i,j} f'_k \, . \qquad \text{(L.296)}$$

Die Eigenmodengleichung (L.293) mit dem 2d-Coulomb-Potenzial liefert schließlich

$$\omega^2 = \frac{2\pi e^2 k n}{\epsilon_0 m} = \omega^2_{pl}(k) \, . \qquad \text{(L.297)}$$

c) Anders als in 3d ist die 2d-Plasmafrequenz proportional zur Quadratwurzel aus der Wellenzahl. Sie geht also insbesondere für kleine Wellenzahlen gegen null.

Aufgaben aus Kapitel 20

20.1 Boltzmann-Gleichung für Elektron-Phononstreuung

a) Die zeitliche Entwicklung der Besetzungswahrscheinlichkeiten ist dann gegeben durch den Kommutator

$$\frac{df_k}{dt} = \frac{i}{\hbar}<\left[H_w(t), a^\dagger_{\boldsymbol{k}}(t) a_{\boldsymbol{k}}(t)\right]> \qquad \text{(L.298)}$$

oder

$$= \frac{i}{\hbar}\sum_{\boldsymbol{q},\boldsymbol{l}} W_q < \left[\left(a^\dagger_{\boldsymbol{l}+\boldsymbol{q}}(t) a_{\boldsymbol{l}}(t) b_{\boldsymbol{q}}(t) + \text{h.k.}\right), a^\dagger_{\boldsymbol{k}}(t) a_{\boldsymbol{k}}(t)\right]> \, .$$

(L.299)

Damit wird

$$\frac{df_k}{dt} = -\frac{i}{\hbar}\sum_{\boldsymbol{q},\boldsymbol{l}} W_q < \Big(a^\dagger_{\boldsymbol{k}}(t) a_{\boldsymbol{k}-\boldsymbol{q}}(t) b_{\boldsymbol{q}}(t) - a^\dagger_{\boldsymbol{k}+\boldsymbol{q}}(t) a_{\boldsymbol{k}}(t) b_{\boldsymbol{q}}(t)$$
$$+ b^\dagger_{\boldsymbol{q}}(t) a^\dagger_{\boldsymbol{k}}(t) a_{\boldsymbol{k}+\boldsymbol{q}}(t) - b^\dagger_{\boldsymbol{q}}(t) a^\dagger_{\boldsymbol{k}-\boldsymbol{q}}(t) a_{\boldsymbol{k}}(t)\Big)> \, . \qquad \text{(L.300)}$$

b) Als nächsten Schritt müssen die Bewegungsgleichungen der Erwartungswerte dieser vier Operatorausdrücke, die jeweils aus einem Produkt von drei Operatoren bestehen, berechnet werden. Diese Operatoren vertauschen nicht mit dem H_0-Anteil des Hamilton-Operators der Elektronen und Phononen, der deshalb auch benützt werden muss.

$$\frac{d}{dt} < a_{\bm{k}}^\dagger(t) a_{\bm{k}-\bm{q}}(t) b_{\bm{q}}(t) > \tag{L.301}$$

$$= i\Big(\epsilon_{\bm{k}} - \epsilon_{|\bm{k}-\bm{q}|} - \omega_q\Big) < a_{\bm{k}}^\dagger(t) a_{\bm{k}-\bm{q}}(t) b_{\bm{q}}(t) >$$

$$- \frac{i}{\hbar} \sum_{\bm{p},\bm{l}} W_p < \Big[a_{\bm{k}}^\dagger(t) a_{\bm{k}-\bm{q}}(t) b_{\bm{q}}(t), b_{\bm{p}}^\dagger(t) a_{\bm{l}}^\dagger(t) a_{\bm{l}+\bm{p}} \Big] > .$$

Durch Faktorisierung wird aus dem letzten Term

$$-\frac{i}{\hbar} W_q \Big(f_{\bm{k}}(t)(1-f_{\bm{k}-\bm{q}}(t))(1+g_{\bm{q}}(t)) - (1-f_{\bm{k}}(t)) f_{\bm{k}-\bm{q}}(t) g_{\bm{q}}(t) \Big) .$$
$$\tag{L.302}$$

Die Integration der Gleichung (L.302) liefert damit

$$< a_{\bm{k}}^\dagger(t) a_{\bm{k}-\bm{q}}(t) b_{\bm{q}}(t) > = -\frac{iW_q}{\hbar} \int_0^t dt' e^{i(\epsilon_{\bm{k}} - \epsilon_{|\bm{k}-\bm{q}|} - \omega_q)(t-t')} \tag{L.303}$$

$$\times \Big(f_{\bm{k}}(t')(1-f_{\bm{k}-\bm{q}}(t'))(1+g_{\bm{q}}(t')) - (1-f_{\bm{k}}(t')) f_{\bm{k}-\bm{q}}(t') g_{\bm{q}}(t') \Big).$$

Setzen wir dieses Ergebnis und die drei entsprechenden Ausdrücke in (L.300) ein, so erhalten wir

$$\frac{df_{\bm{k}}}{dt} = -\frac{2}{\hbar^2} \sum_{\bm{q}} \int_0^t dt' W_q^2 \bigg\{ \cos\big((\epsilon_{\bm{k}} - \epsilon_{|\bm{k}-\bm{q}|} - \omega_q)(t-t')\big)$$

$$\times \Big(f_{\bm{k}}(t')(1-f_{\bm{k}-\bm{q}}(t'))(1+g_{\bm{q}}(t')) \tag{L.304}$$

$$- (1-f_{\bm{k}}(t')) f_{\bm{k}-\bm{q}}(t') g_{\bm{q}}(t') \Big) \bigg\} - \Big\{ \bm{k} \to \bm{k}+\bm{q} \Big\} .$$

Dabei haben wir ausgenützt, dass im vierten Term gegenüber dem ersten Term in (L.300) jeweils Erzeugungs- und Vernichtungsoperatoren ausgetauscht sind, was dazu führt, dass Anfangs- und Endzustände im Streuprozess ausgetauscht sind: $g_q(t') \leftrightarrow (1+g_q(t'))$ und $f_{\bm{k}}(t) \leftrightarrow (1-f_{\bm{k}}(t'))$. Ebenso verhalten sich die Terme zwei und drei zueinander. Schließlich geht der zweite Term aus dem ersten hervor, wenn man den Vektor $\bm{k}$ ersetzt durch $\bm{k}+\bm{q}$.

c) Das Ergebnis (L.304) ist die quantenkinetische Gleichung für die Streuung von Elektronen durch Wechselwirkung mit Phononen. Man erkennt leicht wieder die Besetzungszahlen der Anfangs- und Endzustände der Streuprozesse. Allerdings gehen alle Besetzungszahlen ein mit ihrem Wert zur früheren Zeit t'. Man sieht also, dass die Quantenkinetik im Vergleich zur halbklassischen Boltzmann-Kinetik Gedächtniseffekte enthält. Man muss über die Vergangenheit des Systems integrieren. Statt der Energieerhaltung für die einzelnen Stöße, tritt in der Quantenkinetik die Energiedifferenz als Frequenz in einer oszillierenden trigonometrischen Funktion auf. Diese oszillierende Funktion, die von dem Abstand der Jetztzeit t zur früheren Zeit t' abhängt, bestimmt den Integralkern des Faltungsintegrals und damit die Gedächtnistiefe. Die in der Zeit lokale Boltzmann-Gleichung nennt man eine Markov-Gleichung, die quantenkinetische Gleichung (L.304) ist also eine Nicht-Markov-Gleichung.

Die oszillierenden Wellenterme in (L.304) zeigen, dass die Teilchen auf kurzen Zeitskalen kohärente quantenmechanische Wellen sind. Da diese Quantenkohärenz aber im Lauf der Zeit zerfällt, muss der Kosinusterm durch einen Dämpfungsterm $e^{-(\gamma_k + \gamma_{k-q})(t-t')}$ ergänzt werden, wie Ableitungen mit Nichtgleichgewichts-Vielteilchentheorie zeigen. Näheres findet man zum Beispiel in der Monografie zur Quantenkinetik von Haug und Jauho (1996). Dabei ist γ_k die Dämpfung der dem Zustand $\boldsymbol{k}$ zugeordneten zeitlichen Oszillation (genauer die Dämpfung der Spektralfunktion). Man nennt $\gamma_{\boldsymbol{k}}$ auch die Stoßverbreiterung des Zustandes $\boldsymbol{k}$.

d) Jetzt lässt sich auch der Zusammenhang mit der Boltzmann-Gleichung darstellen. Ist die Gedächtnistiefe klein gegen die Zeit t und sind die Veränderungen der Verteilungsfunktionen hinreichend langsam, so lassen sich alle Verteilungsfunktionen aus dem Zeitintegral herausziehen und durch ihren Wert an der oberen Grenze, also zur Zeit t, ersetzen. Das verbleibende Integral hat die Struktur

$$2\int_0^t dt' \cos(\Delta\omega(t-t'))e^{-\Gamma(t-t')} = \frac{1-e^{(i\Delta\omega-\Gamma)t}}{-(i\Delta\omega-\Gamma)} + \frac{1-e^{(-i\Delta\omega-\Gamma)t}}{i\Delta\omega+\Gamma}.$$
(L.305)

Für $\Gamma t \gg 1$ wird

$$2\int_0^t dt' \cos(\Delta\omega(t-t'))e^{-\Gamma(t-t')} = \frac{2\Gamma}{(\Delta\omega)^2 + \Gamma^2} \to 2\pi\delta(\Delta\omega) ,$$
(L.306)

das heißt statt einer exakten energie-erhaltenden Deltafunktion liefert dieser Grenzfall der Quantenkinetik eine um Γ verbreiterte Resonanzkurve, die erst im Grenzfall $\Gamma \to 0$ übergeht in $2\pi\delta(\Delta\omega)$.

Aber auch für $\Gamma = 0$ hat die Formel (L.305) einen Grenzwert, der in eine Deltafunktion übergeht

$$\frac{1-e^{i\Delta\omega t}}{i\Delta\omega} - \frac{1-e^{-i\Delta\omega t}}{i\Delta\omega} = -\frac{2\sin(\Delta\omega t)}{\Delta\omega} \to -2\pi\delta(\Delta\omega) .$$
(L.307)

Aufgaben aus Kapitel 21

21.1 Linearisierte Boltzmann-Gleichung für ein klassisches Gas

Der Boltzmann-Stoßterm vereinfacht sich für den klassischen Grenzfall zu

$$\left.\frac{\partial f(\boldsymbol{p})}{\partial t}\right|_{\text{Stoß}} = -\sum_{\boldsymbol{p}_1,\boldsymbol{p}',\boldsymbol{p}'_1} w(\boldsymbol{p},\boldsymbol{p}_1;\boldsymbol{p}',\boldsymbol{p}'_1)\Big(f(\boldsymbol{p})f(\boldsymbol{p}_1) - f(\boldsymbol{p}')f(\boldsymbol{p}'_1)\Big) .$$
(L.308)

Für ein nichtentartetes Gas gilt

$$f(\boldsymbol{p},t) = e^{-\beta(e_p-\mu)+\phi(\boldsymbol{p},t)} .$$
(L.309)

Die Entwicklung dieser Verteilungsfunktion nach $\phi(\boldsymbol{p},t)$ gibt mit $f = f^0 + \delta f$

$$\delta f(\boldsymbol{p},t) = f^0(\boldsymbol{p})\phi(\boldsymbol{p},t) .$$
(L.310)

Der linearisierte Stoßterm ist dann

$$\left.\frac{\partial \delta f(\boldsymbol{p})}{\partial t}\right|_{\text{Stoß}} = -\sum_{\boldsymbol{p}_1,\boldsymbol{p}',\boldsymbol{p}'_1} w(\boldsymbol{p},\boldsymbol{p}_1;\boldsymbol{p}',\boldsymbol{p}'_1)\Big(\delta f(\boldsymbol{p})f^0(\boldsymbol{p}_1) + f^0(\boldsymbol{p})\delta f(\boldsymbol{p}_1)$$
$$- \delta f(\boldsymbol{p}')f^0(\boldsymbol{p}'_1) - f^0(\boldsymbol{p}')\delta f(\boldsymbol{p}'_1)\Big) .$$
(L.311)

Die Stoßrate für die normierte Abweichung $\phi(\boldsymbol{p})$ ergibt dann

$$\frac{\partial \phi(\boldsymbol{p},t)}{\partial t} = -\frac{1}{f^0(\boldsymbol{p})} \sum_{\boldsymbol{p}_1,\boldsymbol{p}',\boldsymbol{p}'_1} w(\boldsymbol{p},\boldsymbol{p}_1;\boldsymbol{p}',\boldsymbol{p}'_1) \quad \text{(L.312)}$$

$$\times \Big((\phi(\boldsymbol{p},t)+\phi(\boldsymbol{p}_1))f^0 f_1^0 - (\phi(\boldsymbol{p}',t)+\phi(\boldsymbol{p}'_1))f^{0'} f_1^{0'} \Big) \,.$$

Mit der Beziehung des detaillierten Gleichgewichts

$$f^0 f_1^0 = f^{0'} f_1^{0'} \quad \text{(L.313)}$$

vereinfacht sich die linearisierte Boltzmann-Gleichung zu

$$\frac{\partial \phi(\boldsymbol{p},t)}{\partial t} = -\mathcal{L}\,\phi(\boldsymbol{p},t) = -\frac{1}{f^0(\boldsymbol{p})} \quad \text{(L.314)}$$

$$\times \sum_{\boldsymbol{p}_1,\boldsymbol{p}',\boldsymbol{p}'_1} \mathcal{W}(\boldsymbol{p},\boldsymbol{p}_1;\boldsymbol{p}',\boldsymbol{p}'_1)\Big(\phi(\boldsymbol{p},t)+\phi(\boldsymbol{p}_1,t)-\phi(\boldsymbol{p}',t)-\phi(\boldsymbol{p}'_1,t)\Big)$$

mit

$$\mathcal{W}(\boldsymbol{p},\boldsymbol{p}_1;\boldsymbol{p}',\boldsymbol{p}'_1) = w(\boldsymbol{p},\boldsymbol{p}_1;\boldsymbol{p}',\boldsymbol{p}'_1)f^0 f_1^0 \,. \quad \text{(L.315)}$$

Die Matrix $\mathcal{W}$ hat die Symmetrien (21.7), wie man unter Verwendung der Beziehung des detaillierten Gleichgewichts sieht. Der Stoßoperator ist ein Integraloperator

$$\mathcal{L}\phi(\boldsymbol{p}) = \sum_{\boldsymbol{p}'} \mathcal{L}(\boldsymbol{p},\boldsymbol{p}')\phi(\boldsymbol{p}') \,. \quad \text{(L.316)}$$

Die Eigenfunktionen $\phi_\lambda(\boldsymbol{p})$ sind Lösungen von

$$\mathcal{L}\phi_\lambda(\boldsymbol{p}) = \lambda \phi_\lambda(\boldsymbol{p}) \,. \quad \text{(L.317)}$$

Das Skalarprodukt $\langle \sigma | \phi \rangle$ ist

$$\langle \sigma | \phi \rangle = \sum_{\boldsymbol{p}} f^0(\boldsymbol{p})\sigma(\boldsymbol{p})\phi(\boldsymbol{p}) \,, \quad \langle \phi | \phi \rangle = \sum_{\boldsymbol{p}} f^0(\boldsymbol{p})\phi^2(\boldsymbol{p}) \,. \quad \text{(L.318)}$$

Die Gewichtsfunktion ist einfach $f^0(\boldsymbol{p})$. Es gilt

$$\langle \sigma | \mathcal{L} \phi \rangle = \sum_{\boldsymbol{p},\boldsymbol{p}_1,\boldsymbol{p}',\boldsymbol{p}'_1} \sigma(\boldsymbol{p})\mathcal{W}(\boldsymbol{p},\boldsymbol{p}_1;\boldsymbol{p}',\boldsymbol{p}'_1) \quad \text{(L.319)}$$

$$\times \Big(\phi(\boldsymbol{p},t)+\phi(\boldsymbol{p}_1,t)-\phi(\boldsymbol{p}',t)-\phi(\boldsymbol{p}'_1,t)\Big) \,.$$

Wie im Text folgert man durch Ausnutzung der Symmetrie, dass

$$\langle \sigma | \mathcal{L}\phi \rangle = \langle \mathcal{L}\sigma | \phi \rangle \ . \tag{L.320}$$

21.2 Relaxationszeit für ein klassisches Gas harter Kugeln

Die Relaxationszeit (21.20) wird mit dem Impulsübertrag $\boldsymbol{q}$

$$\sum_{\boldsymbol{p}} \frac{f_{\boldsymbol{p}}^0}{\tau} = \sum_{\boldsymbol{p},\boldsymbol{p}_1,\boldsymbol{q}} f_{\boldsymbol{p}}^0 f_{\boldsymbol{p}_1}^0 W_0^2 \frac{2\pi}{\hbar} \delta\big(e_p + e_{p_1} - e_{|\boldsymbol{p}+\boldsymbol{q}|} - e_{|\boldsymbol{p}_1-\boldsymbol{q}|}\big) \ . \tag{L.321}$$

Die Energieerhaltung liefert die Bedingung

$$\frac{\hbar^2}{2m}(p^2 + p_1^2 - p^2 - 2\boldsymbol{p}\boldsymbol{q} - q^2 - p_1^2 + 2\boldsymbol{p}_1\boldsymbol{q} - q^2) = 0 \tag{L.322}$$

oder

$$\frac{\hbar^2}{m}(-(\boldsymbol{p} - \boldsymbol{p}_1)\boldsymbol{q} - q^2) = 0 \ . \tag{L.323}$$

Führt man den Winkel θ zwischen $\boldsymbol{q}$ und $\boldsymbol{p} - \boldsymbol{p}_1$ ein, so wird in Polarkoordinaten

$$\frac{V}{(2\pi)^3} \sum_{\boldsymbol{p},\boldsymbol{p}_1} 2\pi \int_0^\infty q^2 dq \int_{-1}^{+1} d\cos\theta f_{\boldsymbol{p}}^0 f_{\boldsymbol{p}_1}^0 W_0^2 \frac{2m\pi}{\hbar^3} \delta\big(|\boldsymbol{p}-\boldsymbol{p}_1|q\cos\theta + q^2\big) \ . \tag{L.324}$$

Dabei haben wir die Regel $\delta(ax) = \frac{1}{|a|}\delta(x)$ angewandt. Die Integration über $\cos\theta$ liefert einen Beitrag bei $\cos\theta = -\frac{q}{|\boldsymbol{p}-\boldsymbol{p}_1|}$. Die Wellenzahl q muss also folgender Bedingung genügen: $q \leq |\boldsymbol{p}-\boldsymbol{p}_1|$. Damit wird

$$\frac{V}{(2\pi)^3} 2\pi \sum_{\boldsymbol{p},\boldsymbol{p}_1} \int_0^{|\boldsymbol{p}-\boldsymbol{p}_1|} q^2 dq f_{\boldsymbol{p}}^0 f_{\boldsymbol{p}_1}^0 W_0^2 \frac{2m\pi}{\hbar^3} \frac{1}{|\boldsymbol{p}-\boldsymbol{p}_1|q} \ . \tag{L.325}$$

Dabei kam wieder die oben genannte Deltafunktionsregel zur Anwendung. Die q-Integration liefert das Ergebnis

$$\frac{n}{\tau} = \frac{1}{4\pi} W_0^2 \frac{m}{\hbar^3} \sum_{\boldsymbol{p},\boldsymbol{p}_1} |\boldsymbol{p} - \boldsymbol{p}_1| f_{\boldsymbol{p}}^0 f_{\boldsymbol{p}_1}^0 \ . \tag{L.326}$$

Wir wollen dieses Ergebnis noch durch den Radius a_0 der Kugeln ausdrücken. Da $W(\boldsymbol{r}) = \sum_{\boldsymbol{q}} W_{\boldsymbol{q}} e^{i\boldsymbol{q}\cdot\boldsymbol{r}}$, ist die nullte Impulskomponente $W_0 = \frac{1}{V}\int d^3r W(\boldsymbol{r}) = \frac{1}{V}\frac{4\pi}{3}a_0^3 W(0)$. Setzen wir den großen Wert im Inneren der Kugel proportional zur Nullpunktsenergie $W(0) = \frac{3\hbar^2}{ma_0^2}$, so wird

$$W_0 = \frac{1}{V}\frac{2\pi\hbar^2}{m}2a_0 \;. \tag{L.327}$$

Also erhalten wir

$$\frac{n}{\tau} = \frac{1}{V^2}\sum_{\boldsymbol{p},\boldsymbol{p}_1}\pi(2a_0)^2\frac{\hbar}{m}|\boldsymbol{p}-\boldsymbol{p}_1|f_{\boldsymbol{p}}^0 f_{\boldsymbol{p}_1}^0 \;. \tag{L.328}$$

Man sieht, dass die inverse Relaxationszeit linear mit dem mittleren Betrag der Geschwindigkeitsdifferenz $|\boldsymbol{v}-\boldsymbol{v}_1|$ anwächst. Das von der Quantenmechanik her gewonnene Ergebnis (L.328) stimmt gerade mit dem klassisch abgeleiteten Ergebnis für harte Kugeln überein.

21.3 Auswertung der Relaxationszeit für harte Kugeln

a) Nach (21.22) ist die inverse Relaxationszeit propotional dem Betrag der mittleren Relativgeschwindigkeit $\sqrt{u^2}$. Im thermischen Gleichgewicht ist die kinetische Energie der Relativbewegung gegeben durch kT. Also muss die inverse Relaxationszeit porportional zu $\sqrt{kT}$ sein. Je höher die Temperatur, um so kürzer wird die Relaxationszeit.

b) Zur Vereinfachung der Integration transformiert man die Geschwindigkeiten auf Schwerpunkts- und Relativkoordinaten. Es gilt

$$\boldsymbol{v}_s = \frac{1}{2}(\boldsymbol{v}+\boldsymbol{v}_1) \quad \text{und} \quad \boldsymbol{u} = \boldsymbol{v}-\boldsymbol{v}_1 \;. \tag{L.329}$$

Aus (L.329) erhält man durch Quadrieren und Addieren

$$v^2 + v_1^2 = 2v_s^2 + \frac{1}{2}u^2 \;. \tag{L.330}$$

Die Jacobi-Determinante gibt 1, so dass gilt

$$d^3v\, d^3v_1 = \frac{\partial\left(\boldsymbol{v},\boldsymbol{v}_1\right)}{\partial\left(\boldsymbol{u},\boldsymbol{v}_s\right)} d^3v_s\, d^3u = d^3v_s\, d^3u \;. \tag{L.331}$$

Die Relaxationszeit τ (21.22) ist also gegeben durch

$$\frac{n}{\tau} = \pi d^2 n^2 \left(\frac{m}{2\pi kT}\right)^3 \int d^3v_s \int d^3u\; u\; e^{-\frac{m}{kT}\left(v_s^2+u^2/4\right)} \;. \tag{L.332}$$

Wir nutzen die Symmetrie des Problems und gehen zu Kugelkoordinaten über

$$\frac{n}{\tau} = \pi d^2 n^2 \left(\frac{m}{2\pi kT}\right)^3 (4\pi)^2 \int_0^\infty dv_s v_s^2 e^{-\frac{m}{kT}v_s^2} \int_0^\infty du\, u^3 e^{-\frac{m}{4kT}u^2} \;. \tag{L.333}$$

Die verbleibenden Integrale kann man durch Gammafunktionen ausdrücken. Wir erhalten

$$\frac{1}{\tau} = 8nd^2 \left(\frac{kT}{m}\right)^{1/2} \Gamma(2)\, \Gamma\left(\frac{3}{2}\right) \;. \tag{L.334}$$

Die Relaxationszeit ist also mit $\Gamma\left(\frac{3}{2}\right) = \frac{\sqrt{\pi}}{2}$ und $\Gamma(2) = 1$

$$\tau = \frac{1}{4nd^2\sqrt{\frac{\pi kT}{m}}} \;. \tag{L.335}$$

Man überzeugt sich leicht von der Richtigkeit der Dimension. Die Wurzel ist eine mittlere Geschwindigkeit und $[nd^2] = cm^{-1}$, also $[\tau] = s$.

Aufgaben aus Kapitel 22

22.1 Orthonormierung der Eigenfunktionen des Stoßoperators

Die Eigenfunktion, die zur Teilchenzahl gehört, ist eine Konstante $\phi_0(v) = a_0$. Die Normierung fordert

$$\int d^3v f^0(v) \phi_0^2 = 1 = N a_0^2 \;, \tag{L.336}$$

also $a_0 = \frac{1}{\sqrt{N}}$ und damit

$$\phi_0 = \frac{1}{\sqrt{N}} \ . \qquad (L.337)$$

Die nächsten drei Eigenfunktionen sind mit der Impulserhaltung verknüpft, also $\phi_i(v) = a_i v_i$. Diese Funktionen sind automatisch orthogonal auf ϕ_0, da $\int d^3v f^0(v) \phi_0 \phi_i(v) = 0$ aus Symmetriegründen. Die Normierung liefert

$$\int d^3v f^0(v) \phi_i^2 = a_i^2 \int d^3v f^0(v) v_i^2 = a_i^2 \frac{NkT}{m} = 1 \qquad (L.338)$$

oder $a_i = \sqrt{\frac{m}{NkT}}$. Damit ist

$$\phi_i = \sqrt{\frac{m}{NkT}} v_i \ , \quad i = 1, 2, 3 \ . \qquad (L.339)$$

Die Energieerhaltungsgröße ist $\phi_4(v) = a_4(v^2 - b)$. Die Orthonormierung mit ϕ_0 ergibt

$$\int d^3v f^0(v) \phi_0 \phi_4(v) = 0 = \frac{a_4}{\sqrt{N}} (N \frac{3kT}{m} - bN) \qquad (L.340)$$

oder $b = \frac{3kT}{m}$. Mit ϕ_i ist ϕ_4 automatisch orthogonal. Die Normierung ergibt

$$\int d^3v f^0(v) \phi_4^2 = a_4^2 \int d^3v f^0(v) \left(v^2 - \frac{3kT}{m} \right)^2$$

$$= a_4^2 \left(<v^4> - \frac{6kT}{m} <v^2> + N \left(\frac{3kT}{m} \right)^2 \right) \ . \qquad (L.341)$$

Nun ist $<v^2> = N\frac{3kT}{m}$ und

$$<v^4> = N\frac{15(kT)^2}{m^2} \ . \qquad (L.342)$$

Damit wird

$$\int d^3v f^0(v) \phi_4^2 = a_4^2 N (15 - 18 + 9) \left(\frac{kT}{m} \right)^2 = a_4^2 6N \left(\frac{kT}{m} \right)^2 = 1 \ . \qquad (L.343)$$

Damit wird $a_4 = \frac{m}{kT}\frac{1}{\sqrt{6N}}$ und die orthonormierte Eigenfunktion

$$\phi_4(v) = \sqrt{\frac{2}{3N}}\left(\frac{mv^2}{2kT} - \frac{3}{2}\right) . \tag{L.344}$$

Aufgaben aus Kapitel 23

23.1 Diffusionsgleichung

Im Bezug auf die Raumvariable x führen wir eine Fourier-Transformation durch

$$f(x,t) = \int_{-\infty}^{+\infty} \frac{dk}{2\pi} e^{ikx} f(k,t) , \tag{L.345}$$

wobei

$$f(k,t) = \int_{-\infty}^{+\infty} dx\, e^{-ikx} f(x,t) . \tag{L.346}$$

Damit wird die partielle Differenzialgleichung (23.44)

$$\int_{-\infty}^{+\infty} \frac{dk}{2\pi} e^{ikx} \left(\frac{\partial}{\partial t} + k^2 D\right) f(k,t) = 0 , \tag{L.347}$$

oder

$$\frac{\partial}{\partial t} f(k,t) = -Dk^2 f(k,t) \tag{L.348}$$

mit der Lösung

$$f(k,t) = f(k,t=0) e^{-k^2 Dt} . \tag{L.349}$$

Die Anfangsverteilung $f(x,0) = \delta(x)$ liefert nach (L.346) gerade $f(k,0) = 1$. Die Fourier-Transformation von (L.349) ergibt dann

$$f(x,t) = \int_{-\infty}^{+\infty} \frac{dk}{2\pi} e^{-Dt\left(k^2 - i\frac{x}{Dt}k\right)} . \tag{L.350}$$

Durch quadratische Ergänzung erhält man

$$f(x,t) = \int_{-\infty}^{+\infty} \frac{dk}{2\pi} e^{-Dt\left(k^2 - i2k\frac{x}{2Dt} - \left(\frac{x}{2Dt}\right)^2 + \left(\frac{x}{2Dt}\right)^2\right)} , \tag{L.351}$$

oder mit der neuen Variablen $z = k - i\frac{x}{2Dt}$

$$f(x,t) = \int_{-\infty}^{+\infty} \frac{dz}{2\pi} e^{-Dtz^2} e^{-\frac{x^2}{4Dt}}, \qquad \text{(L.352)}$$

das heißt wir bekommen ein Gauß-Integral. Man kann zeigen, dass die Verschiebung des Integrationsweges ins Komplexe das Ergebnis nicht beeinflusst. Wir bekommen also

$$f(x,t) = \frac{1}{2\pi}\sqrt{\frac{\pi}{Dt}} e^{-\frac{x^2}{4Dt}} = \frac{1}{\sqrt{4\pi Dt}} e^{-\frac{x^2}{4Dt}}. \qquad \text{(L.353)}$$

Wir erhalten ein Gauß-Paket, das zerfließt. Die Halbwertsbreite dieser Verteilung wächst wie $\sqrt{4\pi Dt}$ mit der Zeit an. Entsprechend fällt das Maximum bei $x = 0$ wie $\frac{1}{\sqrt{4\pi Dt}}$ ab.

23.2 Eigenfunktionen für ein harmonisches Potenzial

a) Die Drift- und Diffusionskoeffizienten sollen sein

$$A = ak \quad \text{und} \quad B = const. \qquad \text{(L.354)}$$

Die Funktion $g(k)$ wird dann nach (23.37)

$$g(k) = -\frac{ak}{2B}, \qquad \text{(L.355)}$$

und der Term m von (23.34) wird

$$-m = \frac{a^2 k^2}{4B} - \frac{a}{2}. \qquad \text{(L.356)}$$

Der transformierte Fokker-Planck-Operator (23.39) wird damit

$$\tilde{\mathcal{F}} = -B\frac{d^2}{dk^2} + \frac{a^2 k^2}{4B} - \frac{a}{2}. \qquad \text{(L.357)}$$

Das ist aber gerade der Hamilton-Operator eines harmonischen Oszillators mit der Masse $m = \frac{1}{2B}$, der Frequenz $\omega = a$ und $\hbar = 1$. Wir kennen daher sofort seine Eigenwerte und seine Eigenfunktionen

$$\lambda_n = na, \ n = 0, 1, 2, \cdots \quad \text{(L.358)}$$

und

$$\phi_n(x) = \left(\frac{a}{\pi 2B}\right)^{\frac{1}{4}} \frac{1}{\sqrt{2^n n!}} e^{-\frac{x^2}{2}} H_n(x), \quad x = k\sqrt{\frac{a}{2B}}. \quad \text{(L.359)}$$

Dabei ist $H_n(x)$ das Hermite-Polynom n-ter Ordnung

$$H_n(x) = (-1)^n e^{x^2} \frac{d^n}{dx^n} e^{-x^2}. \quad \text{(L.360)}$$

Wir sehen auch, dass die Verschiebung von $-\frac{a}{2}$ in (L.357) gerade nötig war, um den niedersten Eigenwert zu Null zu machen.

b) Der Eigenwert des ersten angeregten Zustandes bestimmt hier also eindeutig eine Relaxationszeit:

$$\tau = \lambda_1^{-1} = \frac{1}{a}. \quad \text{(L.361)}$$

Aufgaben aus Kapitel 24

24.1 Das Ginzburg-Landau-Potenzial der Nukleation

a) Unterhalb der kritischen Zahl n_c ist die Verdampfungsrate zu groß. Die kritische Teilchenzahl ist gegeben durch

$$ae^{-\frac{\phi(n_c)}{kT}} = cn_x. \quad \text{(L.362)}$$

Da beide Prozesse an der Oberfläche des Tröpfchens stattfinden, fällt die Größe der Oberfläche $\propto n^{2/3}$ heraus. Die Exzitonenkonzentration n_x ist durch die Intensität des anregenden Lasers bestimmt. Setzt man das Austrittspotenzial ϕ_n ein, so ist bei gegebener Exzitonenkonzentration die kritische Teilchenzahl

$$n_c = \frac{b^3 \sigma^3}{\left(\phi_\infty + kT \ln \frac{cn_x}{a}\right)^3}. \quad \text{(L.363)}$$

Die kritische Teilchenzahl ist also proportional zur dritten Potenz der Oberflächenspannung, da dieser Term, wie oben diskutiert, die Verlustrate durch Verdampfung für kleine Cluster empfindlich erhöht. Andererseits reduziert eine große Austrittsarbeit ϕ_∞ diesen Effekt, ebenso wie eine im Verhältnis zur Verdampfungsrate große Generationsrate. Natürlich wird ein kleiner Wert von n_c günstig sein für die Tropfenbildung.

b) Ohne endliche Lebensdauer würden die Tröpfchen beliebig anwachsen. Die stabile Tröpfchengröße ist nach (24.16)

$$n_m = (cn_x\tau)^3 \ . \qquad \text{(L.364)}$$

Starkes optisches Pumpen, das heißt eine große Exzitonenkonzentration und eine lange Lebensdauer, erhöhen die stabile Tropfengröße. Die dritte Potenz stammt daher, dass ein Oberflächenprozess $\propto n^{2/3}$ einem Volumenterm $\propto n$ die Waage hält.

Aufgaben aus Kapitel 25

25.1 Erhaltung der Wirbel

a) In Komponentenschreibweise ist

$$(\text{rot grad } \phi)_i = \sum_{j,k} \epsilon_{ijk} \frac{\partial}{\partial x_j} \frac{\partial}{\partial x_k} \phi \ . \qquad \text{(L.365)}$$

Durch Umbenennung $j \leftrightarrow k$ erhält man

$$(\text{rot grad } \phi)_i = \sum_{j,k} \epsilon_{ikj} \frac{\partial}{\partial x_k} \frac{\partial}{\partial x_j} \phi \ . \qquad \text{(L.366)}$$

Nun ist aber $\epsilon_{ikj} = -\epsilon_{ijk}$, während die Ableitungen nach x_j und x_k miteinander vertauscht werden dürfen. Daher ist

$$\sum_{j,k} \epsilon_{ijk} \frac{\partial}{\partial x_k} \frac{\partial}{\partial x_j} \phi = -\sum_{j,k} \epsilon_{ijk} \frac{\partial}{\partial x_k} \frac{\partial}{\partial x_j} \phi \ . \qquad \text{(L.367)}$$

Der Ausdruck ist also null. Ähnlich gilt

$$\text{div rot } \boldsymbol{u} = \sum_{i,j,k} \frac{\partial}{\partial x_i} \epsilon_{ijk} \frac{\partial}{\partial x_j} \boldsymbol{u}_k \ . \qquad \text{(L.368)}$$

Dieses Mal nennen wir erst $i \leftrightarrow j$ und nützen aus, dass ϵ_{ijk} schief ist, während die Ableitungen nach x_i und x_j wieder vertauschen. Dann folgt wie oben, dass auch dieser Ausdruck gleich seinem Negativen ist, also verschwindet.

b) Entlang einer Stromlinie ist die totale zeitliche Änderung durch die mitgeführte Ableitung

$$\frac{d}{dt} = \frac{\partial}{\partial t} + \sum_i u_i \frac{\partial}{\partial x_i} \qquad (L.369)$$

gegeben. Ohne äußere Kraft ist also die Euler-Gleichung

$$\frac{d}{dt} u_i = -\frac{1}{\rho} \frac{\partial}{\partial x_i} p \qquad (L.370)$$

gegeben. Nun schreiben wir den Term auf der rechten Seite als

$$-\frac{1}{\rho} \frac{\partial}{\partial x_i} p = -\frac{\partial}{\partial x_i} P , \qquad (L.371)$$

wobei

$$P = \int_0^p \frac{dp'}{\rho(p')} . \qquad (L.372)$$

Damit ist die Euler-Gleichung

$$\frac{d}{dt} u_i = -\frac{\partial}{\partial x_i} P . \qquad (L.373)$$

Bildet man nun die Rotation dieser Gleichung, so entsteht wegen rot grad $P = 0$

$$\frac{d}{dt} \text{rot}\, \boldsymbol{u} = 0 . \qquad (L.374)$$

Man nennt das Ergebnis auch den Helmholtz-Wirbelsatz.

Aufgaben aus Kapitel 26

26.1 Hydrodynamische Eigenmoden

a) Die Erhaltungssätze lauten

$$\partial_t n + \partial_i j_i = 0 \qquad (L.375)$$

und

$$m \partial_t j_i + \partial_i p = 0 . \qquad (L.376)$$

Wir nennen die Massendichte $\rho = nm$. Falls die Prozesse adiabatisch sind, gilt

$$\partial_i p = \left.\frac{\partial p}{\partial \rho}\right|_S \partial_i \rho . \tag{L.377}$$

Aus (L.375) folgt

$$\partial_t^2 \rho + m \partial_i \partial_t j_i = 0 \tag{L.378}$$

und mit (L.376)

$$\partial_t^2 \rho = \partial_i^2 p = \left(\frac{\partial p}{\partial \rho}\right)_S \partial_i^2 \rho . \tag{L.379}$$

Der Ansatz $\rho(\boldsymbol{x}, t) = \rho_0 e^{-i(\omega t - \boldsymbol{k} \cdot \boldsymbol{x})}$ liefert

$$\omega = c_s k \quad \text{mit} \quad c_s = \sqrt{\left(\frac{\partial p}{\partial \rho}\right)_S} . \tag{L.380}$$

b) Zur Berechnung der Schallgeschwindigkeit eines ideales Gases teilen wir die adiabatische Zustandsgleichung durch $N^{\frac{5}{3}}$ und erhalten

$$p n^{-\frac{5}{3}} = const. . \tag{L.381}$$

Das totale Differenzial dieses Ausdruckes liefert

$$dp\, n^{-\frac{5}{3}} - \frac{5}{3} p n^{-\frac{8}{3}} dn = 0 \tag{L.382}$$

oder mit $p = nkT$

$$\left(\frac{\partial p}{\partial n}\right)_S = \frac{5}{3} kT . \tag{L.383}$$

Damit ist die Schallgeschwindigkeit eines idealen Gases

$$c_s^2 = \frac{5}{3} \frac{kT}{m} . \tag{L.384}$$

mc_s^2 ist also proportional kT, der einzigen charakteristischen Energie eines klassischen idealen Gases. Die Schallgeschwindigkeit steigt also mit der Wurzel der Temperatur an.

c) Setzt man die Dichtewelle und die entsprechende Stromwelle

$$m j_i = \rho v_i = \rho v_i^0 e^{-i(\omega t - \boldsymbol{k} \cdot \boldsymbol{x})} \tag{L.385}$$

in (L.375) und (L.376) ein, so sieht man, dass es sich um eine longitudinale Schwingung handelt mit $\boldsymbol{k} \cdot \boldsymbol{j} = kj$.

Aufgaben aus Kapitel 27

27.1 Strömung in einem Rohr

Für eine inkompressible Flüssigkeit ($n(\mathbf{r},t) = \rho/m = const.$) reduziert sich die Kontinuitätsgleichung auf

$$\partial_i u_i(r,t) = 0 \qquad (\text{L.386})$$

und damit die Navier-Stokes-Gleichung auf

$$nm(\partial_t + u_l\partial_l)u_i = -\partial_i p + \eta \Delta u_i \ . \qquad (\text{L.387})$$

In der angegebenen Geometrie vereinfachen sich beide Gleichungen noch weiter, die Kontinuitätsgleichung auf

$$\partial_z v(r) = 0 \qquad (\text{L.388})$$

und die Navier-Stokes-Gleichung auf

$$\eta \Delta v(r) = \partial_z p(z) \ . \qquad (\text{L.389})$$

Wir nutzen die Symmetrie des Problems und gehen auf Zylinderkoordinaten über. Der Laplace-Operator lautet dann:

$$\Delta = \frac{1}{r}\partial_r r \partial_r + \frac{1}{r^2}\partial_\phi^2 + \partial_z^2 \qquad (\text{L.390})$$

und vereinfacht sich wegen (L.388) und der Annahme einer laminaren Strömung, deren Geschwindigkeit nur von r abhängt, auf

$$\Delta = \frac{1}{r}\partial_r r \partial_r \ . \qquad (\text{L.391})$$

Damit bleibt von (L.389) übrig

$$\partial_z p(z) = \eta \frac{1}{r}\partial_r r \partial_r v(r) \ . \qquad (\text{L.392})$$

Wir lösen durch Separation und erhalten die Differenzialgleichungen

$$\partial_z p(z) = \frac{dp(z)}{dz} = C \qquad (\text{L.393})$$

$$\eta \frac{1}{r}\partial_r r \partial_r v(r) = C \ . \tag{L.394}$$

Die Separationskonstante C bestimmen wir durch Lösung von (L.393) und erhalten

$$C = -\frac{p(0) - p(\ell)}{\ell} = -\frac{\Delta p}{\ell} \ . \tag{L.395}$$

Es bleibt noch die Differenzialgleichung für die Geschwindigkeit (L.394) zu lösen. Eine 2-fache unbestimmte Integration ergibt

$$v(r) = -\frac{\Delta p}{4\eta\ell} r^2 + C_1 \ln r + C_2 \ . \tag{L.396}$$

Die Integrationskonstanten bestimmen wir aus den Randbedingungen $v(r=0) < \infty$ und $v(r=R) = 0$. Aus der ersten folgt $C_1 = 0$ und aus der zweiten

$$C_2 = \frac{\Delta p}{4\eta\ell} R^2 \ . \tag{L.397}$$

Die gesuchte Geschwindigkeitsverteilung ist damit

$$v(r) = \frac{\Delta p}{4\eta\ell}\left(R^2 - r^2\right) \ . \tag{L.398}$$

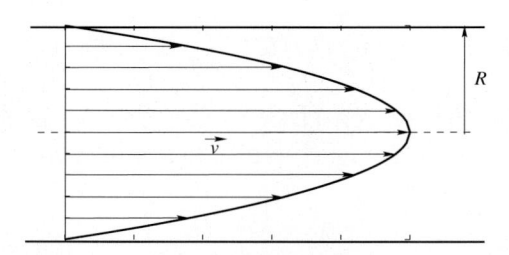

Abb. L.5. Laminare Strömung in einem Rohr

Sie wird als das Gesetz von Hagen-Poiseuille bezeichnet. Mit einer Messung der Strömungsgeschwindigkeit kann man also die Zähigkeit η experimentell ermitteln. Das Hagen-Poiseuille-Gesetz verliert seine Gültigkeit, wenn die mittlere Geschwindigkeit so groß wird, dass der kritische Wert der Reynolds-Zahl erreicht wird, bei dem die laminare Strömung in eine turbulente umschlägt.

Aufgaben aus Kapitel 28

28.1 Dispersion und Absorption von Schallwellen

a) Die Erhaltungssätze mit der Scherdissipation lauten

$$\partial_t n + \partial_i j_i = 0 \qquad (L.399)$$

und

$$m\partial_t j_i + \partial_i p = \eta \partial_l \Big(\partial_i u_l + \partial_l u_i - \frac{2}{3}\delta_{i,l}\partial_k u_k\Big) \ . \qquad (L.400)$$

Wir nennen die Massendichte $\rho_0 = n_0 m$. Falls die Prozesse adiabatisch sind, gilt wieder

$$\partial_i p = \frac{\partial}{\partial \rho}\Big|_s \partial_i \rho \ . \qquad (L.401)$$

Damit wird aus (L.400)

$$m\partial_t^2 j_i - mc_s^2 \partial_i \partial_l j_l = \eta \partial_l \partial_t \Big(\partial_i u_l + \partial_l u_i - \frac{2}{3}\delta_{i,l}\partial_k u_k\Big) \ . \qquad (L.402)$$

Für longitudinale Schallwellen in x-Richtung ergibt das die Stokes-Gleichung

$$\Big(\partial_t^2 - c_s^2 \partial_x^2 - \frac{4\eta}{3n_0 m}\partial_x^2 \partial_t\Big) u_x = 0 \ . \qquad (L.403)$$

b) Der Ansatz mit komplexer Wellenzahl k und reeller Frequenz ω

$$u_x(x,t) = u_x^0 e^{-i(\omega t - kx)} \qquad (L.404)$$

liefert

$$c_s^2 k^2 = \omega^2 + i\omega k^2 \frac{4\eta}{3mn_0} \ . \qquad (L.405)$$

Durch Einsetzen des Ansatzes

$$k = \frac{\omega}{c(\omega)} + i\frac{\alpha(\omega)}{2} \qquad (L.406)$$

finden wir

$$\left(\frac{1}{c(\omega)}+i\frac{\alpha(\omega)}{2\omega}\right)^2 = \frac{1}{c_s^2 - i\omega\frac{4\eta}{3mn_0}} \ . \qquad \text{(L.407)}$$

Wir betrachten $\frac{4\omega\eta}{3mc_s^2 n_0} = \zeta$ für niedrige Frequenzen als Kleinheitsparameter und entwickeln die rechte Seite

$$\frac{c_s}{c(\omega)} + i\frac{\alpha(\omega)c_s}{2\omega} = (1-i\zeta)^{-\frac{1}{2}} = 1 + \frac{1}{2}i\zeta + \cdots \ . \qquad \text{(L.408)}$$

Das ergibt in niederster Ordnung

$$c(\omega) = c_s + O(\zeta^2) \qquad \text{(L.409)}$$

und

$$\alpha(\omega) = \frac{4\omega^2 \eta}{3mc_s^3 n_0} + \frac{\omega}{c_s}O(\zeta^3) \ , \qquad \text{(L.410)}$$

also eine mit der Schallwellenfrequenz quadratisch anwachsende Absorption.

Aufgaben aus Kapitel 29

29.1 Integrabilitätsbedingungen

Wir gehen aus von der Integrabilitätsbeziehung (29.15)

$$<\phi_i|(\partial_t + \boldsymbol{v}\cdot\nabla)\varphi_0> - \beta\boldsymbol{K}\cdot <\phi_i|\boldsymbol{v}> = 0, \quad i=0,\ldots,4 \qquad \text{(L.411)}$$

und der mit den Invarianten gebildeten Funktion

$$\varphi_0 = \frac{\delta n(\boldsymbol{r},t)}{n_0} + \frac{n(\boldsymbol{r},t)}{n_0}\frac{m\boldsymbol{v}\cdot\boldsymbol{u}(\boldsymbol{r},t)}{kT_0} + \frac{n(\boldsymbol{r},t)}{n_0}\frac{\delta T(\boldsymbol{r},t)}{T_0}\left(\frac{\beta_0 m v^2}{2} - \frac{3}{2}\right) . \qquad \text{(L.412)}$$

Für $i=0$ erhalten wir mit $\phi_0 = 1/n_0^{\frac{1}{2}}$

$$<\phi_0|(\partial_t + \boldsymbol{v}\cdot\nabla)\frac{\delta n(\boldsymbol{r},t)}{n_0} + \frac{n(\boldsymbol{r},t)}{n_0}\frac{m\boldsymbol{v}\cdot\boldsymbol{u}(\boldsymbol{r},t)}{kT_0}> \ . \qquad \text{(L.413)}$$

Dabei wurden Terme, die keine endlichen Beiträge ergeben können, schon weggelassen. Der erste Term ist nun

$$\frac{1}{n_0^{\frac{1}{2}}}\int d^3 v f_0(v)\partial_t \frac{n(\boldsymbol{r},t)}{n_0} = \frac{1}{n_0^{\frac{1}{2}}}\partial_t n(\boldsymbol{r},t) \ , \qquad \text{(L.414)}$$

da $\int d^3v f_0(v) = n_0$. Der Nabla-Operator ergibt mit dem zweiten Term in φ_0 einen endlichen Beitrag:

$$\frac{1}{n_0^{\frac{1}{2}}} \int d^3v f_0(v) v_i \frac{(\partial_i n u_j) v_j}{n_0 k T_0} \ . \tag{L.415}$$

Das Integral ist $\int d^3v f_0(v) v_i v_j = \delta_{i,j} n_0 k T_0$, also wird

$$\frac{1}{n_0^{\frac{1}{2}}} \partial_i n u_i \ . \tag{L.416}$$

Beide Terme zusammen ergeben also gerade die Kontinuitätsgleichung von (29.16).

Ähnlich erhalten wir mit $\phi_i = \left(\frac{n_0}{m\beta_0}\right)^{-\frac{1}{2}} v_i$ mit $i = 1, 2, 3$ ohne den gemeinsamen Normierungsfaktor

$$\int d^3v f_0(v) v_i \left(\partial_t + v_j \partial_j\right) \left(\frac{\delta n(\boldsymbol{r},t)}{n_0} + \frac{n(\boldsymbol{r},t)}{n_0} \frac{m v_k u_k}{k T_0}\right.$$
$$\left. + \frac{\delta T}{n_0 T_0}\left(\frac{\beta_0 m v^2}{2} - \frac{3}{2}\right)\right) - \beta K_l \int d^3v f_0 v_i v_l \ . \tag{L.417}$$

Die zeitliche Ableitung liefert nur ein Ergebnis mit dem Term $\propto v_k u_k$ von φ_0:

$$\int d^3v f_0(v) v_i \partial_t m n v_k u_k \frac{\beta_0}{n_0} = \partial_t n u_i \ , \tag{L.418}$$

das heißt den ersten Term der Impulserhaltungsgleichung. Die räumliche Ableitung liefert den Beitrag

$$\int d^3v f_0(v) v_i v_j \partial_j \left(\frac{\delta n(\boldsymbol{r},t)}{n_0} + \frac{\delta T}{n_0 T_0}\left(\beta_0 \frac{1}{2} m v^2 - \frac{3}{2}\right)\right) \ . \tag{L.419}$$

Der erste und zweite Term kombinieren sich zu

$$\partial_i n k T = \partial_i p \ , \tag{L.420}$$

wobei wir die Zustandsgleichung des klassischen idealen Gases verwendet haben. Der letzte Term liefert $\frac{n_0 K_i}{m}$. Die linearisierte Form ist gerade die Euler-Gleichung von (29.16).

Auf ähnliche Weise erhält man mit der Energieeigenfunktion

$$\phi_4(v) = \left(\frac{2}{3}n_0\right)^{\frac{1}{2}} \left(\beta_0 \frac{1}{2}mv^2 - \frac{3}{2}\right) \tag{L.421}$$

die Temperaturgleichung von (29.16).

29.2 Integrationen für Scherviskosität

Die Strukturen der Integrale sind

$$I_1 = \int d^3r x^2 z^2 F(r) \quad \text{und} \quad I_2 = \int d^3r r^4 F(r) \tag{L.422}$$

mit $r^2 = x^2 + y^2 + z^2$. In Polarkoordinaten ist

$$x = r\sin\theta\cos\phi, \quad z = r\cos\theta. \tag{L.423}$$

Das zweite Integral ist damit

$$I_2 = \int_{-1}^{+1} d(\cos\theta) \int_0^{2\pi} d\phi \int_0^\infty dr\, r^6 F(r). \tag{L.424}$$

Die Integration über den Raumwinkel ergibt den Faktor 4π. Also ist

$$I_2 = 4\pi \int_0^\infty dr\, r^6 F(r). \tag{L.425}$$

Das erste Integral ist

$$I_1 = \int_{-1}^{+1} d(\cos\theta) \cos^2\theta \sin^2\theta \int_0^{2\pi} d\phi \cos^2\phi \int_0^\infty dr\, r^6 F(r). \tag{L.426}$$

Mit $\cos\theta = u$ wird also

$$I_1 = \int_{-1}^{+1} du\, u^2 (1-u^2) \int_0^{2\pi} d\phi \cos^2\phi \frac{I_2}{4\pi}. \tag{L.427}$$

Das Integral über ϕ ergibt $2\pi \frac{1}{2} = \pi$. Das Integral über u liefert

$$\int_{-1}^{+1} du\, u^2(1-u^2) = \left(\frac{u^3}{3} - \frac{u^5}{5}\right)\bigg|_{-1}^{+1} = 2\left(\frac{1}{3} - \frac{1}{5}\right) = \frac{4}{15}.$$

$$\tag{L.428}$$

Damit folgt insgesamt

$$I_1 = \frac{4\pi}{15}\frac{I_2}{4\pi} = \frac{I_2}{15}\ , \qquad\qquad (\text{L.429})$$

wie in (29.25) angegeben.

Ergänzende Literatur

Allgemeine Lehrbücher zur Statistik und Thermodynamik

- R. Becker, Theorie der Wärme, (Heidelberger Taschenbücher Nr. 10), Springer, Berlin (1966)
- W. Brenig, Statistische Theorie der Wärme, Springer, Berlin (1975)
- M.B. Callen, Thermodynamics, J. Wiley, New York (1960)
- B. Diu, C. Guthmann, D. Lederer und B. Roulet, Grundlagen der Statistischen Physik, de Gruyter, Berlin (1994)
- R. Kubo, Statistical Mechanics, North-Holland, Amsterdam (1971)
- L.D. Landau und E.M. Lifschitz, Lehrbuch der Theoretischen Physik Band V, Statistische Physik, Akademie-Verlag, Berlin (1983)
- W. Nolting, Statistische Physik, Springer, Berlin (2004)
- A. Münster, Statistische Thermodynamik, Springer, Berlin (1956)
- F. Reif, Statistische Physik und Theorie der Wärme, de Gruyter, Berlin (1987)
- A. Sommerfeld, Thermodynamik und Statistik, Geest und Portig, Leipzig (1965)

Zu Nichtgleichgewichtsstatistik, Kinetik und Phasenübergängen

- K. Binder, Hrsg., Monte Carlo Methods in Statistical Physics, Springer, Berlin (1988)
- C. Cercignani, The Boltzmann Equation and its Applications, Springer, Berlin (1988)
- C. Domb und M.S. Green, Hrsg., Phase Transitions and Critical Phenomena, Academic Press, New York (1976)

- H. Haken, Synergetik: Eine Einführung, Springer, Berlin (1982)
- H. Haug und S.W. Koch, Quantum Theory of the Optical and Electronic Properties of Semiconductors, World Scientific, Singapore (2004)
- H. Haug und A.P. Jauho, Quantum Kinetics for Transport and Optics in Semiconductors, Springer, Berlin (1996)
- J. Jäckle, Einführung in die Transporttheorie, Vieweg, Braunschweig (1978)
- L.P. Kadanoff und G. Baym, Quantum Statistical Mechanics, Benjamin, New York (1962)
- L.D. Landau und E.M. Lifschitz, Lehrbuch der Theoretischen Physik Band X, Physikalische Kinetik, Akademie-Verlag, Berlin (1983)
- R. Risken, The Fokker-Planck-Equation, Springer, Berlin (1984)
- H. Smith und H.H. Jensen, Transport Theory, Clarendon, Oxford (1989)
- J.M. Ziman, Electrons and Phonons, Clarendon, Oxford (1960)

Sachverzeichnis

Abgeschlossene Systeme, 15
Absorption
 - ideales Gas, 172
 - von Schallwellen, 352, 353
Allgemeine großkanonische Verteilung, 31
Anfangsverteilungen, 210
Antikommutator, 278
Antisymmetrisierung, 274
Ausdehnungskoeffizient
 - thermischer, 59
Äußere Felder, 31, 51, 136
Austrittspotenzial, 231

Bahnkurve, 7
Barometrische Höhenformel, 34
Bogoljubov-Variationsverfahren, 139, 140
Boltzmann
 - Stoßintegral, 184
Boltzmann-Gleichung, 183
 - Eta-Theorem, 188
 - Fokker-Planck-Approximation, 217
 - Linearisierte
  - Entwicklung nach Eigenfunktionen, 203
 - linearisierte, 195
  - Entwicklung nach Eigenfunktionen, 199
  - zeitabhängige Lösungen, 198
 - Markov-Gleichung, 337
 - stationäre, 197
 - Zusammenhang mit Hydrodynamik, 235
Boltzmann-Konstante, 34
Bornsche Näherung
 - erste, 184
Bose-Einstein-Kondensation, 83, 86

Bose-Verteilung, 75
Bosonen, 83
Burnett-Gleichungen, 269

Chapman-Enskog-Verfahren, 263
 - Variationsprinzip, 268
Chemisches Potenzial, 30, 47, 192
 - d-dimensionale Quantengase, 84
 - gelöster Stoff, 101
 - ideales klassisches Gas, 70
 - Lösungsmittel, 102
Clausius-Clapeyron-Gleichung, 103
Cluster, 230
Coulomb-Potenzial
 - 2-dimensional, 204
 - Abschirmung, 204
 - statisch abgeschirmtes, 333
Coulomb-Stoßoperator
 - Eigenfunktionen, 206, 208
 - Spektrum der Eigenwerte, 208
Curie-Weiss-Gesetz, 144

d-dimensionale Systeme, 65
de-Broglie-Beziehung, 19
de-Broglie-Wellenlänge, 67
Debye-Abschirmwellenzahl, 333
Detailliertes Gleichgewicht, 153, 191
Dichte-Dichte-Korrelationsfunktion
 - RPA, 176
Dielektrische Funktion, 173, 178
 - Drude-Näherung, 332
Dietrici-Gleichung, 116
Diffusionsgleichung, 345
Dirac-Vektor, 273
Dissipative Hydrodynamik, 251
Dissipative Koeffizienten, 255
 - Chapman-Enskog-Verfahren, 267
Driftgeschwindigkeit, 192

Druck
- für homogene Systeme, 62
Drucktensor, 237
Drude-Formel, 173

Effektive Temperatur, 97
Eichinvarianz
- der kinetischen Gleichung, 168
Einteilchendichtematrix, 163
Elektrische Leitfähigkeit
- berechnet aus Boltzmann-Gleichung, 260
Elektron-Loch-Plasma, 180
Elektronengas
- zweidimensionales
- Boltzmann-Kinetik, 203
Energie
- ideale Quantengase, 77
- Van-der-Waals-Gas, 118
Energieerhaltung im Stoß, 187
Ensemble, 4
Ensemblemittelung, 4
Entartung eines Quantengases, 83
Entartungsdruck, 88
Entropie, 38
- berechnet für kanonisches Ensemble, 68
- berechnet für mikrokanonisches Ensemble, 71, 306
- der mikrokanonischen Verteilung, 41
- ideale Quantengase, 76
- ideales klassisches Gas, 68, 306
- klassisches ideales Gas, 307
- Van-der-Waals-Gas, 118
- Zweiniveau-Systeme, 300
Ergodische Systeme, 4
Erhaltungsgrößen, 192
Erster Hauptsatz der Thermodynamik, 40
Erzeugungsoperator, 277
Eta-Funktion, 42
- Entropie, 190
Eta-Theorem, 155, 188
Euler-Gleichung, 239
- für ideales klassisches Gas, 247
Extensive Größe, 41
Extremaleigenschaften

- der thermodynamischen Funktionen, 42
Exzitonen, 232

Fermi-Druck, 88, 112
Fermi-Energie, 84
Fermi-Gas
- Stöße, 184
Fermi-Verteilung, 75
Fermionen, 83
- wechselwirkende, 145
Fermis goldene Regel, 183
Ferromagnet, 142
Feynman-Variationsverfahren, 139
Flüssigkeit
- inkompressible, 236
Fock-Raum, 276
Fokker-Planck-Gleichung, 217
- detailliertes Gleichgewicht, 220, 224
- Diffusionskoeffizient, 219
- Driftkoeffizient, 219
- für Nukleation, 230
- stationäre Lösung, 220
- verallg. Ginzburg-Landau-Potenzial, 221
Fokker-Planck-Operator
- Eigenfunktionen, 223
Freie Energie, 44
- ideales klassisches Gas, 66
- quasiklassische Näherung, 96
- Störungstheorie 2. Ordnung, 136
- Van-der-Waals-Gas, 117
Freie Enthalpie
- ideales klassisches Gas, 70
- Störungstheorie 2. Ordnung, 136
- Variationsverfahren, 142
Fröhlich-Kopplung, 187
Fugazität, 71, 80, 99

Gas-Flüssigkeits-Phasenübergang, 115
Gefrierpunktserniedrigung, 103
Gelöster Stoff, 100
Gesetz der korrespondierenden Zustände, 122
Gibbs-Duhem-Relation, 60
Ginzburg-Landau-Gleichung, 318
Ginzburg-Landau-Potenzial
- diskontinuierliche Phasenübergänge, 129

- für Nukleationstheorie, 232
- kontinuierliche Phasenübergänge, 127
- Laser, 222
- Van-der-Waals-Gas, 125
- verallgemeinertes, 221
Ginzburg-Zahl, 321
Gleichgewicht
- detailliertes, 191
- lokales, 192
Großkanonische Verteilung, 30
Großkanonisches Potenzial, 62
- Variationsverfahren, 145

Hagen-Poiseuille-Gesetz, 351
Hamilton-Funktion, 40
Hartree-Fock-Näherung
- zeitabhängige, 175
Hauptsatz der Thermodynamik
- Erster, 40
- Zweiter, 43
Heisenberg-Gleichung, 166
Heisenbergsche Unschärferelation, 66
Helium 3, 181
Helmholtz-Wirbelsatz, 348
Hilbert-Raum, 8, 43, 273
- Orthogonalitätsrelation, 8
- Skalarprodukt, 8
- Vollständigkeitsrelation, 9
Homogene Systeme, 59, 61
Hydrodynamik
- dissipative, 251
- dissipativer Wärmestrom, 250
- Energieerhaltung, 238
- Entropie, 244
- Gibbs-Duhem-Relationen, 245
- Impulserhaltung, 238
- irreversible
  - Entropiezunahme, 250
  - Wärmeleitfähigkeit, 250
- Kompressionsviskosität, 251
- laminare Strömung, 252
- mit Dissipation, 249
- reversible, 243
  - adiabatische Zustandsgleichung, 248
  - Energieerhaltung, 245
  - Erhaltungssätze, 246
- Scherviskosität, 251

- Temperaturgleichung, 247
- thermodynamische Identität, 244
- Turbulenz, 252
- und thermodynamische Beziehungen, 241
Hydrodynamisches Regime, 241

Ideale Quantengase, 73
Ideales Gas
- klassisches, 65
Impulserhaltung, 236
Informationsentropie, 47
Irreversibilität, 186

Jacobi-Determinante, 57
Jelliummodell, 178

Kanonische Verteilung, 26
Kinetische Gleichung
- Eichinvarianz, 168
- linearisierte, 169
- ohne Stöße, 163
Knudsen-Zahl, 265
Koexistenzkurve, 103, 122
Kohärenzlänge, 318
Kompressibilität, 58
Kontinuitätsgleichung, 236
Koordinatensystem
- mitbewegtes, 240
Kritische Temperatur
- Van-der-Waals-Gleichung, 118
Kritischer Druck
- Van-der-Waals-Gleichung, 118

Lagrange-Funktion, 40
Landau-Niveaus, 63
Laplace-Transformation, 330
Legendre-Transformation, 40
Lennard-Jones-Potenzial, 110, 269
Lindhard-Formel, 171
Lineare Reaktion, 169
Liouville-Gleichung, 18
- klassische, 17
- quantenstatistische, 16
Lokale Gleichgewichtsverteilung
- Fermionen, 192
- Phononen, 192
Lokales Gleichgewicht, 192
Lösungsmittel, 100

Markov-Prozess, 152
Master-Gleichung, 151
- Diffusionsgleichung, 159
- Fokker-Planck-Approximation, 229
- für Nukleation, 229
- Hüpfen auf Kette, 158
- Kramers-Moyal-Entwicklung, 229
- Monte-Carlo-Simulation, 157
Maxwell-Boltzmann-Verteilung, 32
Maxwell-Gleichung, 320
Maxwell-Konstruktion, 122
Maxwell-Moleküle, 199
Maxwell-Relationen, 55
Mikrokanonische Gesamtheit, 13
Mikrokanonische Verteilung
- klassische, 19
- quantenstatistische, 17
Mittlerer Teilchenabstand, 112
Molekularfeld, 142

Navier-Stokes-Gleichung, 240, 252
Nernstsches Theorem, 47, 68, 300
Nichtgleichgewichts-Entropie, 190
Nichtgleichgewichtsphasenübergang
- erster Ordnung, 223
Nukleation
- Elektron-Loch-Tröpfchen, 231
Nukleationstheorie, 229
- detailliertes Gleichgewicht, 232
- Ginzburg-Landau-Potenzial, 232
Nullpunktsenergie
- d-dimensionale, 66, 83
Nullter Schall, 181

Oberflächenenergie, 232
Ordnungsparameter, 121, 125
- Temperaturabhängigkeit, 127
Orthogonalitätsrelation, 8
Ortsraumdarstellung, 9
Osmotischer Druck, 106

Paramagnetismus, 142
Pauli-Blockade, 207
Pauli-Prinzip, 175, 184, 276
Phasenübergang
- erster Ordnung, 121
- Nichtgleichgewicht, 223
- zweiter Ordnung, 121
Phasenraum, 7

Phononen
- longitudinal optische, 187
Phononstreuung, 186
Plasmafrequenz, 173
Plasmamode
- Dispersion, 179
Plasmaschwingungen, 178
Poisson-Verteilung, 329

Quantenkinetik, 188, 337
Quantenkinetische Gleichung
- Nicht-Markov-Gleichung, 337
Quantenstatistische Mittelung, 10
Quantentrogstrukturen, 203
Quasi-Ergodenhypothese, 5
Quasiklassische Näherung, 91

Random-Phase-Approximation, 175
Relaxation
- gegen Fermi-Verteilung, 191
Relaxationskinetik
- 2-dimensionales Elektronengas, 212
Relaxationszeit, 199
Relaxationszeit-Näherung, 199
Reynolds-Zahl, 252
Rohrströmung, 351

Schall
- nullter und erster, 182
Schallwellen
- Dämpfung, 172
- Gleichung von Stokes, 261
Schallwellen in Gasen
- Absorption, 353
- Geschwindigkeit, 353
Scherviskosität
- berechnet aus Boltzmann-
  Gleichung, 258
- und freie Weglänge, 259
Schwankungen, 4, 14
Selbstenergie, 145
- temperaturabhängige Hartree-Fock-
  Näherung, 146
Siedepunktserhöhung, 104
Skalengesetze, 145
Slater-Determinante, 273
Spannungstensor, 237
- dissipativer, 249
Spezifische Wärme, 56

- bei konstantem Druck, 69
- bei konstantem Volumen, 69
- ideales klassisches Gas, 69
- Relationen zwischen c_p und c_V, 69

Spur, 10
Statistischer Operator, 10, 133
Stirling-Formel, 20, 305
Störungstheorie, 134
Stöße, 183
Stoßfreies Regime, 241
Stoßfrequenz, 207
Stoßintegral, 204
- 5 Erhaltungsgrößen, 235
- Erhaltungsgrößen, 185

Stoßoperator, 197
- Eigenfunktionen, 198
- Eigenwerte, 197
- Erhaltungsgrößen, 198

Streuraten, 183
Strömungsgeschwindigkeit
- mittlere, 236

Supraleiter
- Typ I und II, 321

Suszeptibilität, 137
- dynamische, 170
- isotherme, statische, 137
- magnetische, 144
- T=0 Limes, 178

Teilchenstromdichte, 164, 236
Thermische Energie, 25
- ideales klassisches Gas, 70

Thermische Wellenlänge, 67, 112
Thermodynamik, 37
Thermodynamische Funktionen
- des Van-der-Waals-Gases, 117

Thermodynamische Identitäten, 53
Thermodynamischer Grenzfall, 14
Thermodynamisches Potenzial, 37, 45
Thomas-Fermi-Abschirmwellenzahl, 334
Transportgleichung, 235
Transportgleichungen, 235
- für ideales klassisches Gas, 246

Transportkoeffizienten, 199
- Chapman-Enskog-Verfahren, 269

Turbulenz, 240

Übergangswahrscheinlichkeit

- Martix, 196

Van-der-Waals-Anziehung, 110
Van-der-Waals-Gas, 117
Van-der-Waals-Gleichung, 115
- Koexistenzbereich, 121
- reduzierte, 120

Van-der-Waals-Kurve, 123
Variationsverfahren
- thermodynamisches, 139

Verdampfungsrate, 231
Verdünnte Systeme, 100
Vernichtungsoperator, 277
Vertauschungsrelationen
- für Bosonen, 278
- für Fermionen, 278

Verteilung
- isotrope, 205
- kanonische, 25
- mikrokanonische, 17

Vielteilchenzustand, 274
Virialentwicklung, 99
- erster Ordnung, 100
- zweiter Ordnung, 109

Virialkoeffizient
- Austauschkorrekturen, 111

Virialkoeffizienten, 110
- quantenmechanische Korrekturen, 113

Virialkoffizienten
- Quantenkorrekturen, 111

Viskositäten, 199, 251
Vollständigkeitsrelation, 9, 42

Wärmebad, 23
Wärmeleitfähigkeit
- berechnet aus Boltzmann-Gleichung, 256
- und freie Weglänge, 258

Wärmeleitungsgleichung, 240
Wärmestromdichte, 238
Wechselwirkungsdarstellung, 133
Wiederkehreinwand, 186
Wiederkehrzeit, 186
Wigner-Verteilung, 164

Zeitmittelung, 4
Zustandsdichte
- d-dimensionale, 79

Zustandsgleichung
- adiabatische
  - ideales klassisches Gas, 70
- ideale Quantengase
  - d-dimensionale, 89
- ideales klassisches Gas, 68
- universelle, 122
Zustandssumme
- Entwicklung nach $\hbar$, 93
- großkanonische, 30
- ideale Quantengase, 75
- kanonische, 25, 26
- klassische, 32
Zustandsvektor, 8, 273
- Ortsraumdarstellung, 274
Zweiniveausystem, 19, 49
Zweiter Hauptsatz der Thermodynamik, 43

Druck und Bindung: Strauss GmbH, Mörlenbach